高等职业教育铁道工程技术专业系列教材

工程材料

闫宏生◎主　编
李立胜　马振锋◎副主编
胥俊德◎主　审

中国铁道出版社有限公司

2024年·北　京

内 容 简 介

本书主要介绍天然石材、气硬性胶凝材料、水泥、混凝土、建筑砂浆、建筑钢材、防水材料、木材、合成高分子材料等常用工程材料的种类、技术要求、质量标准、技术性能检测方法和应用范围等方面的内容。为了便于学习和复习，每个项目均设置了学习目标和复习思考题。在编写过程中，本书力求体现职业教育的特色，同时注重专业技能的培养。

本书可作为高等职业教育铁道工程技术、建筑工程技术、工程造价、城市轨道交通工程技术、铁路桥梁隧道工程技术等专业的教材，也可供有关技术人员参考。

图书在版编目（CIP）数据

工程材料/闫宏生主编．—3版．—北京：中国铁道出版社有限公司，2023.8（2024.12重印）

高等职业教育铁道工程技术专业系列教材

ISBN 978-7-113-28698-9

Ⅰ.①工… Ⅱ.①闫… Ⅲ.①工程材料-高等职业教育-教材 Ⅳ.①TB3

中国版本图书馆CIP数据核字（2021）第260673号

书　　名：工程材料
作　　者：闫宏生

策　　划：陈美玲
责任编辑：陈美玲　　**编辑部电话：**(010)51873240　　**电子邮箱：**992462528@qq.com
封面设计：尚明龙
责任校对：苗　丹
责任印制：赵星辰

出版发行：中国铁道出版社有限公司（100054，北京市西城区右安门西街8号）
网　　址：https://www.tdpress.com
印　　刷：河北宝昌佳彩印刷有限公司
版　　次：2008年1月第1版　2023年8月第3版　2024年12月第2次印刷
开　　本：787 mm×1 092 mm 1/16　**印张：**17.25　**字数：**435千
书　　号：ISBN 978-7-113-28698-9
定　　价：52.00元

第三版前言

本书在编写过程中，力求体现职业教育的特色，注重理论联系实际与专业技能的培养，实现培养应用型、技能型专业人才的目标。全书深入浅出，语言精练，在内容上推陈出新，侧重介绍工程材料领域的新技术和新材料，并采用了现行的最新标准和规范。每个项目均设置了学习目标和复习思考题，便于学生查阅和掌握内容重点。本次修订重点做了以下几方面工作：

(1)根据有关最新标准、规范，如《低合金高强度结构钢》(GB/T 1591—2018)、《钢筋混凝土用钢　第1部分:热轧光圆钢筋》(GB/T 1499.1—2017)、《钢筋混凝土用钢　第2部分:热轧带肋钢筋》(GB/T 1499.2—2018)、《桥梁用结构钢》(GB/T 714—2015)等，对全书相关内容进行了相应修改。

(2)结合商品混凝土与混凝土外加剂的推广使用，更新了混凝土配合比计算实例、混凝土拌和物性能检测、沥青混合料、混凝土外加剂减水率试验等内容。

本书由包头铁道职业技术学院闫宏生任主编，合肥铁路工程学校李立胜、郑州铁路技师学院马振锋任副主编，中铁二十一局集团第二工程有限公司胥俊德任主审。参加编写工作的人员有:闫宏生(课程导论、项目5及工程材料试验)，包头铁道职业技术学院边新宽(项目1、项目11)，李立胜(项目2、项目7)，包头铁道职业技术学院慕彩萍(项目3、项目6)，中铁二十一局集团第二工程有限公司朱冠生(项目4)，包头铁道职业技术学院董鹏飞(项目8、项目10)，马振锋(项目9)。本书编写过程中，中铁二十一局集团第二工程有限公司给予了支持，在此表示感谢。

由于编者水平有限，书中难免存在疏漏之处，恳请读者批评指正。

编　者

2023年6月

第一版前言

本书为铁路职业教育铁道部规划教材，是根据铁路中专教育“铁道工程(工务)”专业教学计划“工程材料”课程教学大纲编写的。内容涵盖工程材料的基本性质、天然石材、水泥、混凝土、建筑砂浆、建筑钢材、防水材料、木材等方面。

本书在编写过程中，力求体现职业教育的特色，注重理论联系实际与专业技能的培养，实现培养应用型和技能型专业人才的目标。全书深入浅出，语言精练；在内容上推陈出新，侧重介绍工程材料领域的新技术和新材料，并采用了现行的最新标准、规范及法定计量单位；每章均有复习思考题，便于使用者查阅和掌握内容重点。

本书由包头铁道职业技术学院闫宏生主编，合肥铁路工程学校张美琴主审。参加编写工作的人员有：包头铁道职业技术学院闫宏生(绪论、第 4 章、第 9 章、工程材料试验)，包头铁道职业技术学院惠青燕(第 1 章、第 3 章)，天津铁道职业技术学院蒋君(第 5 章 5.1～5.5 节)，合肥铁路工程学校李立胜(第 5 章 5.6 节、第 6 章)，武汉铁路桥梁学校付恩琴(第 7 章)，齐齐哈尔铁路工程学校张维丽(第 2 章、第 8 章 8.1～8.4 节)，成都铁路运输学校周虹(第 8 章 8.5 节、第 10 章、第 11 章)。

由于编者水平有限，书中难免存在疏漏或不妥之处，恳请读者批评指正。

编　者

2007 年 9 月

目　　录

课程导论……1
复习思考题……4
项目1　材料的基本性质……5
1.1　材料的物理性质……5
1.2　材料的力学性质……14
1.3　材料的耐久性……16
复习思考题……16
项目2　天然石材……18
2.1　天然岩石的分类……18
2.2　石材的技术性质……21
2.3　石材的品种和应用……25
复习思考题……28
项目3　气硬性胶凝材料……29
3.1　石　　灰……29
3.2　石　　膏……33
3.3　水 玻 璃……35
复习思考题……36
项目4　水　　泥……37
4.1　通用硅酸盐水泥……38
4.2　特性水泥与专用水泥……52
复习思考题……58
项目5　混 凝 土……60
5.1　普通混凝土的组成材料……61
5.2　混凝土的技术性能……69
5.3　混凝土外加剂……79
5.4　混凝土的配合比设计……83

5.5　混凝土的质量控制…… 93
5.6　其他混凝土…… 96
复习思考题…… 108
项目 6　建筑砂浆 …… 110
6.1　砌筑砂浆 …… 111
6.2　其他建筑砂浆 …… 116
复习思考题…… 120
项目 7　建筑钢材 …… 121
7.1　铁和钢的冶炼及钢的分类 …… 122
7.2　建筑钢材的技术性质 …… 124
7.3　建筑钢材的技术标准和应用 …… 132
7.4　钢筋和钢丝 …… 137
7.5　桥梁结构钢 …… 144
7.6　钢 轨 钢 …… 146
7.7　建筑钢材的锈蚀与防锈、防火…… 147
复习思考题…… 148
项目 8　防水材料及沥青混合料 …… 150
8.1　石油沥青 …… 150
8.2　防水卷材 …… 156
8.3　防水涂料 …… 161
8.4　建筑密封材料 …… 164
8.5　合成高分子防水材料 …… 169
8.6　沥青混合料 …… 172
复习思考题…… 176
项目 9　木　　材 …… 177
9.1　木材的分类与构造 …… 177
9.2　木材的物理力学性质 …… 178
9.3　木材在建筑工程中的应用 …… 182
9.4　木材的防护处理 …… 183
复习思考题…… 185
项目 10　合成高分子材料 …… 186
10.1　建筑塑料…… 186
10.2　橡　　胶…… 190

复习思考题 …… 192
项目 11　其他工程材料 …… 193
11.1　墙体材料 …… 193
11.2　装饰材料 …… 199
11.3　绝热材料 …… 206
复习思考题 …… 207
工程材料试验 …… 209
试验 1　工程材料基本物理性质试验 …… 209
试验 2　石材单轴抗压强度试验 …… 212
试验 3　水泥试验 …… 213
试验 4　混凝土用粗、细骨料试验 …… 226
试验 5　普通混凝土拌和物性能试验 …… 238
试验 6　建筑砂浆试验 …… 248
试验 7　钢材试验 …… 253
试验 8　石油沥青试验 …… 257
试验 9　黏土砖试验 …… 261
参考文献 …… 266

课程导论

导论描述

通过对本导论的学习，掌握工程材料的定义、分类，了解工程材料在建筑工程中的地位、作用及其发展现状，明确工程材料课程的任务和基本要求。

学习目标

1.能力目标

能准确搜索、查阅工程材料技术标准。

2.知识目标

(1)了解工程材料的分类与发展现状；

(2)掌握工程材料检测技术与技术标准。

一、工程材料的定义及其分类

工程材料是指用于土木建筑结构物的所有材料和材料制品的总称，包括砖、石材、石灰、石膏、水泥、砂浆、混凝土、钢材、木材、沥青、玻璃、涂料、塑料等。工程材料是建筑物与构筑物的物质基础，也是人类生活和生产的物质基础。人类社会的发展伴随着材料的发明和发展，经历了石器时代、青铜器时代、铁器时代等，而今人类已跨入了人工合成材料的新时代。

工程材料的种类繁多，常用的分类方法是按材料的化学成分、用途、功能和来源的不同进行分类。

(1)按工程材料的化学成分及组织结构不同，可分为无机材料、有机材料和复合材料三类，见表0.1。

无机材料由小分子化合物构成，分子量较小，又可以分为金属材料和非金属材料。

有机材料由高分子化合物构成，主要化学成分为碳与氢，分子量较大。

复合材料是指由两种或两种以上不同性质的材料经过适当组合成为一体的材料。复合材料可以克服单一材料的不足之处，发挥其综合特性。通过适当的复合手段，可以根据工程所处环境与工程使用要求重新设计和生产材料。可以说，材料的复合化已经成为当今材料科学发展的趋势之一。

(2)按工程材料在建筑物中的功能不同，可以分为承重材料(如钢材、砖、石材、混凝土、木材等)、防水材料(如石油沥青制品、高分子防水涂料等)、保温隔热材料(如石棉制品、植物纤维制品、膨胀珍珠岩制品等)、吸声材料(如石膏制品、木丝板、泡沫塑料、植物纤维制品等)和装饰材料(如铝合金、铜合金、金、银、石材、木材、竹材、玻璃制品)五类。

(3)按工程材料的用途不同，可以分为结构材料、围护材料和功能材料三类。

表 0.1 工程材料按化学成分分类

无机材料	金属材料	黑色金属:钢、铁 有色金属:铝及铝合金、铜及铜合金、金、银等
	非金属材料	天然石材:大理石、花岗岩、石灰岩、页岩等 烧土制品:砖、瓦、陶器、瓷器等 无机胶凝材料及其制品:石灰、石膏、水玻璃、水泥、混凝土、砂浆、硅酸盐制品等 玻璃及其制品:钠玻璃、钾玻璃、钢化玻璃、中空玻璃等
有机材料	植物材料	木材、竹材、植物纤维及其制品
	合成高分子材料	塑料、涂料、合成纤维、黏合剂、合成橡胶等
	沥青材料	石油沥青及其制品
复合材料	金属材料与非金属材料	钢筋混凝土、钢丝网水泥、钢纤维混凝土等
	有机材料与无机非金属材料	聚合物混凝土、沥青混凝土、玻璃钢等
	其他复合材料	水泥石棉制品、人造大理石、人造花岗岩等

结构材料是指构成建筑物受力构件和结构所用的材料,如梁、板、柱、基础等构件或结构使用的材料。结构材料应具有足够的强度和耐久性,常用的结构材料有钢材、砖、石材、混凝土、木材等。

围护材料是指用于建筑物围护结构的材料,如墙体、屋面等部位使用的材料。围护材料不仅要求具有一定的强度和耐久性,还要求具有良好的保温隔热、隔声性能。常用的围护材料有砖、砌块、大型墙板、瓦等。

功能材料是指能够满足各种功能要求所使用的材料,如防水材料、装饰材料、保温隔热材料、吸声隔声材料等。

(4)按工程材料的来源不同,可以分为天然材料和人造材料两类。

二、工程材料在建筑工程中的地位和作用

工程材料是建筑物与构筑物的物质基础,任何一座建筑物与构筑物,都是通过合理地组合各种材料及其制品,构成所需的建筑实体。可以说,如果没有工程材料作为物质基础,就不可能有形态各异、功能不同的建筑产品。

工程材料的种类繁多,性能各异。工程材料的品种、性能和质量,在很大程度上决定着建筑物是否坚固、耐久、经济和美观。在建筑工程实践中,从材料的选择、储运、检测到使用,任何环节的失误,都会降低建筑工程质量,影响工程的使用效果和耐久性能,甚至会造成严重的工程事故。例如在修建兰新铁路时,因施工单位使用了体积安定性不合格的水泥,致使该铁路某段多处涵洞在尚未交付使用时就已开裂、报废,给国家经济建设造成较大的经济损失。

在我国的建筑工程中,工程材料所占的投资比例可达 50%~70%,因此在保证材料质量的前提下,降低材料费用,对降低工程造价,提高企业经济效益,将起到很大的积极作用。大量实践证明:正确选材、合理利用、科学管理、减少浪费是降低工程费用的有效途径。

工程材料的发展与建筑工程技术的进步有着相互依存、相互制约和相互推动的关系。新型高性能材料的诞生和应用,必将推动建筑结构设计方法的改进和施工工艺的革新;而全新的设计理念和施工技术对工程材料的品种、质量和功能,又提出了更高和更多样化的要求。如水泥、钢材的大量应用,取代了传统的砖、石、木材,使结构物的高度、跨度不断增加;而现代高层建筑和大跨度结构,又要求工程材料应具有轻质高强的特点。

总之,材料的性质对建筑物的使用性能、坚固性和耐久性起着决定性的作用;材料的使用与工程造价有着密切的关系;新材料的发展又可以促进结构形式的变化、结构设计方法的改进

和施工技术的变革。因此,作为一名从事建筑工程的技术人员,如何合理选用工程材料,对保证结构物的适用性、耐久性和经济性具有十分重要的意义。

三、工程材料的发展

工程材料是随着人类社会生产力和科学技术水平的提高而逐步发展起来的。在很早以前,人们就利用石块、木材、土等天然材料从事建筑活动。如始建于公元前2700年古埃及的金字塔、公元前7世纪春秋时代的长城、公元125年古罗马建造的万神庙和公元595年—605年修建的赵州桥,全部采用石块、砖、土为结构材料。随着社会的不断进步,人们对建筑工程的要求也越来越高,这种要求与工程材料的数量和质量之间,总是存在着相互依赖、相互矛盾的关系。工程材料的生产和使用,就是在不断解决矛盾的过程中逐渐向前发展的。与此同时,其他相关科学技术的日益进步也为工程材料的发展提供了有利条件。1824年英国J. Aspdin发明了波特兰水泥(即硅酸盐水泥),混凝土随之问世,并首先大规模应用于泰晤士河隧道工程。19世纪中叶人们掌握了工业化炼钢技术,将具有强度高、延性好、质量均匀的建筑钢材作为结构材料。钢结构的运用,使建筑物的跨度、高度由过去的几米、几十米增加到如今的几百米。

20世纪以来,随着科学技术的不断发展,各种高性能的新型材料不断涌现。20世纪初人工合成高分子材料的问世,20世纪30年代预应力混凝土的产生,21世纪高性能混凝土(HPC)的广泛使用,为大跨度结构,特别是大跨度桥梁、水工、海港、道路、高层建筑等工程提供了较为理想的结构材料。与此同时,一些具有特殊功能的材料,如保温隔热、吸声、耐磨、耐热、耐腐蚀、防辐射等材料应运而生。随着人们对工作空间、生活环境和城市面貌的要求越来越高,各种环保型工程材料也越来越受到人们的重视。

工程材料产业不仅是推动建筑业发展的物质基础,也是国民经济的主要基础产业之一。为了适应我国经济建设和社会发展的需要,工程材料研制、开发了高性能工程材料和绿色材料。

高性能工程材料是指性能及质量更加优异,轻质、高强、多功能、更加耐久和更富有装饰效果的材料,是便于机械化施工和更有利于提高施工生产效率的材料。

绿色材料又称之为生态材料、环保材料。它是采用清洁生产技术,不用或少用天然资源和能源,大量使用工农业或城市固态废弃物生产的无毒害、无污染、无放射性,在达到使用周期后可以回收利用,有利于环境保护和人们健康的工程材料。

绿色材料具有以下基本特征:

(1)以相对较低的资源、能源消耗和环境污染为代价生产的高性能工程材料,如采用现代先进工艺和生产技术生产的生态水泥。

(2)采用低能耗制造工艺生产的具有轻质、高强、保温、隔声等多功能的新型墙体材料。

(3)具有改善居室生态环境,有益于人体健康和具有功能化的材料,如具有抗菌、灭菌、调湿、消磁、防射线、抗静电、阻燃、隔热等功能的玻璃、陶瓷、涂料等。

(4)以工业废弃物为主要原料生产的各种材料制品。

(5)产品可以循环和回收再利用,无污染环境的废弃物。

绿色材料代表了21世纪工程材料的发展方向,是符合世界发展趋势和人类要求的工程材料,是符合科学的发展观和以人为本思想的工程材料。在未来的建筑行业中绿色材料必然会占主导地位,成为今后工程材料发展的必然趋势。

四、工程材料的技术标准

为了确保工程材料的产品质量,适应建筑工业飞速发展的需要,我国绝大多数的工程材料都制定了相应的技术标准，包括产品规格、分类、技术要求、检验方法、验收规则、标志、运输、储存及使用说明等内容。工程材料的技术标准是材料生产、质量检验、验收及材料应用等方面的技术准则和必须遵守的技术法规。工程材料生产厂家必须依照技术标准生产并控制产品质量；工程材料使用部门要按照技术标准选用、设计和施工，并按标准对材料的质量与性能进行检验和验收。可以说，工程材料的技术标准是供需双方对产品质量验收的依据，是保证工程质量的先决条件，也是使产品与国际接轨的重要依据。

我国工程材料的技术标准分为国家标准、行业标准、地方标准和企业标准四级。其中国家标准和行业标准是全国通用标准，是国家指令性技术文件。各级材料的生产、设计、施工等部门必须严格遵守执行，不得低于此标准。地方标准是地方主管部门发布的地方性技术文件。企业标准仅适用于本企业，凡是没有制定国家标准和行业标准的产品，均应制定企业标准。技术标准的表示方法由标准名称、部门代号、标准编号、批准年份四部分组成。

了解并熟悉工程材料的技术标准，对掌握材料性能与质量，合理选用材料是十分必要的。由于工程材料的技术标准是根据一定时期的技术水平制定的，随着科学技术的发展与使用要求的提高，需要对工程材料技术标准不断进行修订，因此要随时注意新修订标准的出现。

五、工程材料课程的任务及基本要求

工程材料课程是铁道工程技术、建筑工程技术及其他相关专业的专业基础课。它的任务是通过工程材料课程的学习，使学生获得有关工程材料的基本理论、基本知识与基本技能。本教材重点讲述建筑工程中常用工程材料的基本性质和试验方法。在材料性质方面，要求掌握材料的组成、技术性质、特性，了解材料的化学成分、结构、外部环境等因素对材料性质的影响；在材料试验方面，要求熟悉常用工程材料的技术规范及其质量检测方法，能够对所用材料品质做出准确判别，为今后学习专业课程提供有关工程材料的基础知识，也为学生今后从事专业技术工作，在材料选用、材料验收、质量鉴定、储存运输、防腐处理等方面打下必要的基础，并获得主要工程材料试验的基本技能训练。

在学习过程中，应以材料的基本性质、应用范围和质量检测方法为重点，但也要了解材料的化学成分、结构、构造、生产加工过程和外部环境等因素对材料性能的影响，注意各项性能之间的有机联系，同时还应重视试验课的学习。由于工程材料课程是一门实践性很强的课程，为配合理论教学，开设了必要的工程材料试验部分教学。旨在通过试验，加深和巩固理论知识，熟悉工程材料的质量检测方法，掌握试验操作技能，并对试验结果做出正确的分析和结论。工程材料的品种多样，在学习中还必须注意分析和比较同类材料不同品种的共性与特性，以便于在实际工作中能够根据工程要求和工程环境特点，合理选用材料。

复习思考题

1. 工程材料如何进行分类？
2. 何谓复合材料？
3. 何谓绿色材料？
4. 工程材料的技术标准分哪几级？如何表示？

项目1

材料的基本性质

项目描述

本项目主要介绍工程材料的物理性质、力学性质和材料的耐久性。通过对该项目的学习训练，掌握工程材料基本物理性能的检测方法。

学习目标

1.能力目标

(1)能正确使用试验仪器对材料各项基本技术性能指标进行检测；

(2)能科学合理地选用工程材料。

2.知识目标

(1)理解工程材料性质的概念，掌握各计算式；

(2)掌握材料组织结构对其性能的影响。

在构筑物中，工程材料要经受各种不同的作用，因而要求工程材料具有相应的不同性质。如用于工程结构的材料要承受各种外力的作用，因此，选用此类材料时应使其具有所需要的力学性质。又如，根据建筑物不同部位的使用要求，有些材料应具有防水、绝热、吸声等性质；对于某些构筑物，还要求材料具有一定的耐热、耐腐蚀等性质。此外，对于长期暴露在大气中的材料，要求能经受风吹、日晒、雨淋、冰冻而引起的温度变化、湿度变化及反复冻融的破坏变化。为了保证构筑物的耐久性，以及在工程设计与施工中能够正确地选择、合理地使用工程材料，必须熟悉和掌握材料的基本性质。

工程材料的基本性质是多方面的，某种工程材料应具备何种性质，要根据它在构筑物中所起的作用和所处的环境来决定。一般来说，工程材料的基本性质包括材料的物理性质、力学性质、化学性质及耐久性四个方面。

1.1　材料的物理性质

材料的物理性质包括与材料质量有关的性质、与水有关的性质和与热有关的性质三个方面。

1.1.1 与材料质量有关的性质

1. 密度

密度是指材料在绝对密实状态下单位体积内物质的质量。材料的密度可按下式计算：

$$\rho=\frac{m}{V}$$

式中 ρ——材料的密度，g/cm^3；

m——材料在完全干燥状态下的质量，g；

V——材料在绝对密实状态下的体积，cm^3。

材料在绝对密实状态下的体积，是指材料不包括孔隙体积在内的固体物质所占的体积。工程材料中，除了钢材、玻璃等材料可近似地直接量取其密实体积外，其他绝大多数材料都含有一定的孔隙。在自然状态下，含有孔隙在内的材料体积是由固体物质的体积(即绝对密实状态下的材料体积)和孔隙体积两部分组成的。在测定有孔隙的材料密度时，应先把材料磨成细粉以排除其内部孔隙，经干燥至恒重后，再用李氏密度瓶法测定其密实体积。对于某些较为致密但形状不规则的散粒材料，在测定其密度时，可以不必磨成细粉，而直接用排水法测其密实体积的近似值(颗粒内部的封闭孔隙体积没有排除)。混凝土所用砂、石等散粒材料常按此法测定其密度。

2. 表观密度

表观密度是指材料在自然状态下单位体积的质量。材料的表观密度可按下式计算：

$$\rho_0=\frac{m}{V_0}$$

式中 ρ_0——材料的表观密度，kg/m^3；

V_0——材料在自然状态下的体积，m^3；

其余符号同前。

材料在自然状态下的体积，是指包括孔隙体积在内的材料体积。外形规则材料的表观体积，可直接用尺度量后计算求得；外形不规则材料的表观体积，可将材料表面涂蜡后用排水法测定。当材料的孔隙中含有水分时，其质量(包括水的质量)和体积均会发生变化，影响材料的表观密度，所以在测定材料的表观密度时，必须注明其含水状态。在不同的含水状态下，可测得材料的干表观密度、湿表观密度及饱和表观密度。通常情况下所测材料的表观密度，是指材料在气干状态(长期在空气中的干燥状态)下的表观密度。在进行材料对比试验时，则以完全干燥状态下测得的表观密度值为准。

3. 堆积密度

堆积密度是指散粒或粉状材料，在堆积状态下单位体积的质量。材料堆积密度可按下式计算：

$$\rho_0'=\frac{m}{V_0'}$$

式中 ρ_0'——材料的堆积密度，kg/m^3；

V_0'——材料的堆积体积，m^3；

其余符号同前。

材料的堆积体积为颗粒的体积与颗粒之间空隙体积之和，如图 1.1 所示。

材料的堆积密度主要取决于材料内部组织结构以及测定时材料的装填方式。松散堆积方式测得的堆积密度值明显小于紧密堆积时的测定值。工程中通常采用松散堆积密度确定颗粒状材料的堆积空间。

在建筑工程中，计算材料用量、构件自重、配料计算以及确定材料堆放空间大小时，经常要用到材料的密度、表观密度和堆积密度等数据。

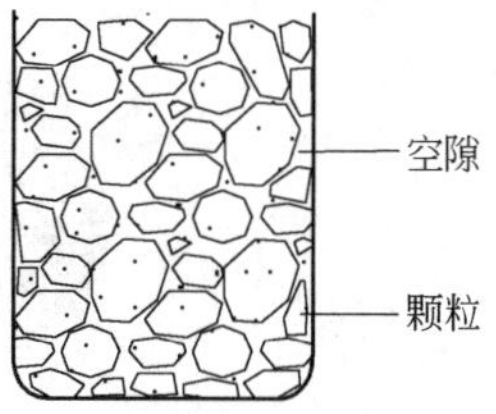

图 1.1　散粒材料堆积体积示意

4. 密实度与孔隙率

(1)密实度

密实度是指材料体积内被固体物质所充实的程度，即材料的密实体积与表观体积之比。材料的密实度可按下式计算：

$$D=\frac{V}{V_0}\times100\%$$

式中　D——材料的密实度，%；

V——材料在绝对密实状态下的体积，m^3；

V_0——材料在自然状态下的体积，m^3。

密实度也可根据材料的密度与表观密度计算。因为 $\rho=m/V$，$\rho_0=m/V_0$，故 $V=m/\rho$，$V_0=m/\rho_0$，则有

$$D=\frac{V}{V_0}\times100\%=\frac{m/\rho}{m/\rho_0}\times100\%=\frac{\rho_0}{\rho}\times100\%$$

例如，烧结多孔砖 $\rho_0=1\ 640\ kg/m^3$，$\rho=2\ 500\ kg/m^3$，其密实度为

$$D=\frac{\rho_0}{\rho}\times100\%=\frac{1\ 640}{2\ 500}\times100\%=66\%$$

材料的 ρ_0 与 ρ 越接近，即 ρ_0 与 ρ 的比值越大，说明材料越密实。

(2)孔隙率

孔隙率是指材料体积内孔隙体积占材料总体积的百分数。孔隙率可按下式计算：

$$P=\frac{V_0-V}{V_0}\times100\%=\left(1-\frac{V}{V_0}\right)\times100\%=\left(1-\frac{\rho_0}{\rho}\right)\times100\%=1-D$$

密实度和孔隙率的大小，从不同角度反映了材料的密实程度。密实度和孔隙率的关系为：$P+D=1$。材料密实度和孔隙率的大小取决于材料的组成、结构以及制造工艺。材料的许多性质，如材料强度、吸水性、抗渗性、抗冻性、导热性、吸声性等都与材料的孔隙率大小有关，并且与孔隙的构造特征密切相关。

随着材料孔隙率的增大，则材料密度减小，材料受力的有效面积减少，强度也降低；由于密度的减小，材料的导热系数和热容量随之减小，透气性、透水性、吸水性增大。一般来说，多孔材料对气体及水的扩散、透过较为容易。

孔隙的构造特征，主要是指孔隙的形状、大小和分布。材料内部孔隙有开口与闭口之分，如图 1.2 所示，开口孔隙不仅彼此连通且与外界相通，而闭口孔隙则不仅彼此互不连通，且与外界隔绝。孔隙本身又有粗细之分，粗大孔隙虽易吸水，但不易保持。细微孔隙吸入的水分不易流动，而闭口孔隙水分及其他介质不易侵入。因此，孔隙率又分为开口孔隙率和闭口孔隙率。

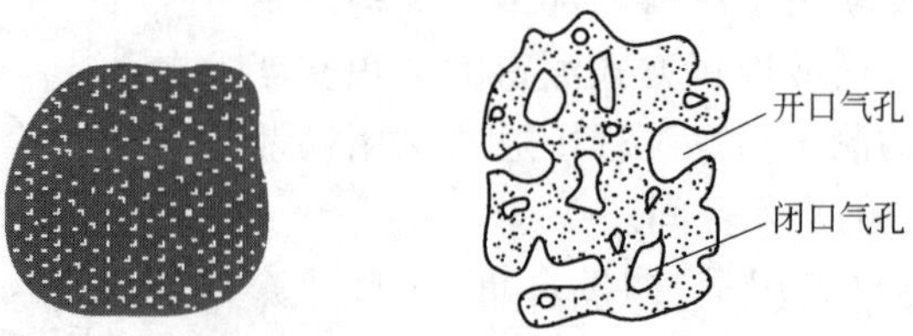

(a) 具有封闭孔隙的颗粒　　(b) 具有开口孔隙和封闭孔隙的颗粒

图 1.2　孔隙类型示意

①开口孔隙率 P_k 是指常温下能被水所饱和的孔隙体积与材料表观体积之比的百分数，可按下式计算：

$$P_k=\frac{m_2-m_1}{V_0}\times\frac{1}{\rho_{水}}\times100\%$$

式中　P_k——材料的开口孔隙率，%；

m_1——材料在干燥状态下的质量，g；

m_2——材料在吸水饱和状态下的质量，g；

V_0——材料在自然状态下的体积，m^3；

$\rho_{水}$——水的密度，g/cm^3，常温下取 1 g/cm^3。

②闭口孔隙率 P_b 是指总孔隙率与开口孔隙率之差，即 $P_b=P-P_k$。

开口孔隙能增大材料的吸水性、透水性，降低抗冻性；内部闭口孔隙的增多可以提高材料的保温隔热性能、抗渗性、抗冻性及耐久性。

常用工程材料的基本物理指标见表 1.1。

表 1.1　常用工程材料的密度、表现密度、堆积密度和孔隙率

材　料	密度 ρ(g/cm^3)	表观密度 ρ_0(kg/m^3)	堆积密度 ρ_0'(kg/m^3)	孔隙率(%)
石灰岩	2.60	1 800～2 600	—	—
花岗岩	2.60～2.90	2 500～2 800	—	0.5～3.0
碎石(石灰石)	2.60	—	1 400～1 700	—
砂	2.60	—	1 450～1 650	—
黏　土	2.60	—	1 600～1 800	—
普通黏土砖	2.50～2.80	1 600～1 800	—	20～40
黏土空心砖	2.50	1 000～1 400	—	—
水　泥	3.10	—	1 200～1 300	—
普通混凝土	—	2 000～2 800	—	5～20
轻骨料混凝土	—	800～1 900	—	—
木　材	1.55	400～800	—	55～75
钢　材	7.85	7 850	—	0
泡沫塑料	—	20～50	—	—
玻　璃	2.55	—	—	—

5. 空隙率与填充率

(1)空隙率

空隙率是指散粒或粉状材料颗粒之间的空隙体积占其堆积体积的百分率，材料空隙率可按下式计算：

$$P'=\frac{V_0'-V_0}{V_0'}\times 100\%=\left(1-\frac{\rho_0'}{\rho_0}\right)\times 100\%$$

式中 P'——材料的空隙率，%；

V_0'——材料的堆积体积，m^3；

V_0——材料在自然状态下的体积，m^3；

ρ_0'——材料的堆积密度，kg/m^3；

ρ_0——材料的表观密度，kg/m^3。

空隙率的大小反映了散粒材料的颗粒互相填充的紧密程度。空隙率可作为控制混凝土骨料级配与计算砂率的依据。

(2)填充率

填充率是指散粒或粉状材料颗粒体积占其堆积体积的百分率，材料填充率可按下式计算：

$$D'=\frac{V_0}{V_0'}\times 100\%=\frac{\rho_0'}{\rho_0}\times 100\%$$

式中 D'——材料的填充率，%；

其余符号同前。

材料空隙率与填充率的关系为 $P'+D'=1$。

材料的密度、表观密度、孔隙率及空隙率是认识材料、了解材料性质与应用的重要指标，常称之为材料的基本物理性质。

1.1.2 材料与水有关的性质

1. 材料的亲水性与憎水性

与水接触时，有些材料能被水润湿，而有些材料则不能被水润湿，对这两种现象来说，前者为亲水性，后者为憎水性。材料具有亲水性或憎水性的根本原因在于材料分子间的作用力。材料与水分子之间的分子亲合力大于水分子本身之间的内聚力时，材料能够被水润湿，使材料具有亲水性；反之，材料与水分子之间的亲合力小于水分子本身之间的内聚力时，材料不能够被水润湿，使材料具有憎水性。

在工程实际中，材料的亲水性或憎水性，通常以润湿角的大小划分。润湿角为在材料、水和空气的交点处，沿水滴表面的切线 γ_L 与水和固体接触面 γ_{SL} 所成的夹角。润湿角 θ 越小，表明材料越被水润湿。当材料的润湿角 $\theta\leqslant 90°$ 时，为亲水性材料，水在材料表面可以铺展开，且能通过毛细管作用自动将水吸入材料内部；当材料的润湿角 $\theta>90°$ 时，为憎水性材料，水在材料表面不仅不能铺展开，而且水分不能渗入材料的毛细管中，如图 1.3 所示。

大多数工程材料，如石料、砖、混凝土、木材等都属于亲水性材料，表面都能够被水润湿。沥青、石蜡等属于憎水性材料，表面不能被水润湿。该类材料一般能阻止水分渗入毛细管中，因而能降低材料的吸水性。憎水性材料不仅可用作防水材料，而且还可用于亲水性材料的表面处理，以降低其吸水性。

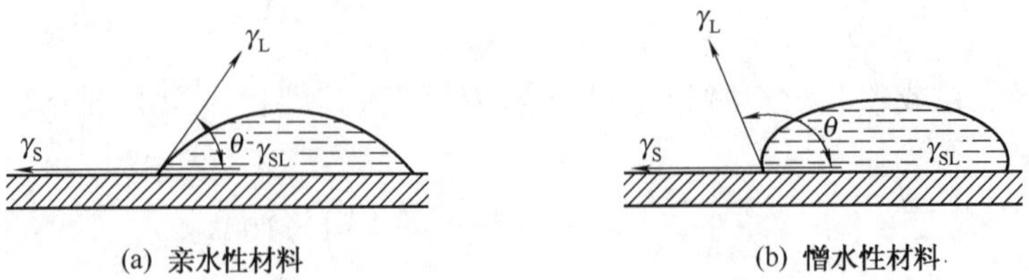

图 1.3　材料润湿示意图

2. 吸水性

材料在水中吸收水分的性质称为吸水性。吸水性的大小以吸水率表示，吸水率有质量吸水率和体积吸水率两种表示方法。

(1)质量吸水率

质量吸水率是指材料吸水饱和时，所吸收水的质量占材料干燥质量的百分率，可按下式计算：

$$W_{质量}=\frac{m_1-m}{m}\times100\%$$

式中　$W_{质量}$——材料的质量吸水率，%；

m——材料在干燥状态下的质量，g；

m_1——材料在吸水饱和状态下的质量，g。

(2)体积吸水率

体积吸水率是指材料吸水饱和时，所吸收水分体积占材料干燥体积的百分率，可按下式计算：

$$W_{体积}=\frac{m_1-m}{V_0}\times100\%$$

式中　$W_{体积}$——材料的体积吸水率，%；

V_0——材料在自然状态下的体积，cm^3。

材料的体积吸水率与质量吸水率之间的关系为

$$W_{体积}=W_{质量}\times\rho_0$$

式中　ρ_0——材料在干燥状态下的表观密度，g/cm^3。

材料吸水率的大小不仅取决于材料本身与水的亲和能力，还与材料孔隙率、孔隙特征密切相关。一般孔隙率越大，吸水率也越大；孔隙率相同的情况下，具有细小连通孔隙的材料比具有较多粗大开口孔隙的材料吸水性强。

吸水率的增大对材料的性质有一定影响，如表观密度增加，体积膨胀，导热性增大，强度及抗冻性下降等。

在材料的孔隙中，不是所有孔隙都能够被水所填充。如封闭的孔隙，水分不易渗入；而粗大的孔隙，水分又不易存留，故材料的体积吸水率常小于孔隙率。这类材料常用质量吸水率表示它的吸水性。

对于某些轻质材料，如软木、泡沫塑料等，由于具有很多开口且微小的孔隙，所以它的质量吸水率往往超过 100%，即湿质量为干质量的几倍，在这种情况下最好用体积吸水率表示其吸水率。

3. 吸湿性

材料在潮湿的空气中吸收水分的性质称为吸湿性。吸湿性的大小用含水率表示。

含水率为材料所含水的质量占材料干燥质量的百分数，可按下式计算：

$$W_{含}=\frac{m_1-m}{m}\times100\%$$

式中　$W_{含}$——材料的含水率，%；

m_1——材料含有水分时的质量，g；

m——材料干燥至恒重时的质量，g。

材料的吸湿性不仅与材料的组成、孔隙率、孔隙特征有关，还与周围环境的温度与湿度有关。一般而言，周围环境的温度越高，湿度越低，含水率越小。材料吸湿后，除了本身质量增加外，还会降低其绝热性能、强度及耐久性，对工程产生不利的影响。

干燥的材料在空气中能吸收空气中的水分；潮湿的材料在空气中又会失去水分，最终材料中的水分与周围空气的湿度达到平衡，此时，材料的含水率称为平衡含水率。

4. 耐水性

材料长期在水的作用下不破坏，强度也不显著降低的性质称为耐水性。

一般材料含有水分时，由于内部微粒间结合力减弱而强度有所降低，即使致密的材料也会使材料强度有所下降。若材料中含有某些易被水软化的物质(如黏土、石膏等)，强度降低会更为严重。因此，对长期处于水中或潮湿环境中的工程材料，必须考虑其耐水性。

材料的耐水性以软化系数表示，可按下式计算：

$$K_{软}=\frac{f_{饱}}{f_{干}}$$

式中　$K_{软}$——软化系数；

$f_{饱}$——材料在吸水饱和状态下的抗压强度，MPa；

$f_{干}$——材料在干燥状态下的抗压强度，MPa。

软化系数 $K_{软}$ 在 0～1 之间。软化系数的大小，可成为选择材料的重要依据。工程上通常把软化系数大于 0.8 的材料称为耐水材料，对于经常与水接触或处于潮湿环境的重要建筑物，要求材料的软化系数大于 0.85；用于受潮较轻或次要的建筑物时，材料的软化系数也不得小于 0.75。

5. 抗渗性

抗渗性是指材料在压力水作用下抵抗渗透的性质。材料的抗渗性大小通常用渗透系数和抗渗等级表示。

(1)渗透系数

根据达西定律，在一定时间内，透过材料试件的水量 Q 与试件断面面积 A 及水位差 h 成正比，与试件厚度 d 成反比，即

$$K=\frac{Qd}{Ath}$$

式中　K——渗透系数，m/s；

Q——渗透水量，m^3；

A——透水面积，m^2；

d——试件厚度，m；

h——水位差，m；

t——透水时间,s。

渗透系数越小,表明材料抵抗渗透能力越强。一些防水材料(如防水卷材)的防水性常用渗透系数表示。

(2)抗渗等级

材料的抗渗等级是指用标准方法进行透水试验时,标准试件在透水前所能承受的最大水压力,以字母 P 及可承受的水压力表示。如 P4、P6、P8、P10 表示试件能承受 0.4 MPa、0.6 MPa、0.8 MPa、1.0 MPa 的水压力而不渗透。可见,抗渗等级越高,抗渗性越好。

材料抗渗性大小不仅与其亲水性有关,更取决于材料的孔隙率及孔隙特征。孔隙率小并且孔隙封闭的材料,具有较高的抗渗性。

地下建筑物及储水构筑物常受到压力水的作用,因此要求所用材料应具有一定的抗渗性。

6. 抗冻性

抗冻性是指材料在吸水饱和状态下,能经受反复冻融循环作用而不破坏,强度不显著降低的性能。

材料吸水后,在负温作用条件下,水在材料毛细孔内冻结成冰,因体积膨胀所产生的冻胀压力会造成材料的内应力,使材料遭到局部损坏。随着冻融循环的反复,材料的破坏作用逐步加剧。

材料抗冻性以抗冻等级表示。抗冻等级是将材料按规定方法进行冻融循环试验,以质量损失不超过 5%、强度下降不超过 25%时所能经受的最大冻融循环次数来划分。材料的抗冻等级可分为 F15、F25、F50、F100、F200 等,分别表示此材料可承受 15 次、25 次、50 次、100 次、200 次的冻融循环而不发生破坏。

材料抗冻性的好坏不仅取决于材料的孔隙率及孔隙特征,并且还与材料受冻前吸水饱和程度、材料本身强度以及冻结条件(如冻结温度、速度、冻融、循环作用的频繁程度)等有关。

材料的强度越低,开口孔隙率越大,则材料的抗冻性越差。

抗冻等级越高,材料耐久性越好。抗冻等级的选择应根据工程种类、结构部位、使用条件、气候条件等因素来决定。在路桥工程中,处于水位变化范围内的结构材料将反复受到冻融循环作用,此时材料的抗冻性大小将影响到结构物的耐久性。

1.1.3 材料与热有关的性质

1. 导热性

材料传导热量的性质称为导热性。当材料两侧表面存在温差时,热量会由温度较高的一面传向温度较低的一面。材料的导热性可用导热系数表示。

以单层平板为例,如图 1.4 所示,若 $T_1 > T_2$,经过时间 t,由温度为 T_1 的一侧传至温度为 T_2 的一侧的热量为

$$Q=\lambda A\frac{(T_1-T_2)t}{d}$$

则导热系数的计算公式为

$$\lambda=Q\frac{d}{A(T_1-T_2)t}$$

式中 λ——导热系数,W/(m·K);

Q——传导的热量,J;

d——材料的厚度,m;

A——传热面积,m^2;

t——传热时间,s;

T_1-T_2——材料两侧的温度差,K。

材料的导热系数越小,保温性能越好。工程材料的导热系数一般为0.02~3.00 W/(m·K)。通常把$\lambda \leqslant 0.23$ W/(m·K)的材料作为保温隔热材料。

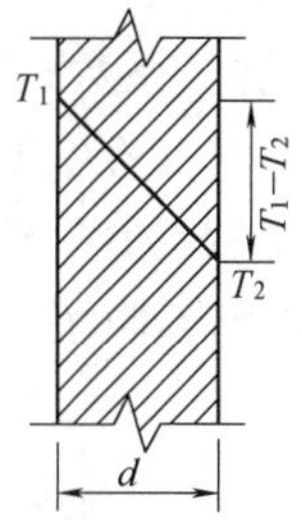

图1.4 材料导热示意图

材料的导热性与材料的孔隙率、孔隙特征有关。一般而言,孔隙率越大,导热系数越小。具有互不连通封闭微孔构造材料的导热系数,要比粗大连通孔隙构造材料的导热系数小。当材料的含水率增大时,导热系数也随之增大。

材料的导热系数对构筑物的保温隔热有重要意义。在大体积混凝土温度及温度控制计算中,混凝土的导热系数是一个重要指标。几种常用材料的导热系数见表1.2。

表1.2 常用材料的导热系数

材料名称	导热系数[W/(m·K)]	材料名称	导热系数[W/(m·K)]
钢	44.74	松木横纹	0.17
花岗岩	3.50	石膏板	0.25
普通混凝土	1.51	水	0.58
普通黏土砖	0.80	密闭空气	0.023
松木顺纹	0.34		

2.热容量

热容量是指材料在受热时吸收热量、冷却时放出热量的性质。材料吸收或放出的热量可按下式计算:

$$Q=cm(T_1-T_2)$$

式中 Q——材料吸收或放出的热量,J;

c——材料的比热容,J/(kg·K);

m——材料的质量,kg;

T_1-T_2——材料受热或冷却前后的温差,K。

比热容是指单位质量材料在温度升高或降低1 K时所吸收或放出的热量,是反映不同材料热容性差别的参数,可由上式导出,即

$$c=\frac{Q}{m(T_1-T_2)}$$

混凝土的比热容为1×10^3 J/(kg·K),钢为0.48×10^3 J/(kg·K),松木为2.72×10^3 J/(kg·K),普通黏土砖为0.88×10^3 J/(kg·K),水为4.19×10^3 J/(kg·K)。

在冬、夏季施工中,对材料加热或冷却进行计算时,均要考虑材料的热容量。在构筑物中,选用导热系数小、比热容大的材料,可以降低能耗并长时间保持室内温度的稳定。

3.热膨胀系数

材料随着温度的升高或降低,体积会膨胀或收缩,其比率如果是以两点之间的距离计算时,称为线膨胀系数;如果以材料的体积计算时,则称为体膨胀系数。在工程实践中,常用线膨

胀系数。

线膨胀系数是指在一定温度范围内，材料由于温度上升或下降 1 ℃所引起的长度增长或缩短值，与其在 0 ℃时的长度之比。例如：钢筋的线膨胀系数为(10～12)×10^{-6}/℃，混凝土的线膨胀系数为(5.8～12.6)×10^{-6}/℃。线膨胀系数是计算材料因温度变化时所引起的变形和温度应力大小的重要参数。

1.2 材料的力学性质

材料的力学性质包括材料的强度、变形性能、硬度以及耐磨性能等。

1.2.1 材料的强度

材料的强度是指材料在外力(荷载)作用下抵抗破坏的能力。通常以材料在外力作用下失去承载能力时的极限应力来表示，亦称为极限强度。

由于外力作用方式的不同，材料强度主要有抗压、抗拉、抗剪、抗弯(抗折)强度等，其数值是通过对材料试件进行破坏试验而测得的，如图 1.5 所示。

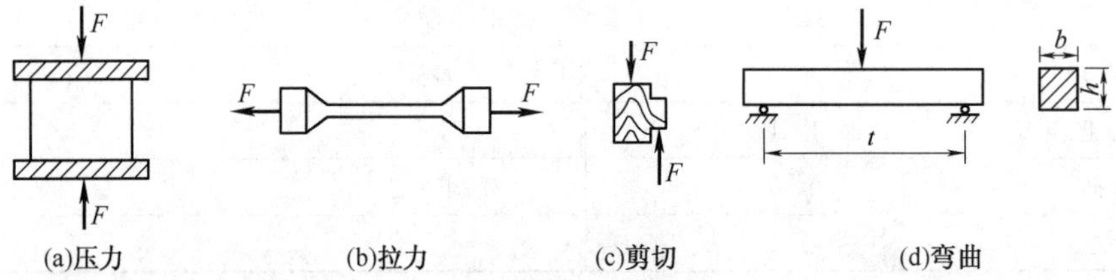

图 1.5 材料承受各种外力示意

材料的抗压、抗拉、抗剪强度可按下式计算：

$$f=\frac{F}{A}$$

式中 f——材料抗拉、抗压、抗剪强度，MPa；

F——材料破坏时的最大荷载，N；

A——试件受力面积，mm^2。

材料的抗弯强度与受力情况有关。一般试验方法是将条形试件放在两支点上，中间作用一集中荷载，对矩形截面试件，其抗弯强度可按下式计算：

$$f_W=\frac{3Fl}{2bh^2}$$

式中 f_W——材料的抗弯强度，MPa；

F——材料受弯破坏时的最大荷载，N；

l——两支点的间距，mm；

b，h——试件横截面的宽度及高度，mm。

材料的强度主要取决于材料的成分、组织结构与受力特点。不同种类的材料，强度不同；同一种材料，受力情况不同时，强度也不同。如混凝土、砖、石等脆性材料，抗压强度较高，抗弯强度很低，抗拉强度则更低；而低碳钢、有色金属等，其抗压、抗拉、抗弯、抗剪强度则大致相等。同一种材料，当组织结构不同时，强度也有较大的差异。如孔隙率大的材料，强度往往较低。

又如层状材料或纤维状材料则会表现出各向强度有较大的差异。细晶结构的材料,强度一般要高于同类粗晶结构材料。

除上述内在因素会影响材料强度外,测定材料强度时的试验条件,如试件尺寸和形状、试验时的加荷速度、温度与湿度、试件的含水率等也会对试验结果有较大的影响。如测定混凝土强度时,同样条件下,棱柱体试件的抗压强度要小于同样截面尺寸的立方体试件抗压强度。尺寸较小立方体试件强度要高于尺寸较大的立方体试件强度。加荷速度较快时强度测定值要比加荷速度较慢时强度测定值高一些。因此在测定材料强度时,必须严格按照标准规定的方法进行。

对于以强度为主要指标的材料,通常以材料强度值的高低划分成若干等级,称为强度等级,如水泥、混凝土、砂浆等材料强度的大小,常用强度等级来表示。

1.2.2 材料的变形

1. 材料的弹性与塑性

材料在外力作用下产生变形,当外力取消后,又能恢复原来形状的性质称为弹性,这种能完全恢复的变形称为弹性变形(或瞬间变形)。

在外力作用下,材料产生变形,当外力取消后,材料不能恢复到原来形状,且不产生裂缝的性质称为塑性,这种不能恢复的变形称为塑性变形(或永久变形)。

实际上,纯粹的弹性材料是没有的。有些材料如建筑钢材,当应力不大时表现为弹性变形,而应力超过一定限度后,即发生塑性变形;有些材料如混凝土,受力后弹性变形与塑性变形同时发生,外力除去后,弹性变形可以恢复,塑性变形不能恢复。

材料的弹性与塑性除与材料本身的成分有关外,还与外界条件有关。例如材料在某一温度和外力条件下属于弹性性质,但当改变其条件时,也可能变为塑性性质。

2. 材料的脆性与冲击韧性

(1)材料的脆性

材料在外力作用下达到一定限度发生突然破坏,破坏时无明显塑性变形的性质称为脆性,具有这种性质的材料称为脆性材料,如石料、混凝土、生铁、石膏、陶瓷等。这类材料的抗拉强度远小于抗压强度,不宜承受冲击或振动荷载作用。

(2)材料的冲击韧性

材料在冲击、振动荷载作用下抵抗破坏的性能,称为冲击韧性。冲击韧性以材料冲击破坏时消耗的能量表示。有些材料在破坏前有显著的塑性变形,如低碳钢、有色金属、木材等。这类材料在冲击振动荷载作用下,能够吸收较大的能量,产生较大的变形,有较高的韧性。用于桥梁、路面、吊车梁等承受冲击、振动荷载作用和有抗震要求及负温下工作的结构材料,要求具有较高的冲击韧性。

1.2.3 材料的硬度和耐磨性

1. 材料的硬度

材料的硬度是指材料抵抗其他硬物刻画、压入其表面的能力,反映了材料表面的坚硬程度。不同材料的硬度测定方法不同。刻画法用于天然矿物硬度的划分,按滑石、石膏、方解石、萤石、磷灰石、正长石、石英、黄玉、刚玉、金刚石的顺序,分为 10 个硬度等级。回弹法用于测定混凝土表面硬度,并间接推算混凝土的强度,也用于测定砖、砂浆、塑料、橡胶、金属等的表面硬度并间接推算其强度。一般情况下，硬度大的材料耐磨性较强，但不易加工。

2. 材料的耐磨性

材料的耐磨性是指材料表面抵抗磨损的能力。

建筑工程中，用于道路、地面、踏步等部位的材料，均应考虑其硬度和耐磨性。一般来说，强度较高且密实的材料，其硬度较大，耐磨性较好。

1.3 材料的耐久性

材料的耐久性是指在各种外界因素作用下，能长期正常工作，不破坏、不失去原来性能的性质。

材料在构筑物中，除受到外力作用外，还长期受到使用环境中各种自然因素的破坏作用，包括物理作用、化学作用及生物作用。

物理作用包括干湿变化、温度变化及冻融作用。干湿变化、温度变化可引起材料胀缩，并导致内部裂缝扩展，长此以往材料就会破坏。在寒冷地区，冻融作用对材料的破坏更为明显。

化学作用主要是指酸、碱、盐等物质的水溶液及气体对材料的侵蚀作用，使材料变质而破坏。

生物作用是指昆虫、菌类对材料的蛀蚀，使材料产生腐朽而破坏。

各种材料会受到不同的作用而产生破坏。如砖、石、混凝土等工程材料大多由于外力作用而破坏；金属材料易被氧化腐蚀；木材及其他植物纤维组成的天然有机材料，常因生物作用而破坏；沥青及高分子合成材料，在阳光、空气、热的作用下会逐渐硬脆老化而破坏；无机非金属材料因碳化、溶蚀、冻融、热应力、干湿交替作用而破坏，如混凝土的碳化，水泥石的溶蚀，砖、混凝土等材料的冻融破坏；处于水中或水位升降范围内的混凝土、石材、砖等材料，因受环境水的化学侵蚀作用而破坏。因此，工程材料在储运及使用过程中应采取妥善的措施，提高材料的耐久性。

材料的耐久性是一项综合性质，包括材料的抗渗性、抗冻性、抗风化性、抗化学侵蚀性、抗碳化性、大气稳定性及耐磨性等。

影响耐久性的内在因素很多，主要有材料的组成与构造、材料的孔隙率及孔隙特征、材料的表面状态等。提高材料耐久性的主要措施有：设法减轻大气或其他介质对材料的破坏作用，如降低湿度、排除侵蚀性物质；采取各种方法尽可能提高材料本身的密实度，改善材料的孔隙结构；适当改变成分，进行憎水处理及防腐处理等；给材料表面加保护层以增强抵抗环境作用的能力。

复习思考题

1. 何谓材料的密度、表观密度、堆积密度？如何计算？

2. 材料的孔隙率和孔隙特征对材料的吸水性、吸湿性、抗渗性、抗冻性、强度及保温隔热性能有何影响？

3. 某工程共需普通黏土砖 50 000 块，用载重量 5 t 的汽车分两批运完，每批需汽车多少辆？每辆车应装多少砖？（砖的表观密度为 1 800 kg/m^3，1 m^3 按 684 块计）

4. 已知普通砖的密度为 2.5 g/cm^3，表观密度为 1 800 kg/m^3，试计算该砖的孔隙率和密实度。

5. 某一块状材料的烘干质量为 100 g，自然状态下的体积为 40 cm^3，绝对密实状态下的体积为 30 cm^3，试计算其密度、密实度和孔隙率。

6. 材料的亲水性和憎水性在实际工程中有什么实际意义？

7. 何谓材料的吸水性、吸湿性、耐水性、抗渗性和抗冻性？各用什么指标表示？

8. 材料的质量吸水率和体积吸水率有何不同？两者存在什么关系？什么情况下用体积吸水率表示材料的吸水性？

9. 收到含水率 5% 的砂子 500 t，干砂实为多少？需要干砂 500 t，应进含水率 5% 的砂子多少？

10. 软化系数是反映材料什么性质的指标？它的大小与该项性能的关系是什么？

11. 何谓材料的导热性？为什么表观密度小的材料导热系数也小？

12. 弹性变形和塑性变形有何区别？脆性材料和韧性材料各有何特点？

13. 何谓材料的耐久性？

项目 2 天然石材

项目描述

本项目主要介绍天然石材的分类、技术性能指标和应用原则。通过对该项目的学习训练，掌握天然石材技术性能指标的检测方法。

学习目标

1. 能力目标

(1)能正确使用试验仪器对天然石材技术性能指标进行检测；

(2)能科学合理地选用天然石材。

2. 知识目标

(1)了解天然石材的分类；

(2)掌握天然石材的技术性质和技术标准；

(3)掌握天然石材的应用原则，能够根据不同的工程环境合理选择天然石材。

石材是指具有一定的物理、化学性能，可用作工程材料的岩石，分天然石材和人造石材两大类。由天然岩石开采的，经过或不经过加工而制得的石材，称为天然石材。我国对天然石材的使用有着悠久的历史和丰富的经验。例如河北的隋代赵州桥、江苏洪泽湖大堤、人民英雄纪念碑等，都是使用天然石材的典范。由于天然石材具有抗压强度高，耐久性和耐磨性良好，资源分布广，便于就地取材等优点，至今仍被广泛应用。重质致密的块体石材，常用于砌筑基础、桥涵、挡土墙、护坡、沟渠与隧道衬砌等，属于这类岩石的散粒石料，如碎石、砾石、砂等，则广泛用作混凝土骨料、道砟和铺路材料等；轻质多孔的块体石材常用作墙体材料，属于这类岩石的粒状石料可用作轻混凝土的骨料；坚固耐久、色泽美观的石材，可用作建筑物的饰面或保护材料。但岩石的性质较脆，抗拉强度较低，表观密度大，硬度高，给开采和加工带来较大困难。

2.1 天然岩石的分类

岩石是由各种不同地质作用所形成的天然固态矿物组成的集合体。矿物是在地壳中受各种不同地质作用所形成的具有一定化学组成和物理性质的单质(如自然金、石墨等)或化合物

(如云母、角闪石等),组成岩石的矿物称为造岩矿物。由单一矿物组成的岩石叫单矿岩,由两种或更多种矿物组成的岩石叫多矿岩。例如:石灰岩是由方解石矿物组成的单矿岩,花岗岩是由长石、石英、云母等几种矿物组成的多矿岩。

2.1.1 岩石的分类

岩石的种类很多,按形成原因不同,可分为岩浆岩、沉积岩和变质岩三大类。

1. 岩浆岩

岩浆岩又称为火成岩,是熔融岩浆在地下或喷出地表后冷却凝结而成的岩石,其物质成分主要是硅酸盐矿物。岩浆存在于地壳深部,处在高温高压条件下,当地壳发生构造运动时,岩浆便冲开岩层薄弱地带,向压力较低的方向流动。当其上升到一定高度,即内压力与上覆岩层的外压力达到平衡时,岩浆便在地层下冷凝成岩;岩浆还可能沿着地壳的缝隙冲出而在地表冷凝成岩。根据成岩的位置不同,岩浆岩可分为深成岩、浅成岩、喷出岩(火山岩)。

(1)深成岩:岩浆在地下深处冷凝成岩时称为深成岩。这类岩石结晶完整,晶粒粗大,构造密实,抗压强度高。工程上常用的深成岩有花岗岩、闪长岩、辉长岩等。

(2)浅成岩:岩浆在地下浅处冷凝成岩时称为浅成岩。工程中常用的浅成岩有花岗斑岩、辉绿岩等。

(3)喷出岩:岩浆从地壳缝隙中喷出,冷凝成岩时称为喷出岩。工程中常用的喷出岩有玄武岩、安山岩等。

2. 沉积岩

露出地表的各种先期形成的岩石,经风化、剥蚀作用成为岩石碎屑,再经流水、风力、冰川等自然搬运、沉积,又经长期的压密、胶结、重结晶等作用,在地表及其附近形成的岩石,称为沉积岩。沉积岩又称水成岩,其主要特征是呈层理状构造,外观多层理,且各层岩石的成分、构造、颜色均有不同。多数沉积岩的表观密度较小,孔隙率和吸水率较大,强度较低,耐久性较差。根据沉积条件的不同,沉积岩可分为碎屑沉积岩(如砂岩)、黏土沉积岩(如泥岩、页岩等,主要作为生产砖瓦、陶瓷、水泥的原料使用)、化学沉积岩(如白云岩、石膏、菱镁石和部分石灰岩等)和生物化学沉积岩(如石灰岩、白垩、贝壳岩、珊瑚、硅藻土)等几类。

3. 变质岩

地壳中原有的岩石,由于地壳运动,被覆盖在地下深处,在高温、高压和化学性质活泼的液体渗入作用下,造成原岩的物理和化学变化,改变了原来岩石的结构、构造甚至矿物成分,形成一种新的岩石,称为变质岩,如板岩、片麻岩、大理岩和石英岩等。

2.1.2 工程中常用的岩石

1. 工程中常用的岩浆岩

(1)花岗岩

花岗岩属于酸性的深成岩,常呈灰白色,也有微黄、淡红、暗红等色。由于含有深色矿物而呈花点状,故俗称麻石、豆渣石,表观密度大,达 2 500~2 700 kg/m^3,抗压强度高,可达 120~250 MPa,孔隙率和吸水率很小,耐磨性、抗冻性、耐水性、耐酸性、抗风化性能好。构造均匀,能锯解成片,表面经琢磨后具有花点状色彩,光泽美观,有很好的装饰性。由于花岗岩分布广泛,性能优良,是良好的工程材料,大量应用于构筑物的基础、墩台、闸坝、路面、护坡、挡土墙等，尤其适用于修建纪念性建筑物，其板材是建筑物的高档饰面材料，其碎石可用做铁路道砟，也是拌制普通混凝土和耐酸混凝土的骨料。

(2)辉绿岩

辉绿岩是浅成岩浆岩，颜色多为灰绿和墨绿，半晶质结构。内部组织结构密实，强度高，耐酸性能好，能劈解成较规则的块材，多用于高质量的路面及建筑物的衬面，其碎石可作普通混凝土和耐酸混凝土的骨料。因熔点较低(1 400～1 500 ℃)，故能加热熔化后浇铸成铸石，可铸成各种板材、块材、管材和形态较复杂的制品。

(3)玄武岩

玄武岩是喷出岩中最普遍的一种，颜色常呈深灰色、黑色、棕黑色，暗淡无光，具有细粒致密结构或斑状结构，呈气孔状构造或杏仁状构造。玄武岩的硬度、强度都很高，抗压强度可达250～500 MPa，常用于基础、桥梁等石砌体和高强度混凝土的粗骨料，也常用来建造道路路面。玄武岩熔点较低，是制造铸石和岩棉的主要原料。

(4)火山凝灰岩

当岩浆冲出地表喷向空中时，即成粉碎状态并急速冷却，下落时形成不同粒径的颗粒，其中粉状疏松的沉积物称为火山灰，多孔颗粒称为浮石，这些火山灰、浮石被岩浆或其他物质胶结起来，成为火山凝灰岩。由于火山灰沉积时比较疏松，而岩浆胶结时冷却得较快，加之许多挥发性气体的扩张作用，使火山凝灰岩具有多孔特征，表观密度小，抗压强度较低，为5～20 MPa。火山凝灰岩可作为墙体材料和轻混凝土的骨料，同时也是水泥的重要掺合料。

主要岩浆岩的矿物成分及性质可参见表2.1。

表2.1 岩浆岩的矿物成分及主要性质

岩浆岩		矿物成分	主要性质	
深成岩	浅成岩、喷出岩		表观密度(kg/m^3)	抗压强度(MPa)
花岗岩	石英斑岩	石英、长石、云母	2 500～2 700	120～250
闪长岩	安山岩	长石、暗色矿物	2 800～3 000	150～300
辉长岩	玄武岩、辉绿岩	暗色矿物	2 900～3 300	250～500

2. 工程中常用的沉积岩

(1)石灰岩

石灰岩俗称灰岩或青石，属于化学沉积岩或生物化学沉积岩，化学成分以$CaCO_3$为主。石灰岩通常为灰白色、浅灰色，有时因含杂质而呈现灰白、深灰、灰黑、浅黄、淡红等颜色，有明显的层理，由于构造不同，质量变化范围较大。其中密实的石灰岩密度大，强度高，抗渗性、抗冻性好，硬度较低，易于开采。石灰岩分布很广，在建筑工程中广泛应用于砌筑基础、墩台、挡土墙、沟槽及路面等，其碎石可作为混凝土骨料和铁路道砟材料。此外，石灰岩也是生产石灰和水泥的主要原料，但不得用于酸性水和CO_2含量较多的水中，因为$CaCO_3$容易被酸性物质腐蚀。

(2)砂岩

砂岩是指粒径为0.05～2 mm的砂粒被天然胶结物胶结而成的岩石。由于胶结物的成分不同，使砂岩的性能差别很大，强度在5～200 MPa范围内变化，耐水性能也有很大差别，选用时要注意鉴别。

硅质砂岩以氧化硅为胶结物，呈白、淡灰、淡黄、淡红等色，强度高，抗风化能力强，能磨光，有光泽，可用于各种装饰、浮雕、路面、地面、基础、墩台、纪念碑等各种建筑工程。

钙质砂岩以碳酸钙为胶结物，呈白色或灰白色，具有一定的强度，但易受酸的侵蚀，质地较软，易加工，可用于基础、墙身、台阶、挡土墙、人行道等工程。

铁质砂岩以氧化铁为胶结物，呈紫红色或棕红色，强度和稳定性不如硅质砂岩，容易风化，耐久性较差，不宜用于工程结构。

泥质砂岩以黏土质为胶结物，呈黄色，吸水性大，易软化，强度与稳定性差，不能用于工程结构。

(3)砾岩、角砾岩

砾岩、角砾岩是由50%以上直径大于2 mm的碎屑物质经过胶结而成。其中碎屑颗粒已磨圆的为砾岩，未磨圆的为角砾岩。质地坚硬，颜色不均匀，开采修凿较困难，很少用作建筑材料。

3.工程中常用的变质岩

(1)大理岩

大理岩因最初产于云南大理而得名。它由石灰岩、白云岩等在长期高温、高压和一些矿物质的浸染作用变质而成，主要矿物成分为方解石、白云石，为等粒变晶结构，块状构造。

纯大理岩为雪白色，俗称“汉白玉”。当含有不同的杂质时，呈现不同的颜色，如灰色、绿色、黑色、玫瑰色、粉红色等多种色彩，岩石中含有网脉和花纹，抗压强度为47～140 MPa。大理岩由于密实度高，质地较软，容易锯解成板或制成其他形式的构件，能很好地磨平和磨光，磨光后鲜艳美观，常用于装饰衬面工程，如用作地面、墙面、柱面、柜台、栏杆、台阶和各种浮雕制品等，是室内外的高级装饰材料。由于方解石的成分易受空气中 SO_2 的腐蚀，使大理石表面变得粗糙多孔而失去光泽，故多用于室内，但含白云石或白云石质石灰石的大理石，如艾叶青等，可用于室外装饰。

(2)石英岩

石英岩是由硅质砂岩变质而成的，变质后形成致密均匀的晶体。石英岩的强度很高，可达400 MPa，硬度大，加工困难，但耐久性强，故常用作重要建筑、纪念性建筑的贴面石，工业上耐磨及耐酸的贴面材料，其碎块可用于道路或作为混凝土的粗骨料。

(3)片麻岩

片麻岩是由花岗岩、辉长岩等变质而成的。矿物成分与花岗岩相似，为等粒变晶结构或斑状变晶结构，片理状构造，因此，片麻岩各个方向的物理力学性质不同，垂直于片理方向的抗压强度为150～200 MPa。沿片理方向易于开采和加工，但在冻融交替作用下易成层剥落，其他性质均比花岗岩差，且片麻岩因易风化，故只能用于不重要的建筑工程，其块石常用于砌筑基础、勒脚、人行道的石板，其碎石可作混凝土的骨料。

2.2 石材的技术性质

天然石材的技术性质，可分为物理性质、力学性质和工艺性质。

天然石材因形成条件各异，常含有不同种类的杂质，矿物成分也会有所变化，所以，即使是同一类岩石，它们的性质也可能有很大差别。因此在使用时，都必须进行检验和鉴定，以保证工程质量。

2.2.1 物理性质

1. 表观密度

根据表观密度大小，将天然石材分为轻质石材和重质石材。表观密度小于 1 800 kg/m^3 的为轻质石材，可用作墙体材料和轻混凝土的骨料；表观密度大于 1 800 kg/m^3 的为重质石材，可用于基础、桥涵、墩台、隧道、挡土墙、道路及衬面。

表观密度的大小可以间接反映石材的致密程度与孔隙多少。在通常情况下，同种石材的表观密度越大，则抗压强度越高，吸水率越小，耐久性和导热性越好。

2. 吸水性

吸水率低于 1.5%的岩石称为低吸水性岩石，介于 1.5%～3.0%的称为中吸水性岩石，吸水率高于 3.0%的称为高吸水性岩石。

深成岩以及许多变质岩，它们的孔隙率都很小，故吸水率也很小，例如花岗岩的吸水率通常小于 0.5%。沉积岩由于形成条件、密实程度与胶结情况有所不同，因而孔隙率与孔隙特征的变化较大，从而导致此类石材吸水率的波动也很大。例如致密的石灰岩，它的吸水率可小于 1%，而多孔贝壳石灰岩吸水率可高达 15%。

石材的吸水性对其强度与耐水性有很大影响。石材吸水后，会降低颗粒之间的黏结力，从而使强度降低。

3. 耐水性

石材的耐水性用软化系数表示。岩石中含有较多的黏土或易溶物质时，软化系数则较小，其耐水性较差。根据软化系数大小，可将石材分为高、中、低三个等级。软化系数大于 0.90 为高耐水性，软化系数在 0.75～0.90 之间为中耐水性，软化系数在 0.60～0.75 之间为低耐水性，软化系数小于 0.80 者，则不允许用于重要建筑物中。在铁道工程中，处于浸水和潮湿地区的石砌体，要求石料的软化系数应不低于 0.8。

4. 抗冻性

在寒冷地区，尤其是严寒地区，用于潮湿环境或水位升降范围内的石材，必须考虑其抗冻性。石材的抗冻性与其矿物组成、吸水性及冻结温度有关。吸水率越小的石材，抗冻性越好。如花岗岩、石灰岩、坚硬致密的砂岩等，抗冻性都很好。冻结温度越低或冷却速度越快，则冻结破坏的程度也越大。

石材的抗冻性指标用抗冻等级表示。石材试件在规定的试验条件下，经规定次数冻融循环后，如质量损失不超过 5%，强度降低不大于 25%，无贯穿性裂纹，则认为抗冻性合格。

5. 耐热性

石材的耐热性与其化学成分、矿物组成有关。石材经高温后，由于热胀冷缩、体积变化而产生内应力或因组成矿物发生分解和变异等易导致结构破坏。如含有石膏的石材，在 100 ℃以上时就开始破坏；含有碳酸镁的石材，温度高于 725 ℃会发生破坏；含有碳酸钙的石材，温度达 827 ℃时开始破坏。由石英与其他矿物所组成的结晶石材，如花岗岩等，当温度达到 700 ℃以上时，由于石英受热发生膨胀，强度迅速下降。

6. 抗风化性能

石材因长期受温度变化、水的侵害、冻融破坏及各种气体（如 CO_2、O_2 等）的侵蚀作用，逐渐崩解碎裂或变成新的矿物成分，这种现象称为风化。根据石材的抗风化性能，将其分为不易风化岩石和易风化岩石两大类，其性能见表 2.2。

表 2.2 石材按抗风化性能的分类

分　　类	不易风化的岩石		易风化的岩石
软化系数	>0.75		≤0.75
抗 冻 性	好		差
岩浆岩的结构	细晶粒		粗晶粒
造岩矿物	以石英为主	橄榄石、辉石、角闪石较多	长石、黄铁矿、黑云母较多
胶 结 物	硅　　质	钙　　质	泥　　质
耐风化时间	暴露1～2年后尚不易风化		暴露数日至数月后即出现风化

2.2.2 力学性质

天然石材的力学性质主要包括抗压强度、冲击韧性、硬度及耐磨性等。

1. 抗压强度

石材的强度取决于其矿物成分、结构和构造特征。如石英成分多的石材强度高，含脆弱片状云母多的石材强度低；沉积岩的强度随其胶结物不同而异；结晶质石材的强度高于玻璃质石材；致密构造的石材强度高于疏松多孔的石材；具有层状、带状或片状构造的石材，其垂直于层理方向的抗压强度较其他方向都高。

石材的抗压强度较高，但抗拉强度很小，只有抗压强度的2%～16%，抗剪强度居中，为抗压强度的10%～40%。因此，石材属于脆性材料，多用于承受压力的构件。

砌筑石材的抗压强度是以三个边长为70 mm的立方体试块，在标准条件下测得抗压极限强度的平均值，它是划分石材强度等级的依据。按其抗压强度大小，划分为MU100、MU80、MU60、MU50、MU40、MU30、MU20、MU15、MU10九个强度等级。

2. 冲击韧性

石材的冲击韧性取决于岩石的矿物组成与构造。石英岩、硅质砂岩脆性较大。含暗色矿物较多的辉长岩、辉绿岩等具有较高的韧性。通常，晶体结构的岩石较非晶体结构的岩石具有较高的韧性。

3. 硬度

石材的硬度取决于矿物组成的硬度与构造，凡由致密、坚硬矿物组成的石材，其硬度较高。矿物的硬度以莫氏硬度表示，常用刻画法表示，即按滑石、石膏、方解石、萤石、磷灰石、长石、石英、黄玉、刚玉、金刚石的硬度递增顺序分为十级，通过它们对矿物的划痕来测定所测矿物的硬度，称为莫氏硬度。这种方法是1824年奥地利矿物学家莫氏首先提出的，后来成为国际公认的硬度测定方法，并沿用至今。

4. 耐磨性

耐磨性是指石材在使用条件下抵抗摩擦、边缘剪切以及冲击等复杂作用的能力。石材的耐磨性包括耐磨损与耐磨耗两方面。耐磨损性以石材受摩擦作用时，其单位面积因摩擦而产生的质量损失量来表示。耐磨耗性以石材在同时受摩擦与冲击作用时，其单位面积的磨耗量表示。石材耐磨性与其矿物的硬度、强度和构造有关。石材的组成矿物越坚硬，构造越致密以及其抗压强度和冲击韧性越高，则石材的耐磨性越好。

凡是用于可能遭受磨损作用的场所，例如台阶、人行道、地面、楼梯踏步等和可能遭受磨耗作用的场所，例如道路路面的碎石等，均应采用具有高耐磨性的石材。

2.2.3 工艺性质

石材的工艺性质主要指其开采和加工过程的难易程度及可能性，包括加工性、磨光性与抗钻性等。

1. 加工性

石材的加工性主要是指对岩石开采、锯解、切割、凿琢、磨光和抛光等加工工艺的难易程度。强度、硬度、韧性较高的石材，不易加工。质脆而粗糙，有颗粒交错结构，含有层状或片状构造以及已风化的岩石，都难以满足加工要求。

2. 磨光性

磨光性指石材能否磨成平整光滑表面的性质。致密、均匀、细粒的岩石，一般都具有良好的磨光性，可以磨成光滑亮洁的表面。疏松多孔、有鳞片状构造的岩石，磨光性较差。

3. 抗钻性

抗钻性指石材钻孔时，其难易程度的性质。影响抗钻性的因素很复杂，一般石材的强度越高、硬度越大，越不易钻孔。

由于使用条件和用途不同，对石材的技术性质及其所要求的技术指标均有所不同。工程中用于基础、桥梁、隧道以及石砌工程的石材，一般规定其抗压强度、抗冻性与耐水性必须达到一定指标。常用天然石材的性能可见表 2.3。

表 2.3 常用天然石材的性能及用途

名称	主要技术指标			主要用途
	项目		指标	
花岗岩	表观密度（kg/m^3）		2 500～2 700	墙身、桥墩、基础、桥墩、拱石、阶石、路面、海港结构、基座、勒脚、窗台、装饰石材等
	强度（MPa）	抗压	120～250	
		抗折	8.5～15.0	
		抗剪	13～19	
	吸水率（%）		<1	
	膨胀系数（10^{-6}/℃）		5.6～7.34	
	平均韧性（cm）		8	
	平均质量磨耗（%）		11	
	耐用年限（年）		75～200	
石灰岩	表观密度（kg/m^3）		1 000～2 600	桥墩、墙身、基础、阶石、路面、石灰及粉刷材料的原料
	强度（MPa）	抗压	22.0～44.0	
		抗折	1.8～20	
		抗剪	8.5～18	
	吸水率（%）		2～6	
	膨胀系数（10^{-6}/℃）		6.75～6.77	
	平均韧性（cm）		7	
	平均质量磨耗（%）		8	
	耐用年限（年）		20～40	

续上表

名称	主要技术指标			主要用途
	项 目		指 标	
砂岩	表观密度(kg/m^3)		2 200～2 500	基础、桥墩、堤坝、拱石、阶石、路面、海港结构、基座、勒脚、窗台、装饰石材等
	强度(MPa)	抗压	47～140	
		抗折	3.5～14.0	
		抗剪	8.5～18	
	吸水率(%)		<10	
	膨胀系数(10^{-6}/℃)		9.02～11.2	
	平均韧性(cm)		10	
	平均质量磨耗(%)		12	
	耐用年限(年)		20～200	
大理岩	表观密度(kg/m^3)		2 500～2 700	装饰材料、踏步、地面、墙面、柱面、柜台、电器绝缘板等
	强度(MPa)	抗压	47～140	
		抗折	2.5～16.0	
		抗剪	8～12	
	吸水率(%)		<1	
	膨胀系数(10^{-6}/℃)		6.5～11.2	
	平均韧性(cm)		10	
	平均质量磨耗(%)		12	
	耐用年限(年)		30～100	

2.3 石材的品种和应用

2.3.1 砌筑用石材

砌筑用石材分为片石、块石和料石三类，其具体类别、规格和质量要求应符合相关规定，见表 2.4。

表 2.4 砌体工程所用石料的类别、规格和质量要求

序号	类 别	形 状	规格和质量要求
1	片 石	形状不规则	石块中部厚度不应于 15 cm，长度及宽度不小于厚度
2	块 石	形状规则，大致方正	稍加修整，厚度不应小于 20 cm，长度及宽度不小于厚度。丁石的长度应比相邻顺石宽度大 15 cm
3	料 石	形状规则的六面体	经粗加工，表面不允许凸出，凹入深度不大于 2 cm，厚度不小于 20 cm，宽度不小于厚度，长度不小于厚度 1.5 倍。外露面向内修凿进深不应小于 10 cm，且修凿面应与外露面垂直，每 10 cm 应凿切 4～5 条纹。丁石的长度应比相邻顺石宽度大 15 cm

1. 片石

片石又称毛石，是由采石场爆破直接获得的石块，按其形状规则程度又分为乱毛石和平毛石两类。

(1)乱毛石：乱毛石形状是不规则的，如图 2.1 所示。一般在一个方向的尺寸达 300～400 mm，中部厚度不小于 150 mm，每块质量为 15～30 kg。在建筑工程中常用于砌筑基础、勒脚、墙身和用作毛石混凝土的外加骨料。

(2)平毛石：是由乱毛石稍经加工而成的，如图 2.2 所示。形状较乱毛石整齐，大致有两个

图 2.1　乱毛石示意图

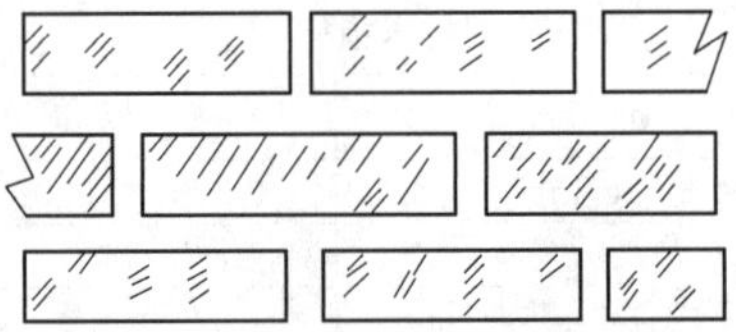

图 2.2　平毛石示意图

平行面，但表面粗糙，中部厚度不小于 200 mm。常用于砌筑建筑物的基础、勒脚、墙身以及铁道工程中涵洞的翼墙、沉井填心、拱桥填腹与铺砌防护工程。

2. 块石

块石是由岩层或大块岩石经开采加工而成的石块。块石的形状大致方正，上下表面大致平整，厚度不小于 20 cm，宽度为厚度的 1～1.5 倍，长度厚度的 1.5～3 倍，主要用于建筑物或构筑物的墙体、勒脚等部位的砌筑。

3. 料石

料石又称条石，通常选择质地均匀、耐久性好、不易风化的岩石，如花岗岩、砂岩等，经人工劈裂或机械切割而成较规则的六面体石块。按加工程度不同，分为毛料石、粗料石、半细料石和细料石四种。

(1)毛料石：又称块石，开采后稍经加工制得。外形大致方正，厚度与宽度不应小于 200 mm，长度为厚度的 1.5～3 倍，外露表面及叠砌面凹入深度不大于 25 mm，多用于砌筑建筑物的主要部位，如墙身、墙角、勒脚。

(2)粗料石：外形方正成六面体，其宽度、高度不应小于 200 mm，且不小于长度的 1/4，外露表面及叠砌面凹入深度均不大于 20 mm，粗料石主要用于高层和大跨度的建筑物基础、承重墙身的砌筑、拱桥和拱涵的拱圈砌筑。

(3)半细料石：规格尺寸同上，但外露表面凹入深度不应大于 15 mm。

(4)细料石：通过细加工，外形规则，规格尺寸同上，外露表面凹入深度不大于 10 mm。

半细料石与细料石主要用作柱头、柱脚、楼梯、台阶的踏步、窗台板、栏杆和其他外部镶面石料等。

2.3.2　饰面板材

由结构致密的岩石经凿平或锯解而成并且厚度一般为 20 mm 的石材称为板材。饰面板材要求耐久、耐磨、色泽美观、无裂缝。工程上常用的饰面板材有大理石板材、花岗石板材等。

1. 大理石板材

大理石板材指由大理岩、蛇纹岩等荒料(形状大致规则的大块石料)经锯切、研磨、抛光后裁切为一定规格的板材。大理石板材硬度小，易于加工和磨光，耐久年限达 40～100 年。大理石板材是用于建筑物室内高级饰面的材料，可用于墙面、地面、柱面、栏杆、踏步等。当用于室外时，因碳酸钙在大气中易受硫化物及水的作用，容易被腐蚀，使面层很快变色、失去光泽，并逐渐破损。所以只有少数几种，如汉白玉、艾叶青等质地纯、杂质少的品种，可用于室外饰面。

2. 花岗石板材

花岗石板材指由花岗岩、正长岩等荒料加工制成的板状产品。耐磨性和耐久性好，使用年限 75～200 年。根据用途和加工方法，花岗石板材分为三种。

(1)粗面板材:表面平整、粗糙,具有规则的斧纹或刨纹的板材,如剁斧板、机刨板、锤击板、烧毛板等。

(2)细面板材:表面平整、光滑的板材。

(3)镜面板材:表面平整、光滑、色泽鲜明,有镜面光泽的板材。

花岗石板材主要用于建筑工程室内外的地面、墙面、柱面、台阶等饰面工程。

2.3.3 碎石和卵石

1.碎石

碎石指由坚硬岩石经人工或机械破碎而成粒径大于 4.75 mm 的颗粒状石料。碎石广泛用作拌制混凝土的粗骨料或作道路和基础的垫层,按一定的粒径大小筛分后可用作铁路道砟。

2.卵石

卵石指天然形成的小石块,颗粒形状为圆卵形,有少量的长条形和片形,表面圆滑。卵石广泛用作混凝土的粗骨料。

无论是用作铁路道砟的碎石,还是用作混凝土骨料的碎石和卵石,都应是坚韧、耐磨、不易风化的岩石,所含松软颗粒、尘末及黏土含量均不得超过规定限值。

2.3.4 石材的选用原则

在工程设计和施工中,应根据适用性和经济性等原则合理选用石材。

1.适用性

适用性即主要考虑石材的技术性能是否能满足使用要求,可根据石材在建筑物中的用途、部位和所处环境,选定其主要技术性质能满足要求的岩石。如承重用的石材(如基础、柱、墙等),主要应考虑其强度等级、耐久性、抗冻性等技术性能;围护结构用的石材应考虑是否具有良好的绝热性能;用作地面、台阶等的石材应坚韧耐磨;装饰用的构件(如饰面板、拉杆、扶手等),需考虑石材本身的色彩与环境的协调及可加工性等;对处在高温、高湿、严寒等特殊条件下的构件,还要分别考虑所用石材的耐久性、耐水性、抗冻性及耐化学侵蚀性等。

2.经济性

天然石材的密度大,运输不便,运费高,应综合考虑地方资源,尽可能做到就地取材。难于开采和加工的石料,将使材料成本提高,选材时应注意这一点。

3.安全性

由于天然石材是构成地壳的基本物质,因此可能含有放射性的物质。石材中的放射性物质主要是镭、钍等放射性元素,在衰变中会产生对人体有害的物质。经国家质量技术监督部门对全国花岗石、大理石等天然石材的放射性抽查结果表明,其合格率为 73.1%。其中,花岗石的放射性较高,大理石较低。从颜色上看,红色、深红色的超标较多。因此,在选用天然石材时,应有放射性检验合格证明或检测鉴定。石材按放射性水平分为 A、B、C 三类。A 类产销与使用范围不受限制;B 类不可用于Ⅰ类民用建筑的内饰面,可用于Ⅱ类民用建筑的外饰面和其他一些建筑的内外饰面;C 类只可用于建筑物的外饰面和室外其他用途。

复习思考题

1. 天然石材有哪些优缺点？
2. 按形成原因不同，岩石分为哪几类？各有哪些代表岩石？
3. 比较花岗岩、石灰岩、大理岩的特性和用途。
4. 天然石材的技术性质有哪些？其强度等级是如何划分的？
5. 常用石材品种有哪些？其外形、尺寸有哪些要求？主要用途如何？

项目 3

气硬性胶凝材料

项目描述

石灰、石膏、水玻璃属于气硬性胶凝材料。气硬性胶凝材料在我国使用较早，历史悠久，直到如今在建筑工程中仍广泛使用。通过该项目的学习，要求学生能够根据工程环境与要求合理使用气硬性胶凝材料。

学习目标

1. 能力目标

(1)能根据工程环境与要求合理使用气硬性胶凝材料；

(2)对因气硬性胶凝材料使用不当造成的工程质量问题能进行分析，并能提出相应的防治措施；

(3)能正确储存气硬性胶凝材料。

2. 知识目标

(1)了解气硬性胶凝材料的生产，化学组成及凝结硬化的原理；

(2)掌握气硬性胶凝材料的技术性质和技术标准；

(3)掌握气硬性胶凝材料的特性、储存及使用中应注意的问题。

建筑上通常把通过自身的物理化学作用后，能够由浆体变成坚硬的固体，并在变化过程中把散粒材料(如砂和碎石)或块状材料(如砖和石块)胶结成为具有一定强度的整体的材料，统称为胶凝材料。胶凝材料根据化学组成分为无机胶凝材料和有机胶凝材料两大类。

无机胶凝材料按硬性条件分为气硬性胶凝材料和水硬性胶凝材料。气硬性胶凝材料只能在空气中硬化，也只能在空气中保持或继续发展强度，如石灰、石膏、水玻璃等。气硬性胶凝材料一般只适用于地上或干燥环境，不宜用于潮湿环境，更不可用于水中。水硬性胶凝材料不仅能在空气中，而且能更好地在水中硬化、保持并继续发展其强度，如各种水泥等。水硬性胶凝材料既适用于地上，也适用于地下或水中。

3.1 石　灰

石灰是建筑上使用较早的一种胶凝材料，石灰的原料——石灰石分布很广，且生产工艺简便，成本低廉，所以在建筑工程中得到广泛应用。

3.1.1 石灰的生产

生产石灰的主要原料是以碳酸钙($CaCO_3$)为主的石灰岩，此外，还可利用化学工业副产品作为石灰的生产原料，如用碳化钙(即电石)制取乙炔时所产生的电石渣，其主要成分是氢氧化钙，即消石灰(又称熟石灰)。

将石灰石高温煅烧，碳酸钙分解并释放出 CO_2，生成以 CaO 为主要成分的生石灰，其反应式为

$$CaCO_3 \xrightarrow{900\ ℃} CaO + CO_2 \uparrow$$

为了加速分解过程，煅烧温度常提高至 1 000～1 100 ℃。

生石灰呈白色或灰色块状。原料中多少含有一些碳酸镁，因而生石灰中还含有次要成分氧化镁。

3.1.2 石灰的熟化与硬化

1. 石灰的熟化

生石灰在使用前，一般要加水使之消解成膏状或粉末状的消石灰，此过程称为石灰的熟化，其反应式为

$$CaO + H_2O = Ca(OH)_2 + 64.9\ kJ$$

石灰熟化时，放出大量的热，体积膨胀 1～2.5 倍。煅烧良好、氧化钙含量高的石灰熟化较快，放热量与体积膨胀也较大。

石灰熟化有两种方法：

(1)制石灰膏

在化灰池或熟化机中加入 2.5～3 倍生石灰质量的水，生石灰熟化成的 $Ca(OH)_2$ 经滤网流入灰池，在储灰池中沉淀成石灰膏。石灰膏在储灰池中储存(陈伏)两周以上，使熟化慢的颗粒充分熟化，然后使用。陈伏期间，石灰膏上应保留一层水，使石灰膏与空气隔绝，避免碳化。

石灰膏可用来拌制砌筑砂浆或抹面砂浆。石灰膏的表观密度为 1 300～1 400 kg/m^3，1 kg生石灰可熟化成 1.5～3 L 石灰膏。

(2)制消石灰粉

用喷壶在生石灰上分层淋水，使其消解成消石灰粉。制消石灰粉的理论用水量为生石灰质量的 31.2%，由于熟化时放热，部分水分蒸发，故实际加水量常为生石灰质量的 60%～80%。加水量以既能充分熟化、又不过湿成团为度。

消石灰粉也需放置一段时间，使其进一步熟化，然后使用。消石灰粉可用于拌制灰土(石灰、黏土)及三合土(石灰、黏土、砂石或炉渣等)，因其熟化不一定充分，一般不宜用于拌制砂浆及灰浆。

2. 石灰的硬化

石灰浆在空气中逐渐干燥变硬的过程叫硬化。石灰的硬化是由两个同时进行的物理及化学变化过程共同完成的。

(1)结晶过程

石灰膏中的游离水分蒸发或被砌体吸收，$Ca(OH)_2$ 从饱和溶液中以胶体析出，促进石灰

浆体的硬化。

(2)碳化过程

石灰膏表面的 $Ca(OH)_2$ 与潮湿空气的 CO_2 反应生成 $CaCO_3$ 晶体，析出的水分则逐渐被蒸发，其反应式为

$$Ca(OH)_2 + CO_2 + nH_2O = CaCO_3 + (n+1)H_2O$$

由于这个反应是在潮湿条件下进行的，而且反应从石灰膏表层开始，进展逐趋缓慢。当表层产生 $CaCO_3$ 结晶的薄层后，阻碍了 CO_2 的进一步深入，同时也影响水分蒸发，所以石灰硬化速度变慢，强度与硬度都不太高。

3.1.3 石灰的质量标准与应用

1. 石灰的特性

(1)可塑性好

生石灰熟化成的石灰浆，是一种表面能吸附一层较厚的水膜、高度分散的 $Ca(OH)_2$ 胶体，能降低颗粒之间的摩擦，因此具有良好的可塑性。利用这一性质，将其掺入水泥砂浆中，可显著提高砂浆的可塑性和保水性。

(2)凝结硬化慢，强度低

石灰浆在空气中的凝结硬化速度慢，使得 $Ca(OH)_2$ 和 $CaCO_3$ 结晶很少，最终硬化后强度很低。

(3)硬化时体积收缩

石灰在硬化过程中要蒸发掉大量的游离水分，使得体积显著地收缩，易出现干缩裂缝。故石灰浆不宜单独使用，一般要掺入其他材料混合使用，如砂、麻刀、纸筋等，以抵抗收缩引起的开裂。

(4)吸湿性强，耐水性差

生石灰会吸收空气中的水分而熟化。硬化后的石灰，如长期处于潮湿环境或水中，$Ca(OH)_2$就会逐渐溶解而导致结构破坏，故耐水性差，不能用于水下或长期处于潮湿环境中的建筑物。

(5)放热量大，腐蚀性强

生石灰的熟化是放热反应，放出大量的热；熟石灰中的 $Ca(OH)_2$ 具有较强的腐蚀性。

2. 石灰的质量标准

按生石灰的加工情况分为建筑生石灰和建筑生石灰粉；按生石灰的化学成分分为钙质石灰和镁质石灰两类，其技术性能指标见表 3.1。

表 3.1 建筑生石灰技术指标

项目	钙质石灰						镁质石灰			
	CL 90-Q	CL 90-QP	CL 85-Q	CL 85-QP	CL 75-Q	CL 75-QP	ML 85-Q	ML 85-QP	ML 80-Q	ML 80-QP
CaO+MgO 含量(%)	≥90	≥90	≥85	≥85	≥75	≥75	≥85	≥85	≥80	≥80
MgO 含量(%)	≤5	≤5	≤5	≤5	≤5	≤5	>5	>5	>5	>5
SO_3 含量(%)	≤2	≤2	≤2	≤2	≤2	≤2	≤2	≤2	≤2	≤2

续上表

项目		钙质石灰						镁质石灰			
		CL 90-Q	CL 90-QP	CL 85-Q	CL 85-QP	CL 75-Q	CL 75-QP	ML 85-Q	ML 85-QP	ML 80-Q	ML 80-QP
CO_2 含量(%)		≤4	≤4	≤7	≤7	≤12	≤12	≤7	≤7	≤7	≤7
产浆量(dm^3/10 kg)		≥26	—	≥26	—	≥26	—	—	—	—	—
细度	90 μm 筛余量(%)	—	≤7	—	≤7	—	≤7	—	≤7	—	≤2
	0.2 mm 筛余量(%)	—	≤2	—	≤2	—	≤2	—	≤2	—	≤7

注:CL—钙质石灰;ML—镁质石灰;Q—块状;QP—粉状。

石灰有效成分含量是指石灰中 CaO 与 MgO 的含量,其含量高低决定了石灰黏结能力的大小。二氧化碳含量越高,表明未分解的碳酸盐含量越高,有效成分含量相对降低。生石灰产浆量是指单位质量的生石灰经消化后,所产生石灰浆的体积。产浆量愈高,则石灰质量愈好。石灰的细度与其质量有密切关系,以 90 μm 和 0.2 mm 筛余量控制。

建筑消石灰按扣除游离水与结合水后氧化钙和氧化镁含量分为钙质消石灰、镁质消石灰,其技术性能指标见表 3.2。

表 3.2　建筑消石灰技术指标

项目		钙质消石灰			镁质消石灰	
		HCL 90	HCL 85	HCL 75	HML 85	HML 80
CaO+MgO 含量(%)		≥90	≥85	≥75	≥85	≥80
MgO 含量(%)		≤5	≤5	≤5	>5	>5
SO_3 含量(%)		≤2	≤2	≤2	≤2	≤2
游离水(%)		≤2	≤2	≤2	≤2	≤2
体积安定性		合格	合格	合格	合格	合格
细度	90 μm 筛余量(%)	≤7	≤7	≤7	≤7	≤7
	0.2 mm 筛余量(%)	≤2	≤2	≤2	≤2	≤2

注:HCL—钙质消石灰;HML—镁质消石灰。

3.石灰的用途

(1)配制砂浆和石灰乳

用水泥、石灰膏、砂配制成的混合砂浆广泛用于砌筑工程。用石灰膏与砂、纸筋、麻刀配制成的石灰砂浆、石灰纸筋灰、石灰麻刀灰广泛用作内墙、天棚的抹面砂浆。将熟化好的石灰膏或消石灰粉,加入过量水稀释成石灰乳是一种传统的室内粉刷涂料,主要用于临时建筑的室内粉刷。

(2)拌制灰土、三合土

灰土为消石灰粉与黏土按 2∶8 或 3∶7 的体积比加少量水拌成。三合土为消石灰粉、黏土、砂按 1∶2∶3 的体积比,或者消石灰粉、砂、碎砖(或碎石)按 1∶2∶4 的体积比加少量水拌成。

(3)建筑生石灰粉

将生石灰磨成的细粉称为建筑生石灰粉。

建筑生石灰粉可以加入石灰质量 100%～150%的水拌成石灰浆直接使用,故建筑生石灰粉硬化后的强度可比石灰膏硬化后的强度高 2 倍左右。

(4)制作碳化石灰板

碳化石灰板是将磨细生石灰、纤维状填料或轻质骨料加适量水搅拌成型,再经二氧化碳人工碳化12～24 h而制成的一种轻质板材。这种碳化石灰板能钉、能锯,具有较好的力学强度和保温隔热性能,宜用作非承重内隔墙壁板和天花板等。

4. 石灰的储存

生石灰储存应防潮防水,以免吸水自然熟化后硬化,并注意周围不要堆放易燃物,防止熟化时放热酿成火灾。

生石灰不宜长期储存,一般储存期不超过一个月。如要存放,可熟化成石灰膏,上覆砂土或水与空气隔绝,以免硬化。

3.2 石　膏

石膏是以硫酸钙为主要成分的气硬性胶凝材料,具有轻质、高强、保温隔热、耐火、吸声等良好性能,石膏制品作为高效节能的新型材料,已得到快速发展并得到广泛应用。常用的石膏胶凝材料种类有建筑石膏、高强石膏、高温煅烧石膏等。

3.2.1 石膏的生产及品种

生产石膏的主要原材料是天然二水石膏,又称软石膏或生石膏,也可采用各种工业副产品(如化工石膏)。将天然二水石膏或化工石膏经加热、煅烧、脱水、磨细可得石膏胶凝材料。随着加热的条件和程度不同,可得到性质不同的石膏产品。

1. 建筑石膏

将天然二水石膏置于窑中煅烧至120～180 ℃,生成β型半水石膏($\beta\text{-}CaSO_4 \cdot 0.5H_2O$),再经磨细的白色粉状物,称为建筑石膏。

建筑石膏为白色或灰白色粉末,密度为2.6～2.75 g/cm^3,堆积密度为800～1 000 kg/m^3,多用于建筑抹灰、粉刷、砌筑砂浆及各种石膏制品。

2. 高强石膏

将二水石膏在压力为0.13 MPa、温度为124 ℃的密闭蒸压釜内蒸炼,得到的是α型半水石膏($\alpha\text{-}CaSO_4 \cdot 0.5H_2O$),即高强石膏。α型半水石膏晶体粗大、密实强度高、用水量小,主要用于强度要求较高的抹灰工程、装饰制品和石膏板。掺入防水剂时,可生产高强防水石膏及制品。

3. 无水石膏

将天然硬石膏或天然二水石膏加热至400～750 ℃,石膏将完全失去水分,成为不溶性硬石膏,失去凝结硬化能力。但当加入适量的激发剂混合磨细后,又能凝结硬化,称为无水石膏水泥。

无水石膏水泥属于气硬性胶凝材料,与建筑石膏相比,凝结速度较慢,调成一定稠度的浆体时,需水量较小,硬化后孔隙率较小。它宜用于室内,主要用作石膏板和石膏建筑制品,也可用作抹面灰浆等,具有良好的耐火性和抵抗酸碱侵蚀的能力。

3.2.2 建筑石膏的硬化

建筑石膏加水拌和后,可调制成可塑性浆体,经过一段时间反应后,失去塑性,并凝结硬化成具有一定强度的固体。其凝结硬化主要是由于半水石膏与水相互作用,还原成二水石膏,反

应式为

$$CaSO_4 \cdot 0.5H_2O + 1.5H_2O \longrightarrow CaSO_4 \cdot 2H_2O$$

由于二水石膏在水中的溶解度较半水石膏在水中的溶解度小得多，所以二水石膏不断从饱和溶液中沉淀而析出胶体微粒。由于二水石膏析出，打破了原有半水石膏的平衡浓度，这时半水石膏会进一步溶解和水化，直到半水石膏全部水化为二水石膏为止。随着水化的进行，二水石膏生成晶体量不断增加，水分逐渐减少，浆体开始失去可塑性，这称为初凝，而后浆体继续变稠，颗粒之间的摩擦力、黏结力增加，并开始产生结构强度，表现为终凝，其间晶体颗粒逐渐长大、连生和互相交错，使浆体强度不断增长，这个过程称为硬化。石膏的凝结硬化过程是一个连续的溶解、水化、胶化、结晶的过程。

3.2.3 建筑石膏的技术性质

1. 凝结硬化快

建筑石膏凝结硬化较快，一般初凝仅几分钟，终凝不超过半小时。规范规定建筑石膏的初凝时间不小于 6 min，终凝时间不大于 30 min。

2. 凝结硬化时体积微膨胀

建筑石膏硬化后，体积略有膨胀，所以可不掺加填料而单独使用，并能很好地填充模型，使得硬化体表面饱满，尺寸精确，轮廓清晰，具有良好的装饰性。

3. 孔隙率大、表观密度小、强度较低

建筑石膏水化的理论用水量为 18.6%，为了满足施工要求的可塑性，实际加水量为60%～80%，石膏凝结后多余水分蒸发，导致孔隙率大，重量减轻，强度降低，导热性低，吸声性好。

4. 调温、调湿、装饰性好

由于石膏内大量毛细孔隙对空气中的水蒸气具有较强的吸附能力，所以对室内的空气湿度有一定的调节作用，再加上石膏制品表面细腻、平整、色白，是理想的环保型室内装饰材料。

5. 防火性能良好

建筑石膏硬化后的主要成分是含有两个结晶水分子的二水石膏，当遇火时，结晶水蒸发，吸收热量并在表面生成具有良好绝热性的“蒸汽幕”，能够有效抑制火焰蔓延和温度的升高。

6. 耐水性、抗渗性、抗冻性差

石膏硬化后孔隙率高，吸水性、吸湿性强，在潮湿环境中，晶体粒子间的结合力会削弱，因此不耐水，不抗冻，浸水后强度大大降低，所以使用时，应注意所处环境的影响。

建筑石膏可按 2 h 抗折强度大小分为 3.0、2.0 和 1.6 三个等级，见表 3.3。

表 3.3 建筑石膏的技术指标

物理力学性能		等级		
		3.0	2.0	1.6
2 h 抗折强度(MPa)		≥3.0	≥2.0	≥1.6
2 h 抗压强度(MPa)		≥6.0	≥4.0	≥3.0
细度：0.2 mm 方孔筛筛余(%)		≤10	≤10	≤10
凝结时间(min)	初凝时间	≥3		
	终凝时间	≤30		

3.2.4　石膏的运用

石膏板是以石膏为主要原料掺入填料、外加剂或其他材料复合制成的。石膏板具有轻质、绝热、吸声、不燃和可锯可钉等性能，可用作吊顶、内墙面装饰材料。

为减轻表观密度、降低导热性，可掺入锯末、膨胀珍珠岩、膨胀蛭石、陶粒、膨胀矿渣、煤渣等轻质多孔填料，也可加入泡沫剂或加气剂制成泡沫石膏板或加气石膏板；为提高抗拉强度，减小脆性，可掺入纸筋、麻丝、石棉、玻璃纤维等纤维状填料，也可在石膏板表面贴纸；在石膏板上穿孔可制成吸声板。

国内生产的石膏板主要有：

1. 纸面石膏板

纸面石膏板指在建筑石膏加入适量轻质填料、纤维、发泡剂、缓凝剂等，加水拌成料浆，浇注在行进中的纸面上，成型后上层覆以面纸，经凝固、切断、烘干而成。

纸面石膏板可用作墙面、吊顶材料，也可穿孔后作吸声材料。一般纸面石膏板不宜用于潮湿环境，但表面经过特殊处理后也可用于潮湿环境。

2. 空心石膏条板

空心石膏条板指在石膏中掺入轻质及纤维填料，制成的类似混凝土空心板的条板。宽度为450～600 mm，厚度为60～100 mm，长为2 500～3 000 mm，孔洞率为30%～40%，孔的数量为7～9孔。这种板施工方便，不用龙骨，可用作轻质隔板。

3. 纤维石膏板

纤维石膏板指在建筑石膏中掺入玻璃纤维、纸浆、矿棉等纤维加工制成的无纸面石膏板。它的抗弯强度和弹性模量都高于纸面石膏板。

4. 装饰石膏板

装饰石膏板指在建筑石膏中加入纤维材料及少量胶料，经加水搅拌、成型、修边而制成的正方形板。边长200～900 mm，又可分为平板、多孔板、花纹板、浮雕板等。

3.3　水　玻　璃

3.3.1　水玻璃的生产及性质

建筑工程中常用的水玻璃是硅酸钠（$Na_2O \cdot nSiO_2$）的水溶液，俗称泡花碱。

将石英砂或石英岩粉与Na_2CO_2磨细拌匀，在玻璃熔炉内于1 300～1 400 ℃下熔化，得固态水玻璃，其反应式为

$$nSiO_2 + Na_2CO_3 = Na_2O \cdot nSiO_2 + CO_2 \uparrow$$

固态水玻璃在0.3～0.4 MPa压力的蒸汽锅内，溶于水成黏稠状的水玻璃溶液，其分子式中的n为SiO_2与Na_2O的分子比，称为水玻璃模数。

水玻璃溶于水，使用时仍可加水稀释，其溶解的难易程度与n值的大小有关。n值越大，水玻璃的黏度越大，越难溶解，但却易分解硬化。建筑工程中常用的水玻璃n值一般在2.5～2.8。

水玻璃在空气中与CO_2作用，由于干燥和析出无定形二氧化硅$nSiO_2 \cdot mH_2O$而硬化，其反应式为

$$Na_2O \cdot nSiO_2 + CO_2 + mH_2O = Na_2CO_3 + nSiO_2 \cdot mH_2O$$

这个反应进行得很慢，为了加速硬化，可加入适量氟硅酸钠(Na_2SiF_6)或氯化钙($CaCl_2$)。硬化后的水玻璃是以二氧化硅(SiO_2)为主要成分的固体，属于非晶态空间网状结构，因此水玻璃具有较高的黏结强度、良好的耐酸性能和较高的耐热性。

3.3.2 水玻璃的应用

(1)作灌浆材料用以加固地基。将水玻璃溶液与氯化钙溶液同时或交替灌入地基中，填充地基土颗粒空隙并将其胶结成整体，可提高地基承载能力及地基土的抗渗性。

(2)涂刷或浸渍混凝土结构或构件，提高混凝土的抗风化及抗渗能力，但不能对石膏制品进行涂刷或浸渍，因为水玻璃与石膏反应生成硫酸钠晶体，会在制品孔隙内部产生体积膨胀，使石膏制品受到破坏。

(3)以水玻璃为胶凝材料配制耐酸、耐热砂浆和耐酸、耐热混凝土。

(4)配制快凝防水剂，掺入水泥浆、砂浆或混凝土中，用于堵漏、抢修。

复习思考题

1. 何谓气硬性胶凝材料?
2. 建筑石灰产品有哪几种? 其主要化学成分是什么?
3. 建筑工地上使用的石灰为何要进行熟化处理?
4. 根据石灰的性质，说明石灰的主要用途及使用时应注意的问题。
5. 某临时建筑物室内采用石灰砂浆抹灰，一段时间后出现墙面普遍开裂，试分析其原因。
6. 简述石灰、石膏硬化原理。
7. 水玻璃的主要性质和用途有哪些?

项目 4

水　泥

项目描述

水泥被称作“建筑工业的粮食”，是重要的工程材料。本项目主要介绍各类水泥的矿物组成、技术性能检测方法、特点与适用范围。只有熟知水泥技术性能检测方法和特点，才能具有对水泥质量作出准确判别的能力，并能够根据不同的工程环境合理选择水泥的品种。

学习目标

1. 能力目标

(1)能按相关标准要求进行水泥的取样、试件的制作；

(2)能正确使用试验仪器对水泥各项技术性能指标进行检测，并依据相关标准对水泥质量作出准确评价；

(3)能根据工程所处环境条件、设计与质量要求合理选用水泥品种。

2. 知识目标

(1)了解水泥的矿物成分及其对水泥性能的影响、水泥石的腐蚀；

(2)掌握水泥的技术性质、水泥的特点、水泥进场验收内容与保管要求。

水泥呈粉末状，与水混合之后，经过一系列物理化学变化，由可塑性的浆体逐渐凝结、硬化，变成坚硬的固体，并将散粒材料或块状材料胶结成为一整体，因此，水泥是一种良好的无机胶凝材料。就硬化条件而言，水泥浆体不仅能在空气中硬化，而且还能更好地在水中硬化并保持发展强度，故属于水硬性胶凝材料。

水泥是在人类长期使用气硬性胶凝材料(特别是石灰)的经验基础上发展起来的。1824年英国建筑工人阿斯普丁首次申请了生产波特兰水泥的专利，所以一般认为水泥是从那时发明的。

水泥是重要的工程材料之一，被广泛应用于工业与民用建筑、交通、海港、水利、国防等建设工程。

水泥的品种很多，按其主要矿物成分，水泥可分为硅酸盐类水泥、铝酸盐类水泥、硫铝酸盐类水泥、铁铝酸盐类水泥等；按其用途和性能，又可分为通用水泥、专用水泥和特性水泥三大类。

4.1 通用硅酸盐水泥

4.1.1 通用硅酸盐水泥的定义与分类

通用硅酸盐水泥是以硅酸盐水泥熟料、适量的石膏与规定的混合材料磨细制成的水硬性胶凝材料，按混合材料的品种和掺量分为硅酸盐水泥、普通硅酸盐水泥、矿渣硅酸盐水泥、火山灰质硅酸盐水泥、粉煤灰硅酸盐水泥和复合硅酸盐水泥。各品种的组分和代号应符合表4.1的规定。

表 4.1 通用硅酸盐水泥的组分

品　种	代　号	组　分(质量分数,%)				
		熟料+石膏	粒化高炉矿渣	火山灰质混合材料	粉煤灰	石灰石
硅酸盐水泥	P·Ⅰ	100	—	—	—	—
	P·Ⅱ	≥95	≤5	—	—	—
		≥95	—	—	—	≤5
普通硅酸盐水泥	P·O	≥80 且<95	>5 且≤20			—
矿渣硅酸盐水泥	P·S·A	≥50 且<80	>20 且≤50	—	—	—
	P·S·B	≥30 且<50	>50 且≤70	—	—	—
火山灰质硅酸盐水泥	P·P	≥60 且<80	—	>20 且≤40	—	—
粉煤灰硅酸盐水泥	P·F	≥60 且<80	—	—	>20 且≤40	—
复合硅酸盐水泥	P·C	≥50 且<80	>20 且≤50			

4.1.2 通用硅酸盐水泥的生产

1. 通用硅酸盐水泥的生产原料

(1)硅酸盐水泥熟料

由主要含 CaO、SiO_2、Al_2O_3 和 Fe_2O_3 的原料，按适当比例磨成细粉烧至部分熔融所得以硅酸钙为主要矿物成分的水硬性胶凝物质，即为硅酸盐水泥熟料。

各种氧化物在煅烧过程中发生一系列化学反应，因此，硅酸盐水泥熟料矿物成分为硅酸二钙、硅酸三钙、铝酸三钙、铁铝酸四钙及少量的游离氧化钙(f-CaO)、游离氧化镁(f-MgO)、氧化钾(K_2O)、氧化钠(Na_2O)与三氧化硫(SO_3)等，其中硅酸钙矿物含量不小于 66%，氧化钙和氧化硅的质量比不小于 2.0。

试验研究表明，每一种矿物成分单独与水作用时具有不同的水化特性，对水泥的强度、水化速度、水化热、耐腐蚀性、收缩量的影响也不尽相同。每一种矿物成分单独与水作用时所表现的特性见表 4.2。

由此可见，水泥是由具有不同特性的多种熟料矿物组成的混合物，通过改变水泥熟料中各种矿物成分之间的相对含量大小，水泥的性质也会发生相应改变，从而可以生产出具有不同性质的水泥。如提高硅酸三钙的含量，可制成高强度水泥；提高硅酸三钙和铝酸三钙的含量，可制得快硬早强水泥；降低硅酸三钙和铝酸三钙的含量，可制得低水化热水泥。

表 4.2　硅酸盐水泥熟料矿物组成及其特性

矿物名称	硅酸二钙	硅酸三钙	铝酸三钙	铁铝酸四钙
化学式	$2CaO \cdot SiO_2$(简写 C_2S)	$3CaO \cdot SiO_2$(简写 C_3S)	$3CaO \cdot Al_2O_3$(简写 C_3A)	$4CaO \cdot Al_2O_3 \cdot Fe_2O_3$(简写 C_4AF)
含量范围	15%～37%	37%～60%	7%～15%	10%～18%
水化速度	慢	快	最快	快
水化热	低	高	最高	中等
强　度	早期低,后期高	高	低	中等
收缩量	小	中	大	小
耐腐蚀性	好	差	最差	中等

(2)石膏

磨细的水泥熟料与水相遇后会很快凝结硬化,产生速凝现象,给工程施工造成较大困难。因此在水泥的生产过程中常加入适量的石膏作为缓凝剂,以延长水泥的凝结硬化时间。掺入的石膏主要有天然石膏、建筑石膏、无水硬石膏,石膏的掺入量一般为水泥质量的3%～5%。

(3)混合材料

为了改善水泥的某些性能,调节水泥的强度等级,提高水泥产量,降低水泥的生产成本,在生产水泥时加入人工或天然的矿物质材料,统称为混合材料。

根据矿物材料的性质不同,混合材料分为活性混合材料和非活性混合材料。

①活性混合材料

活性混合材料掺入水泥中,在常温下能与水泥的水化产物——氢氧化钙或在硫酸钙的作用下生成具有胶凝性质的稳定化合物。常用的活性混合材料有粒化高炉矿渣、火山灰质混合材料和粉煤灰等。

a. 粒化高炉矿渣

粒化高炉矿渣是将炼铁高炉中的熔融矿渣经水淬急速冷却而形成的粒状颗粒,颗粒直径一般为 0.5～5 mm,其主要成分是氧化铝、氧化硅。急速冷却的粒化高炉矿渣为不稳定的玻璃体,具有较高的潜在活性。

b. 火山灰质混合材料

凡是天然的或人工的以氧化硅、氧化铝为主要成分,具有火山灰活性的矿物质材料,统称为火山灰质混合材料。火山灰质混合材料结构上的特点是疏松多孔,内比表面积大,易吸水,易反应。

火山灰质混合材料按其成因不同,可以分为天然和人工两类。天然的火山灰质混合材料有火山灰、凝灰岩、浮石、沸石岩、硅藻土等。人工的火山灰质混合材料有烧黏土、烧页岩、煤渣、煤矸石等。

c. 粉煤灰

粉煤灰是火力发电厂或煤粉锅炉烟道中吸尘器所吸收的微细粉尘,为富含玻璃体的实心或空心球状颗粒,颗粒直径一般为 0.001～0.05 mm,表面结构致密,其主要成分是氧化硅、氧化铝和少量的氧化钙,具有较高的活性。

②非活性混合材料

非活性混合材料与水泥的矿物成分、水化产物不起化学反应或化学反应很微弱，掺入水泥中主要起调节水泥强度等级、提高水泥产量、降低水化热等作用。常用的非活性混合材料有磨细的石灰石、石英岩、黏土、慢冷高炉矿渣等。

2. 通用硅酸盐水泥的生产工艺

将石灰质原料（主要提供 CaO）、黏土质原料（主要提供 SiO_2 与 Al_2O_3）和少量铁粉按一定比例配合、磨细，制成生料粉后，送入水泥窑中，在 1 450 ℃左右的高温下煅烧，使之达到部分熔融，冷却后得到以硅酸钙为主要成分的硅酸盐水泥熟料，再与适量石膏、混合材料共同磨细，得到通用硅酸盐水泥。为了改善水泥煅烧条件，常加入少量的矿化剂，如萤石。由于通用硅酸盐水泥的主要生产过程包括生料的制备、煅烧和磨细三个阶段，故水泥的生产过程简称为“两磨一烧”。通用硅酸盐水泥的生产工艺流程，如图 4.1 所示。

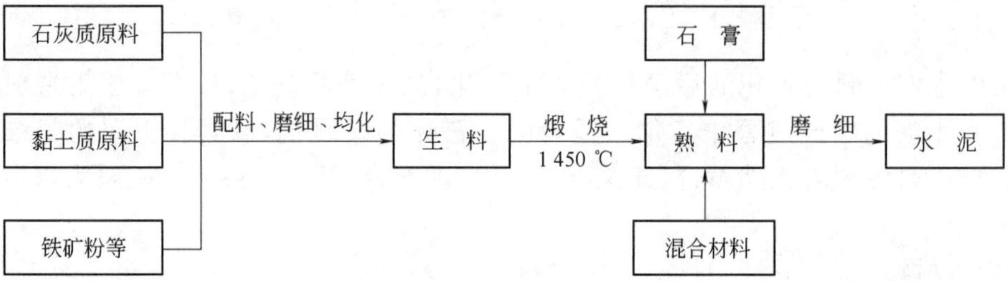

图 4.1 通用硅酸盐水泥生产工艺流程示意

4.1.3 通用硅酸盐水泥的凝结硬化

1. 硅酸盐水泥熟料的水化

水泥熟料中各种矿物成分与水所发生的水解或水化作用，统称为水泥的水化。在水泥的水化过程中生成一系列新的水化产物，并放出一定热量。

硅酸三钙、硅酸二钙分别与水反应，生成水化硅酸钙（$3CaO \cdot 2SiO_2 \cdot 3H_2O$）和氢氧化钙，其水化反应式为

$$2(3CaO \cdot SiO_2)+6H_2O = 3CaO \cdot 2SiO_2 \cdot 3H_2O+3Ca(OH)_2$$

$$2(2CaO \cdot SiO_2)+4H_2O = 3CaO \cdot 2SiO_2 \cdot 3H_2O+Ca(OH)_2$$

铝酸三钙与水反应，生成水化铝酸钙（$3CaO \cdot Al_2O_3 \cdot 6H_2O$），其水化反应式为

$$3CaO \cdot Al_2O_3+6H_2O = 3CaO \cdot Al_2O_3 \cdot 6H_2O$$

铁铝酸四钙与水反应，生成水化铝酸钙和水化铁酸钙（$CaO \cdot Fe_2O_3 \cdot H_2O$），其水化反应式为

$$4CaO \cdot Al_2O_3 \cdot Fe_2O_3+7H_2O = 3CaO \cdot Al_2O_3 \cdot 6H_2O+CaO \cdot Fe_2O_3 \cdot H_2O$$

水化产物水化硅酸钙和水化铁酸钙几乎不溶于水，以胶体微粒析出，并逐渐凝聚成为凝胶；氢氧化钙在溶液中的浓度达到过饱和后，以六方晶体析出；水化铝酸钙为立方晶体。当有石膏存在时，水化铝酸钙还会继续与石膏发生反应，生成难溶于水的高硫型水化硫铝酸钙（$3CaO \cdot Al_2O_3 \cdot 3CaSO_4 \cdot 31H_2O$）针状晶体。水化硫铝酸钙沉积在未水化的水泥颗粒表面，形成保护膜，可以阻止水泥颗粒的水化，延缓水泥的凝结硬化时间，其水化反应式为

$$3CaO \cdot Al_2O_3 \cdot 6H_2O + 3(CaSO_4 \cdot 2H_2O) + 19H_2O = 3CaO \cdot Al_2O_3 \cdot 3CaSO_4 \cdot 31H_2O$$

综上所述，如果忽略一些次要成分，硅酸盐水泥熟料与水作用后，生成的主要水化产物是水化硅酸钙和水化铁酸钙胶体及氢氧化钙、水化铝酸钙和水化硫铝酸钙结晶体。

2. 活性混合材料的水化

粒化高炉矿渣、火山灰质混合材料和粉煤灰均属于活性混合材料，其矿物成分主要是活性氧化硅和活性氧化铝。它们与水接触后，本身不会硬化或硬化极为缓慢，但在氢氧化钙溶液中，活性成分会与水泥熟料的水化产物——氢氧化钙发生反应，生成水化硅酸钙和水化铝酸钙。该反应又称之为二次水化反应，其水化反应式为

$$x Ca(OH)_2 + SiO_2 + m H_2O \longrightarrow x CaO \cdot SiO_2 \cdot n H_2O$$

$$y Ca(OH)_2 + Al_2O_3 + m H_2O \longrightarrow y CaO \cdot Al_2O_3 \cdot n H_2O$$

式中，x、y 值取决于混合材料的种类、石灰与活性氧化硅及活性氧化铝的比例、环境温度和作用所持续的时间等。

氢氧化钙是容易引起水泥石腐蚀的成分。活性氧化硅、活性氧化铝与氢氧化钙作用后，减少了水泥石中氢氧化钙的含量，提高了水泥石的抗腐蚀能力。

3. 水泥的凝结与硬化

水泥加水拌和后成为具有可塑性的水泥浆，随着时间的推移，水泥浆体逐渐变稠，可塑性下降，但此时还没有强度，这个过程称为水泥的“凝结”。随后水泥浆体失去可塑性，强度不断提高，并形成坚硬的固体，这个过程称为水泥的“硬化”，这种坚硬的固体被称为水泥石。水泥的凝结与硬化没有严格的界限，是为了便于研究人为划分的两个时期，实际上它是水泥与水所发生的一系列连续而又复杂的、交错进行的物理化学变化过程。

根据水泥水化产物的形成以及水泥石组织结构的变化，水泥的凝结硬化大致可以分为溶解、凝结和硬化三个阶段。

第一阶段——溶解期。水泥加水拌和后，水泥颗粒分散在水中，形成水泥浆体，如图 4.2(a) 所示。

水泥颗粒的水化从水泥颗粒表面开始。位于水泥颗粒表面的矿物成分首先与水作用，生成相应的水化产物，并溶解于水中。在水化反应初期，由于水化反应速度快，各种水化产物在水中的溶解度比较小，水化产物的生成速度大于水化产物向溶液中扩散的速度，因此水泥颗粒周围的溶液很快成为水化产物饱和或过饱和溶液，在水泥颗粒周围先后析出水化硅酸钙、水化铁酸钙胶体和氢氧化钙、水化铝酸钙、水化硫铝酸钙结晶体，并逐渐在水泥颗粒周围形成一层以水化硅酸钙凝胶为主体且具有半渗透性的水化物膜层。由于此时的水化产物数量较少，包有水化物膜层的水泥颗粒尚未相互结合，是被水隔开且相互独立的，分子间作用力比较小，因此水泥浆体具有一定的可塑性，如图 4.2(b)所示。

第二阶段——凝结期。随着时间的推移，水泥颗粒的水化反应不断进行，水化产物数量不断增多，包裹在水泥颗粒表面的水化物膜层渐渐增厚，导致水泥颗粒之间原来被水所占的空隙逐渐减少，包有水化物膜层的水泥颗粒之间距离不断减小，在分子间力作用下，形成比较疏松的空间网状结构(又称凝聚结构)。空间网状结构的形成和发展，使水泥浆体明显变稠，流动性降低，开始失去可塑性，如图 4.2(c)所示。

第三阶段——硬化期。随着水泥水化反应的不断深入，新生成的水化产物不断填充于水泥石的毛细孔中，凝胶体之间的空隙越来越小，空间网状结构的密实度逐渐提高，水泥浆体完全失去可塑性并渐渐产生强度，如图 4.2(d)所示。

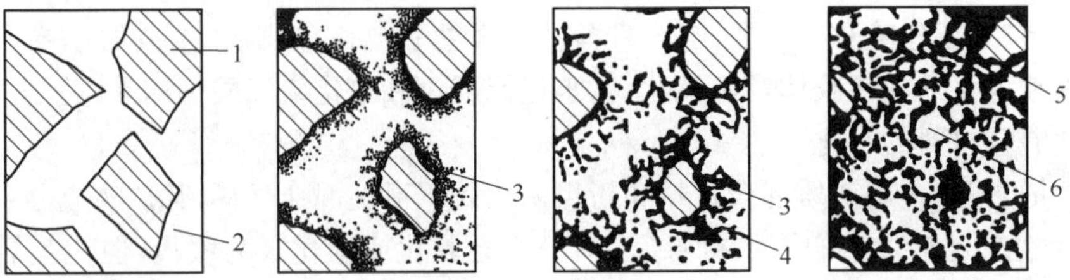

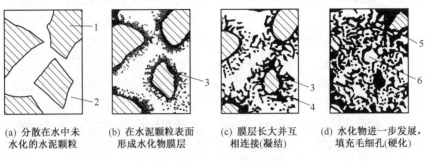

图 4.2　水泥凝结硬化过程示意图

1—水泥颗粒；2—水分；3—凝胶；4—晶体；5—未水化水泥颗粒内核；6—毛细孔

水泥的凝结硬化过程进入硬化期后，水泥的水化速度会逐渐减慢，水化产物数量会随着水泥水化时间的延长而逐渐增多，并填充于毛细孔内，使得水泥石内部孔隙率变得越来越小，水泥石结构更加致密，强度不断得到提高。

由此可见，水泥的水化、凝结硬化是由表及里、由外向内逐步进行的。在水泥的水化初期，水化速度较快，强度增长迅速，随着堆积在水泥颗粒周围的水化产物数量不断增多，阻碍了水泥颗粒与水之间的进一步反应，使得水泥水化速度变慢，强度增长也逐渐减慢。大量实践与研究表明，无论水泥的水化时间多久，水泥颗粒的内核很难完全水化。硬化后的水泥石结构是由胶体粒子、晶体粒子、孔隙(凝胶孔和毛细孔)及未水化的水泥颗粒组成的。它们在不同时期相对数量的变化，使水泥石的结构和性质也随之改变。当未水化的水泥颗粒含量高时，说明水泥水化程度低；当水化产物含量多，毛细孔含量少时，说明水泥水化充分，水泥石结构致密，硬化后强度高。

4.影响水泥凝结硬化的因素

影响水泥凝结硬化的因素主要有水泥熟料矿物成分、水泥细度、拌和用水量、混合材料的掺量、养护条件等。

(1)水泥熟料的矿物成分

水泥熟料中矿物成分的相对含量大小，使水泥的凝结硬化速度有所不同。铝酸三钙相对含量高的水泥，凝结硬化快；反之，则凝结硬化慢。

(2)水泥细度

水泥颗粒的粗细直接影响到水泥的水化和凝结硬化的快慢。水泥颗粒越细，总表面积越大，与水反应时接触面积增加，水泥的水化反应速度加快，凝结硬化快。

(3)拌和用水量

拌和水泥浆时，为使水泥浆体具有一定的塑性和流动性，所加入的水一般要远远超过水泥水化的理论需水量。如果拌和用水量过多，加大了水化产物之间的距离，减弱了分子间的作用力，延缓了水泥的凝结硬化。同时多余的水在水泥石中形成较多的毛细孔，降低水泥石的密实度，致使水泥石的强度和耐久性下降。

(4)养护条件

养护时的温度和湿度，是保障水泥水化和凝结硬化的重要外界条件。提高温度，可以促进水泥水化，加速凝结硬化，有利于水泥强度增长。温度降低时，水化反应减慢，低于 0 ℃时，水化反应基本停止。当水结成冰时，由于体积膨胀，还会使水泥石结构遭受破坏。

潮湿环境下的水泥石，能够保持足够的水分进行水化和凝结硬化，水化产物不断填充在毛细孔中，使水泥石结构密实度增大，水泥强度不断提高。

(5)混合材料掺量

掺入混合材料后，使水泥熟料中矿物成分含量相对减少，水泥凝结硬化变慢。

(6)石膏掺量

为了调节水泥的凝结硬化时间，水泥中常掺有适量的石膏。石膏掺量不能太少，否则达不到延长水泥凝结硬化时间的作用。但是石膏掺量也不能太多，否则，不仅可以促进水泥的凝结硬化，还会在水泥的硬化后期，过多的石膏继续与水泥石中水化铝酸钙发生反应，生成水化硫铝酸钙，引起水泥石的体积膨胀，导致水泥石开裂，造成水泥体积安定性不良。

4.1.4 通用硅酸盐水泥的技术性质

通用硅酸盐水泥的技术性质主要有：

1.化学要求

(1)氧化镁含量

在水泥熟料中，存在游离的氧化镁，可以引起水泥体积安定性不良。因此，水泥熟料中游离氧化镁的含量不能太多。硅酸盐水泥和普通硅酸盐水泥；氧化镁含量不得超过5%；矿渣硅酸盐水泥、火山灰质硅酸盐水泥、粉煤灰硅酸盐水泥和复合硅酸盐水泥中氧化镁含量不得超过6.0%(如果水泥中氧化镁的含量大于6.0%时，则需进行水泥压蒸安定性试验并合格)。

(2)三氧化硫含量

三氧化硫主要是在水泥的生产过程中因掺入过量石膏带入的。如果三氧化硫含量超出一定限度，在水泥石硬化后，还会继续与水化产物反应，产生体积膨胀性物质，引起水泥体积安定性不良，导致结构物破坏。硅酸盐水泥、普通硅酸盐水泥、火山灰质硅酸盐水泥、粉煤灰硅酸盐水泥和复合硅酸盐水泥三氧化硫含量不得超过3.5%，矿渣硅酸盐水泥三氧化硫含量不得超过4.0%。

(3)不溶物

不溶物是指水泥经酸和碱处理后，不能被溶解的残余物，主要由水泥原料、混合材料和石膏中的杂质产生。不溶物的存在会影响水泥的黏结质量。Ⅰ型硅酸盐水泥中不溶物不得超过0.75%，Ⅱ型硅酸盐水泥不溶物不得超过1.5%。

(4)烧失量

烧失量是指水泥在一定的灼烧温度和时间内，经高温灼烧后的质量损失率。水泥煅烧不理想或者受潮后，会导致烧失量增加。Ⅰ型硅酸盐水泥中烧失量不得大于3.0%，Ⅱ型不得大于3.5%；普通硅酸盐水泥中烧失量不得大于5.0%。

(5)氯离子含量

当水泥中的氯离子含量较高时，容易使钢筋产生锈蚀，降低结构的耐久性。通用硅酸盐水泥中氯离子含量不得大于0.06%。

2.碱含量

硅酸盐类水泥中除含有主要矿物成分外，还含有少量其他氧化物，如氧化钾(K_2O)、氧化钠(Na_2O)等。水泥的碱含量指水泥中 Na_2O 与 K_2O 的总量，碱含量的大小用 $Na_2O+0.658K_2O$ 的计算值来表示。当水泥中的碱含量较高，骨料又具有一定的活性时，容易产生碱骨料反应，降低结构的耐久性。若使用活性骨料，用户要求提供低碱水泥时，水泥中碱含量应不大于 0.6%或由供需双方协商商定。

3. 密度与堆积密度

水泥的密度与其熟料矿物组成、储存时间、储存条件以及熟料的煅烧程度有关，一般为 3.05～3.2 g/cm^3。在进行混凝土配合比计算时，通常取 3.10 g/cm^3。

水泥的堆积密度，除与熟料矿物组成、水泥细度有关外，还与水泥存放时的紧密程度有很大关系。松散状态下的堆积密度为 1 000～1 400 kg/m^3，紧密状态下的堆积密度可达 1 600 kg/m^3。

4. 细度

细度是指水泥颗粒的粗细程度。水泥颗粒的粗细对水泥质量有很大影响。水泥颗粒越细，与水反应时的接触面积增大，水化速度越快，水化反应完全、充分，早期强度增长越快。但水泥颗粒过细，硬化时的收缩量就较大，在储运过程中易受潮而降低活性，同时水泥的成本也越高。因此，应合理控制水泥细度。

筛析法是用边长为 45 μm 的方孔筛对水泥进行筛析试验，用筛余百分率来表示水泥的细度，适合于普通硅酸盐水泥、矿渣硅酸盐水泥、火山灰硅酸盐水泥、粉煤灰硅酸盐水泥及复合硅酸盐水泥。比表面积是指单位质量的水泥粉末所具有的总表面积，以 m^2/kg 表示，适合于硅酸盐水泥。比表面积数值的高低与水泥颗粒的粗细大小紧密相关。通常水泥颗粒越细，则比表面积越高。

硅酸盐水泥和普通硅酸盐水泥比表面积不小于 300 m^2/kg；矿渣硅酸盐水泥、火山灰质硅酸盐水泥、粉煤灰硅酸盐水泥和复合硅酸盐水泥 45 μm 方孔筛筛余不大于 30%或 80 μm 方孔筛筛余不大于 10%。

5. 标准稠度用水量

水泥的许多性质都与新拌制水泥浆的稀稠程度有关，如凝结时间、收缩量、体积安定性测定等。为了使测试结果具有可比性，在测定水泥的凝结时间和体积安定性等性能时，应使水泥净浆在一个规定的稠度下进行，这个规定的稠度被称为标准稠度。

水泥标准稠度用水量是指水泥净浆达到标准稠度时所需要的用水量，通常以占水泥质量的百分数来表示。

将按标准规定的方法所拌制的水泥净浆，在水泥标准稠度维卡仪上，以试杆沉入净浆并距底板(6±1)mm 时水泥净浆的稠度为标准稠度，其拌和用水量即为该水泥的标准稠度用水量。水泥标准稠度用水量的大小主要与水泥的细度、矿物成分有关。不同品种的水泥，其标准稠度用水量也有所不同，一般为 24%～33%，如硅酸盐水泥的标准稠度用水量为 23%～28%。

6. 凝结时间

凝结时间是指水泥从加水开始，到水泥浆失去可塑性所需要的时间。水泥的凝结时间分初凝和终凝。初凝时间是指从水泥加水拌和起到水泥浆开始失去可塑性所需要的时间；终凝时间是指从水泥加水拌和时起到水泥浆完全失去可塑性，并开始产生强度所需要的时间。水泥的凝结时间与水泥熟料的矿物组成、拌和用水量、水泥细度、周围环境的温度与湿度等因素有关。水泥熟料中铝酸三钙含量增加，水泥凝结硬化越快；水泥颗粒越细，水化作用越快，凝结时间越短；拌和用水量少、养护时外界温度和湿度高，都可以加快水泥的凝结硬化。

水泥的凝结时间对工程施工有着非常重要的意义。为使混凝土和砂浆有足够的时间进行搅拌、运输、浇筑、振捣或砌筑，水泥的初凝时间不能太短；为加快混凝土的凝结硬化，缩短施工工期，水泥的终凝时间又不能太长。因此，硅酸盐水泥的初凝时间不小于45 min，终凝时间不大于390 min；普通硅酸盐水泥、矿渣硅酸盐水泥、火山灰质硅酸盐水泥、粉煤灰硅酸盐水泥和复合硅酸盐水泥的初凝时间不小于45 min，终凝时间不大于600 min。

7. 体积安定性

水泥体积安定性是指水泥浆在凝结硬化过程中，体积变化是否均匀的性质。硅酸盐类水泥在凝结硬化过程中体积略有收缩，一般情况下水泥石的体积变化比较均匀，即体积安定性良好。如果水泥中某些成分的含量超出某一限度，水泥浆在凝结硬化过程中体积变化不均匀，会导致水泥石出现翘曲变形、开裂等现象，即体积安定性不良。体积安定性不良的水泥，会使结构物产生开裂，降低建筑工程质量，影响结构物的正常使用。

水泥体积安定性不良，一般是由于水泥熟料中游离氧化钙、游离氧化镁含量过多或石膏掺量过大等原因所造成的。

水泥熟料中所含的游离氧化钙和氧化镁均属过烧状态，水化速度很慢，在水泥凝结硬化后才慢慢开始与水反应，生成体积膨胀性物质——氢氧化钙和氢氧化镁，在水泥石中产生膨胀压力，引起水泥石翘曲、开裂和崩溃。如果水泥中石膏掺量过多，在水泥硬化以后，多余的石膏还会继续与水泥石中的水化产物——水化铝酸钙反应，生成水化硫铝酸钙，体积增大1.5倍，从而导致水泥石开裂。

通常采用沸煮法检验水泥的体积安定性，测试时可采用试饼法（代用法）或雷氏法（标准法），测试结果有争议时以雷氏法为准。

试饼法是用标准稠度的水泥净浆做成试饼，经恒沸3 h以后，用眼睛观察试饼表面有无裂纹，用直尺检查试饼底部有无弯曲翘曲现象。若试饼表面无裂纹且试饼底部也没有弯曲翘曲现象，则水泥体积安定性合格；反之，为不合格。雷氏法是测定水泥浆在雷氏夹中经沸煮3 h后的膨胀值。当两个试件沸煮后的膨胀值的平均值不大于5.0 mm时，该水泥体积安定性合格，反之，为不合格。

需要指出的是沸煮法能够起到加速游离氧化钙熟化的作用，所以，沸煮法只能检验出游离氧化钙过量所引起的体积安定性不良。游离氧化镁的水化作用比游离氧化钙更加缓慢，因此，游离氧化镁所造成的体积安定性不良，必须用压蒸方法才能检验出来；石膏的危害则需要长时间浸泡在常温水中才能发现。由于游离氧化镁和石膏的危害作用不便于快速检验，所以，水泥熟料中氧化镁、三氧化硫的含量应符合相关要求，以保证水泥质量。

8. 强度

水泥强度一般是指水泥胶砂试件单位面积上所能承受的最大外力，是表示水泥力学性质的重要指标，也是划分水泥强度等级的依据。根据外力作用方式的不同，水泥的强度可分为抗压强度、抗折强度、抗拉强度等。这些强度之间既有内在的联系，又有很大的区别，其中水泥的抗压强度最高。

水泥的强度除了与水泥的矿物组成、细度有关外，还与用水量、试件制作方法、养护条件和养护时间等条件有关。水泥熟料中硅酸三钙、硅酸二钙含量越高，水泥强度越高；水泥颗粒越细，水化反应完全充分，水泥强度越高；拌和用水量少，硬化后水泥石密实度增大，可提高水泥强度；保证一定的温度和湿度，有利于水泥的水化与凝结硬化，也可以提高水泥强度。

水泥、标准砂及水按1∶3∶0.5比例配制成胶砂，按规定的方法制成标准试件，在标准条件下进行养护，测其3 d、28 d的抗压强度和抗折强度。

根据3 d、28 d的抗压强度和抗折强度大小，将通用硅酸盐水泥划分为若干个强度等级，其中带 R 的为早强型水泥。不同品种不同强度等级的通用硅酸盐水泥在各龄期的强度值不得低于表 4.3 中的数值。

表 4.3　通用水泥各龄期的强度要求

水泥品种	强度等级	抗压强度(MPa)		抗折强度(MPa)	
		3 d	28 d	3 d	28 d
硅酸盐水泥	42.5	≥17.0	≥42.5	≥3.5	≥6.5
	42.5R	≥22.0	≥42.5	≥4.0	≥6.5
	52.5	≥23.0	≥52.5	≥4.0	≥7.0
	52.5R	≥27.0	≥52.5	≥5.0	≥7.0
	62.5	≥28.0	≥62.5	≥5.0	≥8.0
	62.5R	≥32.0	≥62.5	≥5.5	≥8.0
普通硅酸盐水泥	42.5	≥17.0	≥42.5	≥3.5	≥6.5
	42.5R	≥22.0	≥42.5	≥4.0	≥6.5
	52.5	≥23.0	≥52.5	≥4.0	≥7.0
	52.5R	≥27.0	≥52.5	≥5.0	≥7.0
矿渣硅酸盐水泥 火山灰质硅酸盐水泥 粉煤灰硅酸盐水泥 复合硅酸盐水泥	32.5	≥10.0	≥32.5	≥2.5	≥5.5
	32.5R	≥15.0	≥32.5	≥3.5	≥5.5
	42.5	≥15.0	≥42.5	≥3.5	≥6.5
	42.5R	≥19.0	≥42.5	≥4.0	≥6.5
	52.5	≥21.0	≥52.5	≥4.0	≥7.0
	52.5R	≥23.0	≥52.5	≥4.5	≥7.0

9. 水化热

水泥在水化过程中所放出的热量称为水化热。

水泥水化热的大小和放热速度的快慢与水泥熟料的矿物成分、水泥细度、混合材料掺入量有关。研究表明，水泥熟料中硅酸三钙和铝酸三钙含量越高，水化热越大，放热速度也越快；水泥颗粒越细，水化反应越快，水化热越大；混合材料掺入量越多，水泥的水化热越小，放热速度越慢。

水泥水化热能加速水泥的凝结硬化，对于混凝土的冬季施工非常有利，但对于大型基础、桥梁墩台、大坝等大体积混凝土构筑物极其不利。这是由于水化热易积蓄在混凝土内部不易散失，使混凝土内部温度急剧上升，内外温差过大而使混凝土产生开裂，影响结构的安全性、完整性和耐久性。

4.1.5　水泥石的腐蚀与防止

1. 水泥石的腐蚀类型

水泥制品在正常的使用条件下，水泥石的强度会不断增长，具有较高的耐久性。在某些腐蚀性介质的作用下，水泥石结构逐渐遭到破坏，强度降低，甚至引起整个工程结构的破坏，这种现象称为水泥石的腐蚀。常见的腐蚀类型有以下几种：

(1)软水侵蚀(溶出性侵蚀)

软水是指重碳酸盐含量较小的水。如雨水、雪水、蒸馏水、工厂冷凝水以及含重碳酸盐很少的河水与湖水等均属于软水。水泥石长期处于软水环境中，水化产物氢氧化钙会不断溶解，引起水泥石中其他水化产物发生分解，导致水泥石结构孔隙增大，强度降低，甚至破坏，故软水侵蚀又称为溶出性侵蚀。

(2)酸类腐蚀

当水中含有盐酸、氢氟酸、硫酸、硝酸等无机酸或醋酸、蚁酸和乳酸等有机酸时，这些酸性物质会与水泥石中的氢氧化钙发生中和反应，生成的化合物或者易溶于水，或者在水泥石孔隙内结晶膨胀，产生较大的膨胀压力，导致水泥石结构破坏。

例如，盐酸与水泥石中的氢氧化钙反应，生成的氯化钙易溶于水中，其反应式为

$$2HCl+Ca(OH)_2 = CaCl_2+2H_2O$$

硫酸与水泥石中的氢氧化钙发生反应，生成体积膨胀性物质二水石膏，二水石膏再与水泥石中的水化铝酸钙作用，生成高硫型的水化硫铝酸钙，在水泥石内产生较大的膨胀压力，其反应式为

$$H_2SO_4+Ca(OH)_2 = CaSO_4 \cdot 2H_2O$$

$$3CaO \cdot Al_2O_3 \cdot 6H_2O+3(CaSO_4 \cdot 2H_2O)+19H_2O = 3CaO \cdot Al_2O_3 \cdot 3CaSO_4 \cdot 31H_2O$$

在工业污水、地下水中，常溶解有较多的二氧化碳，它对水泥石的腐蚀作用是二氧化碳与水泥石中的氢氧化钙反应生成碳酸钙，碳酸钙再与含碳酸的水进一步作用，生成更易溶于水中的碳酸氢钙，从而导致水泥石中其他水化产物的分解，引起水泥石结构破坏，其反应式为

$$Ca(OH)_2+CO_2+H_2O = CaCO_3+2H_2O$$

$$CaCO_3+CO_2+H_2O = Ca(HCO_3)_2$$

(3)盐类腐蚀

在一些海水、沼泽水以及工业污水中，常含有钠、钾、铵等的硫酸盐。它们能与水泥石中的氢氧化钙发生化学反应，生成硫酸钙。硫酸钙进一步再与水泥石中的水化产物——水化铝酸钙作用，生成具有针状晶体的高硫型水化硫铝酸钙。高硫型水化硫铝酸钙晶体中含有大量的结晶水，体积膨胀可达1.5倍，致使水泥石产生开裂甚至毁坏。以硫酸钠为例，其反应式为

$$Ca(OH)_2+Na_2SO_4 \cdot 10H_2O = CaSO_4 \cdot 2H_2O+2NaOH+8H_2O$$

$$3CaO \cdot Al_2O_3 \cdot 6H_2O+3(CaSO_4 \cdot 2H_2O)+19H_2O = 3CaO \cdot Al_2O_3 \cdot 3CaSO_4 \cdot 31H_2O$$

在海水及地下水中，还常常含有大量的镁盐，主要是硫酸镁和氯化镁。它们与水泥石中的氢氧化钙作用，生成的氢氧化镁松软而无胶凝能力，氯化钙易溶于水，硫酸钙则会引起硫酸盐的破坏作用，其反应式为

$$MgSO_4+Ca(OH)_2+2H_2O = CaSO_4 \cdot 2H_2O+Mg(OH)_2$$

$$MgCl_2+Ca(OH)_2 = CaCl_2+Mg(OH)_2$$

(4)强碱腐蚀

在一般情况下水泥石能够抵抗碱的腐蚀。如果水泥石结构长期处于较高浓度的碱溶液(如氢氧化钠溶液)中，也会产生腐蚀破坏。

综上所述，引起水泥石腐蚀的根本原因为：一是水泥石中存在易被腐蚀的化学物质——氢氧化钙和水化铝酸钙；二是水泥石本身不密实，有很多毛细孔通道，腐蚀性介质易于通过毛细孔深入到水泥石内部，加速腐蚀的进程。大量实践也可以证明，水泥石的腐蚀是一个极为复杂的物理化学变化过程，水泥石受到腐蚀介质作用时，很少仅有单一的侵蚀作用，往往是几种类型的腐蚀同时存在，相互影响。

2.水泥石腐蚀的防止措施

为防止或减轻水泥石的腐蚀，可以采取下列措施：

(1)根据工程所处的环境特点,合理选用水泥品种。在有腐蚀性介质存在的工程环境中,应选用水化产物氢氧化钙含量比较低的水泥,以提高水泥石的耐腐蚀性能。

(2)降低水胶比,提高水泥石的密实度。通用水泥水化理论需水量约为水泥质量的23%,而实际用水量往往是水泥质量的40%~70%,多余的水在水泥石结构内部容易形成毛细孔或水囊,降低水泥石结构的密实度,腐蚀性介质容易渗入水泥石内部,加速水泥石的腐蚀。采用降低水胶比、掺入外加剂、改进施工工艺等技术手段,可以提高水泥石的密实度,降低腐蚀性介质的渗入,提高水泥石的抗腐蚀能力。

(3)敷设保护层。当腐蚀性介质作用较强时,可以在结构表面覆盖耐腐蚀性能好并且不渗水的保护层,如防腐涂料、耐酸陶瓷、塑料、沥青等,以减少腐蚀性介质与水泥石的直接接触,提高水泥石的抗腐蚀性能。

4.1.6 通用硅酸盐水泥的特性与应用

1. 硅酸盐水泥

由于硅酸盐水泥熟料中硅酸三钙和铝酸三钙的含量较高,因此硅酸盐水泥具有以下特点:

(1)凝结硬化快、强度高,适用于早期强度要求高、重要结构的高强度混凝土和预应力混凝土工程。

(2)抗冻性、耐磨性好,适用于冬季施工以及严寒地区遭受反复冻融作用的混凝土工程。

(3)水化热大,不适用于大体积混凝土工程。

(4)耐腐蚀性能较差,不适用于受软水、海水及其他腐蚀性介质作用的混凝土工程。

(5)耐热性差。硅酸盐水泥受热为250~300 ℃时,水化物开始脱水,体积收缩,强度开始下降。当温度为400~600 ℃时,强度明显下降,为700~1 000 ℃时,强度降低更多,甚至完全破坏。因此硅酸盐水泥不适用于有耐热要求的混凝土工程。

2. 普通硅酸盐水泥

由于普通硅酸盐水泥中掺入的混合材料数量不多,因此,它的特性与硅酸盐水泥相近。与硅酸盐水泥相比,早期强度稍低,硬化速度稍慢,抗冻性与耐磨性略差。普通硅酸盐水泥的运用范围与硅酸盐水泥基本相同,广泛用于各种混凝土和钢筋混凝土工程。

3. 矿渣硅酸盐水泥、火山灰质硅酸盐水泥、粉煤灰硅酸盐水泥

矿渣硅酸盐水泥、火山灰质硅酸盐水泥、粉煤灰硅酸盐水泥都是在硅酸盐水泥熟料基础上掺入较多的活性混合材料共同磨细制成的。由于活性混合材料的掺量较多,并且活性混合材料的活性成分基本相同,因此它们的特性大同小异,但与硅酸盐水泥、普通硅酸盐水泥相比,确有明显的不同。因不同混合材料结构上的不同,导致它们相互之间又具有一些不同的特性。

(1)矿渣硅酸盐水泥、火山灰质硅酸盐水泥、粉煤灰硅酸盐水泥的共性

①凝结硬化慢,早期强度低,后期强度发展较快。三种水泥中掺加了大量的活性混合材料,相对减少了水泥熟料中矿物成分的含量。另外,三种水泥的水化反应是分两步进行的,首先是水泥熟料矿物成分的水化,随后是水泥的水化产物氢氧化钙与活性混合材料的活性成分发生二次水化反应,并且在常温下二次水化反应速度较慢。所以,这些水泥的凝结硬化慢,早期强度较低。在硬化后期,随着水化产物的不断增多,水泥的后期强度发展较快。它们不适用于早期强度要求较高的混凝土工程。

②水化热低。由于三种水泥中掺加了混合材料,水泥熟料含量相对减少,使水泥的水化反

应速度放慢，水化热较低，适用于大体积混凝土工程。

③耐腐蚀性能好。由于水泥熟料含量少，水泥水化之后生成的水化产物——氢氧化钙含量较少，而且二次水化反应还要进一步消耗氢氧化钙，使水泥石结构中氢氧化钙的含量更低。因此，三种水泥抵抗海水、软水及硫酸盐腐蚀的能力较强，适用于有抗软水侵蚀和抗硫酸盐侵蚀要求的混凝土工程。如果火山灰质硅酸盐水泥中掺入的火山灰质混合材料中氧化铝的含量较高，水泥水化后生成的水化铝酸钙数量较多，则抵抗硫酸盐腐蚀的能力明显降低，应用时要合理选择水泥品种。

④抗冻性差，不适用于有抗冻要求的混凝土工程。

⑤抗碳化能力较差。这三种水泥的水化产物——氢氧化钙含量较低，很容易与空气中的二氧化碳发生碳化反应。当碳化深度达到钢筋表面时，容易引起钢筋锈蚀现象，降低结构的耐久性。所以，它们不适用于二氧化碳浓度较高的环境。

⑥温度敏感性强，适合蒸汽养护。水泥的水化温度降低时，水化速度明显减弱，强度发展慢。提高养护温度，不仅可以加快水泥熟料的水化，而且还能促进二次水化反应的进行，提高水泥的早期强度。

(2)矿渣硅酸盐水泥、火山灰质硅酸盐水泥、粉煤灰硅酸盐水泥的个性

①矿渣硅酸盐水泥。由于矿渣经过高温，矿渣硅酸盐水泥硬化后氢氧化钙的含量又比较少，所以，矿渣硅酸盐水泥的耐热性较好，适用于有耐热要求的混凝土结构工程。

粒化高炉矿渣棱角较多，拌和用水量较大，但矿渣保持水分的能力差，泌水性较大，在混凝土施工中由于泌水而形成毛细管通道或粗大孔隙，水分的蒸发又容易引起干缩，致使矿渣硅酸盐水泥的抗渗性、抗冻性较差，收缩量较大。

②火山灰质硅酸盐水泥。火山灰质混合材料的结构特点是疏松并且多孔，在潮湿的条件下养护，可以形成较多的水化产物，水泥石结构比较致密，因而具有较高的抗渗性和耐水性。如处于干燥环境中，所吸收的水分会蒸发，引起体积收缩且收缩量较大，在干热条件下表面容易产生起粉现象，耐磨性能差。

火山灰质硅酸盐水泥不适用于长期处于干燥环境和水位变化范围内的混凝土工程以及有耐磨要求的混凝土工程。

③粉煤灰硅酸盐水泥。粉煤灰为球形颗粒，结构比较致密，内比表面积小，对水的吸附能力较弱，拌和时需水量较少，所以粉煤灰硅酸盐水泥干缩性比较小，抗裂性能好。粉煤灰硅酸盐水泥非常适用于有抗裂性能要求的混凝土工程；不适用于有耐磨要求的、长期处于干燥环境和水位变化范围内的混凝土工程。

4. 复合硅酸盐水泥

由于在复合硅酸盐水泥中掺用了两种以上混合材料，可以相互补充、取长补短，克服掺入单一混合材料水泥的一些弊病。如矿渣硅酸盐水泥中掺石灰石不仅能够改善矿渣硅酸盐水泥的泌水性，提高早期强度，而且还能保证水泥后期强度的增长。在需水性大的火山灰质硅酸盐水泥中掺入矿渣等，能有效减少水泥需水量。复合硅酸盐水泥的特性取决于所掺两种混合材料的种类、掺量及其相对比例。

使用复合硅酸盐水泥时，应根据掺入的混合材料种类，参照掺有混合材料的硅酸盐水泥的适用范围和工程经验合理选用。

硅酸盐水泥、普通硅酸盐水泥、矿渣硅酸盐水泥、火山灰质硅酸盐水泥、粉煤灰硅酸盐水泥和复合硅酸盐水泥是建设工程中使用量最大、应用范围最广的通用硅酸盐类水泥，应根据工程

所处环境条件、对工程的具体要求等因素，合理选用水泥品种。通用硅酸盐水泥的使用可以参照表 4.4 选择。

表 4.4　通用硅酸盐水泥的选用

混凝土工程特点及所处环境条件		优先使用	可以使用	不宜使用
普通混凝土	在一般气候环境中的混凝土	普通硅酸盐水泥	矿渣硅酸盐水泥、火山灰质硅酸盐水泥、粉煤灰硅酸盐水泥、复合硅酸盐水泥	
	在干燥环境中的混凝土	普通硅酸盐水泥	矿渣硅酸盐水泥	火山灰质硅酸盐水泥、粉煤灰硅酸盐水泥
	在高温高湿环境中或长期处于水中的混凝土	矿渣硅酸盐水泥、火山灰质硅酸盐水泥、粉煤灰硅酸盐水泥、复合硅酸盐水泥	普通硅酸盐水泥	
	厚大体积的混凝土	矿渣硅酸盐水泥、火山灰质硅酸盐水泥、粉煤灰硅酸盐水泥、复合硅酸盐水泥	普通硅酸盐水泥	硅酸盐水泥
有特殊要求的混凝土	要求快硬、高强(大于 C40)的混凝土	硅酸盐水泥	普通硅酸盐水泥	矿渣硅酸盐水泥、火山灰质硅酸盐水泥、粉煤灰硅酸盐水泥、复合硅酸盐水泥
	严寒地区的露天混凝土，寒冷地区处于水位升降范围内的混凝土	普通硅酸盐水泥	矿渣硅酸盐水泥	火山灰质硅酸盐水泥、粉煤灰硅酸盐水泥
	严寒地区处于水位升降范围内的混凝土	普通硅酸盐水泥		矿渣硅酸盐水泥、火山灰质硅酸盐水泥、粉煤灰硅酸盐水泥、复合硅酸盐水泥
	有抗渗要求的混凝土	火山灰质硅酸盐水泥、普通硅酸盐水泥		矿渣硅酸盐水泥
	有腐蚀介质存在的混凝土	矿渣硅酸盐水泥、火山灰质硅酸盐水泥、粉煤灰硅酸盐水泥、复合硅酸盐水泥		硅酸盐水泥
	有耐磨要求的混凝土	硅酸盐水泥、普通硅酸盐水泥		火山灰质硅酸盐水泥、粉煤灰硅酸盐水泥

4.1.7　水泥的质量评定、验收与保管

1. 水泥的质量评定

(1)检验样品的确定

水泥进入施工现场的质量检验，应根据相应产品的技术标准和试验方法进行。试样的采集应按如下规定进行：对于散装水泥，应随机地从不少于 3 个车罐中，各取等量水泥；对于袋装水泥，应随机地从不少于 20 袋中，各取等量水泥。将所取水泥混拌均匀后，再从中称取不少于 12 kg 水泥作为检验试样。

(2)检验项目

对于通用水泥，检验的项目主要有：水泥细度、标准稠度用水量、凝结时间、体积安定性、胶砂强度等。

(3)检验结果评定

凡不溶物含量、氧化镁含量、三氧化硫含量、氯离子含量、烧失量、凝结时间、体积安定性、水泥强度中的任一项不符合本标准技术要求时，即为不合格品。

2. 水泥的验收

水泥验收的主要内容包括：

(1)检查、核对水泥出厂的质量检验报告

水泥出厂的质量检验报告，不仅是验收水泥的技术保证依据，也是施工单位长期保存的技术资料，还可以作为工程质量验收时工程用料的技术凭证；要核对试验报告的编号与实收水泥的编号是否一致，试验项目是否齐全，试验测值是否达到相关要求。水泥安定性仲裁检验时，应在水泥取样之日起10天以内完成。

(2)核对包装及标志是否相符

水泥的包装及标志必须符合标准。水泥的包装可以采用袋装，也可以散装。袋装水泥每袋净含量50 kg，且不得少于标志质量的99%，随机抽取20袋总质量应不少于1 000 kg。

水泥包装袋上应清楚标明：执行标准、水泥品种、代号、强度等级、生产许可证标志(QS)及编号、生产者名称、出厂编号、包装日期和净含量。包装袋两侧应根据水泥的品种采用不同的颜色印刷水泥名称和强度等级，硅酸盐水泥和普通硅酸盐水泥采用红色；矿渣硅酸盐水泥采用绿色；火山灰质硅酸盐水泥、粉煤灰硅酸盐水泥和复合硅酸盐水泥采用黑色或蓝色。散装水泥运输时应提交与袋装标志相同内容的卡片。

通过对水泥包装及标志的核对，不仅可以发现包装的完好程度，盘点和检验数量是否给足，还能核对所购水泥与到货的产品是否完全一致，及时发现和纠正可能出现的产品混杂现象。

3. 水泥的保管

水泥在储存、保管时，应注意以下几个问题：

(1)防水防潮

水泥在存放过程中很容易吸收空气中的水分产生水化作用，凝结成块，降低水泥强度，影响水泥的正常使用。所以，水泥应在干燥环境条件下存放。袋装水泥在存放时，应用木料垫高，高出地面约30 cm，四周离墙约30 cm，堆置高度一般不超过10袋。存放散装水泥时，应将水泥储存于专用的水泥罐中。对于受潮水泥可以根据受潮程度，按表4.5方法做适当处理。

表4.5 受潮水泥的处理与使用

受潮情况	处理方法	使用场合
有粉块，用手可以捏成粉末，无硬块	压碎粉块	通过试验后，根据实际强度等级使用
部分结成硬块	筛除硬块压碎粉块	通过试验后，根据实际强度等级使用。用于受力较小的部位，也可配制砂浆
大部分结成硬块	将硬块粉碎磨细	不能作为水泥使用，可作为混合材料掺加到混凝土中

(2)分类储存

不同品种、强度等级、生产厂家、出厂日期的水泥，应分别储存，并加以标志，不得混杂。

(3)储存期不宜过长

水泥储存时间过长，水泥会吸收空气中的水分缓慢水化而降低强度。袋装水泥储存3个月后，强度降低10%～20%；6个月后，降低15%～30%；1年后降低25%～40%。因此，水泥储存期不宜超过3个月，使用时应做到先存先用，不可储存过久。

4.2 特性水泥与专用水泥

4.2.1 特性水泥

特性水泥是指其某种性能比较突出的水泥，如快硬硫铝酸盐水泥、抗硫酸盐硅酸盐水泥、膨胀水泥、低水化热水泥等。

1. 快硬高铁硫铝酸盐水泥

高铁硫铝酸盐水泥熟料，加入适量石膏和少量的石灰石，磨细制成的早期强度高的水硬性胶凝材料，称为快硬高铁硫铝酸盐水泥，其代号为R·FAC。

快硬高铁硫铝酸盐水泥的水化及硬化特点：水泥加水后，熟料中的无水硫铝酸钙会与石膏发生反应，生成高硫型水化硫铝酸钙（AFt）晶体和铝胶，AFt在较短时间内形成坚硬骨架，而铝胶不断填充孔隙，使水泥石结构很快致密，从而使早期强度发展很快。熟料中的硅酸二钙水化生成水化硅酸钙凝胶，则可使后期强度进一步增长。

快硬高铁硫铝酸盐水泥细度要求为比表面积不小于350 m^2/kg。初凝时间不早于25 min，终凝时间不迟于180 min。快硬高铁硫铝酸盐水泥以3 d抗压强度分为42.5、52.5、62.5、72.5四个强度等级。各龄期强度不得低于表4.6中数值。

表4.6 快硬高铁硫铝酸盐水泥强度要求

强度等级	抗压强度(MPa)			抗折强度(MPa)		
	1 d	3 d	28 d	1 d	3 d	28 d
42.5	≥33.0	≥42.5	≥45.0	≥6.0	≥6.5	≥7.0
52.5	≥42.0	≥52.5	≥55.0	≥6.5	≥7.0	≥7.5
62.5	≥50.0	≥62.5	≥65.0	≥7.0	≥7.5	≥8.0
72.5	≥56.0	≥72.5	≥75.0	≥7.5	≥8.0	≥8.5

快硬高铁硫铝酸盐水泥具有早期强度高，抗硫酸盐腐蚀的能力强，抗渗性好，抗冻性好，水化热大，耐热性差的特点，因此适用于冬季施工、抢修及有硫酸盐腐蚀的工程，也可用于浆锚、喷锚、拼装、地质固井、堵漏等混凝土工程。

2. 低水化热水泥

低水化热水泥包括低热硅酸盐水泥和中热硅酸盐水泥。

以适当成分的硅酸盐水泥熟料，加入适量石膏，磨细制成的具有低水化热的水硬性胶凝材料，称为低热硅酸盐水泥（简称低热水泥），代号为P·LH。

以适当成分的硅酸盐水泥熟料，加入适量石膏，磨细制成的具有中等水化热的水硬性胶凝材料，称为中热硅酸盐水泥（简称中热水泥），代号为P·MH。

从熟料的矿物成分来看，铝酸三钙和硅酸三钙水化热较大，同时游离氧化钙也会增加水泥的水化热，降低水泥的抗拉强度，所以对其含量应加以限制。水泥熟料中铝酸三钙含量对于低热硅酸盐水泥和中热硅酸盐水泥不得超过6%；水泥熟料中硅酸三钙含量对于中热硅酸盐水泥不得超过55%；水泥熟料中游离氧化钙含量不得超过1.0%。

中热硅酸盐水泥、低热硅酸盐水泥中氧化镁含量不大于5.0%；三氧化硫含量不大于3.5%；细度用比表面积法测定时，不小于250 m^2/kg；初凝时间不小于60 min，终凝时间不大于720 min；体积安定性用沸煮法检验必须合格。

按照规定龄期的抗压强度和抗折强度大小，中热硅酸盐水泥的强度等级为 42.5；低热硅酸盐水泥的强度等级为 32.5 和 42.5；低热水泥 90 d 的抗压强度不小于 62.5 MPa。各强度等级水泥在各龄期的强度值不得低于表 4.7 中的数值。

表 4.7　中热硅酸盐水泥、低热硅酸盐水泥各龄期的强度要求

水泥品种	强度等级	抗压强度(MPa)			抗折强度(MPa)		
		3 d	7 d	28 d	3 d	7 d	28 d
中热水泥	42.5	≥12.0	≥22.0	≥42.5	≥3.0	≥4.5	≥6.5
低热水泥	42.5	—	≥13.0	≥42.5	—	≥3.5	≥6.5
	32.5	—	≥10.0	≥32.5	—	≥3.0	≥5.5

中热硅酸盐水泥和低热硅酸盐水泥水化热较低，抗冻性与耐磨性较高，抗硫酸盐侵蚀性能好，适用于水利大坝、大体积水工建筑物，以及其他要求低水化热、高抗冻性、高耐磨、有抗硫酸盐侵蚀要求的混凝土工程。

3. 抗硫酸盐硅酸盐水泥

根据抵抗硫酸盐侵蚀的程度不同，抗硫酸盐硅酸盐水泥分中抗硫酸盐硅酸盐水泥和高抗硫酸盐硅酸盐水泥两种。

凡以特定矿物组成的硅酸盐水泥熟料，加入适量石膏，磨细制成的具有抵抗中等浓度硫酸根离子侵蚀的水硬性胶凝材料，称为中抗硫酸盐硅酸盐水泥（简称中抗硫酸盐水泥），代号为P·MSR。

凡以特定矿物组成的硅酸盐水泥熟料，加入适量石膏，磨细制成的具有抵抗较高浓度硫酸根离子侵蚀的水硬性胶凝材料，称为高抗硫酸盐硅酸盐水泥（简称高抗硫酸盐水泥），代号为P·HSR。

硅酸盐水泥熟料中最容易被硫酸盐腐蚀的成分是铝酸三钙。因此，抗硫酸盐硅酸盐水泥熟料中铝酸三钙的含量比较低。由于在水泥熟料的烧成过程中，铝酸三钙数量与硅酸三钙数量之间存在一定的相关性，如果水泥熟料中铝酸三钙含量较低，则硅酸三钙的含量相应的也较低。但是在抗硫酸盐硅酸盐水泥熟料中硅酸三钙的含量不宜太低，否则不利于水泥强度的增长。硅酸三钙和铝酸三钙含量的限制见表 4.8。

表 4.8　抗硫酸盐硅酸盐水泥熟料中硅酸三钙和铝酸三钙含量（质量分数）

品　种	中抗硫酸盐硅酸盐水泥	高抗硫酸盐硅酸盐水泥
硅酸三钙含量(%)	≤55.0	≤50.0
铝酸三钙含量(%)	≤5.0	≤3.0

抗硫酸盐硅酸盐水泥的抗侵蚀能力以抗硫酸盐腐蚀系数 F 来评定。它是指水泥试件在人工配制的硫酸根离子浓度分别为 2 500 mg/L（对中抗硫酸盐水泥）和 8 000 mg/L（对高抗硫酸盐水泥）的硫酸钠溶液中，浸泡 6 个月后的强度与同时浸泡在饮用水中试件的强度之比。抗硫酸盐硅酸盐水泥的抗硫酸盐腐蚀系数不得小于 0.8。

抗硫酸盐硅酸盐水泥氧化镁含量应不大于 5.0%，如果水泥经过压蒸安定性试验合格，则水泥中氧化镁的含量允许放宽到 6.0%；三氧化硫含量应不大于 2.5%；水泥中不溶物不大于 1.5%；烧失量应不大于 3.0%；水泥的比表面积应不小于 280 m^2/kg；初凝时间应不早于

45 min,终凝时间应不迟于 10 h;体积安定性用沸煮法检验必须合格。

根据 3 d、28 d 的抗压强度和抗折强度大小,抗硫酸盐硅酸盐水泥分 32.5 和 42.5 两个强度等级,各强度等级水泥在各龄期的强度值应不低于表 4.9 中的数值。

表 4.9　抗硫酸盐硅酸盐水泥各龄期的强度要求

强度等级	抗压强度(MPa)		抗折强度(MPa)	
	3 d	28 d	3 d	28 d
32.5	≥10.0	≥32.5	≥2.5	≥6.0
42.5	≥15.0	≥42.5	≥3.0	≥6.5

抗硫酸盐硅酸盐水泥具有较高的抗硫酸盐侵蚀能力,水化热较低,主要用于受硫酸盐侵蚀的海港、水利、地下隧道、引水、道路与桥梁基础等工程。

4. 铝酸盐水泥

凡以铝酸钙为主的铝酸盐水泥熟料,磨细制成的水硬性胶凝材料,称为铝酸盐水泥,代号为 CA。

(1)铝酸盐水泥的矿物组成

铝酸盐水泥的矿物成分主要为铝酸一钙($CaO \cdot Al_2O_3$,简写为 CA),其含量约占铝酸盐水泥质量的 70%,此外还有少量的硅酸二钙($2CaO \cdot SiO_2$)与其他铝酸盐,如七铝酸十二钙($12CaO \cdot 7Al_2O_3$,简写为 $C_{12}A_7$)、二铝酸一钙($CaO \cdot 2Al_2O_3$,简写为 CA_2)和硅铝酸二钙($2CaO \cdot Al_2O_3 \cdot SiO_2$,简写为 C_2AS)等。

(2)铝酸盐水泥的水化和硬化

铝酸盐水泥的水化和硬化主要是铝酸一钙的水化及其水化产物的结晶,其水化产物会随外界温度的不同而异。当温度低于 20 ℃时,水化产物为水化铝酸一钙($CaO \cdot Al_2O_3 \cdot 10H_2O$,简写为 CAH_{10}),其水化反应式为

$$CaO \cdot Al_2O_3 + 10H_2O = CaO \cdot Al_2O_3 \cdot 10H_2O$$

当温度为 20～30 ℃时,水化产物为水化铝酸二钙($2CaO \cdot Al_2O_3 \cdot 8H_2O$,简写为 C_2AH_8)和氢氧化铝($Al_2O_3 \cdot 3H_2O$,简写为 AH_3),其水化反应式为

$$2(CaO \cdot Al_2O_3) + 11H_2O = 2CaO \cdot Al_2O_3 \cdot 8H_2O + Al_2O_3 \cdot 3H_2O$$

当温度高于 30 ℃时,水化产物为水化铝酸钙($3CaO \cdot Al_2O_3 \cdot 6H_2O$,简写为 C_3AH_6)和氢氧化铝,其水化反应式为

$$3(CaO \cdot Al_2O_3) + 12H_2O = 3CaO \cdot Al_2O_3 \cdot 6H_2O + 2(Al_2O_3 \cdot 3H_2O)$$

水化产物水化铝酸一钙和水化铝酸二钙为针状或板状结晶,能相互交织成坚固的结晶共生体,析出的氢氧化铝难溶于水,填充于晶体骨架的空隙中,形成比较致密的结构,使水泥石具有很高的强度。水化反应集中在早期,5～7 d 后水化产物的数量很少增加,所以,铝酸盐水泥早期强度增长很快。

随硬化时间的延长,不稳定的水化铝酸一钙和水化铝酸二钙会逐渐转化为比较稳定的水化铝酸钙,转化过程会随着外界温度的升高而加快。转化结果使水泥石内部析出游离水,增大了孔隙体积,同时水化铝酸钙晶体本身缺陷较多,强度较低,因而水泥石后期强度明显降低。

(3)铝酸盐水泥的技术要求

铝酸盐水泥呈黄、褐或灰色,其密度和堆积密度与硅酸盐水泥接近,密度为 3.0～3.2 g/cm^3;

堆积密度为1 000～1 300 kg/m³。

铝酸盐水泥按 Al_2O_3 含量百分数分为CA50、CA60、CA70、CA80四种类型；水泥细度用比表面积法测定时不小于300 m²/kg，或者45 μm筛余不大于20%；对于CA50、CA60-Ⅰ、CA70、CA80水泥初凝时间不得早于30 min，终凝时间不得迟于6 h；对于CA60-Ⅱ水泥初凝时间不得早于60 min，终凝时间不得迟于18 h；体积安定性检验必须合格。

各类型水泥在各龄期的强度值应符合表4.10的要求。

表4.10　铝酸盐水泥的 Al_2O_3 含量和各龄期的强度要求

水泥类型		Al_2O_3 含量(%)	抗压强度(不小于，MPa)				抗折强度(不小于，MPa)			
			6 h	1 d	3 d	28 d	6 h	1 d	3 d	28 d
CA50	CA50-Ⅰ	$50 \leqslant Al_2O_3 < 60$	≥20	≥40	≥50	—	≥3.0	≥5.5	≥6.5	—
	CA50-Ⅱ			≥50	≥60	—		≥6.5	≥7.5	—
	CA50-Ⅲ			≥60	≥70	—		≥7.5	≥8.5	—
	CA50-Ⅳ			≥70	≥80	—		≥8.5	≥9.5	—
CA60	CA60-Ⅰ	$60 \leqslant Al_2O_3 < 68$	—	≥65	≥85	—	—	≥7.0	≥10.0	—
	CA60-Ⅱ		—	≥20	≥45	≥85	—	≥2.5	≥5.0	≥10.0
CA70		$68 \leqslant Al_2O_3 < 77$	—	≥30	≥40	—	—	≥5.0	≥6.0	—
CA80		$Al_2O_3 \geqslant 77$	—	≥25	≥30	—	—	≥4.0	≥5.0	—

(4)铝酸盐水泥的特点与应用

①凝结硬化快，早期强度增长快，适用于紧急抢修工程和早期强度要求高的混凝土工程。

②硬化后的水泥石在高温下(900 ℃以上)仍能保持较高的强度，具有较高的耐热性能。如采用耐火的粗细骨料(如铬铁矿等)，可制成使用温度为1 300～1 400 ℃的耐热混凝土，可作为高炉炉衬材料。

③铝酸盐水泥具有较好的抗渗性和抗硫酸盐侵蚀能力。这是因为铝酸盐水泥的水化产物主要为低钙铝酸盐，游离的氧化钙含量极少，硬化后的水泥石中没有氢氧化钙，并且水泥石结构比较致密。因此，铝酸盐水泥具有较高的抗渗性、抗冻性和抗硫酸盐侵蚀能力，适用于有抗渗、抗硫酸盐侵蚀要求的混凝土工程，但铝酸盐水泥不耐碱，不能用于与碱溶液接触的工程。

④水化热大而且集中在早期放出。铝酸盐水泥的1 d放热量大约相当于硅酸盐水泥的7 d放热量。因此，适用于混凝土的冬季施工，但不宜用于大体积混凝土工程。

铝酸盐水泥使用时应注意：

①由于铝酸盐水泥水化产物晶体易发生转换，导致铝酸盐水泥的后期强度会有所降低，尤其是在高于30 ℃的湿热环境下，强度下降更加明显，甚至会引起结构的破坏。因此，铝酸盐水泥不宜用于长期承受荷载作用的结构工程。

②铝酸盐水泥最适宜的硬化温度为15 ℃左右。一般施工时环境温度不宜超过30 ℃，否则，会产生晶体转换，水泥石强度降低。所以，铝酸盐水泥拌制的混凝土构件不能进行蒸汽养护。

③铝酸盐水泥使用时，严禁与硅酸盐水泥或石灰相混，也不得与尚未硬化的硅酸盐水泥接触，否则将产生瞬凝现象，以至无法施工，且强度很低。

5.膨胀水泥和自应力水泥

一般硅酸盐水泥在空气中硬化时，体积会发生收缩。收缩会使水泥石结构产生微裂缝或裂缝，降低水泥石结构的密实性，影响结构的抗渗、抗冻、耐腐蚀性和耐久性。膨胀水泥在硬化过程中体积不但不发生收缩，而且还略有不同程度的膨胀。当这种膨胀受到水泥混凝土中钢筋的约束而膨胀率又较大时，钢筋和混凝土会一起发生变形，钢筋受到拉力，混凝土受到压力，这种压力是由水泥水化产生的体积变化所引起的，所以叫自应力。自应力值大于 2 MPa 的水泥称为自应力水泥。由于这一过程发生在水泥浆体完全硬化之前，所以，能够使水泥石的结构更加密实而不致引起破坏。

(1)膨胀作用机理

在水泥生产过程中加入石膏、膨胀剂(如明矾石、铝酸盐水泥等)，使水泥浆体中产生大量的水化硫铝酸钙晶体，进而使水泥石体积产生膨胀。

(2)膨胀水泥的种类

按水泥的主要矿物成分，膨胀水泥可分为硅酸盐型膨胀水泥、铝酸盐型膨胀水泥和硫铝酸盐型膨胀水泥三类。根据水泥的膨胀值及其用途又可分为收缩补偿水泥和自应力水泥两类。

硅酸盐膨胀水泥是以硅酸盐水泥为主要组分，外加铝酸盐水泥和石膏配制而成的一种水硬性胶凝材料。这种水泥膨胀值的大小可通过改变铝酸盐水泥和石膏的含量来调节。例如用85％～88％的硅酸盐水泥熟料、6％～7.5％的铝酸盐水泥、6％～7.5％的石膏可配制成收缩补偿水泥。用这种水泥配制的混凝土可做屋面刚性防水层、锚固地脚螺栓或修补等用。如适当提高其膨胀组分即可增加膨胀量，可配制成自应力水泥。自应力硅酸盐水泥常用于制造自应力钢筋混凝土压力管及其配件。

铝酸盐膨胀水泥是以一定量的铝酸盐水泥熟料和二水石膏为组成材料，经磨细而成的大膨胀率水硬性胶凝材料。该水泥具有自应力值高、抗渗性、气密性好，质量比较稳定等优点，但水泥生产成本较高，膨胀稳定期较长，可用于制作大口径或较高压力的压力管。

硫铝酸盐膨胀水泥是以无水硫铝酸钙熟料为主要组成材料，加入较多的石膏，经磨细制成的强膨胀性水硬性胶凝材料，可制作大口径或较高压力的压力管，石膏掺量较少时，可用做收缩补偿混凝土。

(3)膨胀水泥的特点与应用

膨胀水泥在约束变形条件下所形成的水泥石结构致密，具有良好的抗渗性和抗冻性，可用于配制防水砂浆和防水混凝土，浇灌构件的接缝及管道的接头，结构的加固与修补，浇注机器底座和固结地脚螺钉等。自应力水泥主要用于自应力钢筋混凝土结构工程和制造自应力压力管道等。

4.2.2 专用水泥

专用水泥是指有专门用途的水泥，如砌筑水泥、道路硅酸盐水泥、白色硅酸盐水泥等。

1. 砌筑水泥

由硅酸盐水泥熟料加入规定的混合材料和适量石膏，经磨细制成的工作性较好的水硬性胶凝材料，称为砌筑水泥，代号为 M。砌筑水泥中混合材料掺量按质量百分比计为不少于50％。

砌筑水泥中三氧化硫含量不大于 3.5％，氯离子含量不大于 0.06％(质量百分数)；细度用 80 μm 方孔筛筛余不大于10.0％；初凝时间不得早于 60 min，终凝时间不得迟于 12 h；保水率不小于 80％；体积安定性用沸煮法检验必须合格。

根据 3 d、7 d、28 d 的抗压强度和抗折强度大小，砌筑水泥分为 12.5 和 22.5、32.5 三个强度等级。各强度等级水泥在各龄期的强度值不得低于表 4.11 中的数值。

表 4.11 砌筑水泥各龄期的强度要求

强度等级	抗压强度(MPa)			抗折强度(MPa)		
	3 d	7 d	28 d	3 d	7 d	28 d
12.5	—	≥7.0	≥12.5	—	≥1.5	≥3.0
22.5	—	≥10.0	≥22.5	—	≥2.0	≥4.0
32.5	≥10.0	—	≥32.5	≥2.5	—	≥5.5

砌筑水泥凝结硬化慢,强度较低,在生产过程中以大量的工业废渣作为原材料,水泥的生产成本低,工作性较好,适用于配制砌筑砂浆、抹面砂浆、基础垫层混凝土。

2. 道路硅酸盐水泥

由道路硅酸盐水泥熟料(以硅酸钙和铁铝酸盐为主要成分)、0～10%活性混合材料和适量石膏磨细制成的水硬性胶凝材料,称为道路硅酸盐水泥(简称道路水泥),代号为P·R。

道路硅酸盐水泥是为适应我国水泥混凝土路面的需要而发展起来的。为提高道路混凝土的抗折强度、耐磨性和耐久性,道路硅酸盐水泥中铝酸三钙含量不应大于5.0%;铁铝酸四钙含量不应小于15.0%,游离氧化钙的含量不应大于1%。

道路硅酸盐水泥中三氧化硫含量不大于3.5%;氧化镁含量不大于5.0%,如果水泥压蒸试验合格,则水泥中氧化镁的含量(质量分数)允许放宽至6.0%;氯离子含量(质量百分数)不大于0.06%;烧失量不大于3.0%;细度用比表面积法测定时为300～450 m^2/kg;初凝时间不得早于1.5 h,终凝时间不得迟于12 h;体积安定性用雷氏夹检验合格;28 d干缩率不大于0.10%;28 d磨耗量不大于3.0 kg/m^2。

根据28 d的抗折强度大小,道路硅酸盐水泥分为7.5与8.5两个强度等级。各强度等级水泥在各龄期的强度值不得低于表4.12中的数值。

表 4.12 道路硅酸盐水泥各龄期的强度要求

强度等级	抗压强度(MPa)		抗折强度(MPa)	
	3 d	28 d	3 d	28 d
7.5	≥21.0	≥42.5	≥4.0	≥7.5
8.5	≥26.0	≥52.5	≥5.0	≥8.5

道路硅酸盐水泥具有早强和抗折强度高、干缩性小、耐磨性好、抗冲击性好、抗冻性和耐久性比较好、裂缝和磨耗病害少的特点,主要用于公路路面、机场跑道、城市广场、停车场等工程。

3. 白色硅酸盐水泥

由氧化铁含量少的硅酸盐水泥熟料、适量石膏及规定的混合材料,经磨细制成的水硬性胶凝材料称为白色硅酸盐水泥(简称白水泥),代号为P·W。

一般硅酸盐水泥呈灰色或灰褐色,这主要是由于水泥熟料中的氧化铁所引起的。普通硅酸盐水泥的氧化铁含量为3%～4%,当氧化铁的含量在0.5%以下时,水泥接近白色。生产白色硅酸盐水泥的原料应采用着色物质(氧化铁、氧化锰、氧化钛、氧化铬等)含量极少的矿物质,如纯净的石灰石、纯石英砂、高岭土。由于水泥原料中氧化铁的含量少,煅烧的温度要提高到1 550 ℃左右。为了保证白度,煅烧时应采用天然气、煤气或重油作为燃料。粉磨时不能直接用铸钢板和钢球,而应采用白色花岗岩或高强陶瓷衬板,用烧结瓷球等作为研磨体。由于这些特殊的生产措施,使得白色硅酸盐水泥的生产成本较高,因此白色硅酸盐水泥的价格较贵。

白色硅酸盐水泥熟料中氧化镁含量不宜超过 5.0%；三氧化硫含量不大于 3.5%，氯离子含量(质量百分数)不大于0.06%；初凝时间不得早于 45 min，终凝时间不得迟于 10 h；细度用 45 μm 方孔筛筛余不大于 30.0%；体积安定性用沸煮法检验必须合格。

根据 3 d、28 d 的抗压强度和抗折强度大小，白色硅酸盐水泥分为 32.5、42.5、52.5 三个强度等级。各强度等级水泥在各龄期的强度值不得低于表 4.13 中的数值。

表 4.13　白色硅酸盐水泥各龄期的强度要求

强度等级	抗压强度(MPa)		抗折强度(MPa)	
	3 d	28 d	3 d	28 d
32.5	≥12.0	≥32.5	≥3.0	≥6.0
42.5	≥17.0	≥42.5	≥3.5	≥6.5
52.5	≥22.0	≥52.5	≥4.0	≥7.0

白度是白色硅酸盐水泥的一个重要指标，按白度大小，白色硅酸盐水泥分为 1 级和 2 级。1 级白度不小于 89，2 级白度不小于 87。

将白色硅酸盐水泥熟料、颜料和石膏共同磨细，可制成彩色硅酸盐水泥，所用的颜料要能耐碱，对水泥不能产生有害作用。常用的颜料有氧化铁(红、黄、褐、黑色)、二氧化锰(黑、褐色)、氧化铬(绿色)、赭石(赭色)和炭黑(黑色)等，也可将颜料直接与白水泥粉末混合拌匀，配制彩色水泥砂浆和彩色混凝土。后者方法简便易行，色彩可以调节，但拌制不均匀，会存在一定的色差。

白色硅酸盐水泥具有强度高，色泽洁白的特点，可用来配制彩色砂浆和涂料、彩色混凝土等，用于建筑物的内外装修，也是生产彩色硅酸盐水泥的主要原料。

复习思考题

1. 生产通用硅酸盐水泥的主要原料有哪些？
2. 生产通用硅酸盐水泥时为什么要掺入适量石膏？
3. 试述通用硅酸盐水泥的主要矿物成分及其对水泥性能的影响。
4. 通用硅酸盐水泥的主要水化产物有哪几种？
5. 水泥细度对水泥性能有何影响？怎样检测水泥细度？
6. 导致水泥体积安定性不良的原因有哪些？如何检验？
7. 影响水泥强度大小的主要因素有哪些？
8. 水泥石腐蚀的类型有哪几种？产生腐蚀的主要原因是什么？如何防止水泥石的腐蚀？
9. 水泥检验中，哪些性能不符合要求时，该水泥属于不合格品？
10. 何谓混合材料？在水泥生产中起什么作用？
11. 为什么说掺入活性混合材料的硅酸盐水泥早期强度比较低，后期强度发展比较高？
12. 与硅酸盐水泥相比，普通水泥、矿渣水泥、火山灰水泥和粉煤灰水泥在性能上有哪些不同？
13. 某工程使用一批普通硅酸盐水泥，强度检验结果如下，试评定该批水泥的强度等级。

龄　期	抗折强度(MPa)	抗压破坏荷载(kN)
3 d	4.05,4.20,4.10	41.5,42.2,46.1,45.5,44.2,43.1
28 d	7.05,7.50,8.40	111.9,125.0,114.1,113.5,108.0,115.0

14. 不同品种且同一强度等级以及同品种但不同强度等级的水泥能否掺混使用?

15. 快凝快硬硅酸盐水泥的矿物组成有哪些特点?

16. 铝酸盐水泥有何特点? 使用时应注意哪些问题?

17. 膨胀水泥的膨胀过程与水泥体积安定性不良所形成的体积膨胀有何不同?

18. 白色硅酸盐水泥对原料和工艺有什么要求?

19. 根据下列工程条件,选择适宜的水泥品种:

①现浇混凝土梁、板、柱,冬季施工。

②高层建筑基础底板(具有大体积混凝土特性和抗渗要求)。

③受海水侵蚀的钢筋混凝土工程。

④高炉炼铁炉基础。

⑤高强度预应力混凝土梁。

⑥紧急抢修工程。

⑦东北某大桥的沉井基础及桥梁墩台。

⑧采用蒸汽养护的预制构件。

⑨大口径压力管及输油管道工程。

项目5

混　凝　土

项目描述

100 多年来，混凝土在人类生产建设发展过程中起着巨大的作用，已成为现代土木工程中用量最大、用途最广的建筑材料之一。本项目主要介绍混凝土各组成材料在混凝土中的作用、混凝土用砂石与混凝土的技术性能及其质量检测方法、普通混凝土的配合比计算方法、其他混凝土的特点及应用范围。只有掌握混凝土组成材料和混凝土质量检测方法，准确阅读混凝土用砂石、混凝土质量技术标准，了解施工过程和外部环境条件对混凝土性能的影响规律，能够根据使用环境和工程要求合理选择原材料、确定混凝土配合比，才能获得性能、质量满足要求的混凝土。

学习目标

1. 能力目标

(1)能按相关标准要求进行混凝土用砂石见证取样及送检；

(2)能正确使用试验仪器对混凝土用砂石各项技术性能指标进行检测，并依据相关标准对混凝土用砂石质量作出准确评价；

(3)能正确使用试验仪器对混凝土拌和物和易性进行检测；

(4)能按相关标准要求进行试件的制作；

(5)能正确使用试验仪器对混凝土强度进行检测，并依据相关标准对混凝土强度等级作出准确评定；

(6)能运用相关标准确定混凝土配合比；

(7)能根据工程所处环境条件、设计与质量要求合理选用混凝土外加剂。

2. 知识目标

(1)了解混凝土外加剂的作用、混凝土的质量控制内容、其他品种混凝土的特点；

(2)掌握混凝土各组成材料的技术性能、混凝土的技术性能、混凝土配合比设计的方法。

混凝土是由胶凝材料、骨料和水按适当比例配合，拌和制成具有一定可塑性的浆体，经一段时间硬化而成的具有一定形状和强度的人造石材。

混凝土广泛应用于铁道工程、道路工程、桥梁隧道、工业与民用建筑、水工结构及海港、军事等土木工程中，是一种不可或缺的工程材料。它具有许多优良的性能，主要体现在：

(1)易塑性。凝结前混凝土拌和物具有良好的可塑性,可浇筑成任意形状和不同尺寸且整体性很强的构件。

(2)适应性。适用于多种结构形式,满足多种施工要求,可根据工程要求配制不同性能的混凝土。

(3)安全性。具有较高的抗压强度;与钢筋有牢固的黏结力,组成钢筋混凝土。

(4)耐久性。一般不需要维护保养,维修费用低。

(5)经济性。原材料可就地取材,价格低廉,经济实用。

混凝土也有一定的缺点,主要体现在自重大、抗拉强度低、变形能力小、性脆易裂、硬化养护时间长、破损后不易修复、施工质量波动性较大等方面,这对混凝土的使用有一定的影响。

混凝土按其表观密度可分为重混凝土($\rho_0>2\ 500\ kg/m^3$)、普通混凝土($\rho_0=1\ 950\sim2\ 500\ kg/m^3$)和轻混凝土($\rho_0<1\ 950\ kg/m^3$)。

混凝土按其用途可分为结构混凝土、道路混凝土、水工混凝土、装饰混凝土及特种混凝土(耐热、耐酸、耐碱、防辐射混凝土等)。

混凝土按其所用胶凝材料可分为水泥混凝土、石膏混凝土、水玻璃混凝土、沥青混凝土、聚合物水泥混凝土及树脂混凝土等。

混凝土按其施工方法可分为泵送混凝土、喷射混凝土、压力灌浆混凝土、挤压混凝土、离心混凝土及碾压混凝土等。

混凝土的品种虽然繁多,但在实际工程中还是以水泥混凝土,即普通混凝土应用最为广泛。

5.1 普通混凝土的组成材料

普通混凝土是由水泥、砂、石子和水按适当比例配合搅拌,浇筑成型,经一定时间凝结硬化而成的人造石材。工程上常用一个"砼"字代表。随着混凝土技术的发展,现常在混凝土中加入外加剂和矿物掺合料,以改善混凝土的性能。

混凝土的结构如图5.1所示,一般砂和石子的总含量占混凝土总体积的70%~80%,主要起骨架作用,称为"骨料";石子为"粗骨料",砂为"细骨料",其余为水泥与水组成的水泥浆和少量残留的空气。水泥浆填充砂空隙并包裹砂粒,形成砂浆;砂浆又填充石子空隙并包裹石子颗粒。水泥浆起润滑作用,使尚未凝固的混凝土拌和物具有一定的流动性,并通过水泥浆的凝结硬化将砂石骨料胶结成整体。

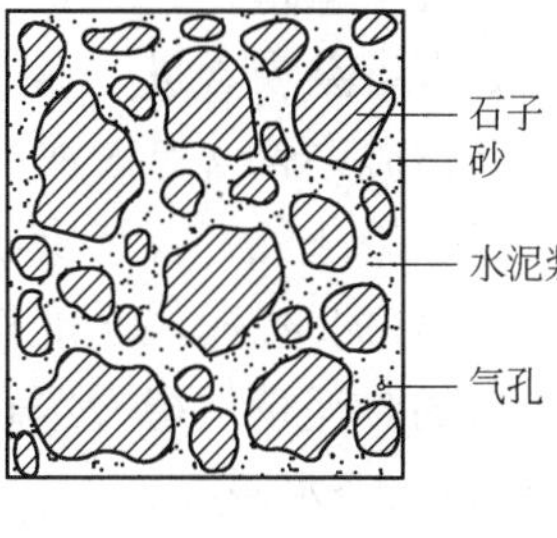

图5.1 混凝土结构示意

混凝土的质量在很大程度上取决于组成材料的性质、配合比、施工工艺(如搅拌、成型和养护)等。为了保证混凝土的质量,对所用材料应进行选择,各组成材料必须满足一定的技术质量要求。

5.1.1 水　泥

水泥是混凝土的胶凝材料,混凝土的性能在很大程度上取决于水泥的质量。同时,水泥也是混凝土组成材料中价格最贵的材料。因此,合理地选择水泥的品种和强度,会直接关系到混凝土的耐久性和经济性。

1. 水泥品种的选择

根据工程特点、所处的环境条件、施工条件等因素合理进行选择，常用的有硅酸盐水泥、普通硅酸盐水泥、矿渣硅酸盐水泥、粉煤灰硅酸盐水泥、火山灰质硅酸盐水泥和复合硅酸盐水泥。所用水泥的性能必须符合现行国家有关标准的规定，在满足工程要求的前提下，应选用价格较低的水泥品种，以降低工程造价。

2. 水泥强度等级的选择

水泥强度等级的选择，应与所配制的混凝土强度等级相适应。原则上配制高强度等级的混凝土，应选用高强度等级的水泥；配制低强度等级的混凝土，选用低强度等级的水泥。如用高强度等级的水泥配制低强度等级混凝土，会使水泥用量偏少，影响混凝土和易性与耐久性。如用低强度等级的水泥配制高强度等级混凝土，会使水泥用量过多，不经济，同时还会影响混凝土的其他技术性质，如干缩变形等。一般情况下，水泥强度等级约为所配混凝土强度的 1.5 倍。通常混凝土强度等级为 C30 以下时，可采用强度等级为 32.5 的水泥；混凝土强度等级大于 C30 时，可采用强度等级为 42.5 以上的水泥。

5.1.2 细 骨 料

粒径在 0.15～4.75 mm 的骨料称为细骨料。混凝土的细骨料主要采用天然砂和机制砂（人工砂）。天然砂根据产源不同，可分为河砂、湖砂、山砂和淡化海砂。山砂富有棱角，表面粗糙，与水泥浆黏结力好，但含泥量和有机杂质含量较多。海砂颗粒表面圆滑，比较洁净，但常混有贝壳碎片，而且含盐分较多，对混凝土中的钢筋有锈蚀作用。河砂介于山砂和海砂之间，比较洁净，而且分布较广，一般工程上大都采用河砂。机制砂（人工砂）是岩石轧碎筛选而成，富有棱角，比较洁净，但石粉和片状颗粒较多且成本较高。在铁路混凝土中，若就近没有河砂和山砂，则常用由白云岩、石灰岩、花岗岩和玄武岩爆破、机械轧碎而成的机制砂。

砂按颗粒级配、含泥量（石粉含量）、泥块含量、有害物质等技术要求分为Ⅰ类、Ⅱ类、Ⅲ类。Ⅰ类用于强度等级大于 C60 的混凝土，Ⅱ类用于 C30～C60 的混凝土，Ⅲ类用于强度等级小于 C30 的混凝土。

混凝土用砂应尽量选用洁净、坚硬、表面粗糙有棱角、有害杂质少的砂，具体质量要求如下。

1. 有害杂质含量

天然砂中常含有淤泥、黏土块、云母、轻物质、硫化物、硫酸盐、有机质、氯化物及草根、树叶、煤块、炉渣等有害杂质，这些杂质过多会影响混凝土的质量。

(1)含泥量、泥块含量和石粉含量

砂的含泥量是指天然砂中粒径小于 75 μm 的颗粒含量；泥块含量是指砂中原粒径大于 1.18 mm，经水浸洗、手捏后小于 600 μm 的颗粒含量。

这些细微颗粒可在骨料表面形成包裹层，阻碍骨料与水泥凝胶体的黏结；有的则以松散的颗粒存在，极大地增加了骨料的表面积，从而增加了用水量；特别是体积不稳定的黏土颗粒，干燥时收缩，潮湿时膨胀，对混凝土有很大的破坏作用。

石粉含量是指人工砂中粒径小于 75 μm 的颗粒含量，其矿物组成和化学成分与母岩相同。过多的石粉会妨碍水泥与骨料的黏结，从而导致混凝土的强度、耐久性降低。但研究和实践表明：在混凝土中掺入适量的石粉，对改善混凝土细骨料颗粒级配、提高混凝土密实性有很大的益处，进而提高混凝土的综合性能。

天然砂的含泥量和泥块含量应符合表 5.1 的规定。

表 5.1 天然砂的含泥量和泥块含量

项 目	Ⅰ类	Ⅱ类	Ⅲ类
含泥量(质量分数,%)	≤1.0	≤3.0	≤5.0
泥块含量(质量分数,%)	≤0.2	≤1.0	≤2.0

机制砂(人工砂)的石粉含量应符合表 5.2 的规定。亚甲蓝试验是用于检测机制砂(人工砂)中粒径小于 75 μm 的颗粒主要是泥土还是石粉的一种试验方法。

表 5.2 机制砂(人工砂)的石粉含量

类 别	亚甲蓝值(MB)	石粉含量(质量分数,%)
Ⅰ类	MB≤0.5	≤15.0
	0.5<MB≤1.0	≤10.0
	1.0<MB≤1.4 或快速试验合格	≤5.0
	MB>1.4 或快速试验不合格	≤1.0
Ⅱ类	MB≤1.0	≤15.0
	1.0<MB≤1.4 或快速试验合格	≤10.0
	MB>1.4 或快速法不合格	≤3.0
Ⅲ类	MB≤1.4 或快速试验合格	≤15.0
	MB>1.4 或快速法不合格	≤5.0

(2)有害物含量

云母呈薄片状,表面光滑,与水泥黏结不牢,且易风化,会降低混凝土强度;硫酸盐、硫化物将对硬化的水泥凝胶体产生腐蚀;有机物通常是植物腐烂的产物,妨碍、延缓水泥的正常水化,降低混凝土强度;氯盐引起混凝土中钢筋锈蚀,破坏钢筋与混凝土的黏结,使混凝土保护层开裂。密度小于 2 g/cm³ 的轻物质(如煤屑、炉渣),会降低混凝土的强度和耐久性。为了保证混凝土的质量,上述有害物质的含量应符合表 5.3 的规定。

表 5.3 砂中有害物质限量

项 目	Ⅰ类	Ⅱ类	Ⅲ类
云母(质量分数,%)	≤1.0	≤2.0	≤2.0
硫化物及硫酸盐(按 SO_3 质量计,%)	≤0.5	≤0.5	≤0.5
有机物	合格	合格	合格
氯化物(按氯离子质量计,%)	≤0.01	≤0.02	≤0.06
轻物质(质量分数,%)	≤1.0	≤1.0	≤1.0
贝壳(质量分数,%)	≤3.0	≤5.0	≤8.0

2.坚固性

坚固性是指砂在自然风化和其他外界物理化学因素作用下抵抗破裂的能力。砂的坚固性用硫酸钠溶液法检验,砂样经 5 次干湿循环后的质量损失应符合表 5.4 的规定;机制砂(人工砂)的压碎指标还应符合表 5.4 的规定。

表 5.4　砂的坚固性指标(GB/T 14684—2022)

项　　目	Ⅰ类	Ⅱ类	Ⅲ类
质量损失率(%)	≤8	≤8	≤10
机制砂(人工砂)的单级最大压碎指标(%)	≤20	≤25	≤30

3.颗粒级配和粗细程度

砂的颗粒级配是指砂中大小颗粒互相搭配的情况。如果大小颗粒搭配适当，小颗粒的砂恰好填满中等颗粒砂的空隙，而中等颗粒的砂又恰好填满大颗粒砂的空隙，这样彼此之间互相填满，使得砂的总空隙率达到最小，因此砂的级配良好也就意味着砂的空隙率较小。

砂的粗细程度是指不同粒径的砂混合在一起后的总体粗细程度，通常有粗砂、中砂、细砂和特细砂之分。

在相同质量条件下，若粗粒砂较多，砂就显得粗些，砂的总表面积就越小，相应的包裹砂子的水泥浆数量也越少。但若砂中的粗粒砂过多，而中小颗粒的砂又搭配的不好，那么砂的空隙率就会很大。因此，混凝土用砂，应同时考虑颗粒级配和粗细程度两个因素，宜采用级配良好的中砂或粗砂。

砂的颗粒级配和粗细程度常用筛分析的方法来测定。筛分析法是用一套标准筛，将砂子试样依次进行筛分，标准筛由孔径为 9.50 mm、4.75 mm、2.36 mm、1.18 mm、600 μm、300 μm 和 150 μm 的 7 只筛子组成，将 500 g 干砂由粗到细依次过筛，然后称得余留在各个筛子上的砂子质量为分计筛余量；各分计筛余量占砂子试样总质量的百分率称为分计筛余百分率，分别用 a_1、a_2、a_3、a_4、a_5、a_6 表示；各筛上及所有孔径大于该筛的分计筛余百分率之和称为累计筛余百分率，分别用 A_1、A_2、A_3、A_4、A_5 和 A_6 表示，它们的关系见表 5.5。

表 5.5　分计筛余和累计筛余关系

方筛孔尺寸	分计筛余量(g)	分计筛余(%)	累计筛余(%)
4.75 mm	m_1	$a_1=m_1/m$	$A_1=a_1$
2.36 mm	m_2	$a_2=m_2/m$	$A_2=a_1+a_2$
1.18 mm	m_3	$a_3=m_3/m$	$A_3=a_1+a_2+a_3$
600 μm	m_4	$a_4=m_4/m$	$A_4=a_1+a_2+a_3+a_4$
300 μm	m_5	$a_5=m_5/m$	$A_5=a_1+a_2+a_3+a_4+a_5$
150 μm	m_6	$a_6=m_6/m$	$A_6=a_1+a_2+a_3+a_4+a_5+a_6$
筛底	m_7		

注：m 为砂子试样的总质量，$m=m_1+m_2+m_3+m_4+m_5+m_6+m_7$。

除特细砂外，Ⅰ类砂的累计筛余应符合表 5.6 中 2 区的规定，分计筛余应符合表 5.7 的规定。Ⅱ类和Ⅲ类砂的累计筛余应符合表 5.6 的规定。表中所列的累计筛余率，除 4.75 mm 和 600 μm 筛外，允许有超出分区界线，但其总量不应大于 5%，否则级配为不合格。砂的级配类别应符合表 5.7 的规定。

表 5.6 砂的颗粒级配

砂的分类	天然砂			机制砂、混合砂		
级配区	1 区	2 区	3 区	1 区	2 区	3 区
方筛孔尺寸	累计筛余(%)					
4.75 mm	10～0	10～0	10～0	5～0	5～0	5～0
2.36 mm	35～5	25～0	15～0	35～5	25～0	15～0
1.18 mm	65～35	50～10	25～0	65～35	50～10	25～0
600 μm	85～71	70～41	40～16	85～71	70～41	40～16
300 μm	95～80	92～70	85～55	95～80	92～70	85～55
150 μm	100～90	100～90	100～90	97～85	94～80	94～75

表 5.7 砂的分计筛余

方筛孔尺寸(mm)	4.75①	2.36	1.18	0.60	0.30	0.15②	筛底③
分计筛余(%)	0～10	10～15	10～25	20～31	20～30	5～15	0～20

注：①对于机制砂，4.75 mm 筛的分计筛余不应大于 5%；

②对于 MB>1.4 的机制砂，0.15 mm 筛和筛底和分计筛余之和不应大于 25%；

③对于天然砂，筛底的分计筛余不应大于 10%。

1 区砂粗粒较多，保水性较差，宜于配制水泥用量较多或流动性较小的普通混凝土。2 区砂颗粒粗细程度适中，级配最好。3 区砂颗粒偏细，用它配制的普通混凝土拌和物黏聚性稍大，保水性较好，容易插捣，但干缩性较大，表面容易产生微裂纹。

以累计筛余百分率为纵坐标，以筛孔尺寸为横坐标，根据表 5.6 的规定，可画出三个级配区的筛分曲线，如图 5.2 所示。当试验砂的筛分曲线落在三个级配区之一的上下线界限之间时，可认为砂的级配为合格。

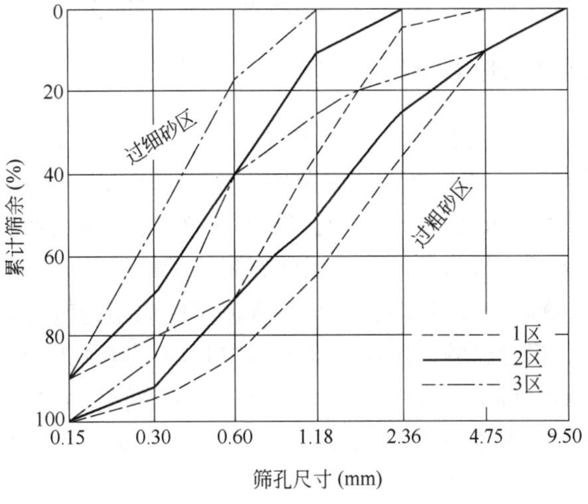

图 5.2 砂的级配曲线

用筛分方法来分析细骨料的颗粒级配，只能对砂的粗细程度做出大致的区分，而对于同一个级配区内粗细程度不同的砂，则需要用细度模数来进一步评定砂的粗细程度。

砂的粗细程度用细度模数 M_x 来表示，即

$$M_x=\frac{A_2+A_3+A_4+A_5+A_6-5A_1}{100-A_1}$$

式中 M_x——砂的细度模数；

A_1,A_2,A_3,A_4,A_5,A_6——各筛的累计筛余百分率，%。

细度模数越大，表示砂越粗。按细度模数将砂分为粗砂 M_x=3.1～3.7；中砂 M_x=2.3～3.0；细砂 M_x=1.6～2.2；特细砂 M_x=0.7～1.5。

【例题 5.1】 某工地用 500 g 烘干砂样做筛分析试验，筛分结果见表 5.8，试判断该砂的粗细程度和级配情况。

表 5.8　砂样筛分结果

筛孔尺寸	分计筛余量(g)	分计筛余率(%)	累计筛余率(%)
4.75 mm	30	6.0	6.0
2.36 mm	45	9.0	15.0
1.18 mm	151	30.2	45.2
600 μm	90	18.0	63.2
300 μm	76	15.2	78.4
150 μm	88	17.6	96.0
筛底	20	4.0	100.0

【解】 1. 计算细度模数

$$M_x=\frac{A_2+A_3+A_4+A_5+A_6-5A_1}{100-A_1}=\frac{15.0+45.2+63.2+78.4+96.0-5\times 6.0}{100-6.0}=2.8$$

2. 判断粗细程度和级配情况

因为 $M_x=2.8$，在 2.3～3.0 之间，所以该砂为中砂。

由于该砂在 600 μm 筛上的累计筛余 $A_4=63.2\%$，在 41%～70% 之间，属Ⅱ区；又将计算的各累计筛余 A 值与Ⅱ区标准逐一对照，各 A 值均落入Ⅱ区内，因此该砂的级配良好。

5.1.3 粗骨料

粒径大于 4.75 mm 的骨料称为粗骨料。常用的粗骨料有天然卵石和人工碎石两种。天然卵石是岩石由于自然条件作用而形成的，可分为河卵石、海卵石和山卵石。河卵石表面光滑，少棱角，比较洁净，大都具有天然级配；而山卵石含黏土等杂质较多，使用前须冲洗干净；因此河卵石最为常用。人工碎石是由天然岩石或卵石经机械破碎、筛分而成，颗粒富有棱角，表面粗糙，较天然卵石干净，与水泥浆的黏结力较强，但流动性较差。

粗骨料的选用应根据就地取材的原则和工程的具体要求而定，一般情况下配制高强度等级的混凝土宜采用碎石，但其品质必须符合相关规定。粗骨料按有害物质含量、坚固性、针片状颗粒含量等技术要求分为Ⅰ类、Ⅱ类、Ⅲ类。粗骨料的质量要求，主要包括以下几个方面：

1. 有害杂质含量

粗骨料中常含有一些有害杂质，如黏土、淤泥、细屑、硫酸盐、硫化物、有机物质、蛋白石等含有活性二氧化硅的矿物。它们的危害作用与在细骨料中相同。它们的含量应符合表 5.9 的规定。

表 5.9　卵石和碎石中有害物质限量

项　目	Ⅰ类	Ⅱ类	Ⅲ类
卵石含泥量(质量分数，%)	≤0.5	≤1.0	≤1.5
泥块含量(质量分数，%)	≤0.1	≤0.2	≤0.7
硫化物及硫酸盐含量(以 SO_3 质量计，%)	≤0.5	≤1.0	≤1.0
有机物含量	合格	合格	合格
针、片状颗粒含量(质量分数，%)	≤5	≤8	≤15
碎石泥粉含量(质量分数，%)	≤0.5	≤1.5	≤2.0

2.颗粒形状

粗骨料的颗粒形状以接近立方体或球体为佳，不宜含有过多的针、片状颗粒，否则将影响混凝土拌和物的流动性，同时又影响混凝土的抗折强度。针状颗粒是指颗粒长度大于该颗粒平均粒径2.4倍的颗粒，片状颗粒是指颗粒厚度小于该颗粒平均粒径0.4倍的颗粒。平均粒径是指一个粒级的骨料其上、下限粒径的平均值。混凝土用石子的针、片状颗粒含量应符合表5.9的规定。

3.最大粒径和颗粒级配

(1)最大粒径

石子公称粒级的上限称为该粒级的最大粒径，例如5～25 mm粒级的石子，其最大粒径为25 mm。随着石子最大粒径的增大，其总表面积随之减小，从而使包裹骨料表面的水泥浆的数量也相应减少，因此在条件许可的情况下，石子的最大粒径应尽可能选用得大些，这样不但能节约水泥，而且还能提高混凝土的和易性与强度。但是在施工过程中，石子的最大粒径通常要受到结构物的截面尺寸、钢筋疏密及施工条件的限制。混凝土用粗骨料，其最大粒径不得超过构件截面最小尺寸的1/4，同时不得超过钢筋最小净距的3/4；对于混凝土实心板，粗骨料的最大粒径不宜超过板厚的1/3且不得超过40 mm。

(2)颗粒级配

石子级配和砂子级配的原理基本相同，各级比例要适当，使骨料空隙率及总表面积都要尽量小，以便用最少的水泥用量填充并包裹在骨料的周围，达到所要求的和易性。

石子的级配按粒径尺寸可分为连续粒级和单粒粒级两种。连续粒级是石子颗粒由大到小连续分级，每一级骨料都占有适当的比例。例如天然卵石就属于连续粒级。由于连续粒级含有各种大小颗粒，互相搭配比例比较合适，配制的混凝土拌和物和易性较好，不易发生分层离析现象，易于保证混凝土的质量，便于大型混凝土搅拌站使用，适合泵送混凝土。

单粒粒级是人为地剔除石子中的某些粒级，造成颗粒粒级的间断，大颗粒间的空隙由比它小得多的小颗粒来填充，从而降低空隙率，增加密实度，达到节约水泥的目的，但是拌和物容易产生分层离析现象，增加施工难度，一般在工程中较少使用。对于低流动性或干硬性混凝土，如果采用机械强力振捣施工，采用单粒粒级是适宜的。

石子的颗粒级配也是采用筛分析法测定。测定用标准方孔筛一套共12个，筛孔尺寸为2.36 mm、4.75 mm、9.50 mm、16.0 mm、19.0 mm、26.5 mm、31.5 mm、37.5 mm、53.0 mm、63.0 mm、75.0 mm和90.0 mm。将石子筛分后，计算出各筛上的分计筛余百分率和累计筛余百分率。普通混凝土用碎石或卵石的颗粒级配应符合表5.10的规定；试样筛分析所需筛号，也应按表5.10中规定的级配要求选用。

4.强度

石子在混凝土中起骨架作用，它的强度直接影响混凝土的强度，因此混凝土中的石子必须致密且具有足够的强度。石子强度一般用岩石的抗压强度或压碎指标来表示。

测定岩石的抗压强度是将岩石制成50 mm×50 mm×50 mm的立方体试件或ϕ50 mm×50 mm的圆柱体试件，在水中浸泡48 h使其达到吸水饱和状态，取压力机上测得的6个试块的抗压强度平均值。通常其抗压强度与所采用的混凝土强度等级之比不应小于1.5，而且火成岩的强度不应小于80 MPa，变质岩的强度不应小于60 MPa，水成岩的强度不应小于30 MPa。石子强度以岩石的抗压强度来表示比较直观，但试件加工较困难，且不能反映石子在混凝土中的真实强度，因此常采用压碎指标来衡量石子的强度。压碎指标是将一定质量气干状态下 9.5～19 mm 的石子(去除针、片状颗粒的石子),按规定方法装入压碎值测定仪的圆筒内,在 3～5 min 内均匀加压到 200 kN 并稳定 5 s,然后用孔径为 2.36 mm 的筛子进行筛分,筛除被压碎的细粒,称取留在筛上的试样质量。压碎指标为

$$Q_e=\frac{m_1-m_2}{m_1}\times 100\%$$

式中 Q_e——石子的压碎指标,%;

m_1——试样质量,g;

m_2——经压碎、筛分后筛余的试样质量,g。

表 5.10　碎石和卵石的颗粒级配范围

	公称粒级(mm)	累计筛余(%) 方孔筛孔径(mm)											
		2.36	4.75	9.50	16.0	19.0	26.5	31.5	37.5	53.0	63.0	75.0	90.0
连续粒级	5～16	95～100	85～100	30～60	0～10	0	—	—	—	—	—	—	—
	5～20	95～100	90～100	40～80	—	0～10	0	—	—	—	—	—	—
	5～25	95～100	90～100	—	30～70	—	0～5	0	—	—	—	—	—
	5～31.5	95～100	90～100	70～90	—	15～45	—	0～5	0	—	—	—	—
	5～40	—	95～100	70～90	—	30～65	—	—	0～5	0	—	—	—
单粒粒级	5～10	95～100	80～100	0～15	0	—	—	—	—	—	—	—	—
	10～16	—	95～100	80～100	0～15	0	—	—	—	—	—	—	—
	10～20	—	95～100	85～100	—	0～15	0	—	—	—	—	—	—
	16～25	—	—	95～100	55～70	25～40	0～10	0	—	—	—	—	—
	16～31.5	—	95～100	—	85～100	—	—	0～10	0	—	—	—	—
	20～40	—	—	95～100	—	80～100	—	—	0～10	0	—	—	—
	25～31.5	—	—	—	95～100	—	80～100	0～10	0	—	—	—	—
	40～80	—	—	—	—	95～100	—	—	70～100	—	30～60	0～10	0

压碎指标值越小,表示石子抵抗压碎的能力越强,石子的强度越高。对不同强度等级的混凝土,所用石子的压碎指标应符合表 5.11 的规定。

表 5.11　压碎指标

项　目	指　标		
	Ⅰ类	Ⅱ类	Ⅲ类
碎石压碎指标(%)	≤10	≤20	≤30
卵石压碎指标(%)	≤12	≤14	≤16

5.坚固性

为保证混凝土的耐久性,作为混凝土骨架的石子应具有足够的坚固性。坚固性是指碎石及卵石在气候、外力、环境变化或其他物理化学因素作用下抵抗破裂的能力。用硫酸钠溶液进行试验,经 5 次干湿循环后其质量损失应符合表 5.12 的规定。

表 5.12　坚固性指标

项　目	指　标		
	Ⅰ类	Ⅱ类	Ⅲ类
质量损失率(%)	≤5	≤8	≤12

5.1.4 水

混凝土用水包括拌和用水与养护用水。

混凝土用水的水质不能含有影响水泥正常凝结与硬化的有害杂质；不得有损于混凝土强度发展；不得降低混凝土的耐久性；不得加快钢筋腐蚀及导致预应力钢筋脆断；不得污染混凝土表面；各物质含量限值应符合表5.13的要求。

表5.13 混凝土拌和用水水质要求

项　目	预应力混凝土	钢筋混凝土	素混凝土
pH值	≥5.0	≥4.5	≥4.5
不溶物(mg/L)	≤2 000	≤2 000	≤5 000
可溶物(mg/L)	≤2 000	≤5 000	≤10 000
Cl^-(mg/L)	≤500	≤1 000	≤3 500
SO_4^{2-}(mg/L)	≤600	≤2 000	≤2 700
碱含量(mg/L)	≤1 500	≤1 500	≤1 500

注：碱含量按 $Na_2O+0.658K_2O$ 计算值来表示。采用非碱活性骨料时，可不检验碱含量。

凡可供饮用的自来水或清洁的天然水，一般均可用来拌制和养护混凝土。

饮用水、地表水、地下水、海水及经过处理达到要求的工业废水，均可以用作混凝土拌和用水。地表水(江河、淡水湖的水)和地下水(含井水)，首次使用前应进行检验；处理后的工业废水经检验合格后方能使用；海水中含有硫酸盐、镁盐和氯化物，会锈蚀钢筋，且会引起混凝土表面潮湿和盐霜，因此不得用于拌制和养护钢筋混凝土、预应力混凝土和有饰面要求的混凝土。

5.2 混凝土的技术性能

要配制质量优良的混凝土，不仅要选用质量合格的组成材料，还要求混凝土拌和物具有适于施工的和易性，以期硬化后能够得到均匀密实的混凝土；要求具有足够的强度，以保证建筑物能够安全地承受各种设计荷载；要求具有一定的耐久性，以保证结构物在所处环境中能够经久耐用。

5.2.1 混凝土拌和物的和易性

混凝土各组成材料拌和后，在未凝结硬化之前称为混凝土拌和物。它必须具有良好的和易性，以便于施工并获得均匀密实的浇筑质量，因此和易性是关系到混凝土质量好坏的一个重要性质。

1.和易性的概念

和易性是指混凝土拌和物在保证质地均匀、各组分不离析的条件下，便于施工操作(如拌和、运输、浇筑、捣实)的一种综合性能。它包括流动性、黏聚性和保水性三个方面的含义。

(1)流动性

流动性是指混凝土拌和物在本身自重或施工机械振捣作用下，能够产生流动，并均匀密实地填满模板的性能。流动性的大小反映拌和物的稀稠情况，所以也称稠度。流动性大小与用水量、砂率等因素有关，流动性直接影响着浇捣施工的难易程度和混凝土的施工质量。

(2)黏聚性

黏聚性是指混凝土拌和物在施工过程中,各组成材料之间具有一定的黏聚力,不致出现分层离析,使混凝土保持整体均匀性的性能。黏聚性大小与水泥浆用量及混凝土配合比有关。

拌和物是由不同的材料组成的,各自的大小、密度、形状等差异很大,在运输、浇筑、凝固过程中很容易出现大石子下沉,砂浆上浮现象,以致出现蜂窝、麻面、薄弱夹层等缺陷,影响混凝土的强度和耐久性。

(3)保水性

保水性指混凝土拌和物保持水分不易析出的能力。混凝土拌和物在浇筑捣实过程中,随着较重的骨料颗粒下沉,较轻的水分将逐渐上升直到混凝土表面,这种现象叫泌水。由于水分上浮泌出,在混凝土内形成容易渗水的孔隙和通道,在混凝土表面形成疏松的表层;上浮的水分还会聚集在石子或钢筋的下方形成较大孔隙(水囊),削弱了水泥浆与石子、钢筋间的黏结力,影响混凝土的质量。在水泥用量少,用水量又多的情况下,易出现此现象,这对混凝土的抗渗性、抗冻性都有很大危害。

因此,为了保证混凝土的均匀性,除必须要求混凝土拌和物具有足够的流动性外,还要求具有良好的黏聚性和保水性。

2. 和易性的测定方法

由于和易性是一项综合性的技术性能,通常采用测定混凝土拌和物的流动性,辅以对黏聚性和保水性的目测观察,再根据测定和观察的结果,综合评判混凝土拌和物的和易性是否符合要求。

混凝土拌和物的流动性是以坍落度或维勃稠度表示的,坍落度适用于流动性和塑性混凝土拌和物,维勃稠度适用于干硬性混凝土拌和物。

(1)坍落度测定

坍落度法适用于骨料最大粒径不大于 40 mm、坍落度不小于 10 mm 的混凝土拌和物的流动性测定。

试验时,将标准截圆锥坍落度筒放在水平的、不吸水的刚性底板上,将新拌制的混凝土拌和物分三层装入标准截圆锥坍落度筒内,每层用捣棒均匀插捣 25 次,装满刮平后,垂直向上将筒提起放至近旁,筒内拌和物在自重作用下将会产生坍落现象。然后用尺子量出筒顶与坍落后拌和物锥体最高点之间的高差,即为坍落度(mm),如图 5.3 所示。坍落度越大,表明混凝土拌和物的流动性越大。

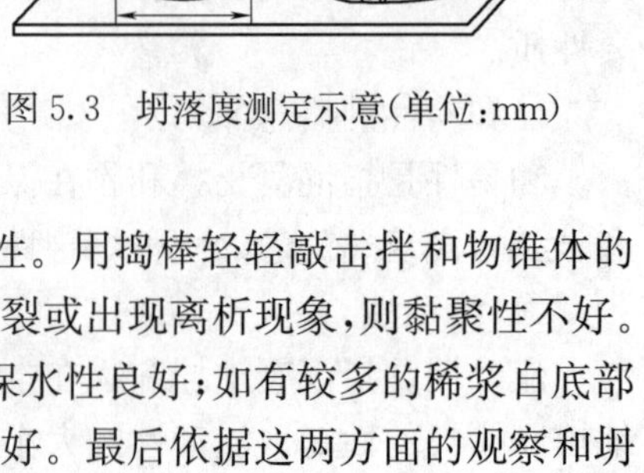

图 5.3　坍落度测定示意(单位:mm)

根据坍落度的大小,可将混凝土拌和物分为低塑性混凝土(坍落度为 10～40 mm)、塑性混凝土(坍落度为 50～90 mm)、流动性混凝土(坍落度为 100～150 mm)和大流动性混凝土(坍落度大于或等于 160 mm)。

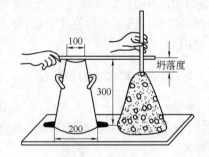

测出坍落度后,即可观察混凝土锥体的黏聚性和保水性。用捣棒轻轻敲击拌和物锥体的侧面,若锥体逐渐下沉,则黏聚性良好;若锥体倒塌、部分崩裂或出现离析现象,则黏聚性不好。在坍落度筒提起后无稀浆或仅有少量稀浆自底部析出,则保水性良好;如有较多的稀浆自底部析出,锥体上部的拌和物也因失浆而骨料外露,则保水性不好。最后依据这两方面的观察和坍落度实测数据来综合评定和易性是否合格。

工程中混凝土拌和物坍落度的选择，应根据结构物的截面尺寸、钢筋疏密和施工方法等，并参考有关经验资料确定。原则上，在便于施工操作和捣固密实的条件下，应尽可能选择较小的坍落度，以节约水泥并能够得到质量合格的混凝土。

(2)维勃稠度测定

凡坍落度小于 10 mm 的干硬性混凝土，应用维勃稠度来表示其流动性。此方法适用于骨料最大粒径不大于 40 mm，维勃稠度在 5～30 s 之间的混凝土拌和物的稠度测定。

试验时，将坍落度筒置于容器内，加上喂料斗并扣紧，再拧紧螺钉，使之固定在振动台上；然后将混凝土拌和物按坍落度试验方法分层装入坍落度筒内，顶面抹平并提起坍落筒后，把透明圆盘转到混凝土顶面，开动振动台并记录时间。测量从开始振动到透明圆盘底面与混凝土完全接触时的时间即为维勃稠度(s)，如图 5.4 所示。维勃稠度越小，表明混凝土拌和物的流动性越大。

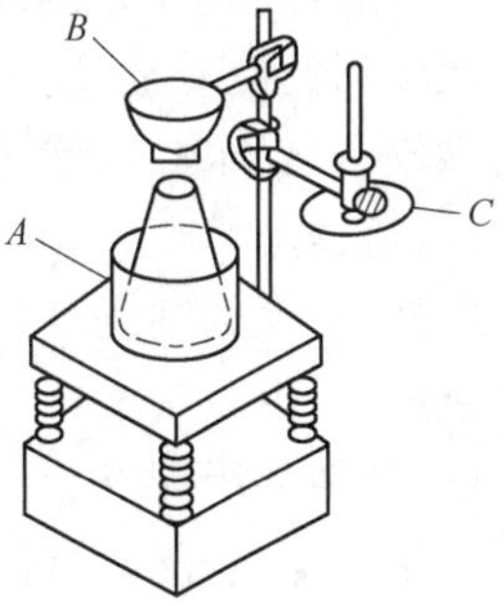

图 5.4 维勃稠度测定示意

A—坍落度筒；B—喂料斗；C—圆盘

根据维勃稠度的大小，可将混凝土拌和物分为半干硬性混凝土(维勃稠度为 5～10 s)、干硬性混凝土(维勃稠度为 11～20 s)、特干硬性混凝土(维勃稠度为 21～30 s)、超干硬性混凝土(维勃稠度大于或等于 31 s)。

3.影响和易性的主要因素

(1)水泥浆的数量

在混凝土拌和物中，骨料本身是干涩而无流动性的，拌和物的流动性来自水泥浆。水泥浆填充骨料颗粒之间的空隙，并包裹骨料，在骨料颗粒表面形成浆层。这种浆层的厚度越大，骨料颗粒产生相对移动的阻力就越小，所以混凝土中水泥浆的含量越多，拌和物的流动性越大。但如果水泥浆过多，骨料则相对减少，将出现流浆现象，使拌和物的黏聚性变差，不仅浪费水泥，而且会使拌和物的强度和耐久性降低，因此水泥浆的数量应以满足流动性为宜。

(2)水泥浆的稠度

水泥浆的稠度取决于水胶比。水胶比是指在混凝土拌和物中水的质量与水泥质量之比(W/C)。在水泥、骨料用量不变的情况下，水胶比增大，水泥浆较稀，混凝土拌和物的流动性增强，但黏聚性和保水性降低；若水胶比减小，则会使拌和物流动性降低，影响施工。因此水胶比不能过大或过小，应根据混凝土强度和耐久性要求合理选用。

(3)单位用水量

试验证明，无论是水泥浆数量的影响还是水胶比大小的影响，实际上都是用水量的影响。因此，影响混凝土拌和物和易性的决定性因素是单位用水量(每 1 m^3 混凝土中的用水量)。在骨料用量一定的情况下，如果单位用水量一定，单位水泥用量增减不超过 50～100 kg，坍落度大体上保持不变，这一规律通常称为固定用水量法则。这一法则给混凝土配合比设计带来了方便，即通过固定单位用水量，变化水胶比，可配制出强度不同而坍落度相近的混凝土。

(4)砂率

砂率是指混凝土拌和物中砂的质量占砂石总质量的百分率。试验证明，砂率对混凝土拌和物的和易性影响很大，一方面是砂形成的砂浆在粗骨料间起润滑作用，在一定砂率范围内随砂率的增大，润滑作用越明显，流动性将提高；另一方面，在砂率增大的同时，骨料的总表面积随之增大，需要润滑的水分增多，在用水量一定的条件下，拌和物流动性降低，所以当砂率超过一定范围后，流动性反而随砂率的增大而降低；另外如果砂率过小，砂浆数量不足，会使混凝土拌和物的黏聚性和保水性降低，产生离析和流浆现象。所以，砂率不能过大，也不能过小，最好的砂率应该是使砂浆的数量能填满石子的空隙并稍有多余，以便将石子拨开，这样在水泥浆一定的情况下，混凝土拌和物能获得最大的流动性，这样的砂率为合理砂率。

(5)水泥品种及细度

不同品种的水泥需水量不同，所拌混凝土拌和物的流动性也不同。使用硅酸盐水泥和普通水泥拌制的混凝土，流动性较大，保水性较好；使用矿渣水泥及火山灰质水泥拌制的混凝土，流动性较小，保水性较差；使用粉煤灰水泥拌制的混凝土比普通水泥流动性更好，且保水性及黏聚性也很好。

此外，水泥的细度对拌和物的和易性也有影响，水泥细度越大，则流动性越小，黏聚性和保水性越好。

(6)骨料的级配、粒形及粒径

使用级配良好的骨料，由于填补骨料空隙所需的水泥浆数量较少，包裹骨料表面的水泥浆厚，所以流动性较大，黏聚性与保水性较好；表面光滑的骨料如河砂、卵石等，由于流动阻力小，因此流动性较大；骨料的粒径增大，则总表面积减小，流动性增大。

(7)外加剂

在拌制混凝土时，加入少量的外加剂，如减水剂、引气剂等，能改善混凝土拌和物的和易性，提高混凝土的耐久性。

(8)施工方法、温度和时间

用机械搅拌和捣实时，水泥浆在振动中变稀，可使混凝土拌和物流动性增强；同时搅拌时间的长短也会影响混凝土拌和物的和易性。

温度升高时，由于水泥水化加快，且水分蒸发较多，将使混凝土拌和物的流动性降低。搅拌后的混凝土拌和物，随着时间的延长将逐渐变得干稠，坍落度降低，流动性下降。

4. 改善混凝土拌和物和易性的措施

为保证混凝土拌和物具有良好的和易性，在实际施工中，可以采取如下措施加以改善：

(1)采用合理砂率，有利于和易性的改善，同时可以节省水泥，提高混凝土的强度。

(2)采用级配良好的骨料，特别是粗骨料的级配，并尽量采用较粗的砂、石。

(3)当混凝土拌和物坍落度太小时，保持水胶比不变，适当增加水泥浆用量；坍落度太大时，保持砂率不变，适当增加砂、石骨料用量。

(4)掺入外加剂如减水剂，可提高混凝土拌和物的流动性。

5.2.2 混凝土的强度

混凝土经过一段时间后，便开始硬化，并具备一定的强度，混凝土强度是工程施工中控制和评定混凝土质量的主要指标。混凝土的强度有立方体抗压强度、棱柱体抗压强度、劈裂抗拉强度、抗折强度等。

1. 混凝土立方体抗压强度与强度等级

按照标准方法将混凝土制成边长为 150 mm 的立方体试件(每组 3 个)，在标准条件(温度为 20 ℃±2 ℃，相对湿度 95%以上)下养护 28 d，测得的抗压强度值称为混凝土立方体抗压强度，简称为混凝土的抗压强度，用 f_{cu}表示，单位为 MPa。

混凝土立方体抗压强度标准值是指按标准方法制作和养护的边长为 150 mm 的立方体试

件，在 28 d 龄期，用标准试验方法测得的强度总体分布中具有不低于 95%保证率的立方体抗压强度值，用 $f_{cu,k}$表示，单位为 MPa。

混凝土强度等级应按立方体抗压强度标准值确定。混凝土强度等级用符号 C 与立方体抗压强度标准值表示，分为 C15、C20、C25、C30、C35、C40、C45、C50、C55、C60、C65、C70、C75、C80 十四个等级。例如 C30 表示混凝土立方体抗压强度标准值 $f_{cu,k}=30MPa$。

不同工程或用于不同部位的混凝土，其强度等级要求也不相同，一般是：

C15 的混凝土，用于垫层、基础、地坪及受力不大的结构。

C20～C25 的混凝土，用于普通钢筋混凝土结构的梁、板、柱、楼梯、屋架、墩台、涵洞、挡土墙等。

C25～C30 的混凝土，用于一般的预应力混凝土结构、隧道的边墙和拱圈等。

C30～C40 的混凝土，用于屋架等较大跨度的预应力混凝土结构，轨枕、电杆、公路路面等。

C40～C50 的混凝土，用于预应力钢筋混凝土构件、吊车梁、特种结构及 25～30 层的建筑等。

C55～C80 的混凝土，为高强度、高性能混凝土，主要用于 30 层以上的高层建筑、大跨度结构。

2. 混凝土轴心抗压强度(棱柱体抗压强度)

在结构设计中，考虑到受压构件常为棱柱体(或圆柱体)，所以采用棱柱体试件比用立方体试件更能反映混凝土的实际受压情况。由棱柱体试件测得的抗压强度称为轴心抗压强度。采用 150 mm×150 mm×300 mm 的棱柱体试件，在标准条件下养护 28 d，测得的抗压强度值称为混凝土轴心抗压强度，又称棱柱体抗压强度，用 f_{cp}表示，单位为 MPa。

混凝土轴心抗压强度标准值是指按标准方法制作和养护的 150 mm×150 mm×300 mm 的棱柱体试件，在 28 d 龄期，用标准试验方法测得的强度总体分布中具有不低于 95%保证率的棱柱体抗压强度值，用 $f_{cp,k}$表示，单位为 MPa。

混凝土轴心抗压强度标准值和立方体抗压强度标准值之间的关系可按下式确定：

$$f_{cp,k}=0.88\alpha_1\alpha_2 f_{cu,k}$$

式中 $f_{cp,k}$——混凝土轴心抗压强度标准值，MPa；

$f_{cu,k}$——混凝土立方体抗压强度标准值，MPa；

α_1——棱柱体强度和立方体强度之比：当混凝土强度等级为 C50 及以下时，$\alpha_1=0.76$；当混凝土强度等级为 C80 时，$\alpha_1=0.82$；在此之间按直线规律变化；

α_2——高强度混凝土的脆性折减系数：当混凝土强度等级为 C40 时，$\alpha_2=1.00$；当混凝土强度等级为 C80 时，$\alpha_2=0.87$；在此之间按直线规律变化。

通过许多棱柱体和立方体试件的强度试验表明，在立方体抗压强度 10～55 MPa 的范围内，轴心抗压强度(f_{cp})和立方体抗压强度(f_{cu})之比为 0.7～0.8。

3. 混凝土劈裂抗拉强度

混凝土的抗拉强度很低，一般只有抗压强度的 1/20～1/8，所以在结构设计中，一般不考虑混凝土承受拉力。但混凝土的抗拉强度对于混凝土抵抗产生裂缝有着密切的关系，在进行构件的抗裂度验算时，抗拉强度是一项主要指标。

确定混凝土抗拉强度常用的方法是劈裂法。采用 150 mm×150 mm×150 mm 的立方体作为标准试件，在立方体试件上、下表面的中心平面内垫以圆弧形垫块及垫条，然后施加方向相反、均匀分布的压力，当压力增大至一定程度时，试件沿此平面劈裂破坏，此时测得的强度称为劈裂抗拉强度，用 f_{ts}表示，单位为 MPa。

混凝土劈裂抗拉强度应按下式计算：

$$f_{ts}=\frac{2F}{\pi A}=0.637\frac{F}{A}$$

式中　f_{ts}——混凝土劈裂抗拉强度，MPa；

F——试件破坏荷载，N；

A——试件劈裂面面积，mm^2。

混凝土劈裂抗拉强度与立方体抗压强度之间的关系，可用经验公式表达为

$$f_{ts}=0.35(f_{cu})^{3/4}$$

4.影响混凝土强度的因素

在荷载作用下，混凝土的破坏形式通常有三种。最常见的首先是骨料与水泥石的界面破坏；其次是水泥石本身的破坏；再次是骨料的破坏。在普通混凝土中，骨料破坏的可能性较小，因为骨料的强度通常大于水泥石的强度及其与骨料表面的黏结强度。水泥石的强度及其与骨料的黏结强度与水泥的强度等级、水胶比及骨料的质量有很大关系。另外，混凝土强度还受硬化龄期、养护条件及施工质量的影响。

(1)水泥强度等级和水胶比

水泥强度等级及水胶比是影响混凝土强度最主要的因素。水泥是混凝土中的活性组分，在混凝土配合比相同的条件下，水泥强度等级越高，则配制的混凝土强度越高。当采用同一品种、同一强度等级的水泥时，混凝土强度主要取决于水胶比。因为水泥水化时所需的结合水，一般只占水泥质量的23%左右，但混凝土拌和物为了获得必要的流动性，常需要较多的水（占水泥质量的40%～70%），即采用较大的水胶比。当混凝土硬化后，多余的水分就残留在混凝土中形成水泡或蒸发后形成气孔，大大减少了混凝土抵抗荷载的有效截面，在孔隙周围产生应力集中现象。因此，在水泥强度等级相同的情况下，水胶比越小，水泥石的强度越高，与骨料黏结力越大，混凝土的强度越高。但是，如果水胶比太小，拌和物过于干稠，很难保证浇筑、振实的质量，混凝土拌和物将出现较多的孔洞，导致混凝土的强度下降，如图5.5所示。

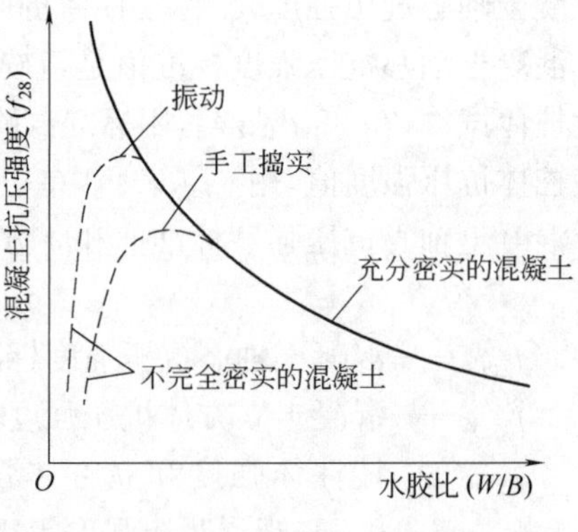

图5.5　混凝土强度与水胶比的关系

大量试验表明，在原材料一定的情况下，混凝土28 d的立方体抗压强度和水泥强度、水胶比三者之间的关系，可用保罗米公式表述为

$$f_{cu}=\alpha_a f_{ce}\left(\frac{B}{W}-\alpha_b\right)$$

式中　f_{cu}——混凝土28 d抗压强度值，MPa；

f_{ce}——水泥28 d抗压强度实测值，MPa；

B/W——胶水比；

α_a，α_b——回归系数。

回归系数α_a和α_b应根据工程所使用的水泥、骨料种类，通过试验由建立的水胶比与混凝土强度关系式确定。当不具备试验统计资料时，其回归系数可按表5.14采用。

表 5.14 回归系数选用

回归系数	粗骨料品种	
	碎石	卵石
α_a	0.53	0.49
α_b	0.20	0.13

当水泥 28 d 抗压强度实测值无法得到时,可采用下列公式计算:

$$f_{ce}=\gamma_c f_{ce,g}$$

式中 f_{ce}——水泥 28 d 抗压强度实测值,MPa;

$f_{ce,g}$——水泥强度等级值,MPa;

γ_c——水泥强度等级值的富余系数,可按各地区实际统计资料确定,当缺乏实际统计资料时可按表 5.15 选用。

表 5.15 水泥强度等级值的富余系数

水泥强度等级值	32.5	42.5	52.5
富余系数	1.12	1.16	1.10

(2)骨料

一般骨料本身的强度都比水泥石的强度高,因此骨料的强度对混凝土强度几乎没有影响。但是,如果含有大量软弱颗粒、针状与片状颗粒、风化的岩石,则会降低混凝土的强度。另外,骨料的表面特征也会影响混凝土强度。表面粗糙,多棱角的碎石与水泥石的黏结力要比表面光滑的卵石与水泥石的黏结力高。所以,在水泥强度等级和水胶比相同情况下,碎石混凝土强度高于卵石混凝土强度。

(3)龄期

在正常养护条件下,混凝土强度随着硬化龄期的增长而逐渐提高,如图 5.6 所示,最初的3~7 d发展较快,28 d 即可达到设计强度规定的数值,之后强度增长速度逐渐缓慢,甚至可持续百年不衰。

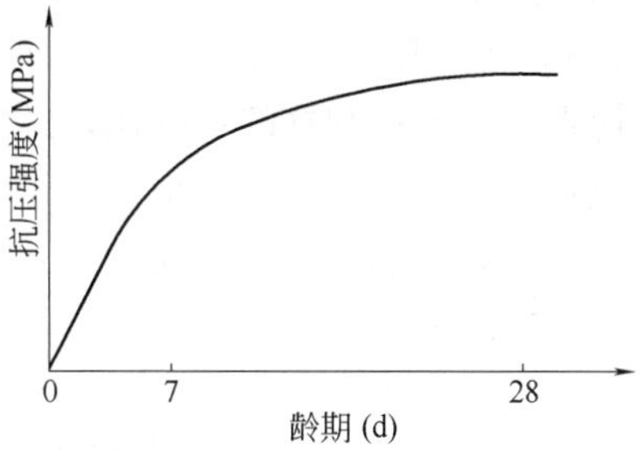

图 5.6 混凝土强度增长曲线

在标准养护条件下,混凝土强度的发展大致与龄期的对数成正比关系(龄期不小于 3 d),可按下式推算:

$$f_n=f_{28}=\frac{\lg n}{\lg 28}$$

式中 f_n——n 天龄期的混凝土抗压强度,MPa;

f_{28}——28 d 龄期的混凝土抗压强度,MPa;

n——养护龄期,d。

该公式仅适用于普通硅酸盐水泥拌制的混凝土。由于影响混凝土强度的因素很多,强度发展不可能完全一样,所以仅做一般估算参考。

(4)养护条件

新拌混凝土浇筑完毕后,必须保持适当的温度和足够的湿度,才能为水泥的充分水化提供必要的有利条件,以保证混凝土强度的不断增长。

养护时的温度可影响到水泥水化反应的速度。温度较高时,水化速度较快,混凝土强度增长也较快；当温度低于 0 ℃时，混凝土中的水分大量结冰，水泥颗粒不再发生水化反应，混凝土强度不但会停止增长，而且还会因混凝土孔隙中的冰胀而使混凝土强度遭到破坏。因此，当室外昼夜平均温度低于＋5 ℃或最低温度低于－3 ℃时，混凝土的施工必须采取保暖措施。

水泥是水硬性胶凝材料，在强度形成过程中要吸收大量的水分，因此在养护中提供充足的水分是混凝土强度增长的必要条件。如果不及时供水或混凝土处于干燥环境，则混凝土的硬化会随着水分逐渐蒸发而停止，并会因毛细孔中水分枯竭而引起干缩裂缝，影响混凝土的强度和耐久性。为此施工规范规定，在混凝土浇筑完毕后，应在 12 h 内进行覆盖并开始浇水，在夏季施工混凝土进行自然养护时，更要特别注意浇水保湿养护。混凝土的浇水养护时间，对于硅酸盐水泥、普通硅酸盐水泥或矿渣硅酸盐水泥配制的混凝土，不得少于 7 d；对于火山灰质硅酸盐水泥、粉煤灰硅酸盐水泥、掺有缓凝剂或有抗渗要求的混凝土，不得少于 14 d。

养护时常采用覆盖养护，通常在其表面用草袋、麻袋、塑料布等物覆盖严密，草袋、麻袋应保持潮湿，塑料布内应具有凝结水，使混凝土在潮湿状态下，以保证强度均匀稳定地增长。

(5)施工质量

在浇筑混凝土时应充分捣实，才能得到密实坚固的混凝土。捣实质量直接影响混凝土的强度，捣实方法有人工捣实与机械振捣两种。对于相同条件下的混凝土，采取机械振捣比人工振捣的施工质量好。

在使用机械振捣时，振捣时间长、频率大，混凝土的密实度高。但对于流动性大的混凝土，往往会因长时间振捣而使大骨料颗粒下沉，产生离析、泌水现象，导致混凝土质量不均匀，强度下降。所以，在浇筑时，应根据具体情况选择适当的振捣时间和频率。

5. 提高混凝土强度的措施

(1)选用高强度等级水泥和特种水泥

在混凝土配合比不变的情况下，采用高强度等级水泥可提高混凝土强度。对于抢修工程、桥梁拼装接头、严寒地区的冬季施工，以及其他要求早强的结构物，可采用特种水泥配制混凝土。

(2)降低水胶比

降低混凝土拌和物的水胶比，可以大大减少混凝土拌和物中的游离水，从而提高混凝土的密实度和强度。但水胶比过小，将影响混凝土拌和物的流动性，造成施工困难，可采取掺入减水剂的办法，使混凝土在低水胶比的情况下，仍然具有良好的流动性。

(3)掺加外加剂

在混凝土中掺入外加剂，可改善混凝土的性能。掺早强剂，可提高混凝土的早期强度；掺加减水剂，在不改变流动性的条件下，可减小水胶比，提高混凝土的强度。

(4)采用湿热处理

①蒸汽养护。将混凝土放在低于 100 ℃的常压蒸汽中养护，经 16～20 h 养护后，其强度为正常养护条件下 28 d 强度的 70%～80%。蒸汽养护最适合掺活性混合材料的矿渣硅酸盐水泥、火山灰质硅酸盐水泥、粉煤灰硅酸盐水泥，它不仅提高早期强度，而且后期强度也得到提高，28 d 强度可提高 10%～40%。

②蒸压养护。将混凝土在 100 ℃以上温度和一定大气压的蒸压釜中进行养护，主要适用于硅酸盐混凝土拌和物及其制品，如灰砂砖、石灰粉煤灰砌块、石灰粉煤灰加气混凝土等。

(5)采用机械搅拌和振捣

混凝土拌和物在强力搅拌和振捣作用下，暂时破坏水泥浆的凝聚结构，降低水泥浆的黏度和骨料间的摩阻力，使混凝土拌和物能更好地充满模型并均匀密实，强度得到提高。

5.2.3 混凝土的变形

混凝土在硬化和使用过程中,由于受物理、化学及外力等因素作用,会产生各种变形。当混凝土发生变形时,会因约束而引起拉应力。由于混凝土的抗拉强度较低,变形过大会引起混凝土开裂,导致混凝土构件承载力降低,影响抗渗性和耐久性。

混凝土的变形有非荷载作用下的变形,如温度变形、湿涨干缩变形及荷载作用下的变形。

1. 温度变形

随着温度变化而发生的膨胀或收缩变形称为温度变形。

混凝土具有热胀冷缩的性质。热膨胀对于大体积混凝土易产生裂缝。这是因为混凝土在硬化初期,水泥水化会释放较多的热量,混凝土又是热的不良导体,因而其内部的热量很难消散,有时可达50～70 ℃,这将使混凝土内部产生较大的体积膨胀,而外部混凝土却因气温降低而产生收缩。这样内部的膨胀与外部的收缩相互制约,使混凝土外表产生很大的拉应力,严重时使混凝土产生裂缝。

为了减少大体积混凝土体积变化引起的开裂,常用的方法有:尽量减少用水量和水泥用量;采用低热水泥;选用热膨胀系数低的骨料,减小热变形;预冷原材料,在混凝土中埋冷却水管,表面绝热,减小内外温差;对混凝土合理分缝、分块,减轻约束等。

2. 干湿变形

混凝土因周围环境湿度的变化而发生的变形称为干湿变形,表现为湿涨干缩,这是由于混凝土中水分的变化所引起的。当混凝土在水中硬化时,会产生微小的膨胀;当混凝土在空气中硬化时,随着水分的蒸发会产生收缩。

混凝土湿胀变形量很小,一般没多大影响,但干缩变形对混凝土的危害较大,往往会引起混凝土开裂。为了减少混凝土的干缩,应尽量减少水胶比和水泥浆的用量;调节骨料的级配,增大粗骨料的粒径;选择合适的水泥品种;加强混凝土的早期养护。

3. 徐变

混凝土在长期不变荷载作用下,沿着作用力方向随荷载作用时间延长而增大的变形称为徐变。

混凝土的徐变在加荷初期增长较快,以后逐渐减慢,延续2～3年才会逐渐稳定。当混凝土卸载后,一部分变形瞬间恢复;一部分变形在一段时间内逐渐恢复,称为徐变恢复;剩下的不可恢复的永久变形,称为残余变形。一般认为,混凝土的徐变是由于水泥凝胶体发生缓慢的黏性流动并沿毛细孔迁移的结果。

混凝土徐变可以抵消钢筋混凝土内部的应力集中,使应力较均匀地重新分布,但在预应力钢筋混凝土结构中,徐变会使钢筋的预加应力受到损失,使结构的承载能力受到影响。

混凝土的徐变与许多因素有关,在骨料级配不良、水泥用量过多、水胶比过大、硬化龄期短、荷载持续作用时间长的情况下,徐变会随之增大。而最根本的影响因素是水胶比与水泥用量,即水泥用量越大,水胶比越大,徐变越大。

5.2.4 混凝土的耐久性

暴露在自然环境中的混凝土结构物,经常受到各种物理和化学因素的破坏作用,如温度湿度变化、冻融循环、压力水或其他液体的渗透、环境水和土壤中有害介质以及有害气体的侵蚀等。混凝土在使用过程中抵抗由外部或内部原因而造成破坏的能力称为混凝土的耐久性。

1. 抗渗性

混凝土抵抗压力水渗透的能力称为抗渗性。抗渗性大小直接影响混凝土的耐久性。

混凝土的抗渗性主要取决于混凝土的孔隙率和孔隙特征，混凝土孔隙率越低，连通孔隙越少，抗渗性能越好。所以，提高混凝土抗渗性的主要措施，是通过采用降低水胶比、改善骨料级配、加强振捣和养护、掺用引气剂和优质粉煤灰掺合料等方法来实现。

混凝土的抗渗性用抗渗等级表示，抗渗等级可分为 P4、P6、P8、P10 和 P12 五个等级，相应表示混凝土抵抗0.4 MPa、0.6 MPa、0.8 MPa、1.0 MPa 和 1.2 MPa 的水压力作用而不发生渗透。

2. 抗冻性

我国寒冷地区和严寒地区，公路、铁路桥涵中的混凝土遭受冻害是相当严重的。混凝土的抗冻性是指混凝土在吸水达饱和状态下经受多次冻融循环作用而不破坏，同时强度也不显著降低的性能。冻融破坏的原因是混凝土中的水结成冰后，体积发生膨胀，当冰胀应力超过混凝土的抗拉强度时，使混凝土产生微细裂缝，反复冻融使裂缝不断扩大，导致混凝土强度降低直至破坏。

混凝土的抗冻性用抗冻等级表示。混凝土抗冻等级的测定，是以标准养护 28 d 龄期的立方体试件，吸水饱和后，在－15～＋15 ℃情况下进行反复冻融，最后以强度损失不超过 25%、质量损失不超过 5%时，混凝土所能承受的最大冻融循环次数来表示。混凝土的抗冻等级分为 F10、F15、F25、F50、F100、F150、F200、F250 和 F300 九个等级，其中数字表示混凝土能经受的最大冻融循环次数。

影响混凝土抗冻性的主要因素有水泥品种、水灰比及骨料的坚固性等。提高抗冻性的措施是提高密实度、减小水胶比和掺加引气剂或引气型减水剂等。

3. 抗化学侵蚀性

当混凝土所处使用环境中有侵蚀性介质时，混凝土很可能遭受侵蚀，通常有硫酸盐侵蚀、镁盐侵蚀、一般酸侵蚀与强碱腐蚀等。

混凝土被侵蚀的原因是由于混凝土不密实，外界侵蚀性介质可以通过开口连通的孔隙或毛细管通路，侵入到水泥石内部进行化学反应，从而引起混凝土的腐蚀破坏。所以，提高耐侵蚀性的关键在于选用耐蚀性好的水泥，提高混凝土内部的密实性和改善孔结构。

4. 抗碳化

混凝土的碳化是指空气中的二氧化碳渗透到混凝土中，与混凝土内水泥石中的氢氧化钙发生化学反应，生成碳酸钙和水，使混凝土碱度降低的过程。碳化发生在潮湿的环境中，而水下和干燥环境一般不发生。

混凝土碳化会引起钢筋锈蚀，也可使混凝土表层产生碳化收缩，从而导致微细裂缝的产生，降低混凝土的抗拉、抗折强度；混凝土的碳化也存在有利一面，即表层混凝土碳化时生成的碳酸钙，可填充水泥石的孔隙，提高密实度，防止有害物质的侵入。

影响混凝土碳化的因素主要有水泥品种、水胶比、空气中的二氧化碳浓度及湿度。提高混凝土抗碳化的措施是降低水胶比、掺入减水剂或引气剂等。

5. 碱—骨料反应

碱—骨料反应是指骨料中的活性二氧化硅与混凝土内水泥中的碱（Na_2O 及 K_2O）发生化学反应，生成碱—硅酸凝胶，其吸水后会产生体积膨胀，从而导致混凝土受到膨胀压力而开裂的现象。

多年来，碱—骨料反应已经使许多处于潮湿环境中的结构物受到破坏，包括桥梁、大坝和堤岸。发生碱—骨料反应必须具备三个条件:①水泥中含有较高的碱量;②骨料中存在活性二氧化硅且超过一定数量;③有水存在。

为防止碱—骨料反应所产生的危害,可采取以下措施:使用的水泥含碱量小于0.6%;采用火山灰质硅酸盐水泥,或在硅酸盐水泥中掺加沸石岩或凝灰岩等火山灰质材料,以便于吸收钠离子和钾离子;适当掺入引气剂,以降低由于碱—骨料反应时膨胀带来的破坏作用。

6.提高混凝土耐久性的措施

影响混凝土耐久性的因素很多,主要取决于组成材料的品质与混凝土本身的密实度及孔隙特征。

为提高混凝土耐久性所采取的技术措施,主要有:

(1)根据工程所处环境及要求,选用适当品种的水泥。

(2)严格控制水胶比并保证足够的水泥用量。

(3)选用质量较好的砂石,并采用级配较好的骨料,提高混凝土的密实度。

(4)掺入减水剂和引气剂。

(5)在混凝土施工中,应搅拌透彻、浇筑均匀、振捣密实、加强养护,提高混凝土质量。

5.3 混凝土外加剂

为改善混凝土的性能以适应不同的需要,或为了节约水泥用量,可在混凝土中加入除胶凝材料、骨料和水之外的其他外加材料。外加剂有化学外加剂与矿物外加剂两种。外加剂用量虽小,但效果显著,已成为改善混凝土性能、提高混凝土施工质量、节约原材料、缩短施工周期及满足工程各种特殊要求的一个重要途径。

5.3.1 化学外加剂

在混凝土拌制过程中掺入的用以改善混凝土性能,且掺量不超过水泥质量5%(特殊情况除外)的物质,称为化学外加剂(又称混凝土外加剂)。

1.混凝土外加剂的分类

混凝土外加剂种类繁多,通常每种外加剂具有一种或多种功能。按其主要使用功能,可分为五类:

(1)改善混凝土拌和物流动性能的外加剂:减水剂、引气剂、泵送剂等。

(2)调节混凝土凝结时间、硬化速度的外加剂:缓凝剂、早强剂、速凝剂等。

(3)改善混凝土耐久性的外加剂:防冻剂、引气剂、阻锈剂、减水剂、抗渗剂等。

(4)调节混凝土内部含气量的外加剂:引气剂、加气剂、泡沫剂等。

(5)为混凝土提供特殊性能的外加剂:膨胀剂、防冻剂、着色剂、碱—骨料反应抑制剂等。

2.各种混凝土外加剂的定义

(1)普通减水剂:在混凝土坍落度基本相同的条件下,能减少拌和用水量的外加剂。

(2)高效减水剂:在混凝土坍落度基本相同的条件下,能大幅度减少拌和用水量的外加剂。

(3)引气剂:能使混凝土在搅拌过程中引入大量均匀分布、稳定而封闭的微小气泡的外加剂。

(4)引气减水剂:兼有引气作用的减水剂。

(5)早强剂:能加速混凝土早期强度发展的外加剂。

(6)早强减水剂:兼有早强作用的减水剂。

(7)缓凝剂:能延长混凝土拌和物凝结硬化时间的外加剂。

(8)缓凝减水剂:兼有缓凝作用的减水剂。

(9)速凝剂:能使混凝土迅速凝结硬化的外加剂。

(10)膨胀剂:能使混凝土产生一定体积膨胀的外加剂。

(11)防冻剂:能使混凝土在负温下硬化,并在规定时间内达到足够防冻强度的外加剂。

各种混凝土外加剂的主要功能、品种及适用范围见表 5.16。

表 5.16 混凝土外加剂主要功能、品种及适用范围

外加剂类型	主要功能	品　种	适用范围
普通减水剂	1.在混凝土和易性及强度不变的条件下,可节约水泥用量 2.在和易性及水泥用量不变条件下,可减少用水量,提高混凝土强度 3.在用水量及水泥用量不变条件下,可增大混凝土流动性	1.木质素磺酸盐类(木钙、木钠、木镁) 2.腐殖酸盐类	1.用于日最低气温 5 ℃以上的混凝土施工 2.大模板施工、滑模施工、大体积混凝土、泵送混凝土以及流动性混凝土施工 3.各种预制及现浇混凝土、钢筋混凝土及预应力混凝土施工
高效减水剂	1.在保证混凝土和易性及水泥用量不变的条件下,可大幅减少用水量,提高混凝土强度 2.在保持混凝土用水量及水泥用量不变的条件下,可增大混凝土拌和物流动性	1.多环芳香族磺酸盐类(萘系磺化物与甲醛缩合的盐类) 2.水溶性树脂磺酸盐类(磺化三聚氰胺树脂等) 3.脂肪族类	1.用于日最低气温 0 ℃以上混凝土的施工 2.用于钢筋密集、截面复杂、空间窄小混凝土不易振捣的部位施工 3.制备早强、高强混凝土以及大流动性混凝土施工 4.普通减水剂适用的范围高效减水剂也适用
引气剂及引气减水剂	1.提高混凝土拌和物和易性,减少混凝土泌水离析 2.提高混凝土耐久性和抗渗性 3.引气减水剂还有减水剂的功能	1.松香类(松香热聚物、松香皂) 2.烷基和烷基芳烃磺酸盐类 3.脂肪醇磺酸盐类 4.皂苷类	1.有抗冻要求的混凝土施工 2.轻骨料混凝土、泵送混凝土施工 3.泌水严重的混凝土及抗渗混凝土施工 4.高性能混凝土及有饰面要求的混凝土施工
早强剂及早强减水剂	1.提高混凝土的早期强度 2.缩短混凝土的热蒸养时间 3.早强减水剂还有减水剂功能	1.氯盐类(氯化钙) 2.硫酸盐类 3.有机胺类(三乙醇胺、三异丙醇胺)	1.用于蒸养混凝土、早强混凝土施工 2.用于日最低温度−5 ℃以上时,自然气温正负交替的严寒地区的混凝土施工
缓凝剂及缓凝减水剂	1.延缓混凝土的凝结时间 2.降低水泥初期水化热 3.缓凝减水剂还有减水剂的功能	1.糖类(糖蜜) 2.木质素磺酸盐类 3.其他(酒石酸、柠檬酸、磷酸盐、硼砂)	1.大体积混凝土施工 2.夏季和炎热地区的混凝土施工 3.用于日最低气温 5 ℃以上混凝土施工 4.泵送混凝土、预拌混凝土及滑模施工
速凝剂	1.加快混凝土的凝结硬化 2.提高混凝土的早期强度	1.铝氧熟料加碳酸盐类 2.铝酸盐类 3.水玻璃类	1.喷射混凝土、灌浆止水混凝土及抢修补强混凝土施工 2.铁路隧道、隧道涵洞、地下工程等需要速凝的混凝土施工
膨胀剂	1.使混凝土在硬化过程中产生一定膨胀 2.减少混凝土干缩裂缝 3.提高抗裂性和抗渗性	1.硫铝酸盐类 2.石灰类 3.铁粉类 4.复合类	1.补偿收缩混凝土施工 2.填充用膨胀混凝土施工 3.自应力混凝土施工 4.结构自防水混凝土施工
防冻剂	混凝土在负温条件下的拌和物中仍有液相自由水,以保证水泥水化,使混凝土达到预期强度	1.强电解质无机盐类 2.水溶性有机化合物类 3.有机化合物与无机盐复合类 4.复合型	日气温 0 ℃以下的混凝土施工

3.各种混凝土工程对外加剂的选择

混凝土外加剂品种繁多,功能效果各异,选择外加剂时,应根据工程需要、现场的材料和施工条件,并参考外加剂产品说明书及有关资料进行全面考虑,如有条件应进行试验检验。各种混凝土工程对外加剂的选用见表 5.17。

表 5.17 各种混凝土工程对外加剂的选用

工程项目	选用目的	选用剂型
自然养护的混凝土工程	1. 改善工作性能，提高构件质量 2. 提高早期强度 3. 节约水泥	1. 普通减水剂 2. 早强减水剂 3. 高效减水剂 4. 引气减水剂
夏季施工	延长混凝土的凝结硬化时间	1. 缓凝剂 2. 缓凝减水剂
冬季施工	1. 加快施工进度 2. 防寒抗冻	1. 早强剂 2. 早强减水剂 3. 防冻剂
商品混凝土	1. 节约水泥 2. 保证混凝土运输后的和易性	1. 普通减水剂 2. 夏季及长距离运输时，采用缓凝减水剂
高强混凝土	1. 减少单位体积混凝土用水量，提高混凝土的强度 2. 减少单位体积混凝土的水泥用量、混凝土的徐变和收缩	高效减水剂(如β-萘磺酸甲醛缩合物、三聚氰胺甲醛树脂磺酸盐等)
早强混凝土	1. 提高混凝土早期强度，在标准养护条件下 3 d 强度达 28 d 的 70%，7 d 强度达混凝土的设计强度等级 2. 加快施工速度，加速模板及台座的周转，提高构件及制品产量 3. 取消或缩短蒸汽养护时间	1. 气温 25 ℃以上的夏、秋季节采用非引气型(或低引气型)高效减水剂 2. 气温为－3～＋20 ℃的春、冬季节，采用早强减水剂或减水剂与早强剂(如硫酸钠)同时使用
大体积混凝土	1. 降低水泥初期水化热 2. 延缓混凝土凝结硬化 3. 减少水泥用量 4. 避免干缩裂缝	1. 缓凝剂 2. 缓凝减水剂 3. 引气剂 4. 膨胀剂(大型设备基础)
流态混凝土	1. 提高混凝土拌和物流动性 2. 使混凝土泌水离析小 3. 减小水泥用量和混凝土干缩量，提高耐久性	流化剂(如三聚氰胺甲醛树脂磺酸盐类、改性木质素磺酸盐类、萘磺酸甲醛缩合物)
耐冻融混凝土	1. 引入适量的微小气泡，缓冲冰胀应力 2. 减小混凝土水胶比，提高耐久性	1. 引气剂 2. 引气减水剂
防水混凝土	1. 减少混凝土内部孔隙 2. 堵塞渗水通路，提高抗渗性 3. 改变孔隙的形状和大小	1. 防水剂 2. 膨胀剂 3. 减水剂及引气减水剂
泵送混凝土	减少坍落度损失，使混凝土具有良好的黏聚性	1. 缓凝减水剂 2. 泵送剂
蒸养混凝土	缩短蒸养时间或降低蒸养温度	1. 早强减水剂 2. 非引气高效减水剂
灌浆、补强、填缝	1. 在混凝土内产生膨胀应力，以抵消由于干缩而产生的拉应力，从而提高混凝土的抗裂性 2. 提高混凝土抗渗性	膨胀剂(如硫铝酸盐类、氧化钙类、金属类)
滑模工程	1. 夏季缓凝，便于滑升 2. 冬季早强，保证滑升速度	1. 夏季采用普通减水剂 2. 冬季采用高效减水剂或早强减水剂
大模板工程	1. 提高和易性 2. 提高混凝土早期强度，以满足快速拆模和一定的扣板强度	1. 夏季采用普通减水剂或高效减水剂 2. 冬季采用早强减水剂

部分混凝土外加剂内含有氯、硫和其他杂质，对混凝土的耐久性有影响，使用时应加以限制，具体情况如下：

(1)氯盐、含氯盐的早强剂和含氯盐的早强减水剂

不得使用氯盐、含氯盐的早强剂和含氯盐的早强减水剂的混凝土工程为：

①在高湿度空气环境中使用的结构(排出大量蒸汽的)。
②露天结构或经常受水淋的结构。
③处于水位升降部位的结构。
④预应力混凝土结构、蒸养混凝土构件。
⑤薄壁结构。
⑥使用过程中经常处于环境温度在 60 ℃以上的结构。
⑦与含有酸、碱或硫酸盐等侵蚀性介质相接触的结构。
⑧有镀锌钢材的结构或铝铁相接触部位的结构。
⑨有外露钢筋预埋件而无防护措施的结构。
⑩使用冷拉钢筋、冷轧或冷拔钢丝的结构。
(2)硫酸盐及其复合剂
不得使用硫酸盐及其复合剂的混凝土工程为:
①有活性骨料的混凝土。
②有镀锌钢材的结构或铝铁相接触部位的结构。
③有外露钢筋预埋件而无防护措施的结构。
4. 混凝土外加剂掺量的确定

在使用混凝土外加剂时,应认真确定外加剂的掺量。掺量太小,将达不到所期望的效果;掺量过大,不仅造成材料浪费,还可能影响混凝土质量,造成事故。一般外加剂产品说明书都列出推荐的掺量范围,可参照其选定外加剂掺量。若没有可靠的资料为参考依据时,应尽可能通过试验来确定外加剂掺量。常用外加剂的掺量见表 5.18。

表 5.18 常用混凝土外加剂掺量参考

外加剂类型	主要成分	一般掺量(%)
普通减水剂	木质素磺酸盐类	0.2~0.3
	腐殖酸盐类	0.2~0.35
高效减水剂	多环芳香族磺酸盐类	0.5~1.0
	水溶性树脂磺酸盐类	0.5~2.0
引气剂	松香类(松香热聚物、松香皂)	0.005~0.02
	烷基和烷基芳烃磺酸盐类(烷基磺酸钠)	0.005~0.01
早强剂	氯盐类(氯化钙、氯化钠)	0.5~2.0
	硫酸盐类(硫酸钠、硫代硫酸钠、硫酸钙)	0.5~2.0
缓凝剂	糖类(糖蜜、葡萄糖、蔗糖及其衍生物)	0.1~0.3
	木质素磺酸盐类	0.1~0.3
	羟基羧酸、氨基羧酸及其盐类(柠檬酸、酒石酸)	0.05~0.2
	磷酸盐、硼酸盐、锌盐	0.1~0.25

注:一般掺量指外加剂质量占水泥质量的百分率。

5.3.2 矿物外加剂

在混凝土拌制过程中掺入的用以改善混凝土性能,掺量超过水泥质量 5%的具有一定细度的矿物粉体材料,称为矿物外加剂(又称矿物掺合料)。常用的矿物掺合料有粉煤灰、硅灰、沸石粉、粒化高炉矿渣粉等，其中粉煤灰应用最普遍。

1. 粉煤灰

粉煤灰又称飞灰，是从燃烧煤粉的锅炉烟气中收集到的细粉末，其颗粒多呈球形，表面光滑。

粉煤灰有两种：一种是高钙粉煤灰，它是由褐煤燃烧形成的，呈褐黄色，具有一定的水硬性；另一种是低钙粉煤灰，它是由烟煤和无烟煤燃烧形成的，呈灰色或深灰色，具有火山灰活性，由于来源比较广泛，是当前国内外用量较大、使用范围较广的混凝土掺合料。

根据细度、需水量、三氧化硫含量等主要技术指标，粉煤灰可分为Ⅰ、Ⅱ、Ⅲ三个等级。用于混凝土工程时，可根据下列规定选用：①Ⅰ级粉煤灰适用于钢筋混凝土和跨度小于6 m的预应力钢筋混凝土；②Ⅱ级粉煤灰适用于钢筋混凝土和无筋混凝土；③Ⅲ级粉煤灰主要用于无筋混凝土。对强度等级要求等于或大于C30的无筋粉煤灰混凝土，宜采用Ⅰ、Ⅱ级粉煤灰。

粉煤灰由于其本身的化学成分、结构和颗粒形状特征，在混凝土中产生下列三种效应：

(1)活性效应(火山灰效应)。粉煤灰中的活性 SiO_2 及 Al_2O_3，与水泥水化生成的 $Ca(OH)_2$ 发生反应，生成具有水硬性的低碱度水化硅酸钙和水化铝酸钙，增加了混凝土的强度，同时由于消耗了水泥石中的氢氧化钙，提高了混凝土的耐久性，降低了抗碳化性能。

(2)形态效应。粉煤灰颗粒大部分为玻璃体微珠，掺入混凝土中，可减小拌和物的内摩阻力，起到减水、分散、匀化作用。

(3)微骨料效应。粉煤灰中的微细颗粒均匀分布在水泥浆内，填充空隙和毛细孔，改善了混凝土的孔隙结构，增加了密实度。

粉煤灰的掺入，改善了混凝土拌和物的和易性、可泵性，降低了混凝土的水化热，提高了抗硫酸盐腐蚀的能力，抑制了碱—骨料反应，但使混凝土的早期强度和抗碳化能力有所降低。

掺粉煤灰的混凝土适用于绝大多数结构，尤其适用于泵送混凝土、商品混凝土、大体积混凝土、抗渗混凝土、地下及水工混凝土、道路混凝土及碾压混凝土等。

2. 硅灰

硅灰又称硅粉或硅烟灰，是从生产硅铁合金或硅钢等所排放烟气中收集到的颗粒极细的烟尘，其颗粒呈玻璃球体，颜色为浅灰色到深灰色。由于硅灰在掺合料中比表面积最大，故具有很高的火山灰活性，且需水量很大，作混凝土掺合料时必须配以减水剂，以保证混凝土拌和物的和易性。

掺硅灰的混凝土能大大加快混凝土的早期强度发展，提高混凝土的耐磨性。

3. 沸石粉

沸石粉由天然的沸石岩磨细制成。具有很大的内表面积，可作为吸附高效减水剂与拌和水的载体，在运输和浇注过程中缓慢释放出来，以减小混凝土拌和物的坍落度损失。

在同时掺入高效减水剂的条件下，掺入沸石粉可配制高强混凝土、高流态混凝土及泵送混凝土。

4. 粒化高炉矿渣粉

粒化高炉矿渣粉是将粒化高炉矿渣经干燥、磨细达到相当细度，符合相应活性指数的粉状材料，其活性比粉煤灰高，掺入混凝土中可减少泌水性，改善孔隙结构，提高水泥石的密实度。

综上所述，混凝土中掺入掺合料后，可以代替部分水泥，降低成本；增大混凝土的后期强度；改善混凝土拌和物的和易性；抑制碱—骨料反应；提高混凝土的耐久性。

5.4 混凝土的配合比设计

混凝土的质量不仅取决于组成材料的技术性能，而且还取决于各组成材料的配合比例。

混凝土的配合比是指混凝土各组成材料数量之间的比例关系。常用的表示方法有：

(1)以1 m^3 混凝土中各组成材料的质量表示，如1 m^3 混凝土需用水泥300 kg、砂720 kg、石子1 260 kg、水180 kg，该方法便于计算实际工程中混凝土各组成材料的数量。

(2)以各组成材料相互之间的质量比来表示，其中以水泥质量为1，其他组成材料数量为水泥质量的倍数。将上例换算成质量比为水泥：砂：石子＝1：2.4：4.2，水胶比＝0.6。该方法便于确定拌制混凝土时的称料数量。

5.4.1 混凝土配合比设计的基本要求

混凝土配合比设计的目的，就是根据原材料性能、结构形式、施工条件和对混凝土的技术要求，通过计算和试配调整，确定出满足工程技术经济指标的各组成材料的用量。

为达到该目的，混凝土的配合比设计应满足下列四项基本要求：

(1)满足混凝土结构设计的强度要求，以保证达到工程结构设计或施工进度所要求的强度。

(2)满足混凝土施工所要求的和易性，以便于混凝土的施工操作和保证混凝土的施工质量。

(3)满足与工程所处环境和使用条件相适应的耐久性要求。

(4)符合经济性原则，在保证质量的前提下，应尽量节约水泥、降低成本。

5.4.2 混凝土配合比设计的三个重要参数

普通混凝土四种主要组成材料的相对比例，通常由以下三个参数来控制。

1.水胶比

混凝土中水与胶凝材料的比例称为水胶比。它决定混凝土的强度，对混凝土拌和物的和易性、耐久性、经济性都有较大影响。水胶比较小时，可以使强度更高、耐久性更好；在满足强度和耐久性要求时，选用较大水胶比，可以节约水泥，降低生产成本。

2.砂率

砂的质量占砂石总质量的百分比，称为砂率。它能够影响混凝土拌和物的和易性。砂率的选用应合理，在保证混凝土拌和物和易性要求的前提下，选用较小值可节约水泥。

3.单位用水量

单位用水量是指1 m^3 混凝土拌和物中水的用量。在水胶比不变的条件下，单位用水量如果确定，那么水泥用量和骨料的总用量也随之确定。因此单位用水量反映了水泥浆与骨料之间的比例关系。为节约水泥和改善混凝土耐久性，在满足流动性条件下，应尽可能取较小的单位用水量。

混凝土配合比中三个参数的关系如图5.7所示。

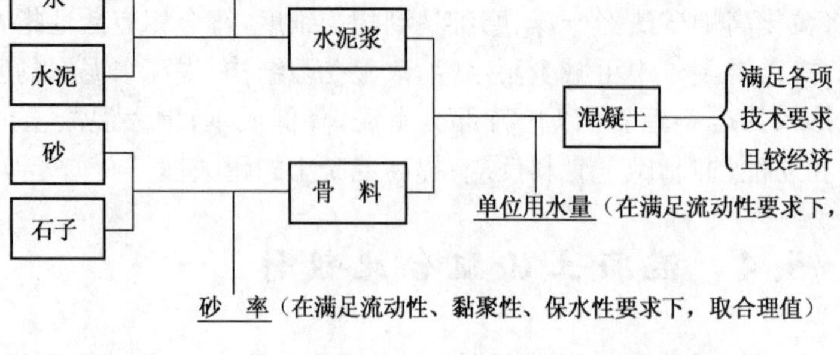

图5.7 混凝土配合比参数示意图

5.4.3 混凝土配合比设计的步骤

混凝土配合比设计包括初步配合比的计算、试验室配合比的设计和施工配合比的确定。

1. 初步配合比的计算

根据混凝土原材料的性能、设计要求的强度、施工要求的坍落度和使用环境所要求的耐久性，利用经验公式及经验参数，初步计算出混凝土各组成材料的用量，以得出供试配用的初步配合比。

(1)确定配制强度 $f_{cu,o}$

当混凝土设计强度等级小于C60时，配制强度可按下式计算：

$$f_{cu,o} \geqslant f_{cu,k} + 1.645\sigma$$

式中 $f_{cu,o}$——混凝土配制强度，MPa；

$f_{cu,k}$——混凝土的强度等级值，即混凝土立方体抗压强度标准值，MPa；

σ——混凝土强度标准差，MPa。

当混凝土设计强度等级大于等于C60时，配制强度按下式计算：

$$f_{cu,o} \geqslant 1.15 f_{cu,R}$$

混凝土强度标准差，可根据生产单位近期同一品种混凝土(是指混凝土强度等级相同且配合比和生产工艺条件基本相同的混凝土)28 d抗压强度统计资料，按下式计算：

$$\sigma = \sqrt{\frac{\sum_{i=1}^{n} f_{cu,i}^2 - n m_{f_{cu}}^2}{n-1}}$$

式中 $f_{cu,i}$——统计周期内同一品种混凝土第 i 组试件的立方体抗压强度值，MPa；

$m_{f_{cu}}$——统计周期内同一品种混凝土 n 组试件的立方体抗压强度平均值，MPa；

n——统计周期内同一品种混凝土试件的总组数，$n \geqslant 30$。

对预拌混凝土厂和预制混凝土构件厂，统计周期可取为一个月；对现场预拌混凝土的施工单位，统计周期不宜超过三个月。对于强度等级不大于C30的混凝土，若计算的混凝土强度标准差 $\sigma < 3.0$ MPa，则取 $\sigma = 3.0$ MPa；对于强度等级大于C30且小于C60的混凝土，若计算的混凝土强度标准差 $\sigma < 4.0$ MPa，则取 $\sigma = 4.0$ MPa。

当施工单位没有混凝土强度历史统计资料时，混凝土强度标准差可根据混凝土强度等级，按表5.19选用。

表5.19 强度标准差 σ 值的选用

混凝土强度标准值	不大于C20	C25～C45	C50～C55
σ(MPa)	4.0	5.0	6.0

值得一提的是，当现场条件与试验室条件有显著差异时，或者C30及其以上强度等级的混凝土，采用非统计方法评定时，应提高混凝土的配制强度。

(2)计算水胶比 W/B

当混凝土强度等级小于C60时，水胶比可按下式计算：

$$W/B = \frac{\alpha_a \times f_{ce}}{f_{cu,o} + \alpha_a \times \alpha_b \times f_{ce}}$$

式中 W/B——水胶比；

$f_{cu,o}$——混凝土配制强度，MPa；

f_{ce}——水泥 28 d 抗压强度实测值，MPa；

α_a，α_b——回归系数。

对于出厂超过 3 个月或存放条件不良的水泥应重新鉴定水泥的强度，并按实际强度计算。

为配制耐久性良好的混凝土，应尽可能选用较小的水胶比。根据不同结构物的暴露条件、结构部位和气候条件等，表 5.20 对混凝土的最大水胶比做出了规定。按强度计算得出的水胶比不得超过表 5.20 规定的最大水胶比限值，若超过，则采用规定的最大水胶比限值。

表 5.20　混凝土的最大水胶比和最小胶凝材料用量

环境类别	最低强度等级	最大水胶比	最小胶凝材料用量(kg)		
			素混凝土	钢筋混凝土	预应力混凝土
室内干燥环境、无侵蚀性静水浸没环境	C20	0.6	250	280	300
室内潮湿环境、非严寒和非寒冷地区的露天环境 非严寒和非寒冷地区与无侵蚀性的水或土壤直接接触环境 严寒和寒冷地区的冰冻线以下与无侵蚀性的水或土壤直接接触环境	C25	0.55	280	300	300
干湿交替环境、水位频繁变动环境、严寒和寒冷地区的露天环境 严寒和寒冷地区的冰冻线以上与无侵蚀性的水或土壤直接接触环境	C30	0.50	320	320	320
严寒和寒冷地区冬季水位变动区环境 受除冰盐影响环境、海风环境	C35	0.45	330	330	330
盐渍土环境、受除冰盐作用环境、海岸环境	C40	0.40	330	330	330

(3)确定单位用水量 m_{wo}

①干硬性混凝土和塑性混凝土用水量的确定

当水胶比在 0.40～0.80 范围内时，应根据粗骨料的品种、粒径及施工要求的混凝土拌和物稠度，按表 5.21、表 5.22 选取单位用水量 m_{wo}。

表 5.21　干硬性混凝土的用水量(单位：kg/m^3)

拌和物稠度		卵石最大粒径(mm)			碎石最大粒径(mm)		
项　目	指　标	10.0	20.0	40.0	16.0	20.0	40.0
维勃稠度(s)	16～20	175	160	145	180	170	155
	11～15	180	165	150	185	175	160
	5～10	185	170	155	190	180	165

表 5.22　塑性混凝土的用水量(单位：kg/m^3)

拌和物稠度		卵石最大粒径(mm)				碎石最大粒径(mm)			
项　目	指　标	10.0	20.0	31.5	40.0	16.0	20.0	31.5	40.0
坍落度(mm)	10～30	190	170	160	150	200	185	175	165
	35～50	200	180	170	160	210	195	185	175
	55～70	210	190	180	170	220	205	195	185
	75～90	215	195	185	175	230	215	205	195

注：①本表用水量是采用中砂时的平均值：采用细砂时，1 m^3 混凝土用水量可增加 5～10 kg；采用粗砂时，可减少5～10 kg；

②掺用矿物掺合料和外加剂时，用水量应相应调整。

水胶比小于 0.40 的混凝土及采用特殊成型工艺的混凝土用水量，应通过试验确定。

②流动性和大流动性混凝土用水量的确定

未掺外加剂时的混凝土用水量，以表 5.22 中坍落度 90 mm 时的用水量为基础，按坍落度每增大 20 mm 用水量增加 5 kg 来计算。

掺外加剂时的混凝土用水量，可按下式来计算：

$$m_{wa}=m_{wo}(1-\beta)$$

式中 m_{wa}——掺外加剂混凝土 1 m^3 混凝土的用水量，kg；

m_{wo}——未掺外加剂混凝土 1 m^3 混凝土的用水量，kg；

β——外加剂的减水率，%，β 值应根据试验确定。

(4)计算水泥用量 m_{co}

根据选定的单位用水量 m_{wo} 和水胶比 W/B，可按下式计算 1 m^3 混凝土拌和物中水泥的用量。

$$m_{co}=\frac{m_{wo}}{W/B}$$

水泥的用量不仅影响混凝土的强度，而且还影响混凝土的耐久性，因此计算出的单位水泥用量 m_{co} 还要满足表 5.20 中所规定的最小水泥用量的要求，若算得的单位水泥用量小于规定的最小水泥用量，则应选取规定的最小水泥用量值。

(5)确定砂率 β_s

合理的砂率值应使砂浆的用量除能填满石子颗粒间的空隙外还稍有富余，借以拨开石子颗粒，以满足混凝土拌和物的和易性。当无历史资料可参考时，混凝土的砂率应按下列方法选用：

①坍落度为 10～60 mm 的混凝土，应根据粗骨料的种类、粒径和水胶比大小，按表 5.23 选用。

表 5.23 混凝土的砂率

水胶比(W/B)	卵石最大粒径(mm)			碎石最大粒径(mm)		
	10.0	20.0	40.0	16.0	20.0	40.0
0.40	26～32	25～31	24～30	30～35	29～34	27～32
0.50	30～35	29～34	28～33	33～38	32～37	30～35
0.60	33～38	32～37	31～36	36～41	35～40	33～38
0.70	36～41	35～40	34～39	39～44	38～43	36～41

注：①本表数值是中砂的选用砂率，对细砂或粗砂，可相应地减小或增大砂率；

②只用一个单粒级粗骨料配制混凝土时，砂率应适当增大；

③采用人工砂配制混凝土时，砂率可适当增大。

②坍落度大于 60 mm 的混凝土，砂率可由试验确定，也可在表 5.23 的基础上，按坍落度每增大 20 mm，砂率增大 1%的幅度予以调整。

③坍落度小于 10 mm 的混凝土，其砂率应由试验确定。

④掺用外加剂或掺合料的混凝土，其砂率应由试验确定。

(6)计算砂用量 m_{so} 和石子用量 m_{go}

砂、石的用量，可采用质量法和体积法求得。

①质量法。质量法又称假定表观密度法，认为混凝土的质量等于各组成材料质量之和。根据经验，如果原材料情况比较稳定，所配制的混凝土拌和物的表观密度将接近一个固定值，这样就可以先假定一个混凝土拌和物的表观密度，那么各组成材料的单位用量之和，即为表观密度。在砂率已知的条件下，砂用量 m_{so} 和石子用量 m_{go} 可按下式计算：

$$\begin{cases} m_{co}+m_{so}+m_{go}+m_{wo}=\rho_{cp} \\ \beta_s=\dfrac{m_{so}}{m_{so}+m_{go}}\times 100\% \end{cases}$$

式中 β_s——混凝土的砂率，%；

$m_{co}, m_{so}, m_{go}, m_{wo}$——1 m^3 混凝土中的水泥、砂、石子和水的用量，kg；

ρ_{cp}——1 m^3 混凝土拌和物的表观密度，即 1 m^3 混凝土拌和物的假定质量，其值可根据施工单位积累的试验资料确定；当缺乏资料时，可根据骨料粒径、混凝土强度等级，参考表 5.24 在 2 350～2 450 kg/m^3 范围内选用。

表 5.24 混凝土拌和物的湿表观密度

混凝土强度等级(MPa)	C15	C20～C30	＞C30
假定湿表观密度(kg/m^3)	2 300～2 350	2 350～2 400	2 450

②体积法。体积法又称绝对体积法，认为混凝土拌和物的体积等于各组成材料的绝对体积与混凝土所含空气体积之和。砂用量 m_{so} 和石子用量 m_{go} 可按下式计算：

$$\begin{cases} \dfrac{m_{co}}{\rho_c}+\dfrac{m_{so}}{\rho_s}+\dfrac{m_{go}}{\rho_g}+\dfrac{m_{wo}}{\rho_w}+0.01\alpha=1 \\ \beta_s=\dfrac{m_{so}}{m_{so}+m_{go}}\times 100\% \end{cases}$$

式中 ρ_c——水泥密度，可取 2 900～3 100 kg/m^3；

ρ_s——砂的表观密度，kg/m^3；

ρ_g——石子的表观密度，kg/m^3；

ρ_w——水的密度，可取 1 000 kg/m^3；

α——混凝土的含气量百分数，在不使用引气型外加剂时，可取 $\alpha=1$。

经上述计算，1 m^3 混凝土所需的水泥、砂、石子和水的用量已全部求出，即混凝土的初步配合比(质量比)为

$$水泥：砂：石子=m_{co}：m_{so}：m_{go}=1：\frac{m_{so}}{m_{co}}：\frac{m_{go}}{m_{co}}；\quad 水胶比=\frac{m_{wo}}{m_{co}}$$

初步配合比是利用经验公式或经验资料获得的，由此配成的混凝土有可能不符合实际要求，所以应对配合比进行试配、调整与确定。

2.试验室配合比的确定

混凝土试配时，应采用工程中实际使用的材料，粗、细骨料的称量均以干燥状态为基准，若骨料中含水，则称料时要在用水量中扣除骨料中的水，骨料用量做相应增加。

混凝土的搅拌方法，应与生产时使用的方法相同。试拌时每盘混凝土的最小搅拌量为：骨料最大粒径在 31.5 mm 及以下时，拌和物数量取 15 L；骨料最大粒径为 40 mm 及以上时，拌和物数量取 25 L。当采用机械搅拌时，拌和量不应小于搅拌机额定搅拌量的 1/4。

(1)和易性调整

按初步配合比称取各材料数量,进行试拌,混凝土拌和物搅拌均匀后测定其坍落度,同时观察拌和物的黏聚性和保水性。当不符合要求时,应进行调整。调整的基本原则为:若流动性太大,可在砂率不变的条件下,适当增加砂、石的用量;若流动性太小,应在保持水胶比不变的情况下,适当增加水和水泥数量(增加 2%~5%的水泥浆,可提高混凝土拌和物坍落度 10 mm);若黏聚性和保水性不良时,实质上是混凝土拌和物中砂浆不足或砂浆过多,可适当增大砂率或适当降低砂率。每次调整后再进行试拌、检测,直至符合要求为止。这种调整和易性满足要求时的配合比,即是供混凝土强度试验用的基准配合比,同时可得到符合和易性要求的实拌用量 $m_{c拌}$、$m_{s拌}$、$m_{g拌}$、$m_{w拌}$。

当试拌、调整工作完成后,即可测出混凝土拌和物的实测表观密度 $\rho_{c,t}$。

由于理论计算的各材料用量之和与实测表观密度不一定相同,且用料量在试拌过程中又可能发生了改变,因此应对上述实拌用料结合实测表观密度进行调整。

试拌时混凝土拌和物表观密度理论值可按下式计算:

$$\rho_{c,c}=m_{c拌}+m_{s拌}+m_{g拌}+m_{w拌}$$

则 1 m^3 混凝土各材料用量调整为

$$m_{c1}=\frac{m_{c拌}}{\rho_{c,c}}\times\rho_{c,t}$$

$$m_{s1}=\frac{m_{s拌}}{\rho_{c,c}}\times\rho_{c,t}$$

$$m_{g1}=\frac{m_{g拌}}{\rho_{c,c}}\times\rho_{c,t}$$

$$m_{w1}=\frac{m_{w拌}}{\rho_{c,c}}\times\rho_{c,t}$$

混凝土基准配合比为

$$m_{c1}:m_{s1}:m_{g1}=m_{c拌}:m_{s拌}:m_{g拌},\quad 水胶比=\frac{m_{w1}}{m_{c1}}$$

(2)强度检验

经过和易性调整得出的混凝土基准配合比,所采用的水胶比不一定恰当,混凝土的强度和耐久性不一定符合要求,所以应对混凝土强度进行检验。检验混凝土强度时至少应采用 3 个不同的配合比。其中一个是基准配合比;另外两个配合比的水胶比值,应在基准配合比的基础上分别增加或减少 0.05,用水量保持不变,砂率也相应增加或减少 1%,由此相应调整水泥和砂石用量。

每组配合比制作一组标准试块,在标准条件下养护 28 d,测其抗压强度。用作图法把不同水胶比值的立方体抗压强度标在以强度为纵轴、胶水比为横轴的坐标系上,便可得到混凝土立方体抗压强度—胶水比的线性关系,从而计算出与混凝土配制强度 $f_{cu,o}$ 相对应的胶水比值。并按这个胶水比值与原用水量计算出相应的各材料用量,作为最终确定的试验室配合比,即 1 m^3混凝土中各组成材料的用量 m_c、m_s、m_g、m_w。

3. 施工配合比的确定

混凝土的试验室配合比是以材料处于干燥状态为基准的,但施工现场存放的砂、石材料都会含有一定的水分,所以施工现场各材料的实际称量,应按施工现场砂、石的含水情况进行修正,并调整相应的用水量,修正后的混凝土配合比即为施工配合比。施工配合比修正的原则是:水泥不变,补充砂石,扣除水量。

假设施工现场测出砂的含水率为 $a\%$、石子的含水率为 $b\%$，则各材料用量分别为

$$m_c' = m_c$$
$$m_s' = m_s(1 + a\%)$$
$$m_g' = m_g(1 + b\%)$$
$$m_w' = m_w - m_s \times a\% - m_g \times b\%$$

式中 m_c', m_s', m_g', m_w'——施工配合比中 1 m^3 混凝土水泥、砂、石子和水的用量，kg；

m_c, m_s, m_g, m_w——试验室配合比中 1 m^3 混凝土水泥、砂、石子和水的用量，kg。

【例题 5.2】 某室内现浇钢筋混凝土梁，混凝土设计强度等级为 C25，无强度历史统计资料。原材料情况：水泥为 42.5 普通硅酸盐水泥，密度为 3.10 g/cm^3，水泥强度等级富余系数为 1.08；砂为中砂，表观密度为 2 650 kg/m^3；粗骨料采用碎石，最大粒径为 40 mm，表观密度为 2 700 kg/m^3；水为自来水。混凝土施工采用机械搅拌，机械振捣，坍落度要求 35～50 mm，施工现场砂含水率为 3%，石子含水率为 1%，试设计该混凝土配合比。

【解】 1. 计算初步配合比

(1)确定配制强度 $f_{cu,o}$

由题意可知，设计要求混凝土强度为 C25，且施工单位没有历史统计资料，查表 5.19 可得 $\sigma = 5.0$ MPa。

$$f_{cu,o} = f_{cu,k} + 1.645\sigma = 25 + 1.645 \times 5.0 = 33.2\ (\text{MPa})$$

(2)计算水胶比 W/B

由于混凝土强度低于 C60，且采用碎石，所以

$$W/B = \frac{0.53 f_{ce}}{f_{cu,o} + 0.53 \times 0.2 f_{ce}} = \frac{0.53 \times 42.5 \times 1.08}{33.2 + 0.53 \times 0.2 \times 42.5 \times 1.08} = 0.64$$

由于混凝土所处的环境属于室内环境，查表 5.20 可知，按强度计算所得水胶比(W/B=0.64)不满足混凝土耐久性要求(最大水胶比 W/B=0.6)，故取 W/B=0.6。

(3)确定单位用水量 m_{wo}

查表 5.22 可知，骨料采用碎石，最大粒径为 40 mm，混凝土拌和物坍落度为 35～50 mm 时，1 m^3 混凝土的用水量 m_{wo} =175 kg。

(4)计算水泥用量 m_{co}

$$m_{co} = \frac{m_{wo}}{W/B} = \frac{175}{0.6} = 292\ (\text{kg})$$

查表 5.20 可知，室内环境中钢筋混凝土最小水泥用量为 280 kg/m^3，所以混凝土水泥用量 m_{co} =292 kg。

(5)确定砂率 β_s

查表 5.23 可知，对于最大粒径为 40 mm、碎石配制的混凝土，取 β_s =35.8%。

(6)计算砂用量 m_{so} 和石子用量 m_{go}

①质量法

由于该混凝土强度等级为 C25，假设每立方米混凝土拌和物的表观密度为 2 350 kg/m^3，则由公式

$$\begin{cases} m_{co} + m_{so} + m_{go} + m_{wo} = \rho_{cp} \\ \beta_s = \dfrac{m_{so}}{m_{so} + m_{go}} \times 100\% \end{cases}$$

求得
$$m_{so}+m_{go}=\rho_{cp}-m_{co}-m_{wo}=2\ 350-292-175=1\ 883\ (kg)$$
$$m_{so}=(\rho_{cp}-m_{co}-m_{wo})\times\beta_s=1\ 883\times35.8\%=674\ (kg)$$
$$m_{go}=\rho_{cp}-m_{co}-m_{wo}-m_{so}=1\ 883-674=1\ 209\ (kg)$$

②绝对体积法

由公式

$$\begin{cases}\dfrac{m_{co}}{\rho_c}+\dfrac{m_{so}}{\rho_s}+\dfrac{m_{go}}{\rho_g}+\dfrac{m_{wo}}{\rho_w}+0.01\alpha=1\\ \beta_s=\dfrac{m_{so}}{m_{so}+m_{go}}\times100\%\end{cases}$$

代入数据得

$$\begin{cases}\dfrac{292}{3\ 100}+\dfrac{m_{so}}{2\ 650}+\dfrac{m_{go}}{2\ 700}+\dfrac{175}{1\ 000}+0.01\times1=1\\ \dfrac{m_{so}}{m_{so}+m_{go}}=0.358\end{cases}$$

求得：$m_{so}=692$ kg，$m_{go}=1\ 241$ kg。

实际工程中常以质量法为准，所以混凝土的初步配合比为：

1 m³ 混凝土用料量(kg)	水泥	砂	碎石	水
	292	674	1 209	175
质　量　比	1 ：	2.31 ：	4.14 ：	0.6

2. 确定试验室配合比

(1)和易性调整

因为骨料最大粒径为 40 mm，在试验室试拌取样 25 L，则试拌时各组成材料用量分别为

水泥　$0.025\times292=7.3\ (kg)$

砂　$0.025\times674=16.85\ (kg)$

碎石　$0.025\times1\ 209=30.23\ (kg)$

水　$0.025\times175=4.38\ (kg)$

按规定方法拌和，测得坍落度为 20 mm，低于规定坍落度 35～50 mm 的要求，黏聚性、保水性均好，砂率也适宜。为满足坍落度要求，增加 5%的水泥和水，即加水泥 $7.3\times5\%=0.37$(kg)，水 $4.38\times5\%=0.22$(kg)，再进行拌和检测，测得坍落度为 40 mm，符合要求，并测得混凝土拌和物的实测表观密度 $\rho_{c,t}=2\ 390\ kg/m^3$。

试拌完成后，各组成材料的实际拌和用量为：水泥 $m_{c拌}=7.3+0.37=7.67$(kg)；砂 $m_{s拌}=16.85$ kg；石子 $m_{g拌}=30.23$ kg；水 $m_{w拌}=4.38+0.22=4.6$(kg)。试拌时混凝土拌和物表观密度理论值 $\rho_{c,c}=7.67+16.85+30.23+4.6=59.35$(kg)，则 1 m³ 混凝土各材料用量调整为

$$m_{c1}=\frac{7.67}{59.35}\times2\ 390=309\ (kg)$$

$$m_{s1}=\frac{16.85}{59.35}\times2\ 390=679\ (kg)$$

$$m_{g1}=\frac{30.23}{59.35}\times2\ 390=1\ 217\ (kg)$$

$$m_{w1}=\frac{4.6}{59.35}\times2\ 390=185\ (kg)$$

混凝土基准配合比为水泥：砂：石子＝309：679：1 217＝1：2.20：3.94；水胶比＝0.6。

(2)强度检验

以基准配合比为基准(水胶比为 0.6)，另增加两个水胶比分别为 0.55 和 0.65 的配合比进行强度检验。用水量不变(均为 185 kg)，砂率相应增加或减少 1%，并假设三组拌和物的实测表观密度也相同(均为 2 390 kg/m^3)，由此相应调整水泥和砂石用量，计算过程如下。

第一组：$W/B=0.55$，$\beta_s=34.8\%$。

1 m^3 混凝土用量为

$$水泥=\frac{185}{0.55}=336\ (kg)$$

$$砂=(2\ 390-185-336)\times 34.8\%=650\ (kg)$$

$$石子=2\ 390-185-336-650=1\ 219\ (kg)$$

配合比　水泥：砂：石子：水＝336：650：1 219：185＝1：1.93：3.63：0.55

第二组：$W/B=0.6$，$\beta_s=35.8\%$。

配合比　水泥：砂：石子：水＝309：679：1 217：185＝1：2.20：3.94：0.6

第三组：$W/B=0.65$，$\beta_s=36.8\%$。

1 m^3 混凝土用量为

$$水泥=\frac{185}{0.65}=285\ (kg)$$

$$砂=(2\ 390-185-285)\times 36.8\%=707\ (kg)$$

$$石子=2\ 390-185-285-707=1\ 213\ (kg)$$

则配合比　水泥：砂：石子：水＝285：707：1 213：185＝1：2.48：4.26：0.65

用上述三组配合比各制一组试件，标准养护，测得 28d 抗压强度为：

第一组　$W/B=0.55$，$B/W=1.82$，测得 $f_{cu}=36.3$ MPa。

第二组　$W/B=0.6$，$B/W=1.67$，测得 $f_{cu}=30.7$ MPa。

第三组　$W/B=0.65$，$B/W=1.54$，测得 $f_{cu}=26.8$ MPa。

用作图法求出与混凝土配制强度 $f_{cu,o}=33.2$ MPa 相对应的胶水比值为 1.76，即当 $W/B=1/1.76=0.57$ 时，$f_{cu,o}=33.2$ MPa，则 1 m^3 混凝土中各组成材料的用量为(砂率 β_s 取34.8%)：

$$m_c=\frac{185}{0.57}=325\ (kg)$$

$$m_s=(2\ 390-185-325)\times 34.8\%=654\ (kg)$$

$$m_g=2\ 390-185-325-654=1\ 226\ (kg)$$

$$m_w=185\ (kg)$$

混凝土的试验室配合比为：

1 m^3 混凝土用料量(kg)	水泥	砂	碎石	水
	325	654	1 226	185
质　量　比	1	：2.01	：3.77	：0.57

3. 确定施工配合比

因测得施工现场砂含水率为 3%，石子含水率为 1%，则 1 m^3 混凝土的施工配合比为

$$水泥\ m'_c=325\ (kg)$$
$$砂\ m'_s=654\times(1+3\%)=674\ (kg)$$
$$石子\ m'_g=1\ 226\times(1+1\%)=1\ 238\ (kg)$$
$$水\ m'_w=185-654\times3\%-1\ 226\times1\%=153\ (kg)$$

混凝土的施工配合比及每两包水泥(100 kg)的配料量为:

	水泥		砂		石子		水
1 m^3 混凝土用料量(kg)	325		674		1 238		153
质　量　比	1	:	2.07	:	3.81	:	0.47
每两包水泥配料量(kg)	100		207		381		47

5.5 混凝土的质量控制

混凝土是由多种材料组合而成的一种复合材料,它的质量不是完全均匀的,在实际工程中,由于受原材料质量、施工工艺和试验条件等许多复杂因素的影响,势必会造成混凝土质量的波动。

为了保证生产的混凝土能够满足设计要求,应加强混凝土的质量控制,混凝土的质量控制包括初步控制、生产控制和合格控制。

5.5.1 初步控制

混凝土质量的初步控制包括混凝土生产前对设备的调试、原材料的质量检验与控制、混凝土配合比的确定与调整。

施工过程中不得随意改变配合比,并应根据原材料的一些动态信息,如水泥强度、水胶比、砂子细度模数、石子最大粒径、坍落度等,及时进行调整,以保证试验室配合比的正确实施。

【例题 5.3】 某室内混凝土框架主体结构,混凝土设计强度为 C30,混凝土坍落度为 35~50 mm,水泥为复合硅酸盐水泥强度等级为 32.5 MPa,石子采用碎石,最大粒径为 31.5 mm,粉煤灰掺量为 25%,减水剂掺量为 0.8%~1%,减水率 28%,试确定该工程混凝土的理论配合比。

【解】 1. 确定混凝土配制强度

$$f_{cu,0}=f_{cu,k}+1.645\sigma=30+1.645\times5.0=38.225(MPa)$$

2. 计算混凝土水胶比

$$f_b=\gamma_f\gamma_s\gamma_c f_{ce,g}=0.75\times0.95\times1.12\times32.5=25.935(MPa)$$

$$\frac{W}{B}=\frac{\alpha_a f_b}{f_{cu,o}+\alpha_a\alpha_b f_b}=\frac{0.53\times25.935}{38.225+0.53\times0.20\times25.935}=\frac{13.746}{40.974}=0.335$$

由于混凝土所处的环境属于室内环境,查表 5.20 可知,按强度计算所得水胶比($W/B=0.335$)满足混凝土耐久性要求,因此取 $W/B=0.335$。

3. 确定单位用水量

查表 5.22 可知,骨料采用碎石,最大粒径为 31.5 mm,混凝土拌和物坍落度为 35~50 mm时,每立方米混凝土的用水量 $m_{wo}=185$ kg。

$$m_{wo}=185\times(1-28\%)=133\ (kg/m^3)$$

4. 确定胶凝材料用量

$$m_b = \frac{m_{wo}}{W/B} = \frac{133}{0.335} = 397\ (\text{kg/m}^3)$$

5. 计算减水剂用量

$$m_a = m_b\beta_a = 397 \times 0.9\% = 3.573\ (\text{kg/m}^3)$$

6. 计算粉煤灰用量

$$m_f = m_b\beta_f = 397 \times 25\% = 99.25\ (\text{kg/m}^3)$$

7. 计算水泥用量

$$m_c = m_b - m_f = 397 - 99.25 = 297.75\ (\text{kg/m}^3)$$

查表 5.20 可知，室内环境中钢筋混凝土最小水泥用量为 280 kg/m³，所以本设计的混凝土水泥用量可取 m_c =297.75 kg。

8. 确定砂率

查表知 $\beta_s = 27\%$。

9. 计算砂、石用量

$$m_s = (m_{cp} - m_{wo} - m_c - m_f) \times \beta_s = (2\,450 - 133 - 297.75 - 99.25) \times 27\% = 518.4\ (\text{kg/m}^3)$$

$$m_g = (m_{cp} - m_{wo} - m_c - m_f) \times (1 - \beta_s) = 1\,920 \times 73\% = 1\,402(\text{kg/m}^3)$$

10. 计算 20 L 时混凝土各组成材料拌和用量

水：$\frac{133}{50} = 2.66\ (\text{kg/20 L})$

水泥：$\frac{297.75}{50} = 5.955\ (\text{kg/20 L})$

砂子：$\frac{518.4}{50} = 10.368\ (\text{kg/20 L})$

石子：$\frac{1\,402}{50} = 28.04\ (\text{kg/20 L})$

减水剂：$\frac{3.573}{50} = 0.071\,46\ (\text{kg/20 L})$

粉煤灰：$\frac{99.25}{50} = 1.985\ (\text{kg/20 L})$

11. 确定该混凝土理论配合比

水泥：砂：石子：粉煤灰：水 = 5.955：10.368：28.04：1.985：2.66

= 1：1.74：4.71：0.333：0.45

5.5.2 生产控制

混凝土质量的生产控制包括混凝土各组成材料的计量，混凝土拌和物的搅拌、运输、浇筑和养护等工序的控制。

1. 计量

在正确计算配合比的前提下，各组成材料的准确称量是保证混凝土质量的首要环节。配料时必须保证称量准确，水、水泥、混合材料和外加剂的称量偏差应控制在±2%以内，粗、细骨料的称量偏差应控制在±3%以内，并经常检查称量设备的精确度。

2. 搅拌

混凝土的搅拌可以采用人工搅拌或用搅拌机搅拌。人工搅拌不仅劳动强度大，而且拌和物的均匀性较差，仅在不得已时采用。搅拌机搅拌要求拌和均匀，且搅拌的最短时间应符合表5.25的规定，当掺入外加剂时，要适当延长搅拌时间，且外加剂应事先溶化在水里，待拌和物搅拌到规定时间的一半后再加入。

表5.25 混凝土搅拌的最短时间

混凝土坍落度(mm)	搅拌机机型	搅拌机出料量(L)		
		<250	250～500	>500
≤30	强制式	60 s	90 s	120 s
	自落式	90 s	120 s	150 s
>30	强制式	60 s	60 s	90 s
	自落式	90 s	90 s	120 s

注：①混凝土搅拌的最短时间是指自全部材料装入搅拌机中起到开始卸料的时间；
②当采用其他形式的搅拌设备时，搅拌的最短时间应按设备说明书的规定或经验确定。

3.运输

混凝土拌和物在运输过程中，容易产生离析、泌水、砂浆流失或流动性减小等现象，因此在运输时，应以最少的转载次数和最短的时间，从搅拌地点运至浇筑地点。混凝土在运输中，应保证其匀质性，做到不分层、不离析、不漏浆。浇筑时应具有符合规定的坍落度，当有离析现象时，必须在浇筑前进行二次搅拌。

混凝土水平运输时，短距离使用双轮手推车、机动搅拌车、机动翻斗车和轻轨翻斗车；长距离多用自卸汽车和混凝土搅拌运输车。混凝土垂直运输时，采用各种井式提升机、卷扬机、履带式吊车、塔式吊车等，并配合吊斗等容器来装运混凝土。

4.浇筑

浇筑前应检查模板、支架、钢筋和预埋件，清理模板内的杂物和钢筋上的油污，堵严模板内的缝隙和孔洞，并将模板浇水湿润且不得有积水。

浇筑时应均匀灌入，同时注意限制卸料高度(混凝土自高处倾落的自由高度不应超过2 m)，以防止离析现象的产生；当遭遇雨雪天气时不应露天浇筑。

混凝土从搅拌机中卸出到浇筑完毕的延续时间，不宜超过表5.26的规定。

表5.26 混凝土从搅拌机中卸出到浇筑完毕的延续时间

混凝土强度等级	气　温	
	不高于25 ℃	高于25 ℃
不高于C30	120 min	90 min
高于C30	90 min	60 min

注：①对掺用外加剂或用快硬水泥拌制的混凝土，其延续时间应按试验确定；
②对轻骨料混凝土，其延续时间应适当缩短。

浇筑混凝土应连续进行，当必须有间歇时，其间歇时间应缩短，并应在前层混凝土凝结之前，将次层混凝土浇筑完毕。

5.振捣

当采用振动器捣实时，对每层混凝土都应按照顺序全面振捣，防止漏振现象。同时应控制振捣时间，既要防止振捣过度，以免混凝土产生分层现象；又要防止振捣不足，使混凝土内部产生蜂窝和空洞，一般以拌和物表面出现浮浆和不再沉落为宜。

6. 养护

对已浇筑完毕的混凝土，应在 12 h 内加以覆盖和浇水，保持必要的温度和湿度，以保证水泥能够正常进行水化，并防止干缩裂缝的产生。正常情况下，养护时间不应少于 7～14 d。养护用水采用与拌和用水相同的水；养护时可用稻草或麻袋等物覆盖表面并经常洒水，浇水次数应以保持混凝土处于湿润状态为宜；冬季则应采取保温措施，防止冰冻。

5.5.3 合格控制

混凝土质量的合格控制是指对所浇筑的混凝土进行强度或其他技术指标的检验评定，主要有批量划分、确定批量取样数、确定检测方法和验收界限等项内容。

混凝土的质量波动将直接反映到其最终的强度，而混凝土的抗压强度与其他性能有较好的相关性，因此，在混凝土生产质量管理中，常以混凝土的抗压强度作为评定和控制其质量的主要指标。

5.6 其他混凝土

5.6.1 轻混凝土

表观密度小于 1 950 kg/m³ 的混凝土称为轻混凝土，包括轻骨料混凝土、多孔混凝土、大孔混凝土等。

1. 轻骨料混凝土

用轻粗骨料、轻细骨料（如轻砂或普通砂）、水泥和水配制而成的混凝土称为轻骨料混凝土。它是一种轻质、多功能的新型工程材料，具有较好的抗冻性和抗渗性，有利于结构抗震，并可以减轻结构自重，改善结构的保温隔热和吸声、耐火等性能。

(1)轻骨料的分类

轻骨料分轻粗骨料和轻细骨料。凡粒径大于 5 mm、堆积密度小于 1 000 kg/m³ 者，称为轻粗骨料；粒径不大于 5 mm、堆积密度小于 1 200 kg/m³ 者，称为轻细骨料（或轻砂）。

轻骨料按原料来源不同，可分为：

①工业废料轻骨料。是利用工业废料加工制作的轻骨料，如粉煤灰陶粒、膨胀矿渣珠、煤渣及其轻砂。

②天然轻骨料。是由天然形成的多孔状岩石经加工而成的轻骨料，如浮石、火山渣、多孔凝灰岩及其轻砂。

③人造轻骨料。是以地方材料为原料加工而成的轻骨料，如页岩陶粒、黏土陶粒、膨胀珍珠岩及其轻砂。

轻骨料按其粒型不同，可分为：

①圆球型。原材料经过造粒工艺浇制而成，呈圆球状的轻骨料，如粉煤灰陶粒和粉磨成球的页岩陶粒。

②普通型。原材料经破碎烧制而成，呈非圆球型的轻骨料，如页岩陶粒、膨胀珍珠岩等。

③碎石型。由天然轻骨料或多孔烧结块破碎加工而成，呈碎石状的轻骨料，如浮石、自燃煤矸石和煤渣等。

(2)轻骨料的技术性能

轻骨料的颗粒级配、粒型、堆积密度、筒压强度、吸水率及有害物质含量等技术性能，对轻骨料混凝土的和易性、强度、表观密度、收缩、徐变和耐久性都有直接影响，所以，轻骨料的各项技术性能指标，应符合相关规范的规定。

①颗粒级配

轻骨料的颗粒级配应符合表 5.27 的要求，但人造轻粗骨料的最大粒径不宜大于 19.0 mm。

表 5.27 颗粒级配

骨料	级配类别	公称粒级(mm)	各号筛的累计筛余(按质量计)(%) 方孔筛孔径											
			37.5 mm	31.5 mm	26.5 mm	19.0 mm	16.0 mm	9.50 mm	4.75 mm	2.36 mm	1.18 mm	600 μm	300 μm	150 μm
细骨料	—	0~5	—	—	—	—	—	0	0~10	0~35	20~60	30~80	65~90	75~100
粗骨料	连续粒级	5~40	0~10	—	—	40~60	—	50~85	90~100	95~100	—	—	—	—
		5~31.5	0~5	0~10	—	—	40~75	—	90~100	95~100	—	—	—	—
		5~25	0	0~5	0~10	—	30~70	—	90~100	95~100	—	—	—	—
		5~20	0	0~5	—	0~10	—	40~80	90~100	95~100	—	—	—	—
		5~16	—	—	0	0~5	0~10	20~60	85~100	95~100	—	—	—	—
		5~10	—	—	—	—	0	0~15	80~100	95~100	—	—	—	—
	单粒级	10~16	—	—	—	0	0~15	85~100	90~100	—	—	—	—	—

②密度等级

轻骨料的堆积密度主要取决于颗粒的表观密度、级配及其类型，因轻骨料混凝土在不同使用条件下所要求的表观密度是不同的。按轻骨料堆积密度的大小，划分为 11 个密度等级，见表 5.28。

表 5.28 轻骨料的密度等级

轻骨料种类	密度等级		堆积密度范围(kg/m³)
	轻粗骨料	轻细骨料	
人造轻骨料 天然轻骨料 工业废渣轻骨料	200	—	>100，≤200
	300	—	>200，≤300
	400	—	>300，≤400
	500	500	>400，≤500
	600	600	>500，≤600
	700	700	>600，≤700
	800	800	>700，≤800
	900	900	>800，≤900
	1 000	1 000	>900，≤1 000
	1 100	1 100	>1 000，≤1 100
	1 200	1 200	>1 100，≤1 200

③筒压强度和强度等级

轻粗骨料的强度有筒压强度和强度等级两种不同的表示方法。

筒压强度是将 10～20 mm 粒级的试样，按规定方法装入特制的承压筒中，当冲压模压入

20 mm 深时的压力除以承压面积(冲压模的底面积),所得强度即为轻骨料的筒压强度。

由于轻粗骨料在承压筒内的受力状态呈点接触、多向挤压,因此筒压强度不能真实地反映轻粗骨料的强度大小,是一项间接反映轻骨料强度大小的指标。

强度等级是将轻粗骨料按规定方法配制混凝土的合理强度值,以反映混凝土中轻骨料的强度大小。它适用于粉煤灰陶粒、黏土和页岩陶粒。各密度等级的轻粗骨料的筒压强度或强度等级应不小于表 5.29 的规定值。

表 5.29 轻粗骨料筒压强度

轻粗骨料种类	密度等级	筒压强度(MPa)
人造轻骨料	200	0.2
	300	0.5
	400	1.0
	500	1.5
	600	2.0
	700	3.0
	800	4.0
	900	5.0
天然轻骨料 工业废渣轻骨料	600	0.8
	700	1.0
	800	1.2
	900	1.5
	1 000	1.5
工业废渣轻骨料中的自燃煤矸石	900	3.0
	1 000	3.5
	1 100～1 200	4.0

④其他

有害杂质含量、抗冻性和吸水率均应符合有关规定的要求。

(3)轻骨料混凝土的分类

①按轻骨料品种分为全轻混凝土和砂轻混凝土。全轻混凝土中的粗、细骨料全部为轻骨料;砂轻混凝土中的粗骨料为轻骨料,细骨料则为部分轻骨料或全部普通砂。

②按轻骨料种类分为浮石混凝土、粉煤灰陶粒混凝土、黏土陶粒混凝土、页岩陶粒混凝土、膨胀矿渣珠混凝土等。

③按用途分为保温轻骨料混凝土,结构保温轻骨料混凝土和结构轻骨料混凝土,具体见表 5.30。

(4)轻骨料混凝土的技术性质

①和易性

和易性是指轻骨料混凝土拌和物的成型性能,它对原材料用量的确定和拌和物浇筑施工方法有很大程度的影响。由于轻骨料的吸水率较大,导致拌和物的稠度迅速改变,所以拌制轻骨料混凝土时,其用水量应增加轻骨料 1 h 的吸水量,或先将轻骨料吸水近于饱和,以保证混凝土的流动性(坍落度或维勃稠度)符合施工要求。

表 5.30 轻骨料混凝土按用途分类

类别名称	混凝土强度等级的合理范围	混凝土密度等级的合理范围	用　途
保温轻骨料混凝土	LC5.0	800	主要用于保温的围护结构或热工构筑物
结构保温轻骨料混凝土	LC7.5、LC10、LC15、LC20	800～1 400	主要用于既承重又保温的围护结构
结构轻骨料混凝土	LC25、LC30、LC35、LC40、LC45、LC50、LC55、LC60	1 400～1 900	主要用于起承重作用的构件或构筑物

②强度等级

轻骨料混凝土按其立方体抗压强度标准值(即按标准方法制作和养护、边长为 150 mm 的立方体试块,28 d 龄期测得的具有 95%保证率的抗压强度值)划分为 LC5.0、LC7.5、LC10、LC15、LC20、LC25、LC30、LC35、LC40、LC45、LC50、LC55 和 LC60 十三个强度等级。不同强度等级的轻骨料混凝土,其适用范围见表 5.30。

③密度等级

根据轻骨料混凝土的表观密度大小,分为十二个密度等级,等级号代表密度范围的中值,如密度等级 1 000 的轻骨料混凝土,其表观密度为 960～1 050 kg/m^3。

④变形性能

轻骨料混凝土的弹性模量比较小,与普通混凝土相比,降低 25%～50%,因此受力后变形较大。同时轻骨料混凝土的干燥收缩和徐变都比普通混凝土大得多,这对结构会产生不良影响。

⑤导热性

轻骨料混凝土的导热系数较小,且随密度等级的降低而变小,λ=0.30～1.15W/(m·K),故轻骨料混凝土具有较好的保温性能。

⑥抗冻性

轻骨料混凝土的抗冻性,在非采暖地区要求不低于 F15;在采暖地区,干燥的或相对温度小于 60%的条件下要求不低于 F25,在潮湿的或相对湿度大于 60%的条件下要求不低于 F35,在水位变化的部位要求不低于 F50。

(5)轻骨料混凝土的应用

轻骨料混凝土适用于高层和多层建筑、大跨度结构、有抗震要求的结构物等。

2.多孔混凝土

多孔混凝土是指内部均匀分布着大量微小气泡而无骨料的混凝土。根据生产工艺(成孔方式)的不同,分为加气混凝土和泡沫混凝土。

(1)加气混凝土

加气混凝土是以含钙材料(如水泥、石灰)、含硅材料(如石英砂、粉煤灰、粒化高炉矿渣、页岩等)、水和加气剂作为基本原料,经磨细、配料、搅拌、浇筑、发泡、凝结、切割、压蒸养护而成。

发气剂一般采用铝粉,加入混凝土浆料中与氢氧化钙发生反应产生氢气,形成许多分布均匀的微小气泡,使混凝土形成多孔结构。除用铝粉作加气剂外,还可以用过氧化氢、漂白粉等作加气剂。

①加气混凝土的品种

根据加气混凝土的基本组成材料,主要有水泥矿渣砂加气混凝土、水泥石灰砂加气混凝土和水泥石灰粉煤灰加气混凝土。

②加气混凝土的主要技术性质

a. 表观密度:加气混凝土按其表观密度分为 400 kg/m^3、500 kg/m^3、600 kg/m^3、700 kg/m^3、800 kg/m^3 五个等级,使用较多的是 500 kg/m^3 和 700 kg/m^3 两种。

b. 孔隙率:不同表观密度的加气混凝土具有不同的孔隙率,见表 5.31。

表 5.31 不同表观密度加气混凝土的孔隙率和抗压强度

表观密度(kg/m^3)	400	500	600	700	800
孔隙率(%)	83	79	75	70	66
抗压强度(MPa)	1.5(2.2)	3.0(3.5)	4.0(5.0)	5.0(6.0)	6.0(7.0)

注:括号内数值为粉煤灰加气混凝土的抗压强度值。

c. 抗压强度:加气混凝土以边长为 100 mm 的立方体试块测定其抗压强度。加气混凝土的抗压强度与其表观密度有密切关系,见表 5.28。

d. 导热系数:加气混凝土的导热系数与其表观密度和含水率大小有关,一般在 0.12～0.27 W/(m·K)之间。

③加气混凝土的应用

加气混凝土是多孔轻质材料,孔隙率极高,具有良好的保温隔热、吸声、耐火性能和易于加工、施工方便等优点,可制作砌块、内外墙板、屋面板、保温制品等。

由于加气混凝土强度较低、吸水率大、耐水性差,如果用于承重墙体时,房屋的层数不得超过 3 层,总高度不超过 10 m,同时墙体表面应做饰面防护措施。不得用于建筑物基础以及处于浸水、高温、化学侵蚀环境和表面温度高于 80 ℃等部位。

(2)泡沫混凝土

泡沫混凝土是由水泥净浆、部分掺合料(如粉煤灰)加入泡沫剂经机械搅拌发泡,浇筑成型,用蒸汽或压蒸养护而成的轻质多孔材料。

常用的泡沫剂有松香胶泡沫剂和水解牲血泡沫剂。松香胶泡沫剂是用氢氧化钠加水拌入松香粉(质量比为 1∶2∶4),经过加热,再与皮胶或骨胶的胶液搅拌而成。水解牲血泡沫剂是用尚未凝结的动物血和氢氧化钠、硫酸亚铁、氯化铵和水等制成。这些泡沫剂在使用时,经温水稀释,用力搅拌即可形成稳定的泡沫,并稳定存在于水泥浆料中。

配制自然养护的泡沫混凝土时,水泥的强度等级不宜低于 32.5,否则混凝土强度太低。在生产中采用蒸汽养护或蒸压养护,不仅可以缩短养护时间,而且还能提高混凝土强度。也可以掺入粉煤灰、煤渣或矿渣等工业废渣,以节省水泥,降低生产成本,保护环境。如以粉煤灰、石灰、石膏等为胶凝材料,经蒸压养护,可制成蒸压泡沫混凝土。

泡沫混凝土的表观密度为 300～800 kg/m^3,抗压强度为 0.3～5.0 MPa,导热系数为 0.1～0.3 W/(m·K),抗冻性、耐腐蚀性能较好,易于加工,可根据需要制成砌块、墙板、保温管瓦等,用于非承重墙体、生产屋面和管道保温制品等。

3. 大孔混凝土

大孔混凝土是由粒径相近的粗骨料、水泥和水配制而成的一种轻混凝土。这种混凝土中没有细骨料,水泥浆只是包裹在粗骨料表面,将它们胶结在一起,但不起填充空隙的作用,因而在混凝土内部形成较大孔隙。按其所用粗骨料的品种,可分为普通大孔混凝土和轻骨料大孔混凝土。普通大孔混凝土是用碎石(或卵石、矿渣)配制而成的,轻骨料大孔混凝土则是用陶粒、浮石、碎砖、煤渣等配制而成的。

普通大孔混凝土的表观密度在 1 500～1 900 kg/m³ 之间，抗压强度为 3.5～10 MPa。轻骨料大孔混凝土的表观密度在 500～1 500 kg/m³ 之间，抗压强度为 1.5～7.5 MPa。

大孔混凝土的导热系数小，保温、透水性能好，吸湿性较小。收缩一般较普通混凝土小 30%～50%，抗冻性可达 15～20 次冻融循环。

大孔混凝土由于无砂，故水泥用量较少，一般只需 150～250 kg/m³，水胶比较小，一般为 0.4～0.5。在施工时应严格控制用水量，以免因浆稀使水泥浆流淌沉入底部，造成上层骨料缺浆，导致混凝土强度不均匀，质量下降。

大孔混凝土可用于现浇基础、勒脚和墙体，或制作空心砌块和墙板；也可作为地坪材料和滤水材料，如排水暗管、滤水管、滤水板等，广泛用于市政工程。

5.6.2 防水混凝土

防水混凝土又称抗渗混凝土，是一种通过提高自身抗渗性能，以达到防水目的的混凝土，主要用于地下建筑和水工结构物，如隧道、涵洞、地下工程、储水输水构筑物及其他要求防水的结构物。

防水混凝土的抗渗能力以抗渗等级表示。抗渗等级分为 P4、P6、P8、P10、P12、P16、P20 等，通常防水混凝土的抗渗等级多采用 P8，重要工程宜采用 P10～P20，在实际工程中应根据水压力大小和构筑物的厚度合理确定混凝土的抗渗等级。

提高防水混凝土自身的抗渗性能，可通过提高混凝土密实度或改善孔隙结构两个途径来实现。按其配制方法不同，可分为普通防水混凝土、外加剂防水混凝土和膨胀水泥防水混凝土三类。

1. 普通防水混凝土

普通防水混凝土是在普通混凝土基础上通过调整配合比，以提高自身的密实度和抗渗能力。采取的具体措施为：

(1)水胶比不宜大于 0.60，以减少毛细孔的数量和孔径。

(2)适当提高胶凝材料数量，水泥用量不小于 320 kg/m³。

(3)砂率以 35%～40%为宜，灰砂比以 1∶2～2.5 为宜，可在粗骨料周围形成品质良好和足够的砂浆包裹层，使粗骨料彼此隔离，以隔断沿粗骨料与砂浆界面互相连通的毛细孔。

(4)坍落度不超过 30～50 mm，对于厚度不小于 250 mm 的结构，坍落度应为 20～30 mm。

(5)对砂石的质量要求更加严格，加强搅拌、浇筑、振捣和养护，以防止和减少施工孔隙，达到防水目的。

2. 外加剂防水混凝土

外加剂防水混凝土是在普通混凝土拌和物中掺入一些外加剂，隔断或堵塞混凝土中各种孔隙及渗水通道，以改善混凝土的内部结构，提高抗渗防水能力。这种方法对原材料没有特殊要求，也不需要增加水泥用量，比较经济，具有防水效果好、施工简单易行的特点，因此使用广泛。

(1)引气剂防水混凝土

为配制防水混凝土，常掺入的外加剂有引气剂。掺入引气剂后，可在混凝土内形成一定数量的封闭、微小气泡。在这些气泡周围形成一层封闭的憎水性薄膜，它们自身不进水，并能够隔断混凝土的渗水通道，使外界水分不易进入混凝土内部，从而大大增强混凝土的抗渗性能。

常用的引气剂主要有松香热聚物和松香酸钠。由于形成的气泡会降低混凝土强度，所以应严格控制引气剂的掺量，在保证混凝土既能满足抗渗要求的同时，又能符合强度要求。通过大量实践证明，松香热聚物的掺量为水泥质量的 0.01％左右，松香酸钠的掺量为水泥质量的 0.01％～0.03％。

搅拌是生成气泡的必要条件，搅拌时间对混凝土含气量有明显影响。一般搅拌时间以 2～3 min为宜。搅拌时间过短，不能形成均匀分散的微小气泡；搅拌时间过长，则会使小气泡破裂，降低抗渗性能。

由于引气剂防水混凝土同时具有很强的抗冻性能，因而适合于有抗渗和抗冻要求的混凝土工程，如铁路的隧道、涵洞常采用这种防水混凝土。

(2)三乙醇胺防水混凝土

在混凝土拌和物中掺入微量的早强防水剂三乙醇胺，可以加速水泥的水化，使早期生成的水化产物较多，水泥凝胶体膨胀致密，减少毛细孔隙，从而提高混凝土的抗渗性能，抗渗压力可提高 3 倍以上，抗渗等级可达 P16～P20。

三乙醇胺防水剂的掺量以掺入三乙醇胺 0.05％(水泥质量)为宜，常用的三种配方和配制比例见表 5.32。冬季施工宜加入适量氯化钠和亚硝酸钠复合使用，选用表中 2、3 号配方；常温或夏季施工宜选 1 号配方，重要防水工程选用 1、3 号配方。

表 5.32　三乙醇胺早强防水剂配料及掺量

配方号	1 号配方		2 号配方			3 号配方			
掺　量	三乙醇胺 0.05％		三乙醇胺 0.05％＋氯化钠 0.5％			三乙醇胺 0.05％＋氯化钠 0.5％＋亚硝酸钠 1％			
配制比例	水	三乙醇胺	水	三乙醇胺	氯化钠	水	三乙醇胺	氯化钠	亚硝酸钠
比例 *A*	98.75	1.25	86.25	1.25	12.5	61.25	1.25	12.5	25
比例 *B*	98.33	1.67	85.83	1.67	12.5	60.83	1.67	12.5	25

注：①掺量百分数为水泥质量的百分数；

②比例 *A* 为采用 100％纯度三乙醇胺时的用量；比例 *B* 为采用 75％工业品三乙醇胺时的用量。

(3)密实剂防水混凝土

在混凝土拌和物中掺入一定数量的密实剂，可以提高混凝土的密实性，增强防水性能。

常用的密实剂是氯化铁、氢氧化铁或氢氧化铝溶液。氯化铁与混凝土中的氢氧化钙反应生成氢氧化铁胶体，堵塞于混凝土的孔隙中，从而提高混凝土的密实性。氢氧化铁和氢氧化铝溶液是不溶于水的胶状物质，能沉淀于毛细孔中，使毛细孔的孔径变小，或填塞毛细孔隙，从而提高混凝土的密实性和抗渗性。

密实剂的掺量约为水泥质量的 3％，所配制混凝土的抗渗等级可达 P40，使用时，混凝土的水胶比不宜大于 0.55，水泥用量不应小于 310 kg/m^3，混凝土坍落度为 30～50 mm。

3.膨胀水泥防水混凝土

采用膨胀水泥拌制的混凝土，因水泥水化产物中存在膨胀成分，填充孔隙空间，使混凝土内部结构更为密实，从而提高混凝土的抗裂和抗渗性能。

各种防水混凝土具有不同特点，应根据使用要求合理选择，各类防水混凝土的适用范围见表 5.33。

表 5.33 防水混凝土的适用范围

种类		最高抗渗压力(MPa)	特点	适用范围
普通防水混凝土		>3.0	施工简便	适用于一般工业与民用建筑的地下防水工程
外加剂防水混凝土	引气剂防水混凝土	>2.2	抗冻性好	适用于北方高寒地区,抗冻性要求较高的防水工程及一般防水工程,不适用于抗压强度大于 20 MPa 或耐磨性要求较高的防水工程
外加剂防水混凝土	减水剂防水混凝土	>2.2	拌和物的流动性好	适用于钢筋密集或捣固困难的薄壁型防水混凝土,也适用于对混凝土的凝结时间(促凝或缓凝)和流动性有特殊要求的工程(如泵送混凝土工程)
外加剂防水混凝土	三乙醇胺防水混凝土	>3.8	早期强度与抗渗等级高	适用于工期紧迫,要求早强及抗渗性较高的防水工程及一般防水工程
外加剂防水混凝土	氯化铁防水混凝土	>3.8	—	适用于水中结构的无筋、少筋、厚度大的抗渗混凝土工程及一般地下防水工程,砂浆修补抹面工程。但在接触直流电源或预应力混凝土及重要的薄壁结构上不宜使用
膨胀水泥防水混凝土		3.6	密实性与抗裂性好	适用于地下工程和地上防水结构物、山洞、非金属油罐和主要工程的后浇缝

5.6.3 高性能混凝土(HPC)

过去一般认为混凝土是一种依赖于经验配制的材料,从原材料的选择、配制工艺到施工应用都比较简单。随着高层、重载、大跨度结构的发展,混凝土技术已有很大的进展,已进入了高科技领域,除了大量推广使用高强度混凝土(C40~C60)外,又研究试用以耐久性为基本要求,并满足工程其他特殊性能和匀质要求、用常规材料和常规工艺制造的水泥基混凝土,即高性能混凝土。

高性能混凝土(HPC)是一种具有高强度、高耐久性(抗冻性、抗渗性、抗腐蚀性能好)、高工作性能(高流动性、黏聚性、自密实性)、体积稳定性好(低干缩、徐变、温度变形和高弹性模量)的混凝土。它具有不小于 180 mm 坍落度的大流动性,并且坍落度能保持在 90 min 内基本不下降,以适应泵送施工,满足所要求的工作性能。高性能混凝土的强度可达到 C80、C100,甚至 C120,并具有很高的抗渗性、抗腐蚀性和抵抗碱—骨料反应的性能,即很高的耐久性,以适应其所处环境,经久耐用。

高性能混凝土在原料选择、配制工艺、施工方法等方面均有特别要求。

1. 原材料选择

(1)选用高强度等级(强度等级不小于 52.5)的硅酸盐水泥或中热硅酸盐水泥,严格控制其碱含量。国外正在研制超活性水泥,已出现了球状水泥(水泥颗粒呈圆球形)、调粒水泥(颗粒级配良好)和活化水泥(水泥颗粒表面吸附了外加剂,提高水泥的活化程度),能在相同条件下,降低需水量。

(2)掺入矿物超细粉。掺入颗粒极细的硅灰(又称硅粉)和超细粉煤灰、矿渣、天然沸石,它们既能填充水泥石的孔隙,改善混凝土的微观结构,还可以提高水泥石对 Cl^-、SO_4^{2-}、Mg^{2+} 腐蚀的抵抗能力,避免发生碱—骨料反应,从而提高混凝土的强度和耐久性。与此同时,掺入粉煤灰和矿渣,可充分利用工业废料,减少水泥用量,降低生产成本,保护生态环境。

(3)掺用高效减水剂。以萘系、三聚氰胺系、多羧酸系和氨基磺酸盐系等高效减水剂为主体,加入能控制坍落度损失的保塑剂,便可得到高效减水剂,即 AE 减水剂,它具有 20%~

30%的减水率，并能抑制混凝土拌和物坍落度的损失。

(4)采用高强度骨料。为提高混凝土的强度，采用花岗岩、石灰岩和硬质砂岩制作的碎石，其压碎指标应小于10%。

2.采用合理的工艺参数

高性能混凝土的水胶比应小于0.30，使水泥石具有足够的密实性；水泥用量较多，每1 m^{3}混凝土达500～600 kg；粗骨料的体积含量稍低，只需要40%左右，每1 m^{3}混凝土为1 050～1 100 kg；骨料的最大粒径不大于25 mm；砂率以34%～39%为宜；高效减水剂的掺量为0.8%～1.4%，使混凝土拌和物坍落度不小于180 mm，并在90 min内坍落度基本不损失。

3.施工方法的选择与控制

采用强制式搅拌机搅拌混凝土，泵送施工，高频振捣，以保证成型密实，拆模后用喷涂养护剂的方法进行养护。

通过采取相应的技术措施，使混凝土内部具有密实的水泥石及合理的孔隙结构，便可得到具有高强度、高耐久性能的高性能混凝土。

5.6.4 纤维增强混凝土

纤维增强混凝土是在普通混凝土拌和物中掺入纤维材料配制而成的混凝土。由于有一定数量的短纤维均匀分散在混凝土中，可以提高混凝土的抗拉强度、抗裂能力和冲击韧性，降低脆性。

所掺的纤维有钢纤维、玻璃纤维、碳纤维和尼龙纤维等，以钢纤维使用最多。因为钢纤维对抑制混凝土裂缝、提高抗拉强度和抗弯强度、增加韧性效果最佳。为了便于搅拌和增强效果，钢纤维制成非圆形、变截面的细长状，长度宜用20～30 mm，长径比为40～60，掺量(体积比)不小于1.5%。在混凝土中掺入2%的钢纤维后，其性能变化见表5.34。

表5.34 钢纤维混凝土的性能变化(掺入2%短钢纤维)

性　能		与普通混凝土相比的增长(%)
出现第一条裂缝时的抗弯强度		150
极限强度	弯曲抗拉	200
	抗　压	125
	抗　剪	175
弯曲疲劳极限		225
抗冲击性		325
抗磨性		200
热作用时的抗剥落性		300
冻融试验的耐久性		200

纤维增强混凝土主要用于对抗冲击性能要求较高的工程，如飞机跑道、高速公路、桥面、隧道、压力管道、铁路轨枕、薄型混凝土板等。

5.6.5 聚合物混凝土

聚合物混凝土是一种由有机聚合物、无机胶凝材料和骨料结合而成的新型混凝土，按其组成和制作工艺可分为三类。

1. 聚合物浸渍混凝土(PIC)

这是一种将已硬化了的普通混凝土经干燥后放在有机单体里浸渍,使聚合物有机单体渗入混凝土中,然后用加热或辐射的方法使混凝土孔隙内的单体产生聚合,使混凝土和聚合物结合成一体的新型混凝土。

所用浸渍液有各种聚合物单体和液态树脂,如甲基丙烯酸甲酯、苯乙烯、丙烯腈等。

由于聚合物填充了混凝土内部的孔隙和微裂缝,使这种聚合混凝土具有极其密实的结构,加上树脂的胶结作用,使混凝土具有高强、抗冲击、耐腐蚀、抗渗、耐磨等优良性能。与普通混凝土相比,抗压强度可提高 2~4 倍,达 150 MPa 以上,抗拉强度也相应提高,达 24 MPa。

聚合物浸渍混凝土适用于要求具有高强度、高耐久性的特殊构件,如桥面、路面、高压输液管道、隧道支撑系统及水下结构等。

2. 聚合物水泥混凝土(PCC)

聚合物水泥混凝土是用聚合物乳液拌和水泥,并掺入粗细骨料配制而成的混凝土。黏合剂是由聚合物分散体和水泥两种成分构成,聚合物的硬化和水泥的水化同时进行。即在水泥水化形成水泥石的同时,聚合物在混凝土内脱水固化形成薄膜,填充水泥水化物和骨料间的孔隙,从而增强了水泥石与骨料及水泥石颗粒之间的黏结力。

聚合物乳液可采用橡胶乳胶、苯乙烯、聚氯乙烯等。

聚合物水泥混凝土施工方便,抗拉、抗折强度高,抗冲击、抗冻性、耐腐蚀性和耐磨性能好。主要用于无缝地面、路面、机场跑道工程和构筑物的防水层。

3. 聚合物胶结混凝土(PC)

聚合物胶结混凝土是以合成树脂作为胶结材料制成的混凝土,故又称树脂混凝土。常用的合成树脂有环氧树脂、不饱和聚酯树脂等热固性树脂。因树脂自身强度和黏结强度高,所制成的混凝土快硬高强,1 d 的抗压强度可达 50~100 MPa,抗拉强度达 10 MPa。抗渗性、耐腐蚀性、耐磨性、抗冲击性能高,但硬化初期收缩大,可达 0.2%~0.4%,徐变比较大,高温稳定性差,当温度为 100 ℃时,强度仅为常温下的 1/5~1/3,且成本高,只适用于有特殊要求的结构工程,如机场跑道的面层、耐腐蚀的化工结构、混凝土构件的修复等。

5.6.6 喷射混凝土

喷射混凝土是用压缩空气喷射施工的混凝土。它是将水泥、砂、细石子和速凝剂配合拌成干料装入喷射机,借助高压气流使干料通过喷头与水迅速拌和,以很高的速度喷射到施工面上,使混凝土与施工面紧密地黏结在一起,形成完整而稳定的混凝土衬砌层。

喷射施工的混凝土应具有较低的回弹率、凝结硬化快,并且早期强度高等特点。为此,宜选用凝结硬化快、早期强度较高的普通水泥,并且必须掺入速凝剂(如红星Ⅰ型、711 型等速凝剂)。为了避免堵管现象发生,应选择级配良好的砂石,石子最大粒径不宜大于 20 mm,其中大于 15 mm 的颗粒应控制在 20%以内。常用的配合比为水泥 300~400 kg/m^3,水胶比为 0.4~0.5,水泥∶砂∶石=1∶2∶2 或 1∶2.5∶2(质量比)。

在喷射混凝土中掺入硅灰(浆体或干粉),不仅可以提高喷射混凝土的强度和黏着能力,而且可大大降低粉尘,减小回弹率。在喷射混凝土中掺入直径为 0.25~0.4 mm 的钢纤维(每 1 m^3混凝土掺量为 80~100 kg),可以明显改善混凝土的性能,可提高抗拉强度 50%~80%、抗弯强度 60%~100%、韧性 20~50 倍、抗冲击性能 8~10 倍,同时抗冻性、抗渗性、疲劳强度、耐磨和耐热性能都有不同程度的提高。

喷射混凝土具有较高的密实度和强度，抗压强度为25～40 MPa，与岩石的黏力强，抗渗性能好，且一般不用或少用模板，施工简便，可在高空狭小工作区内任意方向操作，常用于隧道的喷锚支护、隧道衬砌层，桥梁、隧道的加固修补，薄壁结构、岩石地下工程、矿井支护工程和修补建筑构件的缺陷等。

5.6.7 泵送混凝土

采用混凝土输送泵，通过输送管道输送到浇筑地点进行浇筑的混凝土，称为泵送混凝土。

为满足施工要求，泵送混凝土应是大流动性混凝土，坍落度不宜小于80 mm，当泵送高度超过100 m时，坍落度不宜小于180 mm。所用粗骨料最大粒径与输送管道内径之比，对于碎石不宜大于1∶3，对于卵石不宜大于1∶2.5。应选用连续粒级的骨料，砂率宜为40%～45%，水泥用量不宜小于300 kg/m^3，水胶比不宜大于0.6。

在配制泵送混凝土时，可掺入适量的高效减水剂，以明显提高拌和物的流动性，因而减水剂是泵送混凝土必不可少的组分。为了改善混凝土的可泵性，还可以掺入一定数量的粉煤灰。掺入粉煤灰不仅对混凝土流动性和黏聚性有良好的作用，而且能减少泌水，降低水化热，提高混凝土的耐久性。

采用泵送混凝土施工，可以一次连续完成垂直和水平运输，提高生产效率，降低生产成本。泵送混凝土适用于工地狭窄和有障碍物的施工现场，以及隧道混凝土的浇灌、高层建筑和大体积混凝土结构物。

5.6.8 水下混凝土

在地面拌制而在水下环境灌注和硬化的混凝土称为水下灌注混凝土，简称水下混凝土。在桥墩、基础、钻孔桩等工程水下部分的施工中采用水下混凝土，可以省去加筑围堰、基底防渗、基坑排水等辅助工程，从而缩短工期、降低成本。

水下混凝土的浇筑应在静水中进行，防止混凝土受水流冲刷而导致材料离析或形成疏松结构。在施工时还需要采用特殊的竖向导管施工法，连续不间断地进行浇筑。

水下浇筑的混凝土，不能使用振捣，而是依靠自重或压力作用下自然流动摊平，因此，水下混凝土拌和物应具有良好的和易性，即流动性大(坍落度为150～180 mm)、黏聚性好、泌水性小。为此，在选用材料时，应选用泌水性小、收缩性小的水泥，如普通硅酸盐水泥。砂率为40%～47%，粗骨料不宜过粗。为防止骨料离析，提高混凝土拌和物的黏聚性，可掺入部分粉煤灰。近年来采用高分子材料聚丙烯酰胺作为水下不分散剂掺入混凝土中，取得了良好的技术效果。

5.6.9 装饰混凝土

水泥混凝土是比较主要的工程材料，但是其美中不足的是外观颜色单调、灰暗、呆板，给人以压抑感。于是，人们设法在混凝土结构的外表面上作适当处理，使其表面产生一定的装饰效果，成为装饰混凝土。常用的装饰混凝土有如下几种。

1. 彩色混凝土

彩色混凝土是采用白水泥或彩色水泥、白色或彩色石子、石屑和水配制而成的，可以对混凝土整体着色，也可以对面层着色。整体着色时，它不仅要满足建筑装饰要求，还要满足建筑结构的基本物理力学性质的要求，这种混凝土由于成本较高，故不能广泛应用。面层着色的彩色混凝土，通常是将彩色饰面料先铺于模底，厚度不小于 10 mm，然后在其基础上浇筑普通混凝土，此施工方法称反打一步成型，也可冲压成型。除此之外，还可以采取在新浇混凝土表面上干撒着色硬化剂显色，或者采用化学着色剂渗入已硬化混凝土的毛细孔中，生成难溶且耐磨的有色沉淀物而显示色彩。

彩色混凝土多用于制作路面砖。采用彩色路面砖铺路，可使路面形成多彩美丽的图案和永久性的交通管理标志，具有美化城市的作用。应该指出，彩色混凝土在使用中表面易出现"白霜"，其原因是混凝土中的氢氧化钙及少量硫酸钠，随混凝土内水分蒸发而被带出并沉淀在混凝土表面，之后又与空气中二氧化碳作用而变为白色的碳酸钙和碳酸钠晶体。"白霜"遮盖了混凝土的色彩，严重降低其装饰效果。防止"白霜"常用的措施是：混凝土采用低水胶比，机械拌和，机械振捣，提高密实程度；采用蒸汽养护可有效防止初期"白霜"形成；硬化混凝土表面喷涂聚烃硅氧系憎水剂、丙烯酸系树脂等处理剂；尽量避免使用深色的彩色混凝土。

2. 清水混凝土

清水混凝土是通过模板，利用普通混凝土结构本身的造型、线形或几何外形而取得简单、大方、明快的立面效果，从而获得装饰性。或者利用模板在构件表面浇筑出凹凸饰纹，使建筑立面更加富有艺术性。由于这类装饰混凝土构件基本保持了普通混凝土原有的外观色质，故称清水混凝土。

清水混凝土除现浇结构造型外，常用于大板建筑的墙体饰面，其成型方式主要有正打、反打、立模工艺。

3. 露石混凝土

露石混凝土是在混凝土硬化前或硬化后，通过一定的工艺手段，使混凝土表层的骨料适当外露，由骨料的天然色泽和自然排列组合显示装饰效果，一般用于外墙饰面。

露石混凝土的生产工艺有水洗法、缓凝剂法、水磨法、抛丸法、埋砂法等。

露石混凝土饰面关键在于石子的选择，在使用彩色石子时，更应注意配色要协调美观。由于多数石子色泽稳定，且耐污染，故只要石子的品种和色彩选择恰当，其装饰耐久性是较好的。露石装饰混凝土被认为是一种有发展前途的高档饰面做法。

4. 镜面混凝土

镜面混凝土是一种表面光滑、色泽均匀、明亮如镜的装饰混凝土。它的饰面效果犹如花岗石，可与大理石媲美。

与普通混凝土一样，镜面混凝土也是由水泥、砂、石、水、外加剂等配制而成的。但由于镜面混凝土的镜面效果与混凝土的密实度有直接的关系，镜面混凝土对质量、外加剂品种等要求更高。通常骨料要经过水洗，且级配良好。外加剂应选用非引气型高效减水剂，采用低水胶比。

除原材料及配合比的影响外，成型工艺也是影响镜面效果的另一关键因素，宜选用 PVC 模板或在胶合板内表面粘贴 PVC 板。混凝土浇筑时，应先在底部浇筑一层 50～100 mm 的水泥砂浆，然后再浇筑混凝土。镜面混凝土振捣时间比普通混凝土长，在贴近模板位置宜采用二次振捣法。拆模后，混凝土表面应立即进行覆盖和浇水养护。

镜面混凝土可用于民用建筑现浇梁、板、柱结构，也可用于道路、桥梁工程。

复习思考题

1. 普通混凝土是由哪些材料组成？它们在混凝土中有何作用？

2. 混凝土对组成材料有哪些基本要求？

3. 何谓砂石的颗粒级配？它对混凝土的质量有何影响？

4. 用 500 g 烘干砂做筛分试验，各筛的筛余量如下表：

筛孔尺寸	9.50 mm	4.75 mm	2.36 mm	1.18 mm	600 μm	300 μm	150 μm	筛底
分计筛余量(g)	0	15	70	105	120	90	85	15

(1)计算各筛上的分计筛余率和累计筛余率；

(2)评定该砂的级配情况并说明理由；

(3)计算细度模数，并判别该砂的粗细。

5. 何谓混凝土拌和物的和易性？它包括哪些内容？怎样测定？

6. 影响混凝土拌和物和易性的主要因素有哪些？如何提高混凝土拌和物的和易性？

7. 混凝土拌和物的用水量根据什么来确定？

8. 何谓混凝土的砂率？砂率的大小对混凝土拌和物和易性有何影响？

9. 何谓混凝土的立方体抗压强度标准值？它和混凝土强度等级有何关系？

10. 影响混凝土强度的因素有哪些？如何提高混凝土的强度？

11. 混凝土的变形主要有哪些？它们对混凝土会产生何种影响？

12. 混凝土的耐久性包括哪些内容？影响耐久性的主要因素是什么？怎样提高混凝土的耐久性？

13. 常用的混凝土外加剂有哪些？分别起到什么作用？不同的混凝土工程对外加剂该如何选择？

14. 混凝土配合比设计中三个重要参数和四项基本要求是什么？

15. 某教学楼现浇钢筋混凝土梁，混凝土的设计强度等级为 C25，无强度历史统计资料，混凝土施工采用机械搅拌，机械振捣，坍落度设计要求 35～50 mm。水泥采用 42.5 级普通硅酸盐水泥，密度为 3.10 g/cm^3，水泥强度等级富余系数为 1.05；砂采用细度模数为 2.6 的中砂，表观密度为 2 650 kg/m^3；石子采用连续粒级为 5～40 mm 的碎石，表观密度为 2 700 kg/m^3；水采用自来水。试求混凝土的初步配合比。

16. 某混凝土初步配合比为 1 m^3 混凝土水泥 320 kg，砂 639 kg，碎石 1 283 kg，水 186 kg，试配后混凝土拌和物坍落度小于设计要求。增加 2% 水泥浆后再经检测，混凝土拌和物坍落度符合设计要求，且黏聚性、保水性良好，此时测得混凝土拌和物的表观密度为 2 395 kg/m^3，试求混凝土的基准配合比。

17. 已知某混凝土的试验室配合比为 1 m^3 混凝土水泥 330 kg，砂 673 kg，碎石 1 272 kg，水 145 kg，如果施工现场砂的含水率为 4%，石子的含水率为 1.5%，试求：①混凝土的施工配合比；②若工地搅拌机每拌制一次需要水泥两包(100 kg)，则砂、石、水的相应配料量分别是多少？

18. 对于混凝土质量的波动，应从哪几方面进行控制？

19.何谓轻骨料混凝土？如何分类？常用的轻骨料有哪些？轻骨料混凝土有哪些特性？有何用处？

20.多孔混凝土有哪些品种？有何特性？应用范围有哪些？

21.防水混凝土有哪些做法？其基本原理是什么？

22.何谓高性能混凝土、纤维增强混凝土？

23.泡沫混凝土中常用的泡沫剂有哪些？

24.何谓聚合物混凝土？按其组成和制作工艺分哪几类？

25.何谓喷射混凝土？喷射混凝土有哪些特点？喷射混凝土常用于哪些工程？

26.何谓泵送混凝土？泵送混凝土常用于哪些工程？

27.装饰混凝土有哪几种？

项目 6

建 筑 砂 浆

项目描述

砂浆在建筑工程中是用量大、用途广泛的一种工程材料。在砌体结构中,砂浆薄层可以把单块的砖、石以及砌块等胶结起来构成砌体;大型墙板和各种构件的接缝也可用砂浆填充;墙面、地面及梁柱结构的表面都可用砂浆抹面;镶贴瓷砖等也常使用砂浆。建筑砂浆和混凝土的区别在于不含粗骨料,它是由胶凝材料、细骨料和水按一定的比例配制而成。本项目主要介绍建筑砂浆的组成材料、技术性质、配合比计算,并简单介绍了其他种类砂浆。合理使用砂浆对节约胶凝材料、方便施工、提高工程质量有着重要的作用。

学习目标

1. 能力目标

(1)能够通过稠度检验,测定砂浆抵抗阻力的大小;

(2)能够通过分层度试验,评定砂浆的保水性;

(3)能够通过砂浆试件抗压强度测定,检验砂浆质量,并确定砂浆强度等级;

(4)能够运用相关标准完成砌筑砂浆配合比设计。

2. 知识目标

(1)了解建筑砂浆的种类及用途;

(2)了解各种砂浆的技术性质及应用;

(3)掌握砂浆配合比的选用;

(4)掌握砌筑砂浆的性质及配合比设计方法。

建筑砂浆由胶凝材料、细骨料、掺合料和水拌制而成。在房屋建筑、铁路桥涵、隧道、路肩、挡土墙等砖石砌体中,需要用砂浆进行砌筑和灌缝;在墙面、地面、结构表面,需要用砂浆抹面或粘贴饰面材料,起保护和装饰作用。因此,砂浆是土建工程中广泛应用的工程材料。

按所用胶凝材料种类,建筑砂浆可分为水泥砂浆、石灰砂浆、水泥混合砂浆、石灰黏土砂浆、水玻璃砂浆等。

按用途,建筑砂浆可分为砌筑砂浆、抹面砂浆、装饰砂浆、防水砂浆、防酸砂浆等。

6.1 砌筑砂浆

用于砌筑砖石砌体的砂浆称为砌筑砂浆。在砌体中砌筑砂浆起着黏结、衬垫和传递应力的作用，是砌体结构中的重要材料，常用的砌筑砂浆有水泥砂浆和水泥混合砂浆。

6.1.1 砌筑砂浆的组成材料

砌筑砂浆的组成材料主要有胶凝材料、细骨料（砂）、水、掺合料和外加剂。

1.胶凝材料

砌筑砂浆中所用胶凝材料主要有水泥和石灰。水泥是配制各类砂浆的主要胶凝材料。为合理利用资源，节约原材料，在配制砂浆时应尽量选用中、低强度等级的水泥。配制强度等级不大于M15的砌筑砂浆，宜选用强度等级为32.5的通用硅酸盐水泥或砌筑水泥；配制强度等级大于M15的砌筑砂浆，宜选用强度等级为42.5的通用硅酸盐水泥。

2.砂

为满足砂浆和易性要求，又节约水泥，砌筑砂浆用砂宜选用中砂，毛石砌体宜选用粗砂。因含泥量会影响砂浆的强度、变形性能和耐久性，强度等级为M5的水泥砂浆，砂的含泥量不应超过5%；强度等级为M2.5的水泥混合砂浆，砂的含泥量不应超过10%。

3.水

配制砂浆用水应采用不含有害物质的洁净水，应符合相关规定。

4.掺合料

为改善砂浆的和易性和节约水泥，降低生产成本，便于施工，在砂浆中常掺入部分掺合料。常用的掺合料有石灰膏、黏土膏、粉煤灰等。

(1)石灰膏

采用生石灰熟化成石灰膏时，应用筛孔尺寸不大于3 mm×3 mm的筛网过滤，熟化时间不得少于7 d；磨细生石灰的熟化时间不得小于2 d。沉淀池中储存的石灰膏，应采取防止干燥、冻结和污染的措施。严禁使用脱水硬化的石灰膏。

(2)黏土膏

采用黏土或亚黏土制备黏土膏时，宜用搅拌机加水搅拌，通过筛孔尺寸不大于3 mm×3 mm的筛网过滤。用比色法鉴定黏土中的有机物含量时应浅于标准色。

(3)电石膏

制作电石膏的电石渣应用筛孔尺寸不大于3 mm×3 mm的筛网过滤，检验时应加热至70 ℃并保持20 min，没有乙炔气味后，方可使用。

(4)消石灰粉不得直接用于砌筑砂浆中。

(5)石灰膏、黏土膏和电石膏试配时的稠度，应为(120±5)mm。

(6)粉煤灰

粉煤灰的品质指标应符合相关规定。

5.外加剂

为改善砂浆的和易性、抗裂性、抗渗性等，提高砂浆的耐久性，可在砂浆中掺入外加剂。砌筑砂浆中掺入的外加剂，应具有法定检测机构出具的该产品砌体强度形式检验报告，并经砂浆性能试验合格后，方可使用。

6.1.2 砌筑砂浆的技术性质

1. 砂浆的和易性

新拌砂浆应具有良好的和易性，在运输和施工过程中不分层、泌水，能够在粗糙的砖石表面铺抹成均匀的薄层，并与底面材料黏结牢固。砂浆和易性是指砂浆拌和物便于施工操作，保证质量均匀，并能与所砌基面牢固黏结的综合性质，包括流动性和保水性两个方面。

(1)流动性(稠度)

砂浆的流动性是指砂浆在自重或外力作用下产生流动的性能，用沉入度表示。

沉入度是以砂浆稠度测定仪的圆锥体沉入砂浆内深度表示。沉入度越大，说明砂浆的流动性越大。若流动性过大，砂浆较稀，施工时易分层、泌水；若流动性过小，砂浆较稠，不便施工操作，灰缝不易填充，所以新拌砂浆应具有适宜的稠度。砂浆流动性的选择与砌体材料的种类、施工方法及施工环境有关。不同砌体用砂浆稠度按表 6.1 取值。

表 6.1　砌筑砂浆的稠度

砌体种类	砂浆稠度(mm)
烧结普通砖砌体	70～90
轻骨料混凝土小型空心砌块砌体	60～90
烧结多孔砖、空心砖砌体	60～80
烧结普通砖平拱式过梁、空斗墙、筒拱、普通混凝土小型空心砌块砌体、加气混凝土砌块砌体	50～70
石砌体	30～50

(2)保水性

砂浆的保水性是指砂浆拌和物保持水分的能力。保水性好的砂浆，在存放、运输和使用过程中，能够很好地保持水分不致很快流失，各组分不易分离，在砌筑过程中容易铺成均匀密实的砂浆层，能使胶结材料正常水化，从而保证工程质量。砂浆的保水性用分层度表示。

分层度是在砂浆拌和物测定其稠度后，再装入分层度测定仪中，静置 30 min 后，移去上筒部分砂浆，用下筒砂浆再测其稠度，两次稠度之差值即为分层度，以 mm 表示。

砂浆保水性大小与砂浆材料组成有关。胶凝材料数量不足时，砂浆保水性差；砂粒过粗，砂浆保水性随之降低。

砌筑砂浆的分层度不得大于 30 mm。分层度过大(如大于 30 mm)，砂浆容易泌水、分层或水分流失过快，不利于施工和水泥硬化；如果分层度过小(如小于 10 mm)，砂浆过于干稠而不易操作，易出现干缩开裂。

2. 强度

砂浆在砌体中主要起黏结和传递荷载的作用，因此应具有一定的强度。砂浆的强度等级是以边长为 70.7 mm 的立方体试件，在标准养护条件下，用标准试验方法测得 28 d 龄期的抗压强度值为依据而确定的。水泥砂浆、预拌砌筑砂浆可分为 M30、M25、M20、M15、M10、M7.5、M5 七个强度等级，水泥混合砂浆可分为 M15、M10、M7.5、M5 四个强度等级。

影响砂浆强度大小的因素很多，如砂浆的材料组成、配合比、施工工艺、拌和时间、砌体材料的吸水率、养护条件等，对砂浆强度大小都有一定程度的影响。

3.砂浆的黏结力

由于砖石等砌体是靠砂浆黏结成为坚固的整体，而黏结力的大小将直接影响整个砌体的强度、耐久性和抗震能力，因此，砌筑砂浆必须具有足够的黏结力。一般来说，砂浆的黏结力随其抗压强度的增大而提高。同时，也与砌体材料的表面状态、清洁程度、润湿状况和施工养护条件有关。

4.砂浆的变形

砂浆在承受荷载、温度变化或湿度变化时，均会产生变形。如果变形过大或不均匀，则会降低砌体的质量，引起沉陷或开裂。

5.抗冻性

严寒地区的砌体结构对砂浆抗冻性有一定的要求。具有抗冻要求的砌筑砂浆，经一定次数冻融试验后，其质量损失不得大于5%，抗压强度损失不得大于25%。

6.表观密度

水泥砂浆拌和物的表观密度不小于1 900 kg/m^3；水泥混合砂浆拌和物的表观密度不小于1 800 kg/m^3；预拌砌筑砂浆拌和物的表观密度不小于1 800 kg/m^3。

7.水泥用量

水泥砂浆中水泥用量不应小于200 kg/m^3；水泥混合砂浆中水泥用量与掺合料总量宜为300～350 kg/m^3。

6.1.3 砌筑砂浆配合比设计

为了做到经济合理，确保砌筑砂浆的质量，对砌筑砂浆的材料要求和配合比设计应有具体的规定。

1.水泥混合砂浆配合比设计

(1)砂浆试配强度 $f_{m,o}$ 的确定

砂浆的试配强度按下式计算：

$$f_{m,o}=kf_2$$

式中 f_2——砂浆强度等级值，应精确至0.1 MPa；

k——系数，按表6.2采用。

表6.2 砂浆强度标准差 σ 及 k 值选用

施工水平	砂浆强度等级							k
	强度标准差 σ(MPa)							
	M5	M7.5	M10	M15	M20	M25	M30	
优良	1.00	1.50	2.00	3.00	4.00	5.00	6.00	1.15
一般	1.25	1.88	2.50	3.75	5.00	6.25	7.50	1.20
较差	1.50	2.25	3.00	4.50	6.00	7.50	9.00	1.25

砌筑砂浆现场强度标准差的确定应符合下列规定：

①当有统计资料时，应按下式计算：

$$\sigma=\sqrt{\frac{\sum_{i=1}^{n}f_{m,i}^{2}-n\mu_{f_m}^{2}}{n-1}}$$

式中 $f_{m,i}$——统计周期内同一品种砂浆第 i 组试件的强度，MPa；

μ_{f_m}——统计周期内同一品种砂浆 n 组试件强度的平均值，MPa；

n——统计周期内同一品种砂浆试件的总组数，$n \geqslant 25$。

②当无统计资料时，砂浆现场强度标准差可按表 6.2 取用。

(2)水泥用量 Q_c 的计算

1 m^3 砂浆中的水泥用量可按下式计算：

$$Q_c=\frac{1\ 000(f_{m,o}-\beta)}{\alpha \cdot f_{ce}}$$

式中 Q_c——1 m^3 砂浆的水泥用量，kg；

$f_{m,o}$——砂浆的试配强度，MPa；

f_{ce}——水泥的实测强度，MPa；

α,β——砂浆的特征系数，其中 $\alpha=3.03$，$\beta=-15.09$。各地区也可用本地区试验资料确定 α、β 值，统计用的试验组数不得少于 30 组。

在无法取得水泥的实测强度值时，可按下式计算水泥实测强度值：

$$f_{ce}=\gamma_c \cdot f_{ce,k}$$

式中 f_{ce}——水泥实测强度值，MPa；

$f_{ce,k}$——水泥强度等级对应的强度值；MPa；

γ_c——水泥强度等级值的富余系数，该值应按实际统计资料确定，无统计资料时可取 1.0。

当水泥砂浆中的水泥用量 Q_c 计算值小于 200 kg/m^3 时，应取 Q_c＝200 kg/m^3。

(3)砂浆掺合料用量 Q_D 的计算

掺合料用量 Q_D 可按下式计算：

$$Q_D=Q_A-Q_c$$

式中 Q_D——1 m^3 砂浆的掺合料用量，kg；

Q_c——1 m^3 砂浆的水泥用量，kg；

Q_A——1 m^3 砂浆中水泥与掺合料的总量，精确至 1 kg，可取 350 kg。

(4)砂用量 Q_S 的确定

1 m^3 砂浆中砂的用量，应按干燥状态(含水率小于 0.5%)下砂的堆积密度值作为计算值。

(5)用水量 Q_W 的确定

1 m^3 砂浆中的用水量，可根据试拌达到砂浆所要求的稠度来确定。由于用水量的多少对其强度影响不大，因此一般可根据经验以满足施工所需稠度即可，可选用 210～310 kg。在选用时应注意：

①混合砂浆中的用水量，不包括石灰膏或黏土膏中的水。

②当采用细砂或粗砂时，用水量分别取上限或下限。

③稠度小于 70 mm 时用水量可小于下限。

④施工现场处于气候炎热或干燥季节时，可酌量增加用水量。

2. 水泥砂浆配合比设计

水泥砂浆各材料用量，可按表 6.3 选用。

表6.3 每立方米水泥砂浆材料用量(单位:kg/m³)

强度等级	水泥	砂	用水量
M5	200～230	砂的堆积密度值	270～330
M7.5	230～260		
M10	260～290		
M15	290～330		
M20	340～400		
M25	360～410		
M30	430～480		

注:①M15及M15以下强度等级水泥砂浆,水泥强度等级为32.5级;M15以上强度等级水泥砂浆,水泥强度等级为42.5级;

②当采用细砂或粗砂时,用水量分别取上限或下限;

③稠度小于70 mm时,用水量可小于下限;

④施工现场气候炎热或干燥季节,可酌量增加用水量。

3.配合比试配、调整和确定

按计算或查表所得砂浆配合比进行试拌时,应测定砂浆拌和物的稠度和分层度。当不能满足砂浆和易性要求时,应调整各组成材料用量,直到符合要求为止,并以此作为砂浆试配时的基准配合比。

为了使砂浆强度符合设计要求,试配时应采用三个不同的配合比。其中一个为基准配合比,另外两个配合比的水泥用量应在基准配合比基础上分别增加及减少10%。在满足砂浆稠度、分层度的条件下,可将用水量或掺合料用量作相应调整,测定砂浆强度,选定符合试配强度要求、并且水泥用量最少的配合比作为砂浆配合比。

【例题6.1】 某工程的砖墙需用强度等级为M7.5、稠度为70～90 mm的水泥石灰砂浆砌筑,所用材料如下:水泥为42.5普通硅酸盐水泥;砂为中砂,堆积密度为1 450 kg/m³,含水率为2%;石灰膏,稠度为120 mm。施工水平一般。试计算砂浆的配合比。

【解】 1.计算砂浆试配强度

查表6.2知,$k=1.2$。

$$f_{m,o}=kf_2=7.5\times1.2=9\ (\text{MPa})$$

2.计算水泥用量

$$\alpha=3.03,\ \beta=-15.09;\ f_{ce,k}=42.5\ \text{MPa},\ \gamma_c=1.0$$

$$f_{ce}=\gamma_c\cdot f_{ce,k}=1.0\times42.5=42.5\ (\text{MPa})$$

$$Q_c=\frac{1\ 000(f_{m,o}-\beta)}{\alpha\cdot f_{ce}}=\frac{1\ 000(9+15.09)}{3.03\times42.5}=187\ (\text{kg})$$

3.计算石灰膏用量

因水泥和石灰膏总量为350 kg/m³,可选$Q_A=350$ kg,故$Q_D=Q_A-Q_c=350-187=163$ (kg)。

4.确定砂子用量

按干燥状态下砂堆积密度值$Q_S=1\ 450$ kg,考虑含水$Q_S=1\ 450(1+2\%)=1\ 479$ (kg)。

5. 确定用水量

按 210～310 kg 选用，选 Q_W＝280 kg，实际 Q_W＝280－1 450×2%＝251 (kg)。

6. 计算砂浆配合比

$$水泥：石灰膏：砂＝Q_c：Q_D：Q_S＝187：163：1\ 479＝1：0.87：7.91$$

$$水胶比＝Q_W：Q_c＝251：187＝1.34$$

6.2 其他建筑砂浆

6.2.1 抹面砂浆

抹面砂浆是指涂抹在基底材料的表面，兼有保护基层和增加美观作用的砂浆。它可以抵抗自然环境各种因素对结构物的侵蚀，提高耐久性，同时又可以达到平整、美观的效果。常用的抹面砂浆有水泥砂浆、石灰砂浆、水泥石灰混合砂浆、麻刀石灰砂浆（简称麻刀灰）、纸筋石灰砂浆（简称纸筋灰）等。常用抹面砂浆的配合比及其应用范围参见表 6.4。

表 6.4 抹面砂浆品种及其配合比

品　种	配合比（体积比）		应　用
水泥砂浆	水泥：砂	1：1	清水墙勾缝、混凝土地面压光
		1：2.5	潮湿的内外墙、地面、楼面水泥砂浆面层
		1：3	砖和混凝土墙面的水泥砂浆底层
混合砂浆	水泥：石灰膏：砂	1：0.5：4	加气混凝土表面砂浆抹面的底层
		1：1：6	加气混凝土表面砂浆抹面的中层
		1：3：9	混凝土墙、梁、柱、顶棚的砂浆抹面的底层
石灰砂浆	石灰膏：砂	1：3	干燥砖墙或混凝土墙的内墙石灰砂浆底层和中层
纸筋灰	100 kg 石灰膏加 3.8 kg 纸筋		内墙、吊顶石灰砂浆面层
麻刀灰	100 kg 石灰膏加 1.5 kg 麻刀		板条、苇箔抹灰的底层

为了保证砂浆层与基层黏结牢固，表面平整，防止灰层开裂，施工时应采用分层薄涂的施工方法，通常分底层、中层和面层。底层的作用是使砂浆与基层能牢固地黏结在一起；中层抹灰主要是为了找平，有时也可省略；面层抹灰是为了获得平整光洁的表面效果。

用于砖墙的底层抹灰多为石灰砂浆；当有防水、防潮要求时用水泥砂浆；用于混凝土基层的底层抹灰多为水泥混合砂浆。中层抹灰多采用水泥混合砂浆或石灰砂浆。面层抹灰多用水泥混合砂浆、麻刀灰或纸筋灰。水泥砂浆不得涂抹在石灰砂浆层上。

在容易碰撞或潮湿部位，应采用水泥砂浆，如墙裙、踢脚板、地面、雨棚、窗台以及水池、水井等处。在硅酸盐砌块墙面上做砂浆抹面或粘贴饰面材料时，最好在砂浆层内夹一层事先固定好的钢丝网，以免日后剥落。

6.2.2 防水砂浆

用于制作防水层并具有抵抗水压力渗透能力的砂浆称为防水砂浆。砂浆防水层又叫刚性防水层。这种防水层仅用于不受振动和具有一定刚度的混凝土工程或砌体工程。对于变形较大或可能发生不均匀沉陷的建筑物，都不宜采用刚性防水层。

1. 普通防水砂浆

按水泥：砂＝1：2～1：3，水胶比为 0.5～0.55，配制水泥砂浆，按 5 层压抹作法，即 3 层水泥净浆和 2 层水泥砂浆轮番铺设并压抹密实，形成紧密的砂浆防水层，用于一般建筑物的防潮工程。

2. 防水剂防水砂浆

在 1∶2～1∶3 的水泥砂浆中掺入防水剂，可以增大水泥砂浆的密实性，堵塞渗水通道，从而达到防水目的。常用的防水剂有：

(1)氯化物金属盐类防水剂(简称氯盐防水剂)：它是由氯化铁、氯化钙、氯化铝和水按一定比例配成的深色液态防水剂；也可以是由氯化铝∶氯化钙∶水＝1∶10∶11 配成的防水剂，掺量为水泥质量的 3%～5%。在水泥砂浆中掺入氯盐防水剂后，氯化物与水泥的水化产物反应生成不溶性复盐，填塞砂浆的毛细孔隙，提高抗渗能力。

(2)金属皂类防水剂：它是由硬脂酸(皂)、氨水、碳酸钠、氢氧化钾和水按一定比例混合加热皂化而成的乳白色浆料；也可是由硬脂酸、硫酸亚铁、氢氧化钙、硫酸铜、二水石膏等配制成的粉料，称为防水粉。此类防水剂的掺量为水泥质量的 3%～5%，掺入后产生不溶物质，填塞毛细孔隙，增强抗渗能力。

(3)水玻璃矾类防水剂(硅酸钠类防水剂)：在水玻璃中掺入几种矾，如白矾(硫酸铝钾)、蓝矾(硫酸铜)、绿矾(硫酸亚铁)、红矾(重铬酸钾)和紫矾(硫酸铬钾)各一份，溶于 60 份的沸水中，降温至 50 ℃，投入于 400 份水玻璃中搅匀，即成为水玻璃五矾防水剂。水玻璃矾类防水剂有二矾、三矾、四矾、五矾多种做法，但以五矾效果最佳。这类防水剂的掺量为水泥质量的 1%，其成分与水泥的水化产物反应生成大量胶体和不溶性盐类，填塞毛细孔和渗水通道，增大砂浆的密实度，提高抗渗性。水玻璃矾类防水剂因有促凝作用，又称防水促凝剂，工程中常利用其促凝和黏附作用，调制成快凝水泥砂浆，可用于结构物局部渗水的堵漏处理。水玻璃矾类防水促凝剂的常用配合比参见表 6.5。

表 6.5 水玻璃矾类防水促凝剂配合比

材料名称	硅酸钠(水玻璃)	硫酸铝钾(白矾)	硫酸铜(蓝矾)	硫酸亚铁(绿矾)	重铬酸钾(红矾)	硫酸铬钾(紫矾)	水
五矾防水剂	400	1	1	1	1	1	60
四矾防水剂	400	1	1	1	1	—	60
四矾防水剂	400	1.25	1.25	1.25	—	1.25	60
四矾防水剂	400	1	—	—	1	1	60
四矾防水剂	400	1	1	1	1	1	60
三矾防水剂	400	1.66	1.66	1.66	—	—	60
二矾防水剂	400	—	1	—	1	—	60
二矾防水剂	442	—	2.67	—	1	—	221

3. 聚合物防水砂浆

在水泥砂浆中掺入水溶性聚合物，如天然橡胶乳液、氯丁橡胶乳液、丁苯橡胶乳液、丙烯酸酯乳液等配制成的聚合物防水砂浆，可应用于地下工程的抗渗防潮及有特殊气密性要求的工程中，具有较好效果。

对防水砂浆的施工，其技术要求很高，一般先在底面上抹一层水泥砂浆，再将防水砂浆分 4～5 层涂抹，每层约 5 mm，均要压实，最后一层要进行压光，抹完后要加强养护，才能获得良好的防水效果。

若采用喷射法施工，则效果更好，对提高隧道衬砌的抗渗能力和路基边坡防护，均能取得较为理想的效果。

6.2.3 装饰砂浆

涂抹在建筑物内外墙表面，并且具有美观、装饰效果的抹面砂浆统称为装饰砂浆。

1. 装饰砂浆种类及其特点

装饰砂浆按所用材料及艺术效果不同，可分为灰浆类和石渣类。灰浆类是通过砂浆着色和砂浆面层形态的艺术加工达到装饰目的。优点是材料来源广，施工操作方便，造价低廉，如拉毛、搓毛、喷毛以及仿面砖、仿毛石等饰面。石渣类是采用彩色石渣、石屑作骨料配制成砂浆，施抹于墙面后，再以一定手段去除砂浆表层的浆皮，从而显示出石渣的色彩、粒形与质感，从而获得装饰效果。特点是色泽明快，质感丰富，不易褪色和污染，经久耐用，但施工较复杂，造价较高，常用的有干粘石、斩假石、水磨石等。

2. 装饰砂浆的组成材料

(1)胶凝材料

装饰砂浆常用的胶凝材料为普通硅酸盐水泥、矿渣硅酸盐水泥、白色硅酸盐水泥和彩色硅酸盐水泥。

(2)骨料

装饰砂浆所用骨料除普通天然砂外，还可以大量使用石英砂、石渣、石屑等，有时也可采用着色砂、彩釉砂、玻璃和陶瓷碎粒。

石渣也称石粒、石米，由天然大理石、白云岩、方解石、花岗岩等岩石破碎加工而成。它们具有多种色泽，是石渣类饰面的主要用骨料，也是生产人造大理石、水磨石的原料。粒径小于4.75 mm 的石渣称为石屑，其主要用于配制外墙喷涂饰面用的聚合物砂浆，常用的有松香石屑、白云石屑等。

(3)颜料

掺入颜料的砂浆一般用于室外抹灰工程，如人造大理石、假面砖、喷涂、弹涂、滚涂和彩色砂浆抹面。这类饰面长期处于风吹、日晒、雨淋之中，且受大气有害气体腐蚀和污染。因此，选择合适的颜料，是保证饰面质量、避免褪色、延长使用年限的关键。

装饰砂浆中采用的颜料，应为耐碱性和耐光性好的矿物颜料。工程中常用颜料有氧化铁黄、铬黄(铅铬黄)、氧化铁红、甲苯胺红、群青、钴蓝、铬绿、氧化铁紫、氧化铁黑、炭黑、锰黑等。

3. 装饰砂浆的技术要求

装饰抹灰砂浆的技术要求与砌筑砂浆的技术要求基本相同。因其多用于室外，不仅要求色彩鲜艳不褪色、抗侵蚀、耐污染，还要与基体黏结牢固，有足够的强度，不允许开裂、脱落。

4. 常用装饰砂浆的饰面做法。

建筑工程中常用的装饰砂浆饰面有以下几种做法。

(1)干粘石

干粘石又称甩石子，它是在掺有聚合物的水泥砂浆抹面层上，采用手工或机械操作的方法，甩粘上粒径小于4.75 mm 的白色石渣或彩色石渣，再经拍平压实而成。要求石渣应压入砂浆2/3，必须甩粘均匀牢固，不露浆、不脱落。干粘石饰面质感好，粗中带细，其色彩取决于所粘石渣的颜色。由于其操作较简单，造价较低，饰面效果较好，故广泛用于外墙饰面。

(2)斩假石

斩假石又称剁斧石或剁假石，它是以水泥石渣浆或水泥石屑浆作面层抹灰，待其硬化至一定强度时，用钝斧在表面剁斩出类似天然岩石经雕琢的纹理。斩假石一般颜色较浅，其质感酷似斩凿过的花岗岩，素雅庄重，朴实自然，但施工时耗工费力，工效较低，一般多用于小面积部位的饰面，如柱面、勒脚、台阶、扶手等。

(3)水磨石

水磨石由水泥(普通硅酸盐水泥、白色硅酸盐水泥或彩色硅酸盐水泥)、彩色石渣及水，按适当比例拌和的砂浆(需要时可掺入适量的耐碱颜料)，经浇注捣实、养护、硬化、表面打磨、草酸冲洗、上蜡抛光等工序而成。可现场制作，也可工厂预制。

水磨石具有润滑细腻之感，色泽华丽，图案细巧，花纹美观，防水耐磨等特点。施工时先按事先设计好的图案，在处理好的基面上弹好分格线，然后固定分格条。分格条有铜、不锈钢和玻璃三种，其中以铜条最好，有豪华感。水磨石多用于室内地面装饰。

(4)拉毛

拉毛灰是采用铁抹子，在水泥砂浆底层上施抹水泥石灰砂浆面层时，在面层砂浆尚未凝结之前顺势将灰浆用力拉起，以造成似山峰形凹凸感很强的毛面状。当将灰浆拉起时，可形成细凹凸状的细毛花纹。拉毛工艺操作时，要求拉毛花纹要均匀，不显接槎。拉毛灰兼具装饰和吸声作用，多用于建筑物外墙及影剧院等公共建筑的室内墙面与天棚饰面。

(5)甩毛

甩毛是用竹丝刷等工具，将罩面灰浆甩洒在基面上，形成大小不一、乱中有序的点状毛面。若再用抹子轻轻压平甩点灰浆，则形成云朵状饰面。适用于外墙装饰。

(6)拉条

拉条抹灰又称条形粉刷，它是在面层砂浆抹好后，用一表面呈凹凸状的直棍模具，放在砂浆表面，由上而下拉滚，压出条纹。条纹有半圆形、波纹形、梯形等多种，条纹可粗可细，间距可大可小。拉条饰面具有线条挺拔、立体感强、不易积灰、成本低等优点，适用于会议室、大厅等公共建筑的内墙饰面。

(7)假面砖

假面砖的做法有多种，一般是在掺有氧化铁颜料的水泥砂浆面层上，用专用的铁钩和靠尺，按设计要求的尺寸进行分格划块(铁钩需划到底)。具有沟纹清晰，表面平整，酷似贴面砖饰面的特点，多用于建筑外墙的装饰。也可以在已硬化的抹面砂浆表面，用刀斧锤凿刻出分格条纹，或采用涂料画出线条，将墙面做成仿清水墙面、瓷砖贴面等，具有较好的艺术效果，常用于建筑物内墙的饰面处理。

6.2.4 特种砂浆

1. 绝热砂浆

采用水泥、石灰膏、石膏等胶凝材料与膨胀珍珠岩、膨胀蛭石或陶粒砂等轻质多孔骨料，按一定比例配制的砂浆称为绝热砂浆。绝热砂浆具有质轻和良好的绝热性能，其导热系数为0.07～0.10 W/(m·K)，可作为屋面、墙壁和供热管道的绝热层。

常用的绝热砂浆有水泥膨胀珍珠岩砂浆、水泥膨胀蛭石砂浆、水泥石灰膨胀蛭石砂浆等。水泥膨胀珍珠岩砂浆用32.5普通硅酸盐水泥配制时，其体积比为水泥：膨胀珍珠岩砂＝1：(12～15)，水胶比为0.55～0.65，导热系数为0.067～0.074 W/(m·K)，可用于砖及混凝土内墙表面抹灰或喷涂。水泥石灰膨胀蛭石砂浆由体积比为水泥：石灰膏：膨胀蛭石＝1：1：(5～8)的砂浆配制而成，导热系数为0.076～0.105 W/(m·K)，可用于平屋面保温层及顶棚、内墙抹灰。

2. 吸声砂浆

一般由轻质多孔骨料制成的绝热砂浆，都具有良好的吸声性能；还可由水泥、石膏、砂、锯末(按体积比为 1∶1∶3∶5)等配成吸声砂浆或在石灰、石膏砂浆中掺入玻璃纤维、矿物棉等松软纤维材料，也能获得一定的吸声效果。吸声砂浆用于室内墙壁和顶棚的吸声处理。

复习思考题

1. 建筑砂浆是如何分类的？

2. 砌筑砂浆的技术性质有哪些？

3. 砌筑砂浆的流动性和保水性对砖砌体的施工质量有何影响？为什么在一般砖砌体中主要使用混合砂浆？

4. 砂浆的强度等级是如何确定的？有哪些强度等级？

5. 比较一下砌砖用砂浆与砌石用砂浆在所需的稠度、影响强度的因素和标准试块制作方面有什么不同？

6. 如何进行砌筑砂浆的配合比设计？

7. 用 42.5 级普通硅酸盐水泥、微湿砂(含水率 2%)，拌制沉入度为 3～5 cm 的 M7.5 水泥砂浆，用于砌筑毛石基础，试设计其配合比。已知砂的细度模数为 2.4，堆积密度为 1 510 kg/m^3。

8. 用 42.5 级普通硅酸盐水泥、石灰膏、砂，拌制 M7.5 混合砂浆，用于砌筑承重砖墙，试设计其配合比。砂的干堆积密度为 1 520 kg/m^3，含水率为 3.5%，石灰膏的稠度为 100 mm，施工单位水平一般。

9. 防水砂浆有哪些做法？

项目7

建 筑 钢 材

项目描述

建筑钢材是工程建设中重要的工程材料。本项目主要介绍建筑钢材的主要技术性能及其影响因素、桥梁用钢与钢轨用钢的技术标准与应用、建筑钢材的腐蚀与防治等内容。通过本项目的学习,能正确地选择建筑结构用钢和合理使用钢材。

学习目标

1. 能力目标

(1)能够根据所学知识,正确地选材与用材;

(2)能够通过钢筋的拉伸试验确定应力与应变之间的关系曲线,评定强度等级;

(3)具有对建筑钢材技术性能指标检测能力;

(4)能够合理分析施工中建筑钢材原因导致工程技术问题的原因。

2. 知识目标

(1)了解钢的冶炼、加工及分类办法;

(2)掌握建筑钢材的力学性能、工艺性能;

(3)了解钢材的冶炼过程及化学成分对钢材的性能影响;

(4)掌握建筑钢材技术性能及应用;

(5)熟悉钢材常用品种、牌号、选用与防护;

(6)掌握钢材的冷加工目的及应用;

(7)掌握桥梁用钢与钢轨用钢的技术标准。

建筑钢材是广泛应用于建筑工程的重要金属材料,包括各种型钢、钢板、钢带、钢管、钢筋、钢丝等。建筑钢材具有组织均匀密实,强度、硬度高,塑性、韧性好,能铸成各种形状的铸件,轧制成各种形状的钢材,能进行切割、焊接、栓接和铆接等各种形式的加工和连接,便于拼装成各种结构等优点,不仅适用于一般建筑工程,更适用于大跨度结构和高层建筑。铁道工程使用的钢材,不仅数量大、品种多,而且质量要求很高,除了上述的一般钢材外,还需要有特殊要求的桥梁钢和钢轨钢等。但钢材存在容易锈蚀、维修费用高、耐火性差等缺点,因此,钢结构在使用过程中,应采取必要的防锈、防火措施,以保证结构的耐久性。

7.1 铁和钢的冶炼及钢的分类

7.1.1 铁的冶炼

铁通常指生铁，是由铁矿石、焦炭和助熔剂（石灰石）在高炉中经高温冶炼，从铁矿石中还原出来的。生铁的含碳量较高，为2.5%～4.0%，且含有较多的硫、磷等有害杂质，因此质硬而脆，抗拉强度低，塑性、韧性差，通常用于铸造成件，故又常称为铸铁。

铸铁由于其所含碳的存在形式不同，其性能有很大差别，可分为白口铸铁、灰口铸铁、可锻铸铁和球墨铸铁四种。

7.1.2 钢的冶炼

1. 钢的冶炼

炼钢就是将生铁通过平炉、转炉进行精炼，使熔融的铁水氧化，将碳的含量降低到规定范围（含碳量小于2.11%），并清除有害杂质，添加必要的合金元素，以便得到性能理想的钢材。冶炼方法主要有氧气转炉冶炼、平炉冶炼、电炉冶炼等。

（1）氧气转炉冶炼

它是在能前后转动的梨形炉中注入熔融状态的铁水，从转炉顶部吹入高压纯氧，使铁水中大部分杂质迅速氧化成渣并排除。氧气转炉冶炼能有效地去除硫、磷等杂质，钢材质量好，且冶炼时间短（20～40 min），无需其他燃料，成本较低，因而发展迅速，已成为当今世界炼钢法的主流，适用于炼制碳素钢和低合金钢。

（2）平炉冶炼

它是在平炉中以固态或液态的生铁、铁矿石和废钢铁作原料，以煤气或重油为燃料，在平炉中加热进行冶炼，使杂质氧化而造渣排除。由于冶炼时间较长（一般为2～3 h），炉温较高，钢材化学成分能够得到精确控制，钢中硫、磷、氮、氢等有害杂质含量少，质量好，性能稳定，并可一次获得大批量的匀质产品。此法适用于炼制优质碳素钢、合金钢和有特殊要求的专用钢，如桥梁钢、轴钢和钢轨钢等。但平炉冶炼设备投资大，燃料效率低，钢材成本较高。

（3）电炉冶炼

它是用电加热进行高温冶炼的炼钢方法。电炉炼钢法加温速度快，能在短时间内达到高温，且炉温容易调节，钢的成分可准确控制，杂质含量很少，钢材质量好，但产量低，成本高，一般只炼制优质的特殊合金钢。

随着炼钢技术的发展，冶金生产工艺、质量已经达到了一个新的水平。

2. 脱氧和铸锭

在冶炼过程中，氧对造渣和去除杂质是必不可少的，但是冶炼后残留在钢中的氧（以FeO的形态存在）却是有害的，使钢材的质量降低。因此在精炼的最后阶段，要向炼钢炉中加入适量的锰铁、硅铁或铝等脱氧剂，使之与钢中残留的FeO反应，将铁还原，达到去氧的目的，此过程称为脱氧。将脱氧后的钢水浇铸成钢锭，冷却脱模后便可用于轧制钢材。

根据脱氧程度的不同，将钢分为沸腾钢、半镇静钢、镇静钢和特殊镇静钢四种。

（1）沸腾钢（代号为F）

在炼钢炉内加入锰铁进行部分脱氧而成，脱氧不完全，钢中残留的FeO与碳化合，生成

CO气泡逸出，使钢液呈沸腾状，故称为沸腾钢。沸腾钢塑性好，利于冲压，成本低，产量高。但沸腾钢中有残留CO气泡，热轧后会留下一些微裂缝，使钢的力学性能变差。在冷却过程中，硫、磷成分会向凝固较迟的部位聚集，形成偏析现象，增大钢材的冷脆性和时效敏感性，降低可焊性。

(2)镇静钢(代号为Z)

采用锰铁、硅铁和铝锭作为脱氧剂，脱氧完全，钢液铸锭时钢水很平静，无沸腾现象，故称为镇静钢。镇静钢的成分均匀，组织致密，偏析程度小，性能稳定，钢材质量好，但成本高。此外，加入的铝还可以与氮化合生成氮化铝，降低氮的危害。所以镇静钢的冷脆性和时效敏感性较低，疲劳强度较高，可焊性好，适用于承受冲击荷载或其他重要结构。

(3)半镇静钢(代号为b)

脱氧程度介于沸腾钢和镇静钢之间，其性能与质量也介于这两者之间。

(4)特殊镇静钢(代号为TZ)

脱氧更彻底，性能比镇静钢更好，适用于特别重要的结构工程。

3. 热轧成型

将钢锭加热到一定温度后，通过采用锻造、热压工艺，轧制成形状尺寸符合要求的钢材，如钢筋、钢带、钢板、钢管和各种型钢等，以保证工程使用。这种热加工可以使钢锭内的大部分气孔焊合，疏松组织变得密实，晶粒细化，从而提高钢的强度。碾轧的次数越多，强度提高的程度就越大。故相同成分的钢材，小截面的比大截面的强度高，沿轧制方向的比非轧制方向的强度高。

7.1.3 钢与铁的区别

钢与铁在含碳量和性能上的区别见表7.1。

表7.1 钢和生铁的区别

项　目	钢	生　铁
含碳量	0.02%～2.11%	2.11%～6.69%
性　能	强度高，塑性、韧性好，具有一定承受冲击和振动荷载的能力，可轧制、锻造、焊接、铆接等	硬，脆，塑性、韧性差，抗拉、抗弯强度低，抗压强度较高，不能焊接、不易锻造和轧制等

7.1.4 钢的分类

1. 按化学成分不同分

(1)碳素钢：含碳量小于2.11%的铁碳合金称为碳素钢，通常其含碳量为0.02%～2.06%。除铁、碳之外，还含有少量的硅、锰和微量的硫、磷、氢、氧、氮等元素。碳素钢按含碳量多少又可分为低碳素钢(含碳量<0.25%)、中碳素钢[含碳量为0.25%(含)～0.6%(含)]和高碳素钢(含碳量>0.6%)。

(2)合金钢：合金钢是在炼钢过程中，为改善钢材的性能，加入一定量的合金元素而制得的钢。常用的合金元素有硅、锰、钛、矾、铌、铬等。按合金元素总含量不同，合金钢又可分为低合金钢(合金元素总含量<5%)、中合金钢[合金元素总含量为5%(含)～10%(含)]和高合金钢(合金元素总含量>10%)。

2. 按钢材冶炼方式不同分

(1)氧气转炉钢。

(2)平炉钢。

(3)电炉钢。

3. 按脱氧程度不同分

(1)沸腾钢。

(2)半镇静钢。

(3)镇静钢。

(4)特殊镇静钢

4. 按钢材内部杂质含量不同分

(1)普通钢:含硫量≤0.050%,含磷量≤0.045%。

(2)优质钢:含硫量≤0.035%,含磷量≤0.035%。

(3)高级优质钢:含硫量≤0.025%,含磷量≤0.025%。

5. 按用途不同分

(1)结构钢:主要用于建筑结构及机械零件用钢,一般为低、中碳钢。

(2)工具钢:主要用于各种刀具、量具及模具等工具的钢,一般为高碳钢。

(3)专用钢:为满足特殊的使用环境条件或使用荷载下的专用钢材,如桥梁钢、钢轨钢、弹簧钢等。

(4)特殊性能钢:具有特殊的物理、化学及机械性能的钢,如不锈钢、耐酸钢、耐热钢、耐磨钢等。

7.2 建筑钢材的技术性质

建筑结构用钢既要具有很好的力学性能,还要具有良好的工艺性能。因此,钢材的拉伸、冲击、硬度等力学性能和冷弯、焊接等工艺性能,都是建筑钢材重要的技术性质。

7.2.1 力学性能

1. 拉伸性能

拉伸性能是建筑钢材最常用、最重要的性能。而应用最广泛的低碳钢,在拉伸过程中所表现的荷载与变形的关系最具有代表性,故以低碳钢的拉伸试验为例,研究钢材的拉伸性能。取低碳钢标准试件,其形状和尺寸如图7.1所示。其中d_0为试件直径,d_1为试件被拉断后直径,L_0为试件标距长度,L_1为试件被拉断后标距长度。试件标距长度L_0有两种选择:对于细长试件,取$L_0=10d_0$;对于粗短试件,取$L_0=5d_0$。

将试件放在试验机的夹具上,在试件两端施加一对缓慢增加的拉伸荷载,观察试件的受力与变形过程,直至被拉断。在加荷过程中,测定并记录各个荷载F作用下试件标距内的变形(伸长量)Δl,绘出F—Δl曲线,称为拉伸图,如图7.2(a)所示。为了使拉伸图不受试件尺寸的影响,更准确地反映钢材的力学性能,我们将拉伸图的纵坐标荷载F除以试件的初始横截面面积A_0,改为应力$\sigma=F/A_0$,把横坐标Δl除以试件的标距L_0,改为应变$\varepsilon=\Delta l/L_0$,即得钢材试件的应力—应变关系曲线(σ—ε曲线),如图7.2(b)所示。

(1)钢材应力—应变关系曲线

经试验、分析可知,低碳钢受拉时,其应力—应变关系曲线可分为四个阶段,即弹性阶段、

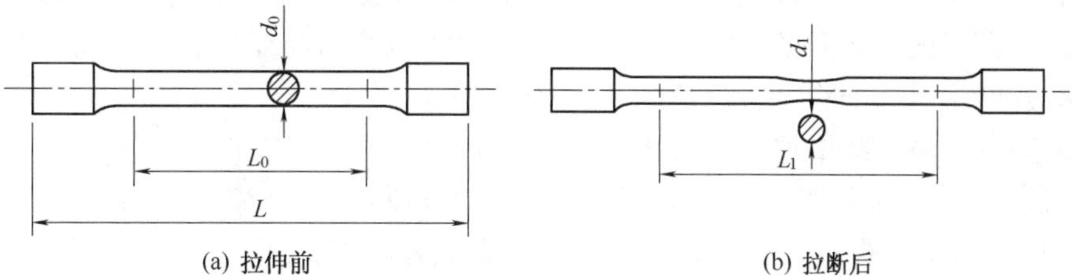

图 7.1 钢材拉伸试件

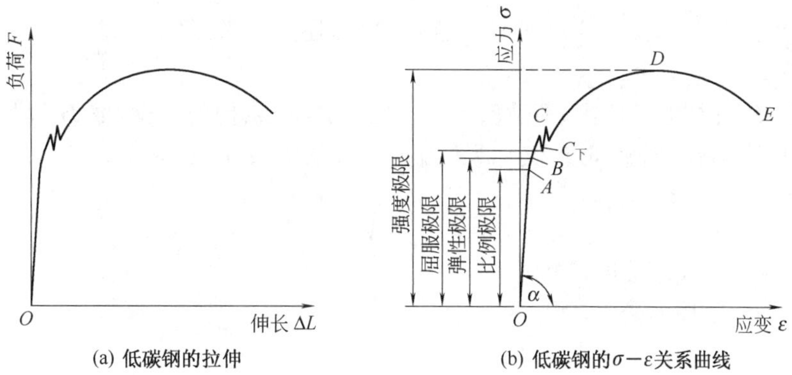

图 7.2 低碳钢拉伸图和 σ—ε 曲线

屈服阶段、强化阶段和颈缩阶段。

①弹性阶段：从图 7.2(b)中可以看出，钢材受拉开始的一段，荷载较小，应力与应变成正比，形成直线段 OA，A 点的应力叫作比例极限。当应力超过比例极限后，应力与应变开始失去比例关系，在 σ—ε 图中是由直线 OA 过渡到微弯的曲线 AB。若在 OAB 范围内卸去荷载，试件将恢复到原来的长度，即在 OAB 范围内的变形是弹性变形；若超过 B 点就将出现塑性变形，所以 B 点对应的应力叫做弹性极限，OAB 阶段叫做弹性阶段，OA 是线形弹性变形，AB 为非线性弹性变形。由于比例极限与弹性极限非常接近，通常认为两者是相等的。

可见，钢材拉伸在弹性阶段内的变形是弹性的、微小的、与外力成正比的。在弹性阶段内，钢材的应力 σ 与应变 ε 的比值称为弹性模量 E，即

$$E=\frac{\sigma}{\varepsilon}=\tan\alpha$$

弹性模量 E 值的大小反映钢材抵抗变形能力的大小。E 值越大，使其产生同样弹性变形的应力值也越大。钢材的弹性模量值 $E=0.2\times10^6$ MPa。

②屈服阶段：当应力超过弹性极限后，应力与应变不再成正比关系。由于钢材内部晶粒滑移，使荷载在一个较小的范围内波动，而塑性变形却急剧增加，好像钢材试件对于外力已经屈服了一样，这个现象叫作“屈服”，这一波动阶段(BC)叫作屈服阶段。钢材在屈服阶段虽未断裂，但已产生较大的塑性变形，使结构不能满足正常使用的要求而处于危险状态，甚至导致结构的破坏。所以钢材的屈服强度是衡量结构的承载能力和确定钢材强度设计值的重要指标。

③强化阶段：试件从弹性阶段到屈服阶段，其变形从弹性变形转化为塑性变形，发生了质的变化，反映出试件内部组织起了变化(产生晶格滑移)。屈服阶段过后，由于钢材内部组织产

生晶格扭曲、晶粒破碎等原因，阻止了塑性变形的进一步发展，需要继续增加荷载，试件才能继续发生变形，说明试件又恢复了抵抗外力作用的能力，应力与应变的关系表现为上升的曲线，直至到达最高点 D，这个阶段（CD 段）叫作强化阶段。

④颈缩阶段：当荷载增加至拉伸图顶点以后，试件变形急剧加大，钢材抵抗变形能力明显下降，在试件最薄弱处的横断面显著缩小，出现颈缩现象，如图 7.3 所示，最后在曲线的 E 点处断裂。这一阶段（DE 段）称为颈缩阶段。

图 7.3　颈缩现象示意

（2）技术指标

根据前述，钢材受力一旦进入屈服阶段，就发生较大变形，使结构处于危险状态。因此，除了正常的抗拉强度之外，还必须考虑钢材的屈服强度。

①屈服强度：在屈服阶段内，荷载值是波动的，为保证结构的安全，取 BC 段的最低点 $C_{下}$ 处的应力值作为钢材的屈服强度，又称为屈服点或屈服极限，用 σ_s 表示。

$$\sigma_s=\frac{F_s}{A_0}$$

式中　σ_s——钢材的屈服强度，MPa；

F_s——屈服阶段的最小荷载，N；

A_0——试件的初始横截面面积，mm^2。

钢材的屈服强度是钢材在屈服阶段的最小应力值。钢材在结构中的受力不得进入屈服阶段，否则将产生较大的塑性变形而使结构不能正常工作，并可能导致结构的破坏。因此，在结构设计中，以屈服强度作为钢材设计强度取值的依据，施工选材验收也以屈服强度作为重要的技术指标。

对于硬钢（如高碳钢），其强度高、变形小，应力—应变关系图显得高而窄，如图 7.4 所示。由于没有明显的屈服现象，其屈服强度是以试件在拉伸过程中产生 0.2% 塑性变形时的应力 $\sigma_{0.2}$ 代替，称为硬钢的条件屈服点。

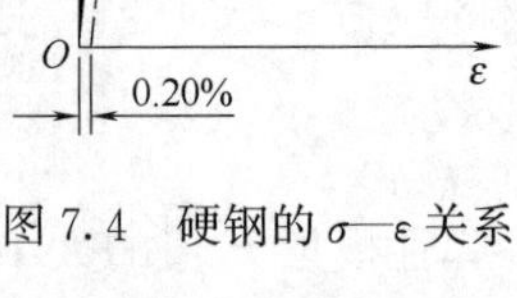

图 7.4　硬钢的 σ—ε 关系

②抗拉强度：抗拉强度是钢材所能承受的最大应力值，又称强度极限，用 σ_b 表示。它反映了钢材在均匀变形状态下的最大抵抗能力。

$$\sigma_b=\frac{F_b}{A_0}$$

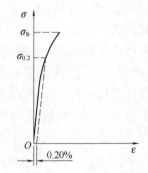

式中　σ_b——钢材的抗拉强度，MPa；

F_b——钢材所能承受的最大荷载，N；

A_0——试件的初始横截面面积，mm^2。

③屈强比：钢材的屈服强度与抗拉强度之比（σ_s/σ_b）称为屈强比。屈强比是反映钢材利用率和安全可靠度的一个指标。屈强比越大，钢材的利用率越高；屈强比越小，结构的安全性提高。如果由于超载、材质不匀、受力偏心等多方面原因，使钢材进入了屈服阶段，但因其抗拉强度远高于屈服强度，而不至于立刻断裂，其明显的塑性变形就会被人们发现并采取补救措施，从而保证结构安全。但钢材屈强比过小，钢材强度的有效利用率就会太低，造成钢材的浪费，因此应两者兼顾，即在保证安全可靠的前提下，尽量提高钢材的利用率。合理的屈强比一般应

在0.6～0.75范围内。

④伸长率：反映钢材拉伸断裂时所能承受的塑性变形能力，是衡量钢材塑性大小的重要指标。伸长率可按下式计算：

$$\delta=\frac{l_1-l_0}{l_0}\times 100\%$$

式中 δ——钢材的伸长率，%；

l_0——试件的原始标距长度，$l_0=5\ d$ 或 $l_0=10\ d$，mm；

l_1——试件拉断后的标距长度，mm；

d——试件的直径，mm。

伸长率越大，说明钢材断裂时产生的塑性变形越大，钢材塑性越好。凡用于结构的钢材，必须满足规范规定的屈服强度、抗拉强度和伸长率指标的要求。

2. 冲击韧性

钢材抵抗冲击破坏的能力称为冲击韧性。

冲击韧性试验是将带有V形缺口的试件放在摆冲式试验机上进行的，如图7.5所示。将具有一定重量的摆锤扬起标准高度 H 后，令其自由旋转下落，冲击放在试台上的试件，使试件从缺口处撕开断裂，摆锤冲断试件后继续向前摆动至高度 h。

钢材冲击韧性的好与差，可用冲击功或冲击韧性值两种方法来表示。用标准试件作冲击试验时，在冲断过程中，试件所吸收的功称为冲击功(可直接从试验机上读取)；而折断后试件单位截面积上所吸收的功，称为钢材的冲击韧性值。冲击韧性值的大小可按下式计算：

$$\alpha_k=\frac{A_k}{A_0}$$

式中 α_k——冲击韧性值，J/cm^2；

A_k——试件冲断时所吸收的冲击功，J；

A_0——标准试件缺口处的横截面面积，cm^2。

显然，A_k 或 α_k 值越大，钢材的冲击韧性就越好。对于承受冲击荷载作用的钢材，必须满足规范规定的冲击韧性指标要求。

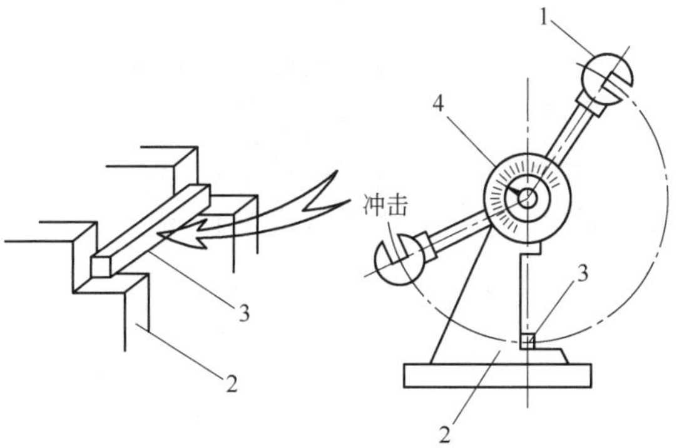

图7.5 钢材的冲击试验示意

1—摆锤；2—试验台；3—试件；4—刻度盘和指针

温度对钢材的冲击韧性影响很大，钢材在负温条件下，冲击韧性会显著下降，钢材由塑性状态转化为脆性状态，这一现象称为冷脆。在使用上，对钢材冷脆性的评定，通常是在－20 ℃、－30 ℃、－40 ℃三个温度下分别测定其冲击功 A_k 或冲击韧性值 α_k，由此来判断脆性转变温度的高低，钢材的脆性转变温度应低于其实际使用环境的最低温度。对于铁路桥梁用钢，则规定在－40 ℃下的冲击韧性值 $\alpha_k \geqslant 30\ J/cm^2$，以防止钢材在使用中突然发生脆性断裂。

3. 硬度

钢材的硬度是指钢材抵抗硬物压入表面的能力。测定钢材硬度的方法通常有布氏硬度、洛氏硬度和维氏硬度三种方法。

(1)布氏硬度

在布氏硬度试验机上，对一定直径的硬质淬火钢球施加一定的压力，将它压入钢材的光滑表面形成凹陷，如图 7.6 所示。将压力除以凹陷面积，即得布氏硬度值，用 HBW 表示。可见，布氏硬度是指单位凹陷面积上所承受的压力。HBW 值越大，表示钢越硬。对于钢轨和工具钢等钢材，要求具有较高的硬度，例如，钢轨要求 HBW 为 280～370，道镐和道钉锤要求 HBW 为 370～480 等。

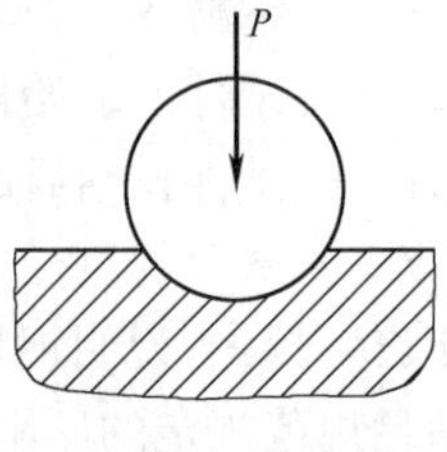

图 7.6　布氏硬度试验示意

(2)洛氏硬度

在洛氏硬度试验机上，用 120°的金刚石圆锥压头或淬火钢球对钢材进行压陷，以一定压力作用下压痕深度表示的硬度称为洛氏硬度，用 HR 表示。根据压头类型和压力大小的不同，有 HRA、HRB、HRC 之分。

(3)维氏硬度

在维氏硬度试验机上，用 136°的金刚石棱锥压头对钢材进行压陷，如图 7.7 所示，以单位凹陷面积上所承受的压力表示的硬度作为维氏硬度，用 HV 表示。

以上三种硬度之间及其与钢材的抗拉强度之间均有一定的换算关系，可查阅有关资料。

4. 疲劳强度

钢材在交变荷载的反复作用下，往往在应力远小于其抗拉强度甚至小于屈服强度的情况下就突然发生断裂，这种现象称为钢材的疲劳破坏。

在确定材料的疲劳强度时，我国现行的设计规范是以应力循环次数 $N=2\times10^6$ 后钢材破坏时所能承受的最大应力作为确定疲劳强度的依据。

钢材疲劳断裂的过程，一般认为是在重复的交变应力作用下，在构件的最薄弱区域，首先产生很小的疲劳裂纹，并随交变应力循环次数的增加而扩展，从而使钢材的有效承载截面不断缩小，以致不能承受所加荷载而突然断裂。因此，当制作承受反复交变荷载作用的结构或构件时，需要对所用钢材进行疲劳测试。

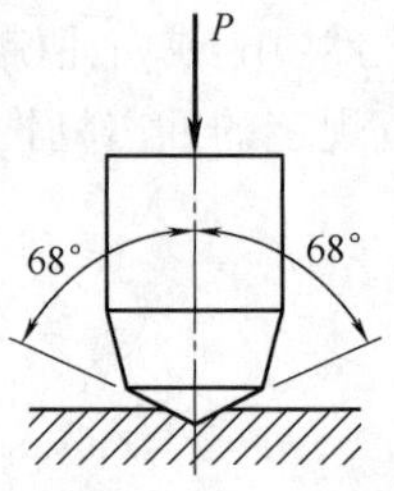

图 7.7　维氏硬度试验示意

7.2.2　工艺性能

冷弯性能和焊接性能是建筑钢材重要的工艺性能。

1. 冷弯性能

冷弯性能是指钢材在常温下承受弯曲变形而不断裂的能力。在工程中，常常需要将钢板、钢筋等钢材弯成所要求的形状，冷弯试验就是模拟钢材弯曲加工而确定的。钢材的冷弯性能大小是以试验时的弯曲角度 α、弯曲直径 d 与钢材厚度 a 的比值来表示，如图 7.8 所示。弯曲

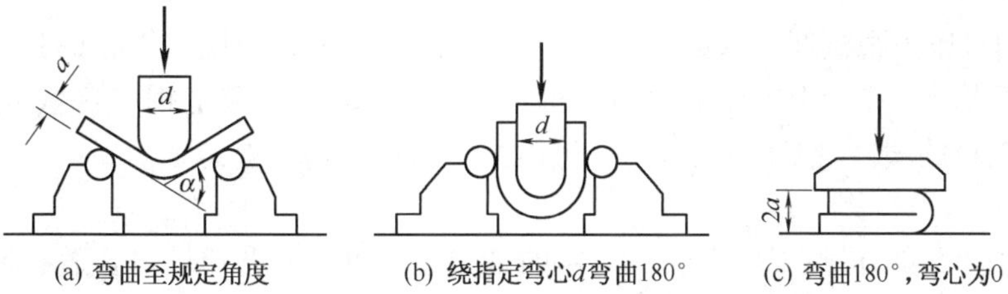

图 7.8 钢材的冷弯试验示意

直径越小，弯曲角度越大，说明钢材的冷弯性能越好。钢材试件绕着指定弯心弯曲至指定角度后，如试件弯曲处的外拱面和两侧面不出现断裂、起层现象，即认为冷弯合格。

通过冷弯试验可以检查钢材内部存在的缺陷，如钢材因冶炼、轧制过程所产生的气孔、杂质、裂纹、严重偏析等。所以，钢材的冷弯指标不仅是工艺性能的要求，也是衡量钢材质量的重要指标。

钢材的伸长率和冷弯都可以反映钢材的塑性大小，但伸长率是反映钢材在均匀变形下的塑性，而冷弯却反映钢材局部产生的不均匀塑性。伸长率合格的钢材，其冷弯性能不一定合格。因此，凡是建筑结构用的钢材，还必须满足冷弯性能的要求。

2. 焊接性能

在建筑工程中，无论是钢结构，还是钢筋骨架、接头及预埋件的连接等，大多数是采用焊接方式连接的，这就要求钢材应具有良好的可焊性。

钢材在焊接过程中，由于局部高温的作用，焊缝及其附近的过热区将发生晶体结构的变化，使焊缝周围的钢材产生硬脆倾向，并由于温度急剧下降，存在残余应力，降低焊件的使用质量。钢材的可焊性就是指钢材在焊接后，所焊部位连接的牢固程度和硬脆倾向大小的性能。可焊性良好的钢材，焊头连接牢固可靠，硬脆倾向小，焊缝及附近处仍能保持与母材基本相同的性质。

钢材的化学成分、冶炼质量及冷加工等，对钢材的可焊性影响很大。试验表明，含碳量小于 0.25%的碳素钢具有良好的可焊性，随着含碳量的增加，可焊性下降；硫、磷以及气体杂质均会显著降低可焊性；加入过多的合金元素，也将在不同程度上降低可焊性。因此，对焊接结构用钢，宜选用含碳量较低、杂质含量少的平炉镇静钢。对于高碳钢和合金钢，需采用焊前预热和焊后热处理等措施，来改善焊接后的硬脆性。

对于焊接结构用钢及其焊缝，应按规定进行焊接接头的拉伸、冷弯、冲击、疲劳等项目试验，以检查其焊接质量。

7.2.3 化学成分对钢材性能的影响

钢中所含元素较多，除主体的铁和碳之外，还含有锰、硅、钒、钛等合金元素及硫、磷、氮、氧、氢等有害元素，这些元素对钢材的性能有不同程度的影响。

1. 碳(C)

碳是影响钢材性能的主要元素。随着含碳量的增加，钢材的强度增加(含碳量大于 1%则相反)，硬度提高，塑性、韧性下降，冷脆性增加，可焊性变差，抵抗大气腐蚀的性能也下降。工业纯铁含碳小于 0.04%时是很软的，钢轨用钢含碳 0.71%(再经热处理)就很硬，结构用钢的含碳量在 0.06%～0.85%之间。

2. 硅(Si)

硅是炼钢时作为脱氧剂加入的。当含硅 1%以内时,能显著提高钢材的强度,而对塑性、韧性没有显著影响。在碳素钢中硅含量一般不超过 0.35%,在合金钢中含量多一些,但含硅大于 1%后,钢材的塑性、韧性有所降低,冷脆性增加,可焊性变差。

3. 锰(Mn)

锰是炼钢时为脱硫、脱氧加入的。当锰的含量在 0.8%~1%时,可显著提高钢材的强度和硬度,而对塑性、韧性没有显著影响。加入的锰可以去硫,减少由于硫所引起的热脆性,改善热加工和焊接性能。在碳素结构钢中,含锰量在 0.8%以下,一般的合金钢中含锰量为 1%~2%。若含锰量大于 1%,钢材的塑性、韧性则有所下降。含锰量为 11%~14%、含碳量为 1.0%~1.4%的高锰钢(代号 GM)很硬,具有很高的耐磨性,铁路道岔上的高锰钢整铸辙叉,就是用高锰钢铸造的。

4. 钒(V)、钛(Ti)、铌(Nb)

钒、钛、铌是作为合金元素加入的。加入适量的钒、钛或铌,能够改善钢的组织结构,细化晶粒,提高钢材的强度和硬度,改善塑性和韧性。例如在低合金钢中加入微量的铌(≤0.05%)或钒(0.05%~0.15%)或钛(0.02%~0.08%),可以提高钢材的强度,改善塑性、韧性。

5. 硫(S)

硫是由铁矿石和燃料带入钢中的。硫与铁化合形成硫化亚铁 FeS,是一种低熔点(<1 000 ℃)的夹杂物,钢材在进行热轧加工或焊接加工时硫化亚铁熔化,致使钢内晶粒脱开,形成细微裂缝,钢材受力后发生脆性断裂,这种现象称为热脆性。硫在钢中的这种热脆性,降低了钢材的热加工性能和可焊性,并使钢材的冲击韧性、疲劳强度和抗腐蚀性能降低。因此,要严格控制钢中的含硫量,普通碳素结构钢的含硫量不大于 0.050%,优质碳素结构钢中含硫量不大于 0.035%。

6. 磷(P)

磷是由铁矿石和燃料带入钢中的。磷虽能提高钢材的耐磨性和耐腐蚀性能,但也显著地提高了钢材的脆性转变温度,增加钢材的冷脆性,降低钢材的冷弯性能和可焊性。故钢中磷的含量必须严格控制,普通碳素结构钢的含磷量不大于 0.045%,优质碳素结构钢的含磷量不大于 0.035%。磷对提高钢材的耐磨、耐腐蚀性能有好处,规范规定,钢轨用钢含磷量不大于 0.040%。

7. 氮(N)

氮是在冶炼过程中由空气带入钢内残留下来的,也是一种有害元素,以 Fe_4N 形式存在。氮可提高钢材的强度和硬度,增加钢材的时效敏感性和冷脆性,降低钢材的塑性、韧性、可焊性和冷弯性能。如在含有钒、钛的合金钢中加入微量的氮,形成它们的氮化物,则氮的存在就会成为有利因素。如高强度的桥梁专用钢 15MnVNq 便是一例。

8. 氧(O)

钢中的氧是有害元素,以氧化物夹杂其中。氧使钢材具有热脆性,降低钢材的塑性、韧性、可焊性、耐腐蚀性能,故其含量不应大于 0.02%。

9. 氢(H)

钢中的氢显著降低钢材的塑性和韧性。在高温时氢能溶于钢中,冷却时便游离出来,使钢形成微裂缝,受力时很容易发生脆断,该现象称为"氢脆"。钢材脆断的断口若有"白点",便是氢的危害。钢轨中的"白点"常引起钢轨脆断,造成严重事故,故需要严格控制钢轨中氢的含量。

7.2.4　钢材热处理对钢材性能影响

对钢材进行不同速度和时间的加热、保温与冷却的工艺操作，从而改变其内部组织，改善其性能的处理称为热处理。钢材的热处理有退火、正火、淬火和回火等，它们的处理工艺如图7.9所示。

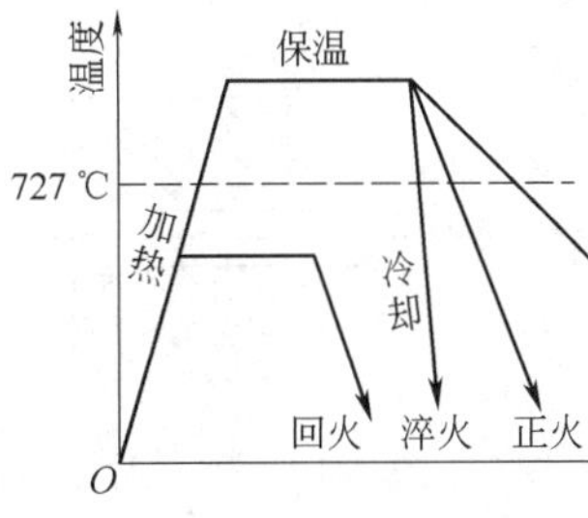

图7.9　钢材热处理工艺示意

(1)退火：将钢材加热到727 ℃以上的某一适当温度，并保持一定的时间后，随炉缓慢冷却的热处理工艺称为退火。退火可以降低钢材的硬度，提高钢材的塑性和韧性，并能消除冷加工、热加工或热处理所形成的内应力。

(2)正火：将钢材加热到727 ℃以上的某一适当温度，并保持一定的时间后，在空气中冷却的热处理工艺称为正火。正火能提高钢材的塑性和韧性，消除钢材在热轧过程中造成的组织不均匀和内应力。

(3)淬火：将钢材加热到727 ℃以上的某一适当温度，并保持一定的时间后，放入水、油或其他介质中急速冷却的热处理工艺称为淬火。淬火能显著提高钢材的硬度和耐磨性，但塑性和韧性显著降低，脆性很大，因此，常常在淬火后进行回火处理，以改善钢材的塑性和韧性。

(4)回火：将钢材加热到727 ℃以下的某一适当温度，并保持一定的时间后，在空气中冷却的处理工艺称为回火。对淬火后的钢材进行回火处理，可以消除钢材的内应力，降低其硬度和脆性。

回火的效果与加热的温度有关。根据加热温度不同，分为低温回火、中温回火和高温回火三种。采用低温回火(加热温度为150～250 ℃)，可以保持钢材的高强度和高硬度，塑性和韧性稍有改善；采用中温回火(加热温度为350～500 ℃)，可以使钢材保持较高的弹性极限和屈服强度，而又具有一定韧性，如弹簧钢就常用中温回火处理；采用高温回火(加热温度为500～600 ℃)，可使钢材既有一定的强度和硬度，又有适当的塑性和韧性。

(5)调质处理：通常把淬火＋高温回火称为调质处理。调质处理可以使钢材具有很高的强度，又具有一定的塑性和韧性，从而获得良好的综合性能，是用来强化钢材的有效措施。如工程上用的热处理钢筋，就是经过淬火和回火的调质处理，使其屈服强度由原来的540 MPa提高到1 300 MPa。

7.2.5　钢材冷加工对钢材性能影响

在常温下对钢材进行冷拉、冷拔或冷轧，使其产生塑性变形的加工，称为冷加工。冷加工可以改善钢材的性能。常用的冷加工方法有冷拉、冷拔、冷轧、冷扭等。

冷拉是将钢筋用拉伸设备在常温下拉长，使之产生一定的塑性变形。通过冷拉，能使钢筋的强度提高10%～20%，长度增加6%～10%，并达到矫直、除锈、节约钢材的效果。

冷拔是将钢筋通过用硬质合金制成的拔细模孔强行拉拔，如图7.10所示。由于模孔直径略小于钢筋直径，从而在使钢筋受到拉拔的同时，钢筋与模孔接触处受到强力挤压，钢筋内部组织更加紧密，使钢筋的强度和硬度大为提高，但塑性、韧性下降很多，具有硬钢性能。

将热轧钢筋或低碳钢试件进行拉伸试验，应得到图7.11中$OABCKDE$的应力—应变关系曲线。如果在荷载加至强化阶段中的某一点K处时将荷载卸去，则在荷载下降的同时，弹性变形回缩，应力应变关系沿斜线KO_1落到O_1点，试件留下OO_1的塑性变形。如果对钢材

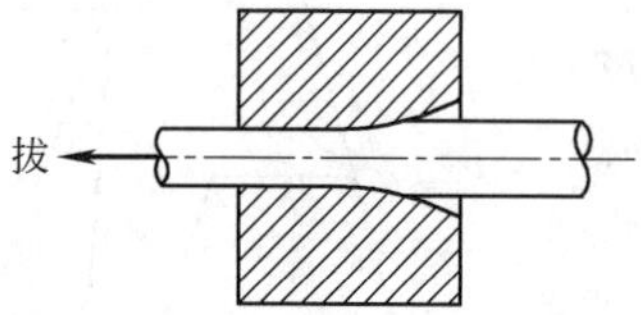

图 7.10　冷拔工艺示意

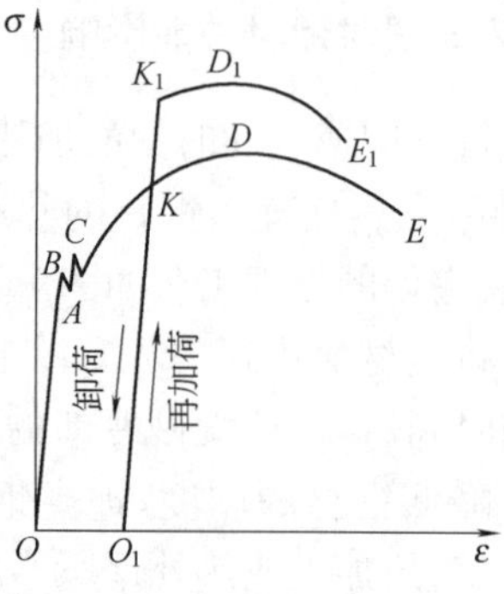

图 7.11　钢材冷拉的 σ—ε 关系曲线

进行了冷加工，若立即再拉伸，试件的应力与应变关系先沿 O_1K 上升至 K 点，然后沿原来的规律 KDE 发展至断裂。可见，原来的屈服点不再出现，在 K 点处发生较大的塑性变形，比例阶段和弹性阶段扩大至 O_1K 段，这就说明：经冷加工后的钢材，其屈服强度、硬度提高，而塑性、韧性下降（塑性变形减少了 OO_1 段），这一效果称为钢材的冷加工强化。

若不立即拉伸，将卸荷后的试件在常温下放置 15～20 d，再继续拉伸，这时发现，试件的应力—应变曲线沿 $O_1KK_1D_1E_1$ 发展。这说明：经冷加工强化后的钢材，由于放置一段时间，不但其屈服强度提高，抗拉强度也提高了，而塑性、韧性进一步下降。这一效果称为钢材的冷加工时效。

冷加工强化后的钢材在放置一段时间后所产生的时效称为自然时效。若将冷加工强化后的钢材加热到 100～200 ℃，保持 2 h，同样可以达到上述的效果，这称为人工时效。

钢材经过冷拉、冷拔、冷轧等冷加工之后产生强化和时效，使钢材的强度、硬度提高，塑性、韧性下降。利用这一性质，可以提高钢材的利用率，达到节省钢材、提高经济效益的效果。但应兼顾强度和塑性两方面的合理程度，不可因过分提高强度而使塑性、韧性下降过多，以免降低钢材质量，影响使用。经过冷加工的钢材，不得用于承受动荷载作用的结构，也不得用于焊接施工。

7.3　建筑钢材的技术标准和应用

我国用于建筑工程和铁道工程的建筑钢材主要有碳素结构钢、优质碳素结构钢和低合金结构钢三大类，它们广泛应用于钢结构、钢筋混凝土结构和轨道、桥梁等工程中。

7.3.1　碳素结构钢

碳素结构钢是指一般结构工程用钢，由氧气转炉或平炉冶炼，适合于生产各种钢板、钢带、型钢、棒钢，其产品可供焊接、铆接、螺栓连接构件使用。

1. 碳素结构钢的牌号

碳素结构钢的牌号由代表屈服强度的字母 Q、屈服强度数值、质量等级符号和脱氧方法符号四个部分按顺序组成。其中：质量等级是以所含硫、磷的数量来控制的，对冲击韧性各有不同的要求，D 级钢为优质钢（含 S、P 均小于或等于 0.035%），A、B、C 级均为普通钢。脱氧方法符号的意义为：F—沸腾钢、b—半镇静钢、Z—镇静钢，TZ—特殊镇静钢。

碳素结构钢按其力学性能和化学成分含量可分为Q195、Q215、Q235、Q275四个牌号。例如Q235-B·F表示屈服强度为235 MPa、质量等级为B级、脱氧方法为沸腾钢的碳素结构钢。

2. 碳素结构钢的技术标准

各牌号的碳素结构钢均应符合相关规定，其力学性能见表7.2，冷弯性能见表7.3。

表7.2 碳素结构钢的力学性能

牌号	等级	屈服强度 R_{eH}(N/mm², 不小于) 厚度(或直径)(mm)						抗拉强度 R_m (N/mm²)	断后伸长率 A(%, 不小于) 厚度(或直径)(mm)					冲击试验(V形缺口)	
		≤16	16~40(含)	40~60(含)	60~100(含)	100~150(含)	150~200(含)		≤40	40~60(含)	60~100(含)	100~150(含)	150~200(含)	温度(℃)	冲击吸收功(纵向)(J, 不小于)
Q195	—	195	185	—	—	—	—	315~430	33	—	—	—	—	—	—
Q215	A	215	205	195	185	175	165	335~450	31	30	29	27	26	—	—
	B													+20	27
Q235	A	235	225	215	215	195	185	370~500	26	25	24	22	21	—	—
	B													+20	27
	C													0	
	D													−20	
Q275	A	275	265	255	245	225	215	410~540	22	21	20	18	17	—	—
	B													+20	27
	C													0	
	D													−20	

表7.3 碳素结构钢的冷弯性能

牌 号	试样方向	冷弯试验(试样宽度=2倍试样厚度，弯曲角度180°) 钢材厚度(或直径)(mm)	
		≤60	60~100
		弯心直径 d	
Q195	纵	0	—
	横	0.5a	
Q215	纵	0.5a	1.5a
	横	a	2a
Q235	纵	a	2a
	横	1.5a	2.5a
Q275	纵	1.5a	2.5a
	横	2a	3a

不同牌号的碳素结构钢含碳量不同。牌号越大，含碳量越高，如Q195含碳量小于等于0.12%，Q215含碳量小于等于0.15%，Q235含碳量小于等于0.22%，Q275含碳量小于等于0.24%。因此，牌号较高的碳素结构钢，其强度较高，硬度较大，塑性、韧性较低。

从表中我们还注意到，钢材的厚度或直径越小，其屈服强度的指标越高，这是由于它在热轧时所轧的次数多一些，内部组织更加紧密，晶粒变小的缘故。

3. 碳素结构钢的应用

Q195 和 Q215 钢的强度低，塑性、韧性很好，易于冷加工，可制作冷拔低碳钢丝、铁钉、铆钉、螺栓。

Q235 具有较高的强度和良好的塑性、韧性、可焊性和冷加工性能，能较好地满足一般钢结构和钢筋混凝土结构的用钢要求，故在建筑工程中广泛应用。如钢结构用的各种型钢和钢板，钢筋混凝土结构所用的光圆钢筋，各种供水、供气、供油的管道，铁路轨道中用的垫板、道钉、轨距杆、防爬器等配件，大多数是由 Q235 制作而成的。Q235-C 和 Q235-D 质量优良，适用于重要的焊接结构。

Q275 强度虽高，但塑性、韧性和可焊性较差，加工难度增大，可用于结构中的配件、制造螺栓、预应力锚具等。

7.3.2 低合金高强度结构钢

在工程上如需要强度更高，并且塑性、韧性均较好的钢，就需要采用低合金结构钢。它是在碳素结构钢的基础上，加入总量不超过钢质量 5% 的锰(Mn)、硅(Si)、钒(V)、钛(Ti)、铌(Nb)、铬(Cr)、镍(Ni)、铜(Cu)等合金元素或稀土元素(RE)而成的。

1. 低合金高强度结构钢的牌号

低合金高强度结构钢的牌号由代表屈服点的汉语拼音首字母 Q、规定的最小上屈服强度数值、交货状态代号和质量等级符号四个部分组成。低合金高强度结构钢按其最小上屈服强度数值划分为 Q355、Q390、Q420、Q460、Q500、Q550、Q620 和 Q690 八个牌号。交货状态为热轧时，交货状态代号 AR 或 WAR 可省略；交货状态为正火或正火轧制状态时，交货状态代号均用 N 表示；交货状态为热机械轧制时，交货状态代号用 M 表示。按内部杂质硫、磷含量由多到少，划分为 B、C、D、E、F 五个质量等级。

2. 低合金高强度结构钢的技术标准

各牌号的低合金高强度结构钢的技术标准，见表 7.4～表 7.7。

表 7.4 低合金高强度结构钢的拉伸性能

牌号		上屈服强度 R_{eH}(MPa，不小于)									抗拉强度 R_m(MPa)			
		公称厚度或直径(mm)												
钢级	质量等级	≤16	16～40(含)	40～63(含)	63～80(含)	80～100(含)	100～150(含)	150～200(含)	200～250(含)	250～400(含)	≤100	100～150(含)	150～250(含)	250～400(含)
Q355	B,C	355	345	335	325	315	295	285	275	—	470～630	450～600	450～600	—
	D									265				450～600
Q390	B、C、D	390	380	360	340	340	320	—	—	—	490～650	470～620	—	—
Q420	B,C	420	410	390	370	370	350	—	—	—	520～680	500～650	—	—
Q460	C	460	450	430	410	410	390	—	—	—	550～720	530～700	—	—

表 7.5 低合金高强度结构钢的伸长率

牌号		断后伸长率 A(%,不小于)						
		公称厚度或直径(mm)						
钢级	质量等级	试样方向	≤40	40～63(含)	63～100(含)	100～150(含)	150～250(含)	250～400(含)
Q355	B、C、D	纵向	22	21	20	18	17	17
		横向	20	19	18	18	17	17
Q390	B、C、D	纵向	21	20	20	19	—	—
		横向	20	19	19	18	—	—
Q420	B、C	纵向	20	19	19	19	—	—
Q460	C	纵向	18	17	17	17	—	—

表 7.6 低合金高强度结构钢的弯曲试验性能

试样方向	180°弯曲试验 D——弯曲压头直径,a——试样厚度或直径	
	公称厚度或直径(mm)	
	≤16	16～100(含)
对于公称宽度不小于 600 mm 的钢板及钢带,拉伸试验取横向试样;其他钢材的拉伸试验取纵向试样	$D=2a$	$D=3a$

表 7.7 低合金高强度结构钢的冲击试验性能

牌号		以下试验温度的冲击吸收能量最小值(J)									
钢级	质量等级	20 ℃		0 ℃		−20 ℃		−40 ℃		−60 ℃	
		纵向	横向	纵向	横向	纵向	横向	纵向	横向	纵向	横向
Q355、Q390、Q420	B	34	27	—	—	—	—	—	—	—	—
Q355、Q390、Q420、Q460	C	—	—	34	27	—	—	—	—	—	—
Q355、Q390	D	—	—	—	—	34	27	—	—	—	—
Q355N、Q390N、Q420N	B	34	27	—	—	—	—	—	—	—	—
Q355N、Q390N Q420N、Q460N	C	—	—	34	27	—	—	—	—	—	—
	D	55	31	47	27	40	20	—	—	—	—
	E	63	40	55	34	47	27	31	20	—	—
Q355N	F	63	40	55	34	47	27	31	20	27	16
Q355M、Q390M、Q420M	B	34	27	—	—	—	—	—	—	—	—
Q355M、Q390M、 Q420M、Q460M	C	—	—	34	27	—	—	—	—	—	—
	D	55	31	47	27	40	20	—	—	—	—
	E	63	40	55	34	47	27	31	20	—	—
Q355M	F	63	40	55	34	47	27	31	20	27	16
Q500M、Q550M、 Q620M、Q690M	C	—	—	55	34	—	—	—	—	—	—
	D	—	—	—	—	47	27	—	—	—	—
	E	—	—	—	—	—	—	31	20	—	—

3.低合金高强度结构钢的应用

低合金高强度结构钢与碳素结构钢相比,具有以下优点:

(1)强度高,综合性能好。将表 7.4 与表 7.2 对比可知,低合金高强度结构钢的强度比最常用的 Q235 高 25%~60%,并且具有较好的塑性、冲击韧性和可焊性。低合金高强度结构钢的含碳量不高,都在 0.20%以下,既有合金元素增强,又有微量元素改善其塑性、韧性,故强度提高,综合性能好。

(2)节省钢材,成本低。由于低合金高强度结构钢的强度较高,在相同条件下用钢量比普通碳素结构钢可节省 20%~50%。虽然钢材的单价稍有提高,但由于用钢量的减少,使相应的运输、加工、安装费用均可降低。因而使用低合金高强度结构钢,具有较好的技术经济效果。

低合金高强度结构钢可用于高层建筑的钢结构、大跨度的屋架、网架、桥梁或其他承受较大冲击荷载作用的结构。强度较高的钢筋、桥梁用钢、钢轨用钢、弹簧用钢(如铁路轨道用的 ω 形弹条为 60 SiMn 钢)等,都是采用不同的低合金结构钢轧制而成的。

7.3.3 优质碳素结构钢

优质碳素结构钢简称为优质碳素钢,它是含硫、磷均不大于 0.035%的碳素钢,其钢材有经热处理或不经热处理两种交货状态。

优质碳素结构钢的牌号用平均含碳量的万分数表示,分 28 个牌号。含锰量较高时(0.7%~1.2%),应在牌号的后面加注锰(Mn)字,如:45 号钢,表示平均含碳量为 0.45%的优质碳素结构钢;60Mn 钢,表示平均含碳量为 0.60%、含锰量较高的优质碳素钢。优质碳素结构钢的技术指标,见表 7.8。

表 7.8 优质碳素结构钢的力学性能

序号	牌号	试样毛坯尺寸(mm)	推荐的热处理制度			力学性能					交货硬度 HBW	
			正火	淬火	回火	抗拉强度 R_m(MPa)	下屈服强度 R_{eL}(MPa)	断后伸长率 A(%)	断面收缩率 Z(%)	冲击吸收能量(J)	未热处理钢	退火钢
			加热温度(℃)			≥					≤	
1	08	25	930	—	—	325	195	33	60	—	131	—
2	10	25	930	—	—	335	205	31	55	—	137	—
3	15	25	920	—	—	375	225	27	55	—	143	—
4	20	25	910	—	—	410	245	25	55	—	156	—
5	25	25	900	870	600	450	275	23	50	71	170	—
6	30	25	880	860	600	490	295	21	50	63	179	—
7	35	25	870	850	600	530	315	20	45	55	197	—
8	40	25	860	840	600	570	335	19	45	47	217	187
9	45	25	850	840	600	600	355	16	40	39	229	197
10	50	25	830	830	600	630	375	14	40	31	241	207
11	55	25	820	—	—	645	380	13	35	—	255	217
12	60	25	810	—	—	675	400	12	35	—	255	229

续上表

序号	牌号	试样毛坯尺寸(mm)	推荐的热处理制度			力学性能					交货硬度 HBW	
			正火	淬火	回火	抗拉强度 R_m (MPa)	下屈服强度 R_{eL} (MPa)	断后伸长率 A (%)	断面收缩率 Z (%)	冲击吸收能量 (J)	未热处理钢	退火钢
			加热温度(℃)			≥					≤	
13	65	25	810	—	—	695	410	10	30	—	255	229
14	70	25	790	—	—	715	420	9	30	—	269	229
15	75	试样	—	820	480	1 080	880	7	30	—	285	241
16	80	试样	—	820	480	1 080	930	6	30	—	285	241
17	85	试样	—	820	480	1 130	980	6	30	—	302	255
18	15 Mn	25	920	—	—	410	245	26	55	—	163	—
19	20 Mn	25	910	—	—	450	275	24	50	—	197	—
20	25 Mn	25	900	870	600	490	295	22	50	71	207	—
21	30 Mn	25	880	860	600	540	315	20	45	63	217	187
22	35 Mn	25	870	850	600	560	335	18	45	55	229	197
23	40 Mn	25	860	840	600	590	355	17	45	47	229	207
24	45 Mn	25	850	840	600	620	375	15	40	39	241	217
25	50 Mn	25	830	830	600	645	390	13	40	31	255	217
26	60 Mn	25	810	—	—	690	410	11	35	—	269	229
27	65 Mn	25	830	—	—	735	430	9	30	—	285	229
28	70 Mn	25	790	—	—	785	450	8	30	—	285	229

优质碳素结构钢的特点在于强度高，塑性、冲击韧性好，如 25 号优质碳素结构钢 $A_k \geq$ 71 J，与相同含碳量的 Q255（$A_k \geq 27$ J）相比，冲击韧性有很大程度的提高。

优质碳素结构钢在工程中适用于高强度、高硬度、受强烈冲击荷载作用的部位和作冷拔坯料等。如 45 号优质碳素钢，主要用于制作钢结构用的高强度螺栓、预应力锚具；55～65 号优质碳素钢，主要用于制作铁路施工用的道镐、道钉锤、道砟耙等；70～75 号优质碳素钢，主要用于制作各种型号的钢轨；75～85 号优质碳素钢，主要用于制作高强度钢丝、刻痕钢丝和钢绞线等。

7.4 钢筋和钢丝

钢筋和钢丝是建筑工程中使用量最大的钢材品种之一，它们是钢筋混凝土和预应力混凝土的重要组成材料。

一般认为，直径不小于 6 mm 的是钢筋，主要品种有热轧钢筋、冷拉钢筋、冷轧带肋钢筋、热处理钢筋等。直径小于 6 mm 的是钢丝，主要品种有冷拔低碳钢丝、预应力混凝土用钢丝、钢绞线等。

7.4.1 热轧钢筋

根据其表面特征不同，热轧钢筋分为光圆钢筋和带肋钢筋。带肋钢筋有月牙肋钢筋和等高肋钢筋之分，如图 7.12 所示。

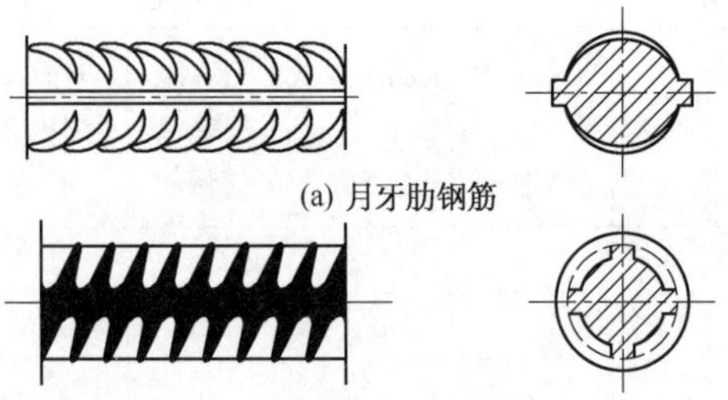

(a) 月牙肋钢筋

(b) 等高肋钢筋

图 7.12 带肋钢筋

1. 钢筋混凝土用热轧光圆钢筋

热轧光圆钢筋的牌号由 HPB 和钢筋的屈服强度特征值构成。H、P、B 分别表示为热轧(Hot rolled)、平(Plain)、钢筋(Bars)三个词的英文首位字母。热轧光圆钢筋牌号为 HPB300，公称直径为 6～22 mm。

热轧光圆钢筋的力学性能和工艺性能应符合表 7.9 的规定。

表 7.9 直条光圆钢筋的力学性能、工艺性能

牌 号	下屈服强度 R_{eL} (MPa)	抗拉强度 R_m (MPa)	断后伸长率 A (%)	最大力总延伸率 A_{gt} (%)	冷弯试验(180°) d 为弯心直径，a 为钢筋公称直径
	不小于				
HPB300	300	420	25.0	10.0	$d=a$

2. 热轧带肋钢筋

热轧带肋钢筋的牌号由 HRB 或 HRBF 与钢筋的屈服强度特征值构成。H、R、B、F 分别表示为热轧(Hot rolled)、带肋(Ribbed)、钢筋(Bars)、细(Fine)四个词的英文首位字母。热轧带肋钢筋分为 HRB400(HRBF400)、HRB500(HRBF500)、HRB600 三个牌号，公称直径为 6～50 mm。

热轧带肋钢筋的力学性能和弯曲性能应符合表 7.10～表 7.11 的规定。

表 7.10 热轧带肋钢筋力学性能

牌号	下屈服强度 R_{eL} (MPa)	抗拉强度 R_m (MPa)	断后伸长率 A (%)	最大力总延伸率 A_{gt} (%)	R^{o}_{m}/R^{o}_{eL}	R^{o}_{eL}/R_{eL}
	不小于					不大于
HRB400 HRBF400	400	540	16	7.5	—	—
HRB400E HRBF400E			—	9.0	1.25	1.30
HRB500 HRBF500	500	630	15	7.5	—	—
HRB500E HRBF500E			—	9.0	1.25	1.30
HRB600	600	730	14	7.5	—	—

注：R^{o}_{m} 为钢筋实测抗拉强度；R^{o}_{eL} 为钢筋实测下屈服强度。

表 7.11 热轧带肋钢筋弯曲性能(单位:mm)

牌号	公称直径 d	弯曲压头直径
HRB400 HRBF400 HRB400E HRBF400E	6~25	4 d
	28~40(含)	5 d
	40~50	6 d
HRB500 HRBF500 HRB500E HRBF500E	6~25	6 d
	28~40(含)	7 d
	40~50	8 d
HRB600	6~25	6 d
	28~40(含)	7 d
	40~50	8 d

3. 应用

热轧光圆钢筋是用Q235碳素结构钢轧制而成的钢筋,其强度较低,塑性及焊接性能好,伸长率高,便于弯曲成型,主要作为中、小型钢筋混凝土结构的受力钢筋和构造钢筋,也可用于钢、木结构的拉杆。

热轧带肋钢筋中,HRB400是采用低合金镇静钢和半镇静钢轧制而成的,由于强度较高,塑性及焊接性能好,广泛用作大、中型钢筋混凝土结构的受力钢筋。HRB400经过冷拉后,还可用作为预应力钢筋。HRB500是采用中碳低合金镇静钢轧制而成的,钢筋表面轧有纵肋和横肋。强度高,但塑性和可焊性较差,是建筑工程中的主要预应力钢筋。如需焊接时,应采取适当的焊接方法和焊后热处理工艺,以保证焊接质量,防止发生脆性断裂。HRB500钢筋使用前也可以进行冷拉处理,提高屈服强度,节约钢材。

7.4.2 冷轧带肋钢筋

冷轧带肋钢筋是以普通低碳钢、优质碳素钢或低合金钢热轧圆盘条为母材,经冷轧减径后在其表面冷轧成具有三面或二面月牙形横肋的钢筋。冷轧带肋钢筋的牌号由CRB和钢筋抗拉强度特征值构成;高延性冷轧带肋钢筋由CRB、钢筋抗拉强度特征值和H符号三部分构成。C、R、B、H分别为冷轧(Cold rolled)、带肋(Ribbed)、钢筋(Bar)、高延性(High elongation)四个词的英文首位字母。冷轧带肋钢筋分为CRB550、CRB650、CRB800、CRB600H、CRB680H、CRB800H六个牌号。CRB550、CRB600H、CRB680H钢筋的公称直径范围为4~12 mm,CRB650、CRB800、CRB800H牌号钢筋的公称直径为4 mm、5 mm、6 mm。冷轧带肋钢筋的力学性能和工艺性能要求见表7.12。

冷轧带肋钢筋既具有冷拉钢筋强度高的特点,同时又具有很强的握裹力,大大提高了构件的整体强度和抗震能力,可作为中、小型预应力混凝土结构构件和普通钢筋混凝土结构构件中的受力钢筋、构造钢筋等。

表 7.12　冷轧带肋钢筋的力学性能和工艺性能

分类	牌号	规定塑性延伸强度 $R_{p0.2}$(MPa,不小于)	抗拉强度 R_m(MPa,不小于)	$R_m/R_{p0.2}$(不小于)	断后伸长率(%,不小于)		最大力总延伸率(%,不小于)	弯曲试验①180°	反复弯曲次数	应力松弛初始应力应相当于公称抗拉强度的 70%
					A	$A_{100\ mm}$	A_{gt}			1 000 h(%,不大于)
普通钢筋混凝土用	CRB550	500	550	1.05	11.0	—	2.5	$D=3d$	—	—
	CRB600H	540	600	1.05	14.0	—	5.0	$D=3d$	—	—
	CRB680H②	600	680	1.05	14.0	—	5.0	$D=3d$	4	5
预应力混凝土用	CRB650	585	650	1.05	—	4.0	2.5	—	3	8
	CRB800	720	800	1.05	—	4.0	2.5	—	3	8
	CRB800H	720	800	1.05	—	7.0	4.0	—	4	5

注:① D 为弯心直径,d 为钢筋公称直径;

② 当该牌号钢筋作为普通钢筋混凝土用钢筋使用时,对反复弯曲和应力松弛不做要求;当该牌号钢筋作为预应力混凝土用钢筋使用时应进行反复弯曲试验代替 180°弯曲试验,并检测松弛率。

7.4.3　预应力混凝土用热处理钢筋

预应力混凝土用热处理钢筋是由热轧螺纹钢筋(中碳低合金钢)经淬火和回火调质处理而成的,按其螺纹外形,分为有纵肋和无纵肋两种。经调质处理后的钢筋特点是塑性降低不大,但强度提高很多,综合性能比较理想。

预应力混凝土用热处理钢筋的力学性能应符合表 7.13 的要求。

表 7.13　预应力混凝土用热处理钢筋的力学性能

<table>
<tr><th rowspan="2">表面形状类型</th><th rowspan="2">公称直径 D_n(mm)</th><th rowspan="2">抗拉强度 R_m(MPa,不小于)</th><th rowspan="2">规定塑性延伸强度 $R_{p0.2}$(MPa,不小于)</th><th colspan="2">弯曲性能</th><th colspan="2">应力松弛性能</th></tr>
<tr><th>性能要求</th><th>弯曲半径(mm)</th><th>初始应力为公称抗拉强度的百分数(%)</th><th>1 000 h 应力松弛率 r(%,不大于)</th></tr>
<tr><td rowspan="11">光圆</td><td>6</td><td rowspan="11">1 080
1 230
1 420
1 570</td><td rowspan="11">930
1 080
1 280
1 420</td><td rowspan="5">反复弯曲
不小于 4 次</td><td>15</td><td rowspan="11">60
70
80</td><td rowspan="11">1.0
2.0
4.5</td></tr>
<tr><td>7</td><td>20</td></tr>
<tr><td>8</td><td>20</td></tr>
<tr><td>9</td><td>25</td></tr>
<tr><td>10</td><td>25</td></tr>
<tr><td>11</td><td rowspan="6">弯曲
160°~180°
后弯曲处
无裂纹</td><td rowspan="6">弯曲压头
直径为钢
棒公称直
径的 10 倍</td></tr>
<tr><td>12</td></tr>
<tr><td>13</td></tr>
<tr><td>14</td></tr>
<tr><td>15</td></tr>
<tr><td>16</td></tr>
</table>

续上表

表面形状类型	公称直径 D_n(mm)	抗拉强度 R_m(MPa，不小于)	规定塑性延伸强度 $R_{p0.2}$(MPa，不小于)	弯曲性能		应力松弛性能	
				性能要求	弯曲半径(mm)	初始应力为公称抗拉强度的百分数(%)	1 000 h应力松弛率 r(%,不大于)
螺旋槽	7.1 9.0 10.7 12.6 14.0	1 080 1 230 1 420 1 570	930 1 080 1 280 1 420	—		60 70 80	1.0 2.0 4.5
螺旋肋	6 7 8 9 10	1 080 1 230 1 420 1 570	930 1 080 1 280 1 420	反复弯曲不小于4次/180°	15 20 20 25 25		
	11 12 13 14			弯曲160°～180°后弯曲处无裂纹	弯曲压头直径为钢棒公称直径的10倍		
	16 18 20 22	1 080 1 270	930 1 140				
带肋钢棒	6 8 10 12 14 16	1 080 1 230 1 420 1 570	930 1 080 1 280 1 420	—			

热处理钢筋具有强度高、韧性好，并且与混凝土黏结性能好，应力松弛低，塑性降低小，施工方便，节约钢筋等优点，主要用于预应力混凝土轨枕、预应力梁、板及吊车梁等构件。由于热处理钢筋对应力腐蚀及缺陷敏感性强，使用时不应被硬物划伤，并采取必要的技术措施防止热处理钢筋锈蚀。

7.4.4 预应力混凝土用钢丝

预应力混凝土用钢丝是指优质碳素结构钢盘条，经酸洗、拔丝模或轧辊冷加工后再经消除应力等工艺制成的高强度钢丝。预应力混凝土用钢丝按加工状态分为冷拉钢丝(代号为WCD)和消除应力钢丝两类。消除应力钢丝又分为低松弛钢丝(代号为WLR)和普通松弛钢丝(代号为WNR)，按外形又分为光圆钢丝(代号为P)、螺旋肋钢丝(代号为H)和刻痕钢丝(代号为I)三种。

冷拉钢丝、消除应力光圆钢丝、螺旋肋及刻痕钢丝的力学性能应符合有关的规定。消除应力光圆及螺旋肋钢丝的力学性能要求见表7.14。

冷拉钢丝、消除应力光圆、螺旋肋及刻痕钢丝均属于冷加工强化的钢筋，没有明显的屈服点，材料检验只能以抗拉强度为依据。设计强度取值以条件屈服点(规定非比例伸长应力 $\sigma_{p0.2}$)的统计值来确定，并且规定，非比例伸长应力 $\sigma_{p0.2}$ 值不小于公称抗拉强度的75%。

预应力混凝土用钢丝具有强度高、柔性好、松弛率低、抗腐蚀性强、质量稳定、安全可靠、无接头、施工方便等特点，主要用于大跨度屋架及薄腹梁、大跨度吊车梁、桥梁、轨枕、压力管道等预应力混凝土构件。

表 7.14　消除应力光圆及螺旋肋钢丝的力学性能

公称直径 d_a(mm)	公称抗拉强度 R_m(MPa)	最大力的特征值 F_m(kN)	最大力的最大值 $F_{m,max}$(kN)	0.2%屈服力 $F_{p0.2}$(kN,≥)	最大力总伸长率(L_0=200 mm) A_{gt}(%,≥)	反复弯曲性能		应力松弛性能	
						弯曲次数(次/180°,≥)	弯曲半径 R(mm)	初始力相当于实际最大力的百分数(%)	1 000 h应力松弛率 r(%,≤)
4.00		18.48	20.99	16.22		3	10		
4.80		20.61	30.23	23.35		4	15		
5.00		28.86	32.78	25.32		4	15		
6.00		41.56	47.21	36.47		4	15		
6.25		45.10	51.24	39.58		4	20		
7.00		56.57	64.26	49.64		4	20		
7.50	1 470	64.94	73.78	56.99		4	20		
8.00		73.88	83.93	64.84		4	20		
9.00		93.52	106.25	82.07		4	25		
9.50		104.19	118.37	91.44		4	25		
10.00		115.45	131.16	101.32		4	25		
11.00		139.69	158.70	122.59		—	—		
12.00		166.26	188.88	145.90		—	—		
4.00		19.73	22.24	17.37		3	10		
4.80		28.41	32.03	25.00		4	15		
5.00		30.82	34.75	27.12		4	15		
6.00		44.38	50.03	39.06		4	15		
6.25		48.17	54.31	42.39		4	20		
7.00		60.41	68.11	53.16		4	20		
7.50	1 570	69.36	78.20	61.04		4	20	70	2.5
8.00		78.91	88.96	69.44		4	20		
9.00		99.88	112.60	87.89	3.5	4	25		
9.50		111.28	125.46	97.93		4	25		
10.00		123.31	139.02	108.51		4	25	80	4.5
11.00		149.20	168.21	131.30		—	—		
12.00		177.57	200.19	156.26		—	—		
4.00		20.99	23.50	18.47		3	10		
5.00		32.78	36.71	28.85		4	15		
6.00		47.21	52.86	41.54		4	15		
6.25	1 670	51.24	57.38	45.09		4	20		
7.00		64.26	71.96	56.55		4	20		
7.50		73.78	82.62	64.93		4	20		
8.00		83.93	93.98	73.86		4	20		
9.00		106.25	118.97	93.50		4	25		
4.00		22.25	24.76	19.58		3	10		
5.00		34.75	38.68	30.58		4	15		
6.00	1 770	50.04	55.69	44.03		4	15		
7.00		68.11	75.81	59.94		4	20		
7.50		78.20	87.04	68.81		4	20		
4.00		23.38	25.89	20.57		3	10		
5.00	1 860	36.51	40.44	32.13		4	15		
6.00		52.58	58.23	46.27		4	15		
7.00		71.57	79.27	62.98		4	20		

7.4.5　预应力混凝土用钢绞线

预应力混凝土用钢绞线一般由 2 根、3 根或 7 根直径为 2.5～6.0 mm 的高强度光面或刻痕钢丝经绞捻、稳定化处理而制成。稳定化处理是为了减少应用时的应力松弛，而在一定的张力下进行的短时热处理。

钢绞线按捻制结构分为 5 种结构类型。用 2 根钢丝捻制的钢绞线为 1×2；用 3 根钢丝捻制的钢绞线为 1×3;用 3 根刻痕钢丝捻制的钢绞线为 1×3I;用 7 根钢丝捻制的标准钢绞线为 1×7;用 7 根钢丝捻制又经模拔的钢绞线为(1×7)C。1×7 钢绞线截面形式如图 7.13 所示。标准钢绞线是指由冷拉光圆钢丝捻制成的钢绞线,拔模型钢绞线指由捻制后再经冷拔而成的钢绞线。

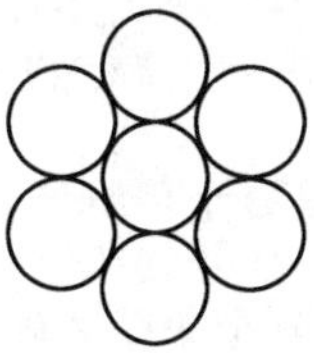

图 7.13 1×7 钢绞线截面示意

钢绞线的力学性能应符合有关规定。1×7 结构钢绞线力学性能要求见表 7.15。

表 7.15 1×7 结构钢绞线力学性能

钢绞线结构	钢绞线公称直径 D_n(mm)	公称抗拉强度 R_m(MPa)	整根钢绞线最大力 F_m(kN,≥)	整根钢绞线最大力的最大值 $F_{m,max}$(kN,≤)	0.2%屈服力 $F_{p0.2}$(kN,≥)	最大力总伸长率(L_0≥500 mm) A_{gt}(%,≥)	应力松弛性能	
							初始负荷相当于实际最大力的百分数(%)	1 000 h应力松弛率 r(%,≤)
1×7	15.20 (15.24)	1 470	206	234	181	对所有规格	对所有规格	对所有规格
		1 570	220	248	194			
		1 670	234	262	206			
	9.50 (9.53)	1 720	94.3	105	83.0			
	11.10 (11.11)		128	142	113			
	12.70		170	190	150			
	15.20 (15.24)		241	269	212			
	17.80 (17.78)		327	365	288			
	18.90	1 820	400	444	352			
	15.70	1 770	266	296	234			
	21.60		504	561	444			
	9.50 (9.53)	1 860	102	113	89.8			
	11.10 (11.11)		138	153	121		70	2.5
	12.70		184	203	162	3.5		
	15.20 (15.24)		260	288	229			
	15.70		279	309	246			
	17.80 (17.78)		355	391	311		80	4.5
	18.90		409	453	360			
	21.60		530	587	466			
	9.50 (9.53)	1 960	107	118	94.2			
	11.10 (11.11)		145	160	128			
	12.70		193	213	170			
	15.20 (15.24)		274	302	241			
1×7I	12.70	1 860	184	203	162			
	15.20 (15.24)		260	288	229			
(1×7)C	12.70	1 860	208	231	183			
	15.20 (15.24)	1 820	300	333	264			
	18.00	1 720	384	428	338			

预应力混凝土用钢绞线具有强度高、塑性好，与混凝土黏结性能好，易于锚固等特点，主要用于大跨度、重荷载的预应力混凝土结构。

7.4.6 混凝土用钢纤维

在混凝土中掺入钢纤维，能大大提高混凝土的抗冲击强度和韧性，显著改善其抗裂、抗剪、抗弯、抗拉、抗疲劳等性能，常用于机场跑道、高速公路路面、桥梁桥面铺装层等工程。

钢纤维的原材料可以使用碳素结构钢、合金结构钢和不锈钢，钢纤维按生产方式可分为切断钢纤维、剪断钢纤维、切削钢纤维、熔融抽丝钢纤维等。表面粗糙或表面刻痕、形状为波形或扭曲形、端部带钩或端部有大头的钢纤维与混凝土的黏结较好，有利于混凝土增强。钢纤维直径应控制在 0.3～0.6 mm，长度与直径之比控制在 40～60。增大钢纤维的长径比，可提高混凝土的增强效果；但过于细长的钢纤维容易在搅拌时形成纤维球而失去增强作用。钢纤维按抗拉强度分为 1 700 级、1 300 级、1 000 级、700 级、400 级五个等级，见表 7.16。

表 7.16　钢纤维的强度等级

等级	1 700 级	1 300 级	1 000 级	700 级	400 级
公称抗拉强度 R_m(MPa)	$R_m \geqslant 1\,700$	$1\,300 \leqslant R_m < 1\,700$	$1\,000 \leqslant R_m < 1\,300$	$700 \leqslant R_m < 1\,000$	$400 \leqslant R_m < 700$

7.5 桥梁结构钢

铁路与公路的桥梁除了承受静载外，还要直接承受动载，其中某些部位还承受交变应力的作用。桥梁全部暴露在大气中，有的处于多雨潮湿地区，有的处于冰雪严寒地带，它们要长期在受力状态下经受气候变化和腐蚀介质的严峻考验。因此和一般结构钢相比，桥梁结构钢除了必须具有较高的强度外，还要求有良好的塑性、韧性、可焊性及较高的疲劳强度和耐腐蚀性能。考虑到严寒地区的低温影响和长期的使用安全，还要求具有较小的冷脆性和时效敏感性，以免发生脆断事故。

7.5.1 桥梁结构钢的牌号

桥梁结构钢的牌号由代表屈服点的汉语拼音首字母 Q、规定最小屈服点数值、桥梁钢的汉语拼音字母、质量等级符号 4 部分组成。桥梁结构钢按钢材的屈服点分为 Q345q、Q370q、Q420q、Q460q、Q500q、 Q550q、Q620q 和 Q690q 八个牌号；按照硫、磷杂质含量由多到少分为 C、D、E、F 四个质量等级，其中 C 级硫、磷杂质含量与低合金高强度结构钢 C 级要求相当，D、E、F 级比低合金高强度结构钢相应等级要求更高。桥梁钢是专用钢，故在钢号后面加注一个"桥"字(代号为 q)，以示强调。如：Q345qC 代表屈服点为 345 MPa、质量等级为 C 级的桥梁钢。

桥梁钢各牌号化学成分、性能应符合相关规定，其力学性能和工艺性能的要求见表 7.17，并要求一组 3 个试件的平均值应不小于表中规定的最小值。冲击功试验的 3 个试样中，允许其中有一个试样的单值低于规定值，但不得低于规定值的 70%。桥梁结构钢钢板表面不应有裂纹、气泡、结疤、夹杂、折叠，钢材不应有分层。对厚度大于 20 mm 的钢板应进行超声波探伤检验。

表 7.17 桥梁结构钢的力学性能和工艺性能

牌号	质量等级	拉伸试验[①②]					冲击试验[③]	
		下屈服强度 R_{eL}(MPa)			抗拉强度 R_m(MPa)	断后伸长率 A(%)	温度(℃)	冲击吸收能量 KV_2(J)
		厚度≤50 mm	50 mm<厚度≤100 mm	100 m<厚度≤150 mm				
		不小于						不小于
Q345q	C	345	335	205	490	20	0	120
	D						−20	
	E						−40	
Q370q	C	370	360	—	510	20	0	120
	D						−20	
	E						−40	
Q420q	D	420	410	—	540	90	−20	120
	E						−40	
	F						−60	47
Q460q	D	460	450	—	570	18	−20	120
	E						−40	
	F						−60	47
Q500q	D	500	480	—	630	18	−20	120
	E						−40	
	F						−60	47
Q550q	D	550	530	—	660	16	−20	120
	E						−40	
	F						−60	47
Q620q	D	620	580	—	720	15	−20	120
	E						−40	
	F						−60	47
Q690q	D	690	650	—	770	14	−20	120
	E						−40	
							−60	47

注：① 当屈服不明显时，可测量 $R_{p0.2}$ 代替下屈服强度；

② 拉伸试验取横向试样；

③ 冲击试验取纵向试样。

7.5.2 桥梁结构钢的应用

Q345q 和 Q370q 是低合金钢，经过完全脱氧，杂质含量控制较严，具有良好的综合机械性能，不仅强度较高，而且塑性、韧性、可焊性等都较好。我国著名的南京长江大桥就是用 Q345q 钢建造的，但 Q345q 钢对板厚效应敏感，一般只能用到 32 mm 板厚。1987 年武汉钢铁公司采用适当降低 Q345q 钢含碳量和严格控制杂质含量(特别是硫含量)措施，加入少量铌元素，并采用钢锭模内稀土处理技术，使钢材晶粒细化，极大地降低了钢的板厚效应，提高了厚钢板的强度和韧性，这种新的钢种定为 14MnNbq，即现在的钢种 Q370q。Q370qE 钢在 1993 年用于京九线京杭运河大桥的试验钢桁梁，1998 年成功用于芜湖长江大桥钢梁。Q345q 和 Q370q 是我国建造钢梁主体结构的基本钢材。

Q420q 由鞍山钢铁公司（现鞍山钢铁集团有限责任公司）生产，Q420qE 成功地用于九江长江大桥正桥钢梁中的受拉及疲劳控制构件和箱形截面的部件上。与国外同等级的钢材性能比较，Q420q 钢的屈服强度、抗拉强度与之相当，韧性高于国外标准。Q420q 钢的强度、塑性、韧性和可焊性均很好，并具有较小的冷脆性和时效敏感性，比 Q345q 钢可节约钢材 10%以上，是很有发展前途的钢材。

7.6 钢 轨 钢

铁路钢轨经常处在车轮压力、冲击和磨损的作用下，要求钢轨不仅应具有较高的强度，以承受较高的压力和抗剥离的能力，而且还应具有较高的硬度、耐磨性、冲击韧性和疲劳强度。由于无缝线路的发展，还应具有良好的可焊性。用于多雨潮湿地区、盐碱地带和隧道中的钢轨，会经常受到各种侵蚀作用，所以应具有良好的耐腐蚀性能。为了满足上述要求，一般应选用含碳量较高（高碳钢）的平炉或氧气转炉镇静钢进行轧制。但含碳量过高，将使钢轨钢的塑性、韧性明显下降，因此一般含碳量不超过 0.82%。锰能有效地提高钢材的强度（固溶强化）及耐磨性，硅易与氧化合去除钢中的气泡，使钢材密实细致，硬度、耐磨性也提高，因此钢轨钢常常含有这两种元素。钢轨接头处轮轨的冲击力很大，为提高接头处的耐磨性，在钢轨两端 30～70 mm 的范围内应进行轨顶淬火处理，淬火深度 8～12 mm。

热轧钢轨钢技术性能表见表 7.18。

表 7.18 热轧钢轨钢技术性能

钢牌号	化学成分（质量分数，%）								抗拉强度（MPa）	断后伸长率（%）
	C	Si	Mn	P	S	Cr	V	Al		
U71Mn	0.65～0.80	0.15～0.58	0.70～1.20	≤0.025	≤0.025	—	—	≤0.004	≥880	≥10
U75V	0.71～0.80	0.50～0.80	0.75～1.05	≤0.025	≤0.025	—	0.04～0.12	≤0.004	≥980	≥10
U77MnCr	0.72～0.82	0.10～0.50	0.80～1.10	≤0.025	≤0.025	0.25～0.40	—	≤0.004	≥980	≥9
U78CrV	0.72～0.82	0.50～0.80	0.70～1.05	≤0.025	≤0.025	0.30～0.50	0.04～0.12	≤0.004	≥1 080	≥9
U76CrRE	0.71～0.81	0.50～0.80	0.80～1.10	≤0.025	≤0.025	0.25～0.35	0.04～0.08	≤0.004	≥1 080	≥9

钢轨钢还应进行落锤试验（评定冲击韧性），要求试样经打击一次后，两支点间不得有断裂现象。轧制后的钢轨应尽量避免弯曲，钢轨均匀弯曲不得超过钢轨全长的 0.5%。钢轨表面不得有裂纹、线纹、折叠、横向划痕及缩孔残余、分层等缺陷。钢轨截断时，应采用锯切工艺，以避免钢轨断面出现微裂纹。

钢轨的类型以每米大致的质量表示，我国铁路钢轨主要有 75 kg/m、60 kg/m、50 kg/m 和 43 kg/m 四种规格。标准轨定尺长度为 12.5 m、25 m、50 m 和 100 m 四种。随着重载高速线路的迅速发展,钢轨需要重型化。我国已经大量使用 60 kg/m 钢轨,在重载线路上逐步铺设 75 kg/m 钢轨。随着对钢轨的性能和质量要求越来越高,单一地通过对碳素钢钢轨增加含碳量或热处理的方法来提高钢轨的综合性能,已很难满足使用上的要求。近年来采取了钢轨合金化、热处理和控制轧制等综合措施,研制发展新一代的合金钢钢轨,取得了较好的效果。如攀钢生产的 U75V 高碳微钒轨,抗拉强度在 1 000 MPa 以上。U75V 全长淬火轨抗拉强度达到 1 300 MPa,且综合性能好,可以延长使用寿命 50%以上,已在我国铁道工程中应用。

7.7 建筑钢材的锈蚀与防锈、防火

处于大气、雨水中的钢铁结构物,受到周围介质的化学或电化学作用,逐渐遭到破坏的现象称为锈蚀。钢铁生锈是锈蚀最常见的例子,由于钢材的锈蚀所造成的经济损失是很严重的。随着钢材的使用量逐年增加,如何防止锈蚀,减少损失,是一个很值得研究的课题。

7.7.1 钢材的锈蚀

1. 钢材锈蚀的类型

根据锈蚀作用原理,钢材的锈蚀可分为化学锈蚀和电化学锈蚀。

(1)化学锈蚀:指钢材直接与周围介质发生化学反应而产生的锈蚀,如经过氧化作用,可在钢铁表面形成疏松的氧化物。在温度和湿度较高的条件下,这种锈蚀进行得很快。

(2)电化学锈蚀:指钢与电解质溶液接触后,由于形成许多微电池,进而产生电化学作用,引起锈蚀。这种锈蚀比化学锈蚀进行得更快。

通常所说钢铁在大气中的锈蚀,实际上是化学锈蚀和电化学锈蚀两者的综合,其中以电化学锈蚀为主。由于受到锈蚀,在钢材表面形成疏松的氧化铁和氢氧化铁,使钢结构截面面积减小,降低钢筋与混凝土之间的黏结力和结构的承载力。

影响钢材锈蚀的主要因素是环境湿度和周围介质的成分,同时也与钢材本身的化学成分、表面状况有关。大量实践证明:处于潮湿环境中或当大气中有较多的酸、碱、盐离子时,钢材容易发生锈蚀现象;有害杂质含量较高的钢材容易锈蚀;沸腾钢比镇静钢、转炉钢比平炉钢容易被锈蚀。

2. 防止钢材锈蚀的措施

(1)合金法

在碳素钢中加入所需的合金元素,制成抗腐蚀性能较好的合金钢。如不锈耐酸钢(即不锈钢)就是在钢中加入铬元素(还可加入钛、钼、镍等合金元素)的合金钢;在钢轨中加入 0.1%～0.15%铜,制成含铜钢轨,可以显著提高钢材的抗锈蚀能力。

(2)金属覆盖

用电镀或喷镀的方法,将其他耐锈蚀金属覆盖在钢材表面,以提高其抗锈蚀能力,如镀锌、镀锡、镀铬、镀银等。这种方法适用于小尺寸的构件;对于大尺寸的构件,不易施工。

近年来发展起来的喷锌技术也可应用于钢桥的涂装。将锌丝热熔后,用高压空气将其喷吹到钢构件的表面上形成覆盖层,以增强钢材的防锈蚀能力,效果比较显著。

(3)油漆覆盖

油漆覆盖是最常用的一种方法,简单易行,比较经济,但耐久性差,需要经常翻修。

①底漆:先在钢材表面打底。要求底漆对钢材的吸附力要大,并且漆膜致密,能隔离水蒸

气、氧气等,使之不易渗入。底漆内掺有防锈颜料,如红丹、锌粉、铬黄、锌黄等。常用的底漆有红丹防锈底漆、云母氧化铁酚醛底漆、云铁聚氨酯底漆、环氧富锌底漆等。

②面漆:面漆是防止钢材锈蚀的第一道防线,对底漆起着保护作用。面漆应该具有耐候性好,光敏感性弱,耐湿、耐热性好,不易粉化和龟裂等性能。常用的面漆有铝锌醇酸面漆、云母氧化铁醇酸面漆、云铁氯化橡胶面漆等。

值得一提的是在大型桥梁结构维修加固中常采用体外预应力体系,由此诞生了环氧钢绞线成品索和相应的锚夹具,这些都是钢材产品防止锈蚀的较好技术措施。

7.7.2 混凝土用钢筋的防锈

在正常的混凝土中 pH 值约为 12,这时在钢材表面能形成碱性氧化膜(钝化膜),对钢筋起保护作用。如果混凝土碳化后,由于碱度降低会失去对钢筋的保护作用。此外,混凝土中氯离子达到一定浓度,也会严重破坏钢筋表面的钝化膜。

在我国高速铁路建设中,要求结构物使用年限达 100 年之久。为防止钢筋锈蚀,应限制原材料中氯的含量,保证混凝土的密实度以及钢筋外侧混凝土保护层的厚度。此外,采用环氧树脂涂层钢筋或镀锌钢筋也是一种有效的防锈措施。

7.7.3 钢材的防火

钢是不燃性材料,但这并不表明钢材能够抵抗火灾。耐火试验与火灾案例调查表明:以失去支持能力为标准,无保护层时钢柱和钢屋架的耐火极限只有 0.25 h,而裸露钢材的耐火极限仅为 0.15 h。温度在 200 ℃以内,可以认为钢材的性能基本不变;超过 300 ℃以后,弹性模量、屈服强度和极限抗拉强度均开始显著下降,应变急剧增大;到达 600 ℃时已失去承载能力。所以,没有防火保护层的钢结构是不耐火的。

钢结构防火保护的基本原理是采用绝热或吸热材料,阻隔火焰和热量,推迟钢结构的升温速率。防火方法以包覆法为主,即以防火涂料、不燃性板材或混凝土和砂浆将钢构件包裹起来。

1. 防火涂料

防火涂料按受热时的变化分为膨胀型(薄型)和非膨胀型(厚型)两种。

膨胀型防火涂料的涂层厚度一般为 2～7 mm,附着力较强,有一定的装饰效果。由于其内含膨胀组分,遇火后会膨胀增厚 5～10 倍,形成多孔结构.从而起到良好的隔热防火作用,根据涂层厚度可使构件的耐火极限达到 0.5～1.5 h。

非膨胀型防火涂料的涂层厚度一般为 8～50 mm,呈粒状面。密度小、强度低,喷涂后需再用装饰面层隔护,耐火极限可达 0.5～3.0 h。为使防火涂料牢固地包裹钢构件,可在涂层内埋设钢丝网,并使钢丝网与钢构件表面的净距离保持在 6 mm 左右。

2. 不燃性板材

常用的不燃性板材有石膏板、硅酸钙板、蛭石板、珍珠岩板、矿棉板、岩棉板等,可通过黏合剂或钢钉、钢箍等固定在钢构件上。

复习思考题

1. 何谓铁和钢?它们在化学成分和性能上有何区别?

2. 何谓钢的脱氧？按脱氧程度钢分为哪几类？各用什么代号表示？性能上有何区别？

3. 低碳钢受拉时的应力—应变图可分为哪几个阶段？

4. 何谓钢材的屈服？什么是钢材的屈服强度？有何实用意义？屈服强度和抗拉强度如何计算？$\sigma_{0.2}$表示什么？

5. 钢材的塑性用什么表示？如何计算？δ_5 和 δ_{10}各表示什么？

6. 用一根直径为 16 mm 的钢筋作拉伸试验，屈服荷载为 73.3 kN，最大荷载为 104.5 kN，试件原标距为 80 mm，拉断后标距为 94 mm，试计算此钢筋的屈服强度、抗拉强度和伸长率，并判断钢筋所属级别。

7. 何谓钢材的冲击韧性？如何表示？何谓钢材的冷脆？

8. 何谓钢材的疲劳强度？

9. 何谓钢材的冷弯性能？如何评判钢材的冷弯性能合格？

10. 结构用钢材必须满足哪些技术指标的要求？在什么情况下还需考虑钢材的冲击韧性和疲劳强度？

11. C、Mn、Si、V、Ti、S、P 等化学元素对钢材性能有何影响？

12. 何谓钢材的冷加工和时效处理？有哪些冷加工方法？钢材经冷加工和时效处理后其性能有何变化？

13. 碳素结构钢的钢号是如何划分、如何表示的？钢材的性能与其钢号有何关系？为什么 Q235 号钢在建筑工程中得到广泛应用？

14. 何谓低合金高强度结构钢？其钢号如何表示？低合金高强度结构钢与碳素结构钢相比有何优点？它适用于哪些结构？

15. 说明下列钢号的含义：Q235-BZ、Q390、Q215-AF。

16. 热轧钢筋分几个等级？各级钢筋有什么特性和用途？

17. 何谓热处理钢筋、冷轧带肋钢筋、预应力混凝土用钢丝和钢绞线？它们各有哪些特性和用途？

18. 对铁路桥梁用钢有哪些要求？常用哪些钢号？

19. 对铁路钢轨用钢有哪些要求？常用哪些钢号？

20. 钢材锈蚀的类型有哪些？如何防止钢材的锈蚀？

项目 8

防水材料及沥青混合料

项目描述

防水材料是保证建筑物及构筑物免受雨水、地下水及其他水分侵蚀、渗透的重要材料，是土木工程中不可缺少的材料。通过本项目的学习，掌握常用防水材料的技术性能及检测办法，正确地选用防水材料。

学习目标

1. 能力目标

能够掌握石油沥青的技术性质及其测定方法。

2. 知识目标

了解其他防水制品的种类，能够在实际工程中能根据不同的部位及用途正确选用防水制品。

8.1 石油沥青

沥青是高分子碳氢化合物及其非金属（氧、氮、硫等）衍生物组成的极其复杂的混合物，在常温下呈现黑色或黑褐色的固体、半固体或液体状态，能溶于二硫化碳、氯仿、苯等多种有机溶剂。

沥青作为一种有机胶凝材料，具有良好的黏结性能、塑性、耐腐蚀性和憎水性，在建筑工程中主要作为防潮防水、防腐材料，用于屋面与地下防水工程、防腐处理和道路工程。

8.1.1 沥青的分类

沥青的品种很多，根据产源不同可分为地沥青和焦油沥青。

1. 地沥青

(1)天然沥青：由沥青湖或含有沥青的砂岩、砂等提炼而得。

(2)石油沥青：是由石油原油经蒸馏提炼出各种轻质油（如汽油、煤油、柴油等）及润滑油之后的残留物，或再经加工处理而得的产品。

2. 焦油沥青

(1)煤沥青：由煤焦油蒸馏后的残留物加工而得。

(2)页岩沥青:是油页岩炼油工业的副产品。

8.1.2　石油沥青的组分与结构

1. 石油沥青的组分

沥青的化学组成极为复杂,从工程使用的角度出发,将沥青中化学成分和物理性质相近,并且具有某些共同特征的部分,划分为一个组分(或称为组丛)。一般将石油沥青划分为油分、树脂和地沥青质三个主要组分,这三个组分可利用沥青在不同有机溶剂中的选择性溶解分离出来。三组分的主要特征见表 8.1。

表 8.1　石油沥青各组分主要特征

组　分	状　态	颜　色	密　度	分子量	含量(%)
油　分	油状液体	淡黄～红褐色	小于 1	300～500	40～60
树　脂	黏稠状液体	黄～黑色	略大于 1	600～1 000	15～30
地沥青质	无定形固体粉末	黑褐～黑色	大于 1	>1 000	10～30

不同组分对石油沥青性能的影响不同。油分赋予石油沥青流动性;树脂使石油沥青具有良好的塑性和黏结性;地沥青质则决定着石油沥青的耐热性、黏滞性和脆性,其含量越高,耐热性越好,黏滞性越大,沥青越硬越脆。

2. 石油沥青的结构

在沥青中,油分与树脂互溶,树脂浸润地沥青质。因此,石油沥青的结构是以地沥青质为核心,周围吸附部分树脂和油分构成胶团,无数胶团分散在油分中而形成胶体结构。

当地沥青质含量相对较少,油分和树脂含量相对较高时,胶团外膜较厚,胶团之间相对运动较自由,这时沥青形成溶胶结构。具有溶胶结构的石油沥青黏滞性小而流动性大,温度稳定性较差。

当地沥青质含量较多而油分和树脂较少时,胶团外膜较薄,胶团靠近聚集,移动比较困难,这时沥青形成凝胶结构。具有凝胶结构的石油沥青的弹性和黏滞性较高,温度稳定性较好,但塑性较差。

当地沥青质含量适当,并有较多的树脂作为保护膜层时,胶团之间保持一定的吸引力,这时沥青形成溶胶—凝胶结构。溶胶—凝胶型石油沥青的性质介于溶胶型和凝胶型两者之间。大多数优质石油沥青属于这种结构状态。

8.1.3　石油沥青的技术性质

1. 黏滞性

黏滞性是指石油沥青在外力作用下抵抗变形的能力,它反映了石油沥青软硬、稀稠的程度,是划分石油沥青牌号的主要性能指标。

工程上,液体石油沥青的黏滞性用黏滞度(也称标准黏度)表示,它表征了液体沥青在流动时的内部阻力;对于半固体或固体的石油沥青则用针入度表示,它反映了石油沥青抵抗剪切变形的能力。

黏滞度是在规定温度 t(通常为 20 ℃、25 ℃、30 ℃或 60 ℃),规定直径 d(为 3 mm、5 mm 或 10 mm)的孔中流出 50 mL 沥青所需的秒数。常用符号“C_t^d”表示。黏滞度测定如图 8.1 所示。在温度、孔径相同的情况下,流出时间越长,说明黏滞度越大,沥青越稠。

针入度是在规定温度条件下，以规定质量的标准针，在规定时间内贯入试样中的深度（1/10 mm 为 1 度）。针入度测定如图 8.2 所示。显然，针入度越大，表示沥青越软，黏度越小。

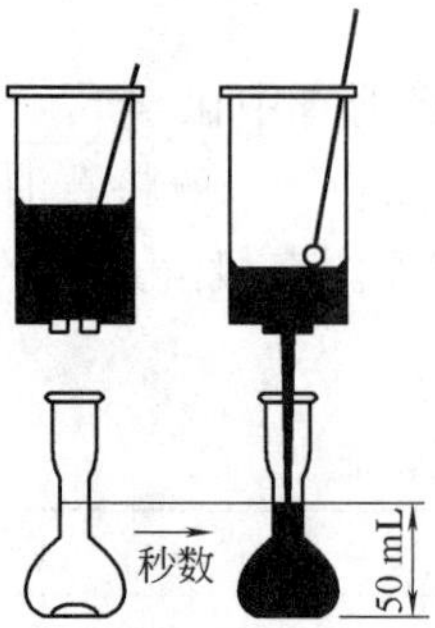

图 8.1　黏滞度测定示意

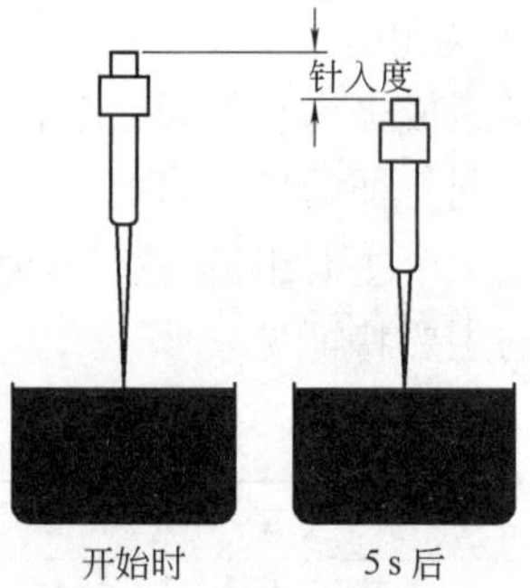

图 8.2　针入度测定示意

沥青的黏滞性与其组分以及所处的环境温度有关。一般地沥青质含量高，并含有适量的树脂和较少的油分时，石油沥青黏滞性大。环境温度升高时，沥青的黏滞性降低。

2. 塑性

塑性是指石油沥青在外力作用下产生变形而不破坏，除去外力后仍保持变形后形状的性质。

石油沥青的塑性用延度表示。沥青延度是把沥青试样制成八字形标准试件（中间最小截面积为 1 cm^2），在规定的拉伸速度（5 cm/min）和规定温度（25 ℃）下拉断时的伸长长度，单位为 cm。延度指标测定如图 8.3 所示。延度值越大，表示沥青塑性越好。

沥青塑性的大小与其组分和所处的环境温度紧密相关。沥青中油分和地沥青质适量，树脂含量越多，延度越大，塑性越好。外界温度升高时，沥青的塑性增大。

沥青塑性是影响沥青防水材料质量的重要因素。塑性小的沥青在低温或负温下易产生开裂，降低防水效果；塑性大的沥青具有一定的自愈性，有较好的耐久性。

3. 温度敏感性（耐热性）

温度敏感性是指石油沥青的黏滞性和塑性随温度升降而变化的性能。

温度敏感性用软化点表示。软化点是指沥青由固体状态转变为具有一定流动性膏体时的温度，可采用环球法测定，如图 8.4 所示。它是把沥青试样装入规定尺寸的铜环内，试样上放置一标准钢球，浸入水或甘油中，以规定的升温速度（5 ℃/min）加热，使沥青软化下垂，当沥青下垂量达 25.4 mm 时的温度，即为沥青软化点。软化点越高，表明沥青的耐热性越好。

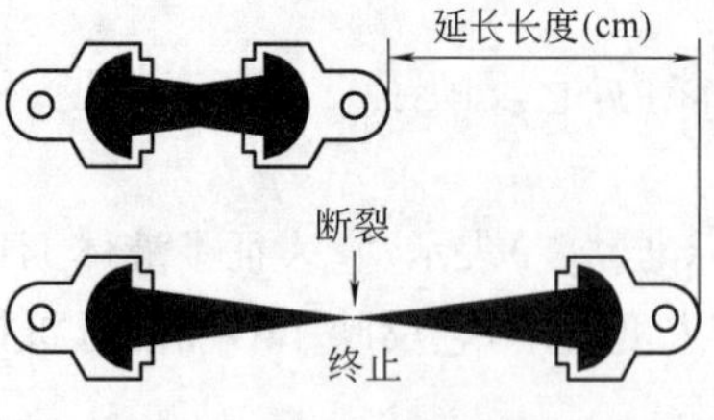

图 8.3　延度测定示意

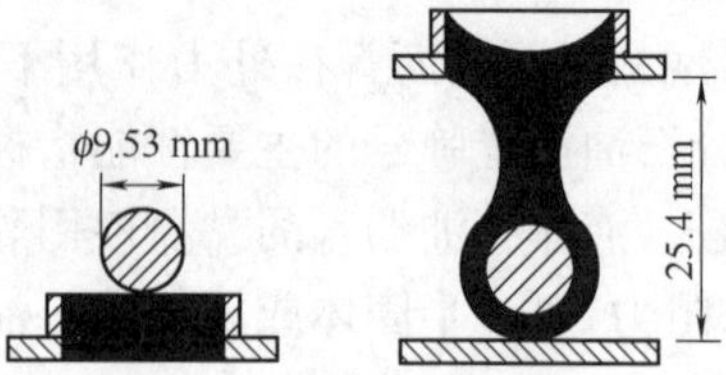

图 8.4　软化点测定示意

石油沥青温度敏感性与沥青中地沥青质、石蜡的含量密切相关。地沥青质含量增大，沥青的温度敏感性降低，耐热性提高；沥青中石蜡含量高时，温度敏感性增大，耐热性降低。

沥青软化点不能太低，否则夏季易软化发生流淌；但软化点也不能太高，否则质地太硬，不易施工，并且在冬季易发生脆裂现象。工程上往往采用掺入滑石粉、石灰粉或其他矿物填料的方法，来改善沥青的温度敏感性。

4. 大气稳定性

大气稳定性是指石油沥青在热、光、氧气和潮湿等因素长期综合作用下抵抗老化的性能，它反映沥青的耐久性。

在光、热、大气等外界因素的综合作用下，沥青各组分会不断递变。低分子化合物将逐步转变成高分子化合物，即油分向树脂转化，树脂向地沥青质转化。由于树脂向地沥青质转化的速度要比油分变为树脂的速度快得多，因此随时间的推移，石油沥青的流动性和塑性逐渐减小，硬脆性逐渐增大，这一过程称为沥青的老化。

石油沥青的大气稳定性是以沥青试样在加热蒸发前后的“蒸发损失百分率”和“蒸发后针入度比”来表示，其测定方法是：先测定沥青试样的质量及其针入度，然后将试样置于烘箱中，在 160 ℃下加热蒸发 5 h，待冷却后再测定其质量和针入度。

$$\text{蒸发损失百分率}=\frac{\text{蒸发前质量}-\text{蒸发后质量}}{\text{蒸发前质量}}\times 100\%$$

$$\text{蒸发后针入度比}=\frac{\text{蒸发后针入度}}{\text{蒸发前针入度}}\times 100\%$$

蒸发损失百分率越小，蒸发后针入度比越大，则表示沥青大气稳定性越好，沥青老化越慢。

5. 其他性质

(1)溶解度

溶解度是指石油沥青在三氯乙烯、四氯化碳或苯中溶解的百分率(即有效物质含量)，可以反映沥青中有害杂质含量(如沥青碳或似碳物)的多少。沥青中有害杂质含量高，会降低沥青的黏结性。

(2)闪点

闪点也称闪火点，是指沥青加热至挥发时的可燃气体与空气混合，在规定的条件下与火焰接触，初次产生蓝色闪光时的沥青温度。燃点也称着火点，是指沥青加热产生的混合气体与火接触能持续燃烧 5 s 以上时沥青的温度。

闪点和燃点的高低表明沥青引起火灾或爆炸的可能性大小，它关系到运输、储存和加热使用等方面的安全。沥青加热的最高温度必须低于其闪点和燃点，以防止沥青在加热时发生起火、爆炸、烫伤等事故。

(3)脆点

脆点是指沥青材料由黏塑状态转变为固体状态达到条件脆裂时的温度。在工程实际中要求沥青有较高的软化点和较低的脆点。

8.1.4　石油沥青的技术标准

石油沥青按用途分为建筑石油沥青、道路石油沥青等。石油沥青的技术标准见表 8.2。从表中可以看出，石油沥青的牌号主要根据针入度、延度和软化点等指标确定，并以针入度值表示。同一品种的石油沥青材料，牌号越高，则黏滞性越小(即针入度越大)、塑性越好(即延度越大)、耐热性越差(即软化点越低)、抗老化能力越强。

表 8.2　石油沥青技术标准

质量指标	沥青品种							
	建筑石油沥青			道路石油沥青				
	10 号	30 号	40 号	60 号	100 号	140 号	180 号	200 号
针入度(25 ℃,100 g,5 s)(0.1 mm)	10～25	26～35	36～50	50～80	80～110	110～150	150～200	200～300
延度(25 ℃,5 cm/min)(cm)	≥1.5	≥2.5	≥3.5	≥70	≥90	≥100	≥100	≥20
软化点(环球法)(℃)	≥95	≥75	≥60	45～58	42～55	38～51	35～48	30～48
溶解度(三氯乙烯)(%)	≥99.0	≥99.0	≥99.0	≥99.0				
闪点(开口杯法)(℃)	≥260	≥260	≥260	230	230	230	200	180
蒸发后质量损失(163 ℃,5 h)(%)	≤1	≤1	≤1	≤1.0	≤1.2	≤1.3	≤1.3	≤1.3
蒸发后 25 ℃针入度比(%)	≥65	≥65	≥65	报告				

注:道路石油沥青延度如 25 ℃达不到要求,15 ℃达到要求时,也认为合格。

8.1.5　石油沥青的选用

石油沥青的选用应根据工程类别(如房屋、道路或防腐)、当地气候条件、所处工程部位(如屋面、基础)等具体情况,合理选用不同品种和牌号的沥青。在满足使用要求的前提下,尽量选用较高牌号的石油沥青,以保证较长的使用年限。

道路石油沥青的牌号较多,选用时应根据地区气候条件、施工方法、施工季节的气温和路面类型等因素合理选用。道路石油沥青一般拌制成沥青混合料(如沥青混凝土或沥青砂浆),主要用于道路路面或车间地面等工程,也可作为密封材料以及沥青涂料等,一般选用黏滞性较大和软化点较高的石油沥青。

建筑石油沥青黏滞性大,耐热性较好,弹性大,但塑性较差,多用来制作防水卷材、防水涂料、沥青胶和沥青嵌缝膏,用于建筑屋面和地下防水、沟槽防水防腐,以及管道防腐等工程。

对于屋面工程所用沥青材料,在选用沥青牌号时应主要考虑耐热性要求,并适当考虑屋面的坡度。为避免夏季流淌,沥青软化点应比当地屋面可能达到的最高温度高出 20～25 ℃,即比当地最高气温高出 50 ℃左右。一般地区可选用 30 号的石油沥青,夏季炎热地区宜选用 10 号石油沥青,但严寒地区一般不宜使用 10 号石油沥青,以防止冬季出现脆裂现象。地下防水防潮层,可选用 30 号或 40 号石油沥青。

8.1.6　沥青的掺配和改性

工程中使用的沥青材料必须具有其特定的性能,而通常石油加工厂制备的沥青不一定能全面满足这些要求,因此常常需要对沥青进行掺配和改性。

1. 沥青的掺配

施工中,若采用一种沥青不能满足配制沥青胶所要求的软化点时,可用两种或三种沥青进行掺配。

在进行掺配时,为了不使掺配后的沥青胶体结构破坏,要遵循同产源原则,即同属石油沥青或同属煤沥青(或煤焦油)的方可掺配。

两种沥青掺配的比例可按下式计算:

$$Q_1=\frac{T_2-T}{T_2-T_1}\times 100\%$$

$$Q_2=100-Q_1$$

式中　Q_1——较软沥青用量，%；

Q_2——较硬沥青用量，%；

T——掺配后沥青的软化点，℃；

T_1——较软沥青软化点，℃；

T_2——较硬沥青软化点，℃。

在实际掺配过程中，按上式得到的掺配沥青，其软化点总是略低于计算软化点，这是因为掺配后的沥青破坏了原来两种沥青的胶体结构。两种沥青的加入量并非简单的线性关系，一般来说，若以提高软化点为目的掺配沥青，如两种沥青计算值各占 50%，则在实际掺配时其中高软化点的沥青应多加 10%左右。如用三种沥青时，可先求出两种沥青的比例，然后再与第三种沥青进行配比计算。

根据计算的掺配比例和在其邻近的比例[±(5%～10%)]进行试配，测定掺配后沥青的软化点，然后绘制“掺配比—软化点”曲线，即可从曲线上确定所要求的掺配比例。

2. 氧化改性

氧化改性是在 250～300 ℃高温下向残留沥青或渣油吹入空气，通过氧化作用和聚合作用，使沥青分子变大，提高沥青的黏度和软化点，从而改善沥青的性能。

工程上使用的道路石油沥青、建筑石油沥青和普通石油沥青均为氧化沥青。

3. 矿物填充料改性

为提高沥青的黏结能力和耐热性，降低沥青的温度敏感性，经常在石油沥青中加入一定数量的矿物填充料进行改性。常用的改性矿物填充料大多是粉状和纤维状的滑石粉、石灰粉、石棉粉和粉煤灰等。为形成恰当的结构沥青薄膜，掺入的矿物填充料数量要恰当。一般填充料的数量不宜少于 15%。

4. 聚合物改性

聚合物(包括橡胶和树脂)与石油沥青具有较好的相溶性，可赋予石油沥青某些橡胶、树脂的特性，从而提高石油沥青低温柔韧性、塑性、耐热性和强度。用于沥青改性的聚合物很多，使用较普遍的是热塑性丁苯橡胶(代号为 SBS)、氯丁橡胶和无规聚丙烯树脂(代号为 APP)、聚氯乙烯树脂(代号为 PVC)。

(1)SBS 改性沥青

SBS 是热塑性弹性体苯乙烯—丁二烯嵌段共聚物。SBS 同时具有橡胶和塑料的优点，常温下具有橡胶的弹性，高温下又能像橡胶那样熔融流动，成为可塑性材料。SBS 对沥青的改性效果十分明显，掺入后可大大提高沥青的性能。与沥青相比，SBS 改性沥青具有以下特点：

①弹性好、延伸率大，延伸率可达 2 000%。

②低温柔韧性大大改善，冷脆点可降至－40 ℃。

③热稳定性提高，耐热度达 90～100 ℃。

④耐候性好。

SBS 改性沥青是较成功和用量较大的一种改性沥青，在国内外已得到普遍使用，主要用途是 SBS 改性沥青防水卷材。

(2)APP 改性沥青

聚丙烯分无规聚丙烯、等规聚丙烯和间规聚丙烯三种。APP 即无规聚丙烯，为黄白色塑料，无明显熔点，加热到 150 ℃后才开始变软。它在 250 ℃左右熔化，并可以与石油沥青均匀混合。

APP 改性石油沥青与石油沥青相比，其软化点高，冷脆点降低，黏度增大，具有优异的耐热性和抗老化性能，尤其适用于气温较高的地区，主要用于生产防水卷材，如意大利 85%以上的柔性屋面防水材料均采用 APP 改性沥青油毡。

8.2 防水卷材

防水材料主要用于建筑物的屋面防水、地下防水以及其他防止渗透的工程部位。随着现代科学技术的发展，防水材料的品种、数量越来越多，性能各异。建筑防水材料的分类如下：

- 建筑防水材料
  - 防水卷材
    - 沥青防水卷材
    - 高聚物改性沥青防水卷材
    - 合成高分子防水卷材
  - 防水涂料
    - 沥青基防水涂料
    - 高聚物改性沥青防水涂料
    - 合成高分子防水涂料
  - 密封材料
    - 沥青基密封材料
    - 合成高分子密封材料
  - 刚性防水材料
    - 防水混凝土
    - 防水砂浆
  - 瓦防水材料

防水卷材是一种可卷曲的片状防水材料。沥青防水卷材是传统的防水材料(俗称油毡)，在国内外使用的历史很长，直至现在仍是一种用量较多的防水材料。成本较低，但性能较差，使用寿命较短。当前，防水材料已由石油沥青向改性沥青材料和合成高分子材料发展，防水构造已由多层向单层防水发展，施工方法已由热熔法向冷粘法发展。

8.2.1 沥青防水卷材

沥青防水卷材是用原纸、纤维织物、纤维毡等胎体浸涂沥青，表面撒布粉状、粒状或片状材料制成的可卷曲的片状防水材料。沥青防水卷材是我国产量较大的防水材料，成本较低，属低档防水材料。

1. 石油沥青纸胎油毡

石油沥青纸胎油毡是采用低软化点石油沥青浸渍原纸，然后用高软化点石油沥青涂盖油纸两面，再涂撒隔离材料所制成的一种纸胎防水卷材。石油沥青纸胎油毡根据卷重和物理性能可分为Ⅰ型、Ⅱ型和Ⅲ型。油毡幅宽为 1 000 mm，每卷油毡的总面积为(20±0.3)m^2，油毡的技术性能指标应符合相关规定，见表 8.3。

表 8.3　石油沥青纸胎油毡技术性能指标

项　　目		性能指标		
		Ⅰ型	Ⅱ型	Ⅲ型
卷重(kg/卷)		≥17.5	≥22.5	≥28.5
单位面积浸涂材料总量(g/cm^3)		≥600	≥750	≥1 000
不透水性	压力(MPa)	≥0.02	≥0.02	≥0.10
	保持时间(min)	≥20	≥30	≥30
吸水率(%)		≤3.0	≤2.0	≤1.0
耐热度(℃)		(85±2)℃受热 2 h,涂盖层应无滑动、流淌和集中性气泡		
拉力(25 ℃±2 ℃时,纵向,N)		≥240	≥270	≥340
柔　　度		(18±2)℃,绕 ϕ20 mm 圆棒或弯板无裂纹		

由于石油沥青纸胎油毡价格低,因此,在我国防水工程中仍占有一定市场。Ⅰ型油毡适用于简易防水、临时性建筑防水、建筑防潮及包装;Ⅱ型和Ⅲ型油毡适用于屋面、地下、水利等工程的多层防水。

为克服纸胎抗拉能力低、易腐蚀、耐久性差的缺点,通过改进胎体材料来改善沥青防水卷材的性能,已开发出了玻璃布沥青油毡、玻璃纤维胎沥青油毡、铝箔沥青油毡等一系列防水沥青卷材。

2. 石油沥青玻璃布油毡

石油沥青玻璃布油毡是以玻璃纤维布为胎体,浸涂石油沥青,并在两面涂撒隔离材料所制成的一种防水卷材。

玻璃布油毡幅宽为 1 000 mm,每卷面积为(20±0.3)m^2,按物理性能分为一等品和合格品两个等级。玻璃布油毡的技术性能指标应符合相关规范的要求,见表 8.4。

表 8.4　石油沥青玻璃布胎油毡技术性能指标

指标名称		等　级	
		一等品	合格品
可溶物含量(g/m^3)		≥420	≥380
耐热度(85 ℃±2 ℃,2 h)		无滑动和集中性气泡现象	
不透水性	压力(MPa)	0.2	0.1
	时间(不小于 15 min)	无渗漏	
纵向拉力(25 ℃±2 ℃,N)		≥400	≥360
柔　　度	温度(℃)	≤0	≤5
	弯曲直径 30 mm	无裂纹	
耐霉菌腐蚀性	质量损失(%)	≤2.0	
	拉力损失(%)	≤15	

玻璃布油毡的抗拉强度高、耐腐蚀性强、柔韧性好,低温柔度为 0 ℃,明显优于纸胎油毡。

技术性能指标中还增加了耐霉菌性的要求，使玻璃布油毡可用于长期受潮湿侵蚀的地下防水工程。

玻璃布油毡适用于耐久性、耐腐蚀性、耐水性要求较高的工程，如地下工程防水、防腐层，以及屋面防水层及管道(热力管道除外)的防腐保护层。

3. 石油沥青玻璃纤维胎油毡(简称玻纤胎油毡)

石油沥青玻璃纤维胎油毡系采用玻璃纤维薄毡为胎基，浸涂石油沥青，在其表面涂撒以矿物材料或覆盖聚乙烯膜等作隔离材料而制成的一种防水卷材。

玻璃纤维胎油毡幅宽为1 000 mm，按单位面积质量(kg/m^2)分为15号和25号，按力学性能分为Ⅰ型和Ⅱ型。玻璃纤维胎油毡的技术性能指标应符合相关要求，见表8.5。

表8.5　石油沥青玻璃纤维胎油毡技术性能指标

序号	项目		指标	
			Ⅰ型	Ⅱ型
1	可溶物含量(g/m^2,≥)	15号	700	
		25号	1 200	
		试验现象	胎基不燃	
2	拉力(N/50 mm,≥)	纵向	350	500
		横向	250	400
3	耐热性		85 ℃	
			无滑动、流淌、滴落	
4	低温柔性		10 ℃	5 ℃
			无裂缝	
5	不透水性		0.1 MPa,30 min不透水	
6	钉杆撕裂强度(N,≥)		40	50
7	热老化	外观	无裂纹、无起泡	
		拉力保持率(%,≥)	85	
		质量损失率(%,≤)	2.0	
		低温柔性	15 ℃	10 ℃
			无裂缝	

玻璃纤维胎油毡与玻璃布油毡的特性非常相近，应用范围也基本相同。只是玻璃纤维薄毡的纵横向拉力比玻璃布要均匀得多，用于屋面或地下工程防水的一些部位，要比玻璃布油毡具有更大的适应性。石油沥青玻璃纤维油毡可采用冷粘法施工，也可用热沥青黏结法进行施工。

4. 铝箔面油毡

铝箔面油毡是以玻璃纤维薄毡为胎基浸涂氧化沥青，在其上表面用压纹铝箔贴面，底面撒以细颗粒矿物材料或覆盖聚乙烯膜所制成的一种具有热反射和装饰功能的防水卷材。铝箔面油毡具有很高的耐久性，并且抗拉强度较高。铝箔面油毡的幅宽为1 000 mm，每卷面积为$(10\pm0.1)m^2$。按卷材的单位面积质量，铝箔面油毡分为30号和40号两个标号。铝箔面油毡的技术性能指标应符合相关规定，见表8.6。

表 8.6 铝箔面油毡技术性能指标

项目	指标	
	30 号	40 号
可溶物含量 (g/m²)	≥1 550	≥2 050
拉力(N/50 mm)	≥450	≥500
柔度(5 ℃)	绕半径 r=35 mm 圆弧无裂纹	
耐热度(℃)	(90±2)℃受热 2 h,涂盖层应无滑动,无起泡、流淌现象	
分层	(50±2)℃,7 d 无分层现象	

30 号铝箔面油毡适用于多层防水工程的面层;40 号铝箔面油毡适用于单层或多层防水工程的面层。

8.2.2 高聚物改性沥青防水卷材

高聚物改性沥青防水卷材属中档防水卷材。沥青改性剂主要有 SBS、APP、再生橡胶或废橡胶粉等。在所有改性沥青中,SBS 改性石油沥青性能最佳(延伸率 2 000%,冷脆点−38～−46 ℃,耐热度 90～100 ℃);APP 改性石油沥青性能良好(延伸率 200%～400%,冷脆点−25 ℃,耐热度 110～130 ℃);再生橡胶和废橡胶粉改性石油沥青性能一般(延伸率 100%～200%,冷脆点−20 ℃,耐热度 85 ℃),已很少采用。

1. SBS 改性沥青防水卷材

SBS 改性沥青防水卷材是用 SBS 改性沥青浸渍胎基,两面涂以 SBS 沥青涂盖层,上表面撒以细砂、矿物粒(片)或覆盖聚乙烯膜,下表面撒以细砂或覆盖聚乙烯膜所制成的防水卷材。

该类卷材以聚酯毡和玻璃纤维薄毡、玻纤增强聚酯毡作为胎基,代号分别为 PY、G 和 PYG。聚酯毡(长丝聚酯无纺布)机械性能、耐水性、耐腐蚀性好,是各种胎基中最高级的。玻璃纤维薄毡耐水性、耐腐蚀性好,价格低,但强度低,无延伸性。

SBS 改性沥青防水卷材的幅宽为 1 000 mm,卷材厚度为 3 mm、4 mm 和 5 mm,每卷面积为 15 m²、10 m² 和 7.5 m² 三种,按物理力学性能分为Ⅰ型和Ⅱ型。SBS 改性沥青防水卷材的各项性能指标均应符合相关规定,见表 8.7。

表 8.7 弹性体改性沥青防水卷材技术性能指标

序号	项目		指标				
			Ⅰ		Ⅱ		
			PY	G	PY	G	PYG
1	可溶物含量(g/m²,≥)	3 mm	2 100				—
		4 mm	2 900				—
		5 mm	3 500				
		试验现象	—	胎基不燃	—	胎基不燃	—
2	耐热性	℃	90		105		
		≤mm	2				
		试验现象	无流淌、滴落				
3	低温柔性(℃)		−20		−25		
			无裂缝				

续上表

序号	项目		指标				
			Ⅰ		Ⅱ		
			PY	G	PY	G	PYG
4	不透水性 30 min		0.3 MPa	0.2 MPa	0.3 MPa		
5	拉力	最大峰拉力(N/50 mm,≥)	500	350	800	500	900
		次高峰拉力(N/50 mm,≥)	—	—	—	—	800
		试验现象	拉伸过程中,试件中部无沥青涂盖层开裂或胎基分离现象				
6	延伸率	最大峰时延伸率(%,≥)	30	—	40	—	—
		第二峰时延伸率(%,≥)	—		—		15
7	浸水后质量增加(%,≤)	PE、S	1.0				
		M	2.0				
8	热老化	拉力保持率(%,≥)	90				
		延伸率保持率(%,≥)	80				
		低温柔性(℃)	−15		−20		
			无裂缝				
		尺寸变化率(%,≤)	0.7	—	0.7	—	0.3
		质量损失(%,≤)	1.0				
9	渗油性	张数(≤)	2				
10	接缝剥离强度(N/mm,≥)		1.5				
11	钉杆撕裂强度(N,>)		—				300
12	矿物粒料黏附性(g,≤)		2.0				
13	卷材下表面沥青涂盖层厚度(mm,≥)		1.0				
14	人工气候加速老化	外观	无滑动、流淌、滴落				
		拉力保持率(%,≥)	80				
		低温柔性(℃)	−15		−20		
			无裂缝				

SBS 改性沥青防水卷材的最大特点是低温柔韧性好,同时具有较高的弹性、耐热性,冷热地区均适用,可用于各类建筑的屋面、地下防水工程、特殊结构防水工程,尤其适用于寒冷地区和结构变形频繁的建筑物防水。

2. APP 改性沥青防水卷材

APP 改性沥青防水卷材属塑性体沥青防水卷材中的一种。它是用 APP 改性沥青浸渍胎基(玻璃纤维薄毡、聚酯毡),并涂盖两面,上表面撒以细砂、矿物粒(片)料或覆盖聚乙烯膜,下表面撒以砂或覆盖聚乙烯膜的防水卷材。

APP 改性沥青防水卷材以聚酯毡、玻璃纤维薄毡和玻纤增强聚酯毡为胎基,代号分别为 PY、G 和 PYG。幅宽为 1 000 mm,卷材厚度为 3 mm、4 mm 和 5 mm,每卷面积为 7.5 m^2、10 m^2 和15 m^2 三种,按材料性能分为Ⅰ型和Ⅱ型。APP 改性沥青防水卷材的技术性能指标应符合相关规定,见表 8.8。

表 8.8　塑性体改性沥青防水卷材技术性能指标

序号	项目		指标				
			Ⅰ		Ⅱ		
			PY	G	PY	G	PYG
1	可溶物含量(g/m², ≥)	3 mm	2 100				—
		4 mm	2 900				—
		5 mm	3 500				
		试验现象	—	胎基不燃	—	胎基不燃	—
2	耐热性	℃	110		130		
		≤, mm	2				
		试验现象	无流淌、滴落				
3	低温柔性(℃)		−7		−15		
			无裂缝				
4	不透水性 30 min		0.3 MPa	0.2 MPa	0.3 MPa		
5	拉力	最大峰拉力(N/50 mm, ≥)	500	350	800	500	900
		次高峰拉力(N/50 mm, ≥)	—	—	—	—	800
		试验现象	拉伸过程中，试件中部无沥青涂盖层开裂或胎基分离现象				
6	延伸率	最大峰时延伸率(%, ≤)	25	—	40	—	—
		第二峰时延伸率(%, ≥)	—		—		15
7	浸水后质量增加(%, ≤)	PE、S	1.0				
		M	2.0				
8	热老化	拉力保持率(%, ≥)	90				
		延伸率保持率(%, ≥)	80				
		低温柔性(℃)	−2		−10		
			无裂缝				
		尺寸变化率(%, ≤)	0.7	—	0.7	—	0.3
		质量损失(%, ≤)	1.0				
9	接缝剥离强度(N/mm, ≥)		1.0				
10	钉杆撕裂强度(N, ≥)		—				300
11	矿物粒料黏附性(g, ≤)		2.0				
12	卷材下表面沥青涂盖层厚度(mm, ≥)		1.0				
13	人工气候加速老化	外观	无滑动、流淌、滴落				
		拉力保持率(%, ≥)	80				
		低温柔性(℃)	−2		−10		
			无裂缝				

APP 改性沥青防水卷材的性能与 SBS 改性沥青防水卷材接近，最突出的特点是耐高温性能好，耐紫外线能力强，130 ℃的高温下不流淌，特别适合于高温地区或太阳照射强烈地区使用。另外，APP 改性沥青防水卷材热熔性非常好，特别适合热熔法施工，也可冷粘法施工，广泛用于工业与民用建筑的屋面和地下防水工程，以及道路、桥梁、隧道等建筑物的防水，尤其适用于较高气温环境的建筑防水。

8.3　防 水 涂 料

防水涂料是指以沥青、合成高分子材料等为主体，在常温下呈无定型流态或半流态，经涂布能在结构物表面结成坚韧防水膜的材料。防水涂料能使基层表面与水隔绝，起到防水、防潮作用，还可以起到黏合剂的作用，用来粘贴防水卷材。

8.3.1 沥青类防水涂料

沥青防水涂料是指以沥青为基料配制而成的水乳型或溶剂型防水涂料。溶剂型防水涂料即冷底子油。

1. 冷底子油

冷底子油是用有机溶剂(如汽油、柴油、煤油、苯等)与沥青熔合后制得的一种沥青溶液。它黏度小,具有良好的流动性。涂刷在混凝土、砂浆或木材等材料表面上,能够很快渗入基层孔隙中,待溶剂挥发后,沥青颗粒留在基底的微孔中,与基底牢固结合,一方面使基底表面呈憎水性,另一方面为黏结同类防水材料创造了有利条件。由于它多在常温下作为防水工程的底层,故称为冷底子油。

冷底子油形成的涂膜较薄,一般不单独做防水材料使用,只作为某些防水材料的配套材料。施工时在基层上先涂刷一道冷底子油,再刷沥青防水涂料或铺油毡。

冷底子油要随用随配,配制时应采用与沥青相同产源的溶剂。参考的配合比(质量比)如下:

(1)快挥发性冷底子油

石油沥青∶汽油=30∶70

(2)慢挥发性冷底子油

石油沥青∶煤油或轻柴油=40∶60

冷底子油配制方法有热配法和冷配法两种。热配法是先将沥青加热熔化脱水后,待冷却至一定温度(约 70 ℃)时再缓慢加入溶剂,搅拌均匀即成。冷配法是将沥青打碎成小块后,按质量比加入溶剂中,不停搅拌至沥青全部溶化为止。

冷底子油应涂刷于干燥的基面上,通常要求水泥砂浆找平层的含水率不大于 10%。

2. 沥青胶

沥青胶是在沥青中掺入适量的矿物质粉料或纤维状填料配制而成的。与纯沥青相比,沥青胶具有较好的黏结性、耐热性、柔韧性和抗老化性,主要用于粘贴防水卷材、嵌缝、接头、补漏及防水层的底层。

常用的矿物填充料主要有滑石粉、石灰粉、云母粉、石棉和木质纤维等。

沥青胶分为热用和冷用两种。热沥青胶的配制是将沥青加热至 180~200 ℃,使其脱水后,加入 20%~30%已预热的干燥填料,热拌混合均匀,趁热施工。热沥青胶因其黏结效果好,是普遍使用的一种胶结材料。但它有明显不足,如需现场加热,可造成环境污染。冷沥青胶是将大约 50%的沥青熔化脱水后,缓慢加入 25%~30%的溶剂(如汽油、柴油等),再掺入 10%~30%的填料,混合拌匀而成。冷沥青胶可在常温下使用,具有浸透力强,减少环境污染,施工方便等优点,但需耗费溶剂,生产成本较高。

沥青胶的技术性能主要有耐热性、柔韧性和黏结力。沥青胶耐热性是保证沥青胶在一定温度作用下不发生流淌的性质,耐热性大小以耐热度表示;柔韧性是保证沥青胶在使用中受到基层变形影响时不致破坏的性质;黏结力是保证被黏结材料与底层黏结牢固的性质。

根据耐热度的大小,将石油沥青胶分为 S-60、S-65、S-70、S-75、S-80、S-85 六个标号。每一标号的沥青胶除满足耐热度指标要求外,还要满足柔韧性和黏结力指标。沥青胶的性质主要取决于沥青的性质,其耐热度不仅与沥青的软化点、用量有关,还与填料种类、用量以及催化剂有关。

在屋面防水工程中，沥青胶标号的选择应根据屋面的使用条件、屋面坡度及当地历年室外最高气温，按相关规定选用。施工时应注意同源原则，即所采用的沥青应与被粘贴的防水卷材的沥青种类一致。炎热地区屋面使用的沥青胶，可选用10号或30号的建筑石油沥青配制。地下防水工程使用的沥青胶，可选用60号或100号沥青。若采用一种沥青不能满足配制沥青胶所要求的软化点时，可采用两种或三种沥青进行掺配。

施工时应注意：

①要求基层清洁干燥，并应涂刷1～2遍冷底子油。

②用沥青胶粘贴油毡时，厚度应控制在1～2 mm，过薄，油毡不能很好地粘牢；过厚，油毡容易产生流淌现象。

③直接用沥青胶做构筑物防水层时，一般应涂刷2～3遍以上，要求涂刷均匀，无凹凸不平、起鼓或脱落现象。

3. 水乳型沥青防水涂料

水乳型防水涂料即水性沥青基防水涂料，是以乳化沥青为基料的防水涂料。乳化沥青是以水为分散介质，借助于乳化剂的作用，在机械强力搅拌下，将沥青微粒(<10 μm)分散成乳液型稳定的分散体系。乳化剂为表面活性剂，分矿物胶体乳化剂(如石棉、膨润土、石灰)和化学乳化剂两类，其作用是在沥青微粒表面定向吸附排列成乳化剂单分子膜，有效地降低微粒表面能，使形成的沥青微粒稳定悬浮在水溶液中。当乳化沥青涂刷于材料表面后，其中水分逐渐散失，沥青微粒相互靠拢而将乳化剂薄膜挤破，从而相互团聚而黏结，最后成膜。

水乳型沥青防水涂料按性能分L和H两类。技术指标应符合相关要求，见表8.9。

表8.9　水乳型沥青防水涂料技术性能指标

项　目		L	H
固体含量(%,≥)		45	
耐热度(℃)		80±2	110±2
		无流淌、滑动、滴落	
不透水性		0.10 MPa,30 min无渗水	
黏结强度(MPa,≥)		0.30	
表干时间(h,≤)		8	
实干时间(h,≤)		24	
低温柔度(℃)	标准条件	−15	0
	碱处理	−10	5
	热处理		
	紫外线处理		
断裂伸长率(%,≥)	标准条件	600	
	碱处理		
	热处理		
	紫外线处理		

水乳型沥青防水涂料性能较低，一般可涂刷或喷涂在材料表面作为防潮或防水层，也可做冷底子油用。做防水工程时，水乳型沥青防水涂料必须与其他材料配套使用，不宜单独使用。水乳型沥青防水涂料可直接施工在潮湿基层上，但不宜在5 ℃以下施工，以免水分结冰破坏防水层；它也不宜在夏季烈日下施工，以防水分蒸发过快，乳化沥青结膜快，膜内水分蒸发不出而产生气泡。

8.3.2 高聚物改性沥青防水涂料

高聚物改性沥青防水涂料是以沥青为基料,用合成高分子聚合物进行改性而成的水乳型或溶剂型防水涂料。用于改性的高聚物主要有氯丁橡胶、SBS和再生橡胶等。

高聚物改性沥青防水涂料在柔韧性、抗裂性、强度、耐热性和使用寿命等方面,比沥青防水涂料有很大的改善和提高。品种有氯丁橡胶沥青防水涂料、SBS橡胶沥青防水涂料、再生橡胶沥青防水涂料等。

1. 氯丁橡胶沥青防水涂料

氯丁橡胶沥青防水涂料分水乳型和溶剂型两种。

水乳型氯丁橡胶沥青防水涂料,又名氯丁胶乳沥青防水涂料,是将氯丁橡胶乳液和沥青乳液混合,氯丁橡胶和沥青颗粒借助于表面活性剂的作用,稳定分散在水中而形成的一种乳液状涂料。这种涂料价格较低,具有成膜快、强度高、耐候性、抗裂性好,可冷施工、无毒等优点,已成为我国防水涂料的主要品种之一。但它固体含量低,防水性能一般,在屋面上一般不能单独使用,也不适用于地下室及浸水环境下的表面。

水乳型氯丁橡胶沥青防水涂料各项技术指标应符合相关要求,见表8.9。

溶剂型氯丁橡胶沥青防水涂料,又名氯丁橡胶沥青防水涂料,是氯丁橡胶和石油沥青以及适量助剂溶化于甲苯(或二甲苯)而形成的一种混合胶体溶液。由于溶剂型的氯丁橡胶沥青防水涂料与水乳型的成膜条件不同,具有涂膜致密完整,黏结力强、抗腐蚀性、耐水性、抗裂性能好、对基层变形的适应能力强等特点,可用于屋面、地下室及浸水环境下建筑物表面的防水。

2. 再生橡胶沥青防水涂料

再生橡胶沥青防水涂料分溶剂型和水乳型两种。

溶剂型再生橡胶沥青防水涂料是以石油沥青、再生橡胶为基料,掺入适量的填料和辅助材料,以汽油、煤油等为溶剂溶解而成的。因在石油沥青中掺入再生橡胶,具有较高的黏结性、抗裂性、柔韧性、抗老化性能,可在负温下施工。由于是冷施工,改善了施工条件,提高了施工质量,但需要较多的溶剂和改性材料,成本较高。

水乳型再生橡胶沥青防水涂料是由再生橡胶和石油沥青经乳化配制而成的,可以在潮湿基层上使用,节约大量溶剂,成本较低,可用于屋面、地下室、水池和建筑物基础的防水防潮处理。

8.4 建筑密封材料

建筑密封材料是指填充于建筑物的各种接缝、裂缝、变形缝、门窗框、幕墙材料周边或其他结构连接处,起水密、气密作用的材料。

建筑密封材料必须具备以下性质:

(1)非渗透性。

(2)优良的黏结性、施工性、抗下垂性。

(3)良好的伸缩性,能经受建筑物及构件因温度、风力、地震、振动等作用引起的接缝变形的反复变化。

(4)具有良好的抗老化、耐热、耐寒、耐水等性能。

为保证密封材料的性能，必须对其流变性、低温柔韧性、拉伸黏结性、拉伸—压缩循环性能等技术指标进行测试。

建筑密封材料的品种很多，可分为：

- 密封材料
  - 不定型密封材料（密封胶、嵌缝膏）
    - 非弹性密封材料——沥青嵌缝油膏
    - 弹性密封材料
      - 聚氯乙烯防水接缝材料
      - 丙烯酸酯建筑密封胶
      - 聚氨酯建筑密封胶
      - 聚硫建筑密封胶
      - 硅酮建筑密封胶
  - 定型密封材料（密封条、止水带）
    - 非弹性
    - 弹性

1. 建筑防水沥青嵌缝油膏

建筑防水沥青嵌缝油膏是以石油沥青为基料，加入改性材料、稀释剂、填充料等配制而成的黑色膏状嵌缝材料。改性材料有废橡胶粉和硫化鱼油，稀释剂有松节重油和机油等，填充料有石棉绒和滑石粉等。

建筑防水沥青嵌缝油膏按耐热性和低温柔韧性分为702号和801号两个标号，其技术性能指标应符合相关规定，见表8.10。

表8.10　建筑防水沥青嵌缝油膏技术性能指标

项　目	技术指标	
	702	801
密度(g/cm^3)	≥规定值[①]±0.1	
施工度(mm)	≥22.0	≥20.0
耐 热 性	70 ℃下垂值不大于4.0 mm	80 ℃下垂值不大于4.0 mm
低温柔性	−20 ℃时无裂纹、无剥离	−10 ℃时无裂纹、无剥离
拉伸黏结性(%)	≥125	
浸水后拉伸黏结性(%)	≥125	
渗 出 性	渗出幅度不大于5.0 mm，渗出张数不多于4张	
挥 发 性	不超过2.8%	

注：[①]规定值由生产商提供或供需双方商定。

建筑防水沥青嵌缝油膏主要用于各种屋面板、墙板、桥梁等构件节点的防水密封，还可用于各种构筑物的伸缩缝、施工缝处的防水密封处理。

2. 聚氯乙烯接缝膏

聚氯乙烯接缝膏是以煤焦油和聚氯乙烯(PVC)树脂粉为基料，按一定比例加入增塑剂、稳定剂及填充料(如滑石粉、石英粉)等，在140 ℃温度下塑化而成的膏状密封材料，简称PVC接缝膏，也可用废旧聚氯乙烯塑料代替聚乙烯树脂粉，其他原料和生产方法同聚氯乙烯接缝膏。

聚氯乙烯接缝膏具有良好的黏结性、防水性、弹塑性，耐热性、耐低温柔韧性、耐腐蚀和抗老化性能，其技术性能指标应符合相关规定，见表8.11。

表 8.11 聚氯乙烯接缝膏技术性能指标

项目		技术要求	
		802	801
密度(g/cm³)		规定值±0.1	
下垂度	温度(℃)	80	
	下垂值(mm)	≤4	
低温柔性	温度(℃)	−20	−10
	柔性	无裂缝	
拉伸黏结性	最大抗拉强度(MPa)	0.02~0.15	
	最大延伸率(%)	≥300	
浸水拉伸黏结性	最大抗拉强度(MPa)	0.02~0.15	
	最大延伸率(%)	≥250	
恢复率(%)		≥80	
挥发率(%)		≥3	

聚氯乙烯接缝膏既可以热用，也可以冷用。热用时，将聚氯乙烯接缝膏用文火加热，加热温度不得超过 100 ℃，达塑化状态后，应立即浇灌于清洁干燥的缝隙或接头等部位。冷用时，需加入适量溶剂稀释，适用于各种屋面、大型墙板、楼板的嵌缝处理。

3. 丙烯酸酯密封胶

丙烯酸酯建筑密封胶为单组分水乳型产品，以丙烯酸酯乳液为基料，加入少量其他辅料配制而成。

丙烯酸酯密封胶按位移能力分为 12.5 和 7.5 两个级别。7.5 级的位移能力为 7.5%，试验拉伸压缩幅度为±7.5%；12.5 级的位移能力为 12.5%，试验拉伸压缩幅度为±12.5%。按弹性恢复率又分为弹性体（记 12.5E，要求弹性恢复率不小于 40%）和塑性体（记 7.5P 和 12.5P，要求弹性恢复率小于 40%）两个次级别，其技术性能指标应符合相关规定，见表 8.12。

表 8.12 丙烯酸酯建筑密封胶技术性能指标

项目	技术指标		
	12.5E	12.5P	7.5P
密度(g/cm³)	规定值±0.1		
挤出性(mL/min)	≥100		
表干时间(h)	≤1		
下垂度(mm)	≤3		
弹性恢复率(%)	≥40	报告实测值	
定伸黏结性	无破坏	—	
浸水后定伸黏结性	无破坏	—	
冷拉—热压后黏结性	无破坏	—	
低温柔性(℃)	−20	−5	
断裂伸长率(%)	—	≥100	
浸水后断裂伸长率(%)	—	≥100	
同一温度下拉伸—压缩循环后黏结性	—	无破坏	
体积变化率(%)	≤30		

丙烯酸酯密封胶属中档密封胶，具有良好的弹性、延伸性、耐热性、耐候性和黏结性，主要用于墙板、门窗以及屋面板之间的密封防水。由于它的耐水性不够好，不宜用于长期浸水部位。

丙烯酸酯密封胶施工时需打底，可用于潮湿基面，但雨天不可施工。施工温度要求在5 ℃以上，如施工温度超过40 ℃，应用水冲刷冷却，待稍干后再施工。

4. 聚氨酯密封胶

聚氨酯密封胶是一种双组分反应固化型的建筑密封材料。甲组分含有异氰酸基的预聚体，乙组分含有多羟基的固化剂与其他辅料。使用时，将甲乙两组分按比例混合，经固化反应成为弹性体。

聚氨酯密封胶按流动性分为非下垂型(N)和自流平型(L)两个类型；按位移能力分为50、35、25和20四个级别；按拉伸模量分为高模量(HM)和低模量(LM)两个次级别，其技术性能指标应符合相关规定，见表8.13。

表8.13　聚氨酯密封胶技术性能指标

序号	项目		技术指标							
			50LM	50HM	35LM	35HM	25LM	25HM	20LM	20HM
1	密度(g/cm^3)		规定值±0.1							
2	流动性①	下垂度(N型)(mm)	≤3							
		流平性(L型)	光滑平整							
3	表干时间(h)		≤24							
4	挤出性②(mL/min)		≥150							
5	适用期③(h)		≥0.5							
6	拉伸模量(MPa)	23 ℃	≤0.4和	>0.4或	≤0.4和	>0.4或	≤0.4和	>0.4或	≤0.4和	>0.4或
		−20 ℃	≤0.6	>0.6	≤0.6	>0.6	≤0.6	>0.6	≤0.6	>0.6
7	弹性恢复率(%)		≥70							
8	定伸黏结性		无破坏							
9	浸水后定伸黏结性		无破坏							
10	冷拉—热压后黏结性		无破坏							
11	质量损失率(%)		≤5							
12	人工气候老化后黏结性④		无破坏							

注：①允许采用各方商定的其他指标值；
②仅适用于单组分产品；
③仅适用于多组分产品；允许采用各方商定的其他指标值；
④仅适用于户外且直接暴露在阳光下的接缝产品。

聚氨酯密封胶是一种中高档的密封材料。它的弹性、黏结性、耐疲劳性和耐候性优良，并且耐水、耐油、耐久性能好，使用年限长。广泛应用于屋面、墙板、地下室、门窗、管道、卫生间、蓄水池、泳池、机场跑道、公路、桥梁的接缝密封以及施工缝的密封、混凝土裂缝的修补等。

聚氨酯密封胶施工时不需要打底，但要求接缝干净(无油污等)和干燥。

5. 聚硫密封胶

聚硫密封胶为双组分型密封材料。它是以液态聚硫胶为主剂，金属过氧化物为硫化剂，在常温下反应形成的弹性密封材料。

聚硫密封胶按位移能力分为 50、35、25 和 20 四个级别;按拉伸模量分为高模量(HM)和低模量(LM)两个次级别,其主要技术性能指标应符合相关规定,见表 8.14。

表 8.14 聚硫建筑密封胶技术性能指标

序号	项目		技术指标					
			50LM	35LM	25LM	25HM	20LM	20HM
1	密度(g/cm³)		规定值±0.1					
2	流动性①	下垂度(N 型,mm)	≤3					
		流平性(L 型)	光滑平整					
3	表干时间(h)		≤24					
4	适用期②(h)		≥2					
5	拉伸模量(MPa)	23 ℃ −20 ℃	≤0.4 和 ≤0.6	≤0.4 和 ≤0.6	≤0.4 和 ≤0.6	>0.4 或 >0.6	≤0.4 和 ≤0.6	>0.4 或 >0.6
6	弹性恢复率(%)		≥80					
7	定伸黏结性		无破坏					
8	浸水后定伸黏结性		无破坏					
9	冷拉—热压后黏结性		无破坏					
10	质量损失率(%)		≤5					
11	28 d 浸水后定伸黏结性③		无破坏				—	
12	低温柔性(−40 ℃)		无裂纹					

注:①允许采用各方商定的其他指标值。

②允许采用各方商定的其他指标值。

③仅适用于长期浸水环境的产品。

聚硫密封胶属高档密封材料。聚硫橡胶是一种饱和聚合物,所以其耐候性优异。它的低温柔韧性良好,对金属和非金属材料都具有很好的黏结力,同时耐水、耐湿热、耐油性能好。聚硫密封胶施工时,黏结面应清洁干燥,对混凝土等多孔材质表面要进行打底,广泛应用于建筑物上部结构、地下结构、水下结构以及门窗玻璃、管道的接缝密封,聚硫密封胶还可作为制造中空玻璃的周边密封材料。

6. 硅酮密封胶

硅酮密封胶是以聚硅氧烷为主要成分的单组分或双组分室温固化型弹性密封材料。单组分型硅酮密封胶是以硅氧烷聚合物为主体,加入适量的硫化剂、硫化促进剂、填料等制成。

硅酮密封胶按位移能力分为 20、25、35 和 50 四个级别;按拉伸模量分为高模量(HM)和低模量(LM)两个次级别;按用途分为 G_n 类(建筑玻璃用)、G_w 类(建筑幕墙非结构性装配用)和 F 类(建筑接缝用)。硅酮密封胶的技术性能应符合相关规定,见表 8.15。

硅酮密封胶属高档密封胶,具有优异的耐热、耐寒性,以及很好的耐候性、耐疲劳性、耐水性,与各种材料有较好的黏结性能。

硅酮密封胶按性能有高模量、中模量和低模量之分。高模量硅酮密封胶主要用于玻璃幕墙以及门窗、框架周边的密封,但不宜作为生产中空玻璃的周边密封材料。中模量硅酮密封胶,除在大伸缩性接缝处不能使用外,其他场合均可采用。低模量硅酮密封胶主要用于建筑物的非结构密封部位。

表 8.15　硅酮建筑密封胶(SR)技术性能指标

项目		技术指标							
		50LM	50HM	35LM	35HM	25LM	25HM	20LM	20HM
密度(g/cm^3)		规定值±0.1							
下垂度(mm)		≤3							
表干时间(h)		≤3							
挤出性(mL/min)		≥150							
弹性恢复率(%)		≥80							
拉伸模量(MPa)	23 ℃	≤0.4 和	>0.4 或	≤0.4 和	>0.4 或	≤0.4 和	>0.4 或	≤0.4 和	>0.4 或
	−20 ℃	≤0.6	>0.6	≤0.6	>0.6	≤0.6	>0.6	≤0.6	>0.6
定伸黏结性		无破坏							
紫外线辐照后黏结性		无破坏							
冷拉—热压后黏结性		无破坏							
浸水后定伸黏结性		无破坏							
质量损失率(%)		≤8							
浸水光照后黏结性		无破坏							
烷烃增塑剂		不得检出							

硅酮密封胶施工时,施工表面必须清洁干燥,金属与玻璃表面应该用干净的布沾上酒精、丁酮之类的溶剂揩抹干净,黏结面为混凝土时需要打底。

8.5　合成高分子防水材料

合成高分子防水材料是以合成橡胶、合成树脂或两者的共混体为基料,掺入适量的化学助剂和填充料制成的防水材料,大多做成卷材,便于运输和使用。

8.5.1　基本特性

根据所采用基料的化学成分不同,高分子防水材料分橡胶类防水材料、塑料类防水材料和橡塑共混防水材料。橡胶类防水材料弹性好、耐热耐寒;塑料类防水材料弹性比橡胶差,但强度、抗老化性又优于橡胶;橡塑类防水材料经过改性,可以提高合成高分子防水材料的综合性能,使其成为中、高档的防水材料。

合成高分子防水材料具有拉伸强度和抗裂强度高、断裂伸长率大、耐热性和低温柔性好、耐腐蚀、耐老化、使用寿命较长和污染较低等优点,是发展较快的新型防水材料。这类防水材料一般采用冷施工方法,铺设成单层防水层,其效果比热施工的多层油毡防水效果好。

8.5.2　聚氯乙烯防水卷材

聚氯乙烯(PVC)防水卷材是以聚氯乙烯树脂为主要原料,掺加适量的增塑剂、稳定剂、颜料和其他助剂,经混炼、压延或挤出成型等工序制成的高分子防水材料。

聚氯乙烯防水卷材的幅宽有 1 000 mm、1 200 mm、1 500 mm、2 000 mm、2 500 mm、3 000 mm、4 000 mm 和 6 000 mm 八种规格,厚度大于 0.5 mm,长度为 20 m 以上。聚氯乙烯防

水卷材的技术性能，应符合相关要求，见表 8.16。

表 8.16　高分子防水材料技术性能指标(以匀质片为例)

项　目		指　标								
		硫化橡胶类			非硫化橡胶类			树脂类		
		JL1	JL2	JL3	JF1	JF2	JF3	JS1	JS2	JS3
拉伸强度(MPa)	常温(23 ℃,≥)	7.5	6.0	6.0	4.0	3.0	5.0	10	16	14
	高温(60 ℃,≥)	2.3	2.1	1.8	0.8	0.4	1.0	4	6	5
拉断伸长率(%)	常温(23 ℃,≥)	450	400	300	400	200	200	200	550	500
	低温(−20 ℃,≥)	200	200	170	200	100	100	—	350	300
撕裂强度(kN/m,≥)		25	24	23	18	10	10	40	60	60
不透水性(30 min)		0.3 MPa 无渗漏	0.3 MPa 无渗漏	0.2 MPa 无渗漏	0.3 MPa 无渗漏	0.2 MPa 无渗漏	0.2 MPa 无渗漏	0.3 MPa 无渗漏	0.3 MPa 无渗漏	0.3 MPa 无渗漏
低温弯折		−40 ℃ 无裂纹	−30 ℃ 无裂纹	−30 ℃ 无裂纹	−30 ℃ 无裂纹	−20 ℃ 无裂纹	−20 ℃ 无裂纹	−20 ℃ 无裂纹	−35 ℃ 无裂纹	−35 ℃ 无裂纹
加热伸缩量(mm)	延伸(≤)	2	2	2	2	4	4	2	2	2
	收缩(≤)	4	4	4	4	6	10	6	6	6
热空气老化(80 ℃×168 h)	拉伸强度保持率(%,≥)	80	80	80	90	60	80	80	80	80
	拉断伸长率保持率(%,≤)	70	70	70	70	70	70	70	70	70
耐碱性[饱和 $Ca(OH)_2$ 溶液 23 ℃×168 h]	拉伸强度保持率(%,≥)	80	80	80	80	70	70	80	80	80
	拉断伸长率保持率(%,≤)	80	80	80	90	80	70	80	90	90
臭氧老化(40 ℃×168 h)	伸长率 40%,500×10^{-8}	无裂纹	—	—	无裂纹	—	—	—	—	—
	伸长率 20%,200×10^{-8}	—	无裂纹	—	—	—	—	—	—	—
	伸长率 20%,100×10^{-8}	—	—	无裂纹	—	无裂纹	无裂纹	—	—	—
人工气候老化	拉伸强度保持率(%,≥)	80	80	80	80	70	80	80	80	80
	拉断伸长率保持率(%,≥)	70	70	70	70	70	70	70	70	70
黏结剥离强度(片材与片材)	标准试验条件(N/mm,≥)	1.5								
	浸水保持率(23 ℃×168 h)(%,≥)	70								

1. 性能特点

(1)拉伸强度高，伸长率大，尺寸稳定性好。

(2)具有良好的可焊接性，接缝热风焊接后密实可靠。

(3)具有良好的水汽扩散性，冷凝物易排释，留在基层的潮气易排出。

(4)低温柔性和耐热性好，能较好地适应环境温度变化。

(5)耐老化、耐紫外线照射、耐化学腐蚀、抗渗性能好，使用寿命长，可达10年以上，且无环境污染。

(6)冷施工且机械化程度高，操作维修方便。

2. 应用范围

聚氯乙烯防水卷材比其他合成高分子防水材料成本低，广泛应用于建筑物的屋面、地下防水、隧道、水库、堤坝、水池、污水处理场等建筑防水工程，可满足各种级别的防水要求。

聚氯乙烯防水卷材施工时一般采用全贴法，也可用局部粘贴法，可采用多种黏合剂施工。

8.5.3　氯化聚乙烯防水卷材

氯化聚乙烯防水卷材是以氯化聚乙烯为主体材料，掺入适量添加剂，用玻璃纤维网格布为骨架，经压制复合而成的。

氯化聚乙烯防水卷材分Ⅰ型和Ⅱ型。Ⅰ型是非增强型，塑性较大；Ⅱ型是增强型，塑性较小。卷材的厚度有1.0 mm、1.2 mm、1.5 mm、1.8 mm、2.0 mm五种尺寸，幅宽有1 000 mm、1 100 mm、1 200 mm三种规格，每卷长度为20 m以上。氯化聚乙烯防水卷材的技术性能应符合相关要求，见表8.16。

1. 性能特点

氯化聚乙烯和多种高分子材料(如塑料和橡胶)有良好的相容性，故具有塑料和橡胶的双重性能，有优良的耐热、耐化学腐蚀、抗老化、耐磨、耐油性、阻燃性和着色性。

氯化聚乙烯防水卷材在常温下具有极好的韧性，脆性温度在−50 ℃以下，其拉伸强度较高，不透水性好，耐撕裂，具有良好的耐候性、抗臭氧性、抗冲击性，重量轻，施工维修简便等特点，其与相应的黏合剂配套使用，更能保证防水效果。

2. 应用范围

氯化聚乙烯防水卷材是合成高分子防水卷材中用量较多的品种，既可冷操作，也可用热风焊施工，适用于各类建筑物的屋面、地下防水及防潮工程，尤其适用于寒冷地区和变形较大的建筑防水工程。

8.5.4　氯化聚氯乙烯防水卷材

氯化聚氯乙烯(CPVC)由聚氯乙烯树脂在溶剂存在的条件下经氯气氯化而得。氯化聚氯乙烯树脂是聚氯乙烯树脂经氯化改性而得的产物，其性能取决于聚氯乙烯树脂本身及对聚氯乙烯树脂进行氯化的氯化工艺。

氯化聚氯乙烯防水卷材具有良好的耐热性、耐候性、耐腐蚀性、抗老化性、阻燃性，化学性能极为稳定，不易燃烧，是近几年来应用领域发展速度较快的新型塑料类高分子防水材料。

8.5.5　其他防水卷材

1. 三元乙丙橡胶防水卷材

三元乙丙橡胶防水卷材是以三元乙丙橡胶为主体，掺入适量的硫化剂、软化剂、促进剂、补强剂和填充料，经密炼、压延或挤出成型等工序而制成的一种高弹性防水材料。

三元乙丙橡胶防水卷材的厚度有 1.0 mm、1.2 mm、1.5 mm、1.8 mm、2.0 mm 五种尺寸，幅宽有 1 000 mm、1 100 mm、1 200 mm 三种规格，每卷长度为 20 m 以上。三元乙丙橡胶防水卷材的技术性能应符合相关要求，见表 8.16。

三元乙丙橡胶防水卷材是橡胶类高分子防水材料的主要品种。它具有优良的耐候性、耐热性、低温柔韧性、耐腐蚀性能，抗拉强度高，断裂伸长率大，使用温度范围宽，抗老化性能优良，对基层伸缩变形或开裂的适应性强，使用寿命达 20 年以上，属于高档防水材料。

三元乙丙橡胶防水卷材适用于防水要求高、耐用年限长的各类防水工程。由于性能优越，特别适用于严寒地区和较大变形部位的防水工程。施工时宜用合成橡胶黏合剂粘贴，可采用全粘贴或局部粘贴等方式。

以彩色三元乙丙橡胶为面层，以改性胎面再生橡胶为底层，可制成自粘型彩色三元乙丙复合防水材料。它比三元乙丙橡胶防水卷材成本低，剥开背面的隔离纸就可贴用，施工方便。

2. 树脂—橡胶共混防水卷材

这种防水卷材的主要原料是塑料与橡胶的共混制品，它兼有塑料和橡胶两者的优点，属于中、高档防水卷材。树脂—橡胶共混防水卷材主要有两种：氯化聚乙烯—橡胶共混防水卷材和聚乙烯—三元乙丙橡胶共混防水卷材。它们具有优异的抗老化性能、低温柔韧性、耐候性、耐腐蚀性，高弹性、延伸性，使用寿命长，适用于各类建筑的防水防潮。

树脂—橡胶共混防水卷材的厚度有 1.0 mm、1.2 mm、1.5 mm、1.8 mm、2.0 mm 五种尺寸，幅宽有 1 000 mm、1 100 mm、1 200 mm 三种规格，每卷长度为 20 m 以上。树脂—橡胶共混防水卷材的技术性能应符合相关要求，见表 8.16。

防水材料种类繁多，性能各异，应正确合理选用。对屋面防水工程所采用的材料，应根据建筑物的性质、重要程度、使用功能要求、建筑物的特点以及防水层合理使用年限等实际情况，按相关规定合理选用，见表 8.17。

表 8.17　屋面防水等级和设防要求

项　目	屋面防水等级	
	Ⅰ	Ⅱ
建筑物类别	重要建筑和高层建筑	一般建筑
防水层选用材料	宜选用高聚物改性沥青防水卷材、合成高分子防水卷材、金属板材、合成高分子防水涂料、高聚物改性沥青防水涂料、细石混凝土、平瓦、油毡瓦等材料	宜选用三毡四油沥青防水卷材、高聚物改性沥青防水卷材、合成高分子防水卷材、金属板材、高聚物改性沥青防水涂料、合成高分子防水涂料、细石混凝土、平瓦、油毡瓦等材料
设防要求	两道防水设防	一道防水设防

8.6　沥青混合料

8.6.1　沥青混合料的定义及其组成

沥青混合料是矿质混合料(简称矿料)与沥青结合料经拌制而成的混合料的总称。沥青混合料中的矿料是沥青混合料的骨架，沥青与填料是沥青混合料的填充材料，起胶结和填充的作用。沥青混合料经摊铺、压实成型后成为沥青路面。沥青路面具有平整性好、行车平稳舒适、噪声低等优点，因此被广泛应用于现代高等级公路、城市道路等的路面。

8.6.2 沥青混合料的分类

1. 按矿质骨料级配类型进行分类

根据沥青混合料所用矿料级配类型的不同，可将其分为连续级配沥青混合料和间断级配沥青混合料两类。

(1)连续级配沥青混合料

沥青混合料中的矿料按级配原则，从大到小(各级粒径都有)，按比例相互搭配组成的混合料，称为连续级配混合料。

(2)间断级配沥青混合料

连续级配沥青混合料矿料中缺少一个或一个以上粒径的沥青混合料，称为间断级配沥青混合料。

2. 按混合料密实度进行分类

根据沥青混合料所用矿料压实空隙率或密实度的不同，可将其分为密级配沥青混合料、半开级配沥青混合料和开级配沥青混合料三类。

(1)密级配沥青混凝土混合料

密级配沥青混凝土混合料是按密实级配原则设计的连续型密级配沥青混合料，其粒径递减系数较小，剩余空隙率小于10%。密级配沥青混凝土混合料按其剩余空隙率又可分为剩余空隙率为3%～6%(行人道路2%～6%)的Ⅰ型密实式沥青混凝土混合料和剩余空隙率4%～10%的Ⅱ型半密实式沥青混凝土混合料。

(2)半开级配沥青混合料

半开级配沥青混合料是由适当比例的粗骨料、细骨料及少量填料(或不加填料)与沥青结合料拌和而成，压实后剩余空隙率在10%以上，也称为沥青碎石混合料(简称AM)。

(3)开级配沥青混合料

开级配沥青混合料是按级配原则设计的连续型级配沥青混合料，其粒径递减系数较大，并且矿料主要由粗骨料组成，细骨料较少，剩余空隙率大于15%。

3. 按集料公称最大粒径进行分类

集料的最大粒径是指通过百分率为100%的最小标准筛筛孔尺寸，集料的公称最大粒径是指全部通过或允许少量不通过(一般容许筛余量不超过10%)的最小一级标准筛筛孔尺寸，通常比最大粒径小一个粒级。例如，某种集料在26.5 mm筛孔的通过率为100%，在19 mm筛孔上的筛余量小于10%，则此集料的最大粒径为26.5 mm，而公称最大粒径为19 mm。

沥青混凝土混合料按集料最大粒径可分为以下五类。

(1)特粗式沥青混合料：集料最大粒径大于或等于37.5 mm的沥青碎石混合料。

(2)粗粒式沥青混合料：集料最大粒径等于或大于26.5 mm或31.5 mm的沥青混合料。

(3)中粒式沥青混合料：集料最大粒径为16 mm或19 mm的沥青混合料。

(4)细粒式沥青混合料：集料最大粒径为9.5 mm或13.2 mm的沥青混合料。

(5)砂粒式沥青混合料：集料最大粒径等于或小于4.75 mm的沥青混合料，也称为沥青石屑或沥青砂。

8.6.3 沥青混合料的结构类型

1. 悬浮—密实结构[图 8.5(a)]

当采用连续型密级配矿质混合料与沥青组成的沥青混合料时，为避免次级集料对前级集料密排的干涉，前级集料之间必须留出比次级集料粒径稍大的空隙供次级集料排布。这样组成的沥青混合料，可以获得很大的密实度，但是各级集料均被次级集料所隔开，不能直接靠拢而形成骨架，犹如悬浮于次级集料及沥青胶浆之间。这种结构的沥青混合料具有较高的黏聚力，密实度和强度较高，水稳定性、低温抗裂性、耐久性均较好，但由于沥青用量较多，易受温度影响，故高温稳定性较差。

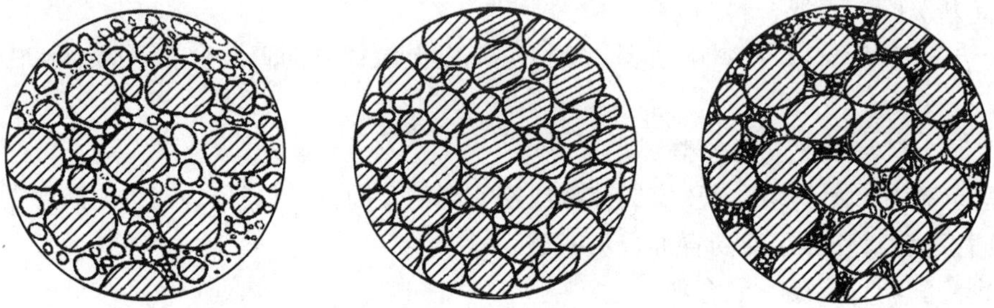

(a)悬浮—密实结构　(b)骨架—空隙结构　(c)骨架—密实结构

图 8.5　沥青混合料的结构

2. 骨架—空隙结构[图 8.5(b)]

当采用连续型开级配矿质混合料与沥青组成的沥青混合料时，由于这种矿质混合料递减系数较大，粗骨料所占比例较高，细骨料很少或者没有，所以粗骨料可以互相靠拢形成骨架，但由于细骨料过少，因此不足以填满粗骨料之间的空隙，压实后混合料中的空隙较大，因此形成骨架—空隙结构。这种结构的沥青混合料沥青用量较少，故空隙率较大。骨架—空隙结构沥青混合料的强度主要取决于粗骨料之间的内摩阻力，受沥青影响较小，故高温稳定性好，但由于空隙率较大，其水稳定性、抗老化性、耐久性以及低温抗裂性较差。

3. 骨架—密实结构[图 8.5(c)]

当采用间断型密级配矿质混合料与沥青组成的沥青混合料时，由于这种矿质混合料去除了中间某个尺寸粒径的集料，故混合料中的粗骨料可形成空间骨架，同时又有相当数量的细骨料和填料可填充骨架的空隙，因此形成密实—骨架结构。这种结构具有较高的强度、温度稳定性、耐久性等。

骨架—密实结构是沥青混合料三种组成结构中最理想的结构。

8.6.4 沥青混合料的技术性质

1. 高温稳定性

高温稳定性是指沥青混合料在高温条件下，承受外力不断作用，不发生明显永久变形，保证路面平整度的特性。沥青混合料路面在长期的行车荷载作用下，会出现车辙现象。在经常加速或减速的路段，还会出现推移变形。

影响沥青混合料高温稳定性的主要因素：一是沥青和矿料的性质及相互作用的特性，二是矿料的级配组成。过量沥青，不仅降低了沥青混合料的内摩阻力，而且在夏季容易产生泛油现象，因此，适当减少沥青的用量，可以使矿料颗粒更多地以结构沥青的形式相连接，增加混合料黏聚力和内摩阻力,提高沥青的黏度,增加沥青混合料抗剪变形的能力。由合理矿料级配组成的沥青混合料,可以形成骨架密实结构,这种混合料的黏聚力和内摩阻力都比较大。在矿料的选择上,应挑选粒径大的,有棱角的矿料颗粒,以提高混合料的内摩擦角。另外,还可以加入一些外加剂,来改善沥青混合料的性能。所有这些措施,都是为了提高沥青混合料的抗剪强度和减少塑性变形,从而增强沥青混合料的高温稳定性。

2. 低温抗裂性

在寒冷地区,冬季气温较低,特别是温度急剧下降时,沥青混合料会发生收缩,在收缩过程中如果受阻,就会产生拉应力,若该拉应力超过沥青混合料的抗拉强度,路面就会开裂,因此沥青混合料不仅要具有高温稳定性,还要具有低温抗裂性,从而来保证在低温季节不产生裂缝。影响沥青混合料低温性能的最主要因素是沥青的低温劲度,而沥青黏度和温度敏感性是决定沥青劲度的主要指标。对于同一油源的沥青,针入度较大、温度敏感性较低的沥青低温劲度较小,抗裂能力较强。所以在寒冷地区,可采用稠度较低、劲度较低的沥青,或选择松弛性能较好的橡胶类改性沥青来提高沥青混合料的低温抗裂性。

3. 耐久性

沥青混合物的耐久性是指沥青混合物长期在外界各种自然因素的作用下,仍能保持原有性能的性质。它包括沥青混合料的抗老化性、水稳定性等综合性质。我国现行规范采用黏附性、空隙率、饱和度、残留稳定度等指标来表征沥青混合料的耐久性。

对沥青混合料的组成结构而言,耐久性首先取决于沥青混合料的空隙率。沥青混合料的空隙率与水稳定性有关,空隙率越大,且沥青与矿料黏附性差的混合料,在饱水后石料与沥青黏附性降低,易发生脱落,并引起路面早期破坏。

饱和度是压实沥青混合料中,沥青体积占矿料骨架以外的空隙体积的百分率,也叫沥青填隙率,饱和度越大,混合料的空隙率越小,热稳定性相对较差,但低温稳定性较好。

4. 表面抗滑性

沥青路面的抗滑性对交通安全至关重要,为了使沥青路面有足够的抗滑性,必须合理地选择沥青混合料的组成材料。沥青混合料中,矿料自身的粗糙度、矿料颗粒形状与尺寸以及矿料级配组成所确定的路面构造深度都直接影响沥青混合料表面抗滑性。根据沥青混合料表面抗滑性影响因素的不同,其评价方法主要有铺砂法、摆式摩阻仪法、集料磨光值法三类。

5. 施工和易性

沥青混合料也应具有良好的和易性,以便于在施工过程中集料颗粒能够保持分布均匀,并能被压实到规定的密度,从而保证沥青路面的质量。通常对于沥青混合料施工和易性的方法和指标,一般是通过合理选择组成材料、控制施工条件等措施来保证沥青混合料的质量。对于间断级配的矿质混合料来说,因为没有中间尺寸颗粒,粗细骨料的颗粒尺寸相差较大,沥青混合料容易产生离析。如果细骨料太少,沥青层就不容易均匀地分布在粗颗粒表面;如果细骨料过多,则在拌和时较困难。在沥青混合料拌和过程中,如果沥青用量过少,或是填料用量过多时,混合料极易产生疏松并且不易压实,反之,如果沥青用量过多,或是矿料质量不好,那么混合料就会容易黏结成块,不易施工。

复习思考题

1. 石油沥青的三大组分是什么？组分比例的改变对其性能有何影响？

2. 石油沥青的技术性能主要有哪些？各用什么指标表示？

3. 石油沥青的牌号如何划分？沥青的牌号与其性能之间有何关系？

4. 某防水工程需要石油沥青 2 t，要求软化点不低于 85 ℃。工地现有 10 号及 60 号石油沥青，测得它们的软化点分别为 98 ℃和 49 ℃，试求这两种沥青的掺配比例。

5. 何谓沥青的老化？如何延缓沥青的老化？

6. 何谓改性沥青？有哪些品种？性能有何变化？

7. 防水卷材的种类有哪些？各有哪些特点？

8. 常用的防水涂料和密封材料有哪些？

9. 合成高分子防水材料有哪些主要品种？

10. 沥青混合料按结构分有哪几种类型？各种结构类型有何优缺点？

11. 试简述路面沥青混合料应具备的技术性能。

项目 9

木　　材

项目描述

通过本项目的学习，了解木材的分类与构造，掌握木材的技术性能指标与木材防护处理方法。

学习目标

1. 能力目标

能够掌握木材的技术性能指标和木材防护处理方法。

2. 知识目标

了解木材的种类，在实际工程中能够根据不同要求合理选用木材。

木材是天然生长的有机高分子材料，也是人类使用最早的工程材料之一。由于木材具有轻质高强，对热、电的传导性都比较低，弹性、韧性、耐久性好，能承受振动和冲击作用，容易加工且木纹美观等优异性能，在土木工程中被广泛使用。

木材作为工程材料也存在不足之处，如构造不均匀，各向异性；易吸水或失水，导致构件发生变形、翘曲或开裂；易燃、易腐；疵病较多等，使木材的应用受到一定限制。

据统计，我国的森林覆盖率不到 14%，人均森林面积约为 0.11 hm^2，只相当于世界人均水平的 17.2%。树木生长缓慢且需求量大，如平均每 1 000 m^2 建筑面积的房屋需用木材约 100 m^3，铁路钢桥上每一延长公里线路需用枕木约 1 800 根。我国的木材资源非常不足，远不能满足各方面的要求。因此节约木材，提高木材的综合利用率，有着十分重要的意义。

9.1　木材的分类与构造

9.1.1　木材的分类

根据树叶的外观形状，树木可分为针叶树和阔叶树两大类。

针叶树树叶细长，呈针状，多为常绿树，树干通直且高大，纹理顺直，材质均匀，木质较软而易于加工，故又称为软木材。针叶树强度较高，表观密度和胀缩变形较小，耐腐蚀性较强，是建筑工程中的主要用材，常用树种有红松、白松、杉木、柏树等。

阔叶树树叶宽大，呈片状，多为落叶树，树干通直部分较短，材质坚硬，加工比较困难，故又称硬木材。阔叶树表观密度大，强度高，胀缩和翘曲变形大，易开裂，在建筑工程中不适用于承重构件，但它坚硬耐磨，纹理美观，适用于制作家具及室内装修，常用树种有榆木、水曲柳、柞木等。

9.1.2　木材的构造

木材的构造是指木质部的构造，是决定木材性质的主要因素。木材的构造分宏观构造和微观构造。

1. 木材的宏观构造

木材的宏观构造是指用肉眼或借助放大镜就能观察到的木材组织。木材的宏观构造如图9.1所示。由图可见，树木由树皮、木质部、年轮和髓心几个主要部分组成。

髓心形如管状，居于树干中心，是树木最早形成的木质部分，材质松软，强度低，易腐朽，故一般不用。

木质部是树皮和髓心之间的部分，是木材的主体。木质部的颜色不均匀，接近树干中心的部分色泽较深，称为心材；靠近树皮的部分色泽较浅，称为边材。由于心材的含水率低，材质较硬，不易翘曲变形，耐久性、耐腐性均比边材好，故心材比边材的利用价值要大些。

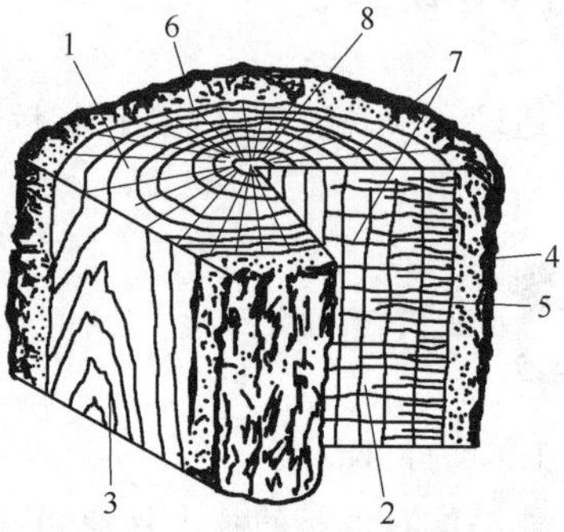

图9.1　木材的宏观构造

1—横切面；2—径切面；3—弦切面；4—树皮；5—木质部；6—年轮；7—髓线；8—髓心

从横切面上可以看到木质部具有深浅相间的同心圆环，即年轮。在同一年轮内，春天生长的木质生长快，色泽浅，质松软，强度低，称为春材（或早材）；夏秋两季生长的木质生长缓慢，色泽深，质坚硬，强度高，称为夏材（或晚材）。相同的树种，年轮细密且均匀，材质越好；夏材部分越多，表观密度越大，木材强度越高。

髓线是以髓心为中心呈放射状分布的横向细胞组织，在树干生长过程中起着横向输送和储藏养料的作用。髓线的细胞壁很薄，它与周围细胞组织的连接较弱，因此木材干燥时，容易沿髓线方向产生放射状裂纹。

2. 木材的微观构造

木材的微观构造是指在显微镜下所看到的木材组织。在显微镜下可以看到，木材是由无数管状细胞紧密结合而成，它们大部分为纵向排列，少数横向排列（如髓线）。每一个细胞又由细胞壁和细胞腔两部分组成，细胞壁由细纤维组成。细胞之间纵向连接比横向连接牢固，造成细胞纵向强度高，横向强度低。细胞壁的成分和组织构造决定了木材的物理力学性质。细胞壁越厚，细胞腔越小，木材越密实，其表观密度和强度也越大，但胀缩变形也大。与春材相比，夏材的细胞壁较厚，细胞腔较小，所以夏材的构造比春材密实。

9.2　木材的物理力学性质

木材的物理力学性质主要包括含水率、湿胀干缩、强度等，这些性质因树种、产地、气候和树龄的不同而各异。

9.2.1 木材的物理性质

1. 密度和表观密度

木材的密度为1.48～1.56 g/cm³，各树种之间相差不大，常取1.54 g/cm³。

木材的表观密度随树木种类、含水率、孔隙率的变化而不同。气干状态下，木材的表观密度约为550 kg/m³。木材的表观密度越大，则强度越高，湿胀干缩性越大。

2. 含水率

木材的含水率是指木材中所含水分的质量占木材干燥质量的百分数。木材很容易从周围环境中吸收、释放水分，因此，木材含水率随木材所处环境湿度的不同而变化。新伐木材的含水率在35%以上；风干木材的含水率为15%～25%；室内干燥木材的含水率为8%～15%。

(1)木材中的水分

木材中所含的水根据其存在的形式可分为三类，即自由水、吸附水和结合水。

自由水是存在于木材细胞腔和细胞间隙中的水分，自由水的变化，可影响木材的表观密度、燃烧性、抗腐蚀性；吸附水是被吸附在细胞壁内细纤维之间的水分，吸附水的变化是影响木材强度和胀缩变形的主要因素；结合水为木材化学组成中的水分，结合水在常温下无变化，对木材性能无明显影响。

(2)木材的纤维饱和点

木材受潮时，进入木材内的水首先被吸附在细胞壁内的细纤维间，成为吸附水。吸附水达饱和后，多余的水成为自由水；木材干燥时，首先失去自由水，然后才失去吸附水。当木材细胞壁内吸附水达到饱和，而细胞腔和细胞间隙中的自由水为零时的含水率称为木材纤维饱和点。木材纤维饱和点随树种而异，一般在25%～35%，通常取其平均值，约为30%。

(3)木材的平衡含水率

木材具有一定的吸湿性，干燥的木材可以从周围的空气中吸收水分，潮湿的木材也会在较干燥的环境下失去水分。当木材长期处于一定温度和湿度的环境中时，木材中的含水率与周围环境湿度处于相互平衡状态，此时木材的含水率称为平衡含水率。它是木材进行干燥的重要指标。木材的平衡含水率随其所在地区的不同而变化，我国北方地区为12%左右，南方地区约为18%，长江流域一般为15%。图9.2为不同温度和湿度的环境条件下，木材相应的平衡含水率。

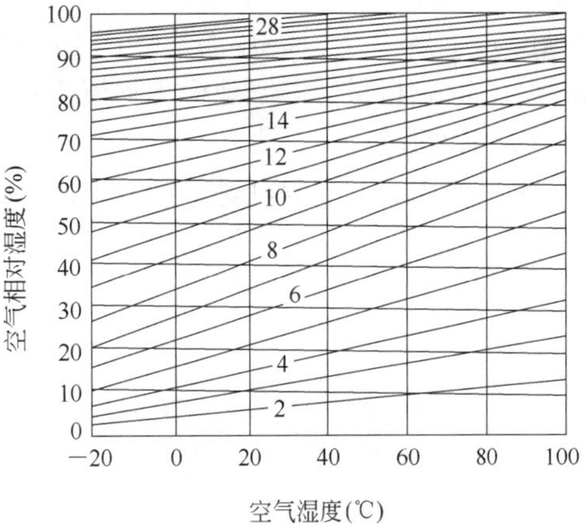

图9.2 木材的平衡含水率

3. 木材的湿胀和干缩变形

木材具有显著的湿胀干缩性，这主要是由于细胞壁中吸附水的增多或减少，使细胞壁中的细纤维之间的距离发生变化而造成的。当木材含水率在纤维饱和点以上变化时，自由水数量增减，只引起木材质量的变化，而对强度和胀缩没有影响；当木材的含水率在纤维饱和点以下变化时，则会引起木材强度和胀缩发生变化。木材含水率与其胀缩变形的关系如图9.3所示，从图中可以看出，纤维饱和点是木材物理力学性质发生变化的转折点。

由于木材构造的不均匀性，各个方向胀缩变形也不一样。在同一木材中，以弦向最大，径向次之，纵向（即顺纤维方向）最小。木材的胀缩变形还与树木的种类有关，一般来说，表观密度大、夏材含量多的木材，胀缩变形较大。

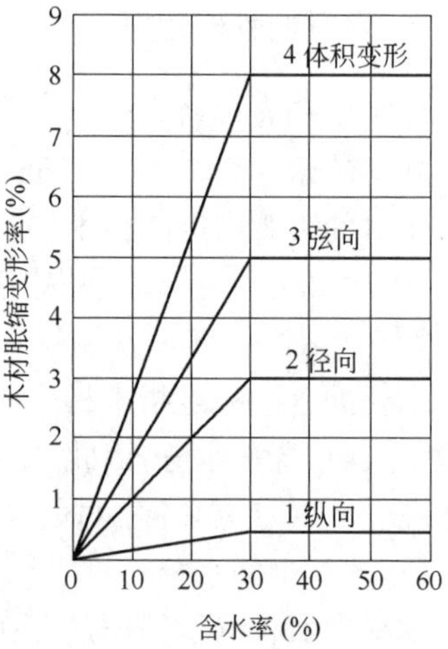

图 9.3　木材含水率与胀缩变形的关系

9.2.2　木材的力学性质

1. 木材的强度

在工程结构中，木材常用的强度有抗拉、抗压、抗弯和抗剪强度。由于木材构造上的不均匀性，使木材的力学性质具有明显的方向性。木材的强度有顺纹强度（作用力与木材纵向纤维方向平行）和横纹强度（作用力与木材纵向纤维方向垂直）之分。

（1）抗压强度

木材顺纹受压破坏并非由于纤维断裂，而是因细胞壁失去稳定所致；横纹受压破坏是因木材受力压紧后产生显著变形而造成破坏。顺纹抗压强度较高，是木材各种力学性质中的基本指标。木桩、柱、斜撑以及木桁架中的受压杆件等均属于顺纹受压构件，铁路枕木、垫块、桥面板等均属于横纹受压构件。

（2）抗拉强度

木材受拉破坏通常是因纤维撕裂后拉断所致。木材具有很高的顺纹抗拉强度，但横纹抗拉强度很低，只有顺纹抗拉的 1/40～1/10，这是因为木材纤维之间横向连接薄弱的缘故。

（3）抗弯强度

木材受弯时其上部为顺纹受压，下部为顺纹受拉，在水平面内还有剪力作用。破坏时首先是受压区纤维达到强度极限，产生大量变形，但这时构件仍能继续承载，当受拉区纤维也达强度极限时，则纤维及纤维间的连接产生断裂，导致最终破坏。木材抗弯强度介于顺纹抗拉与顺纹抗压之间。桥梁、桁架、地板等均属于受弯构件。

（4）抗剪强度

根据作用力与木材纤维方向的不同，木材的剪切有顺纹剪切、横纹剪切和横纹切断三种，如图 9.4 所示。

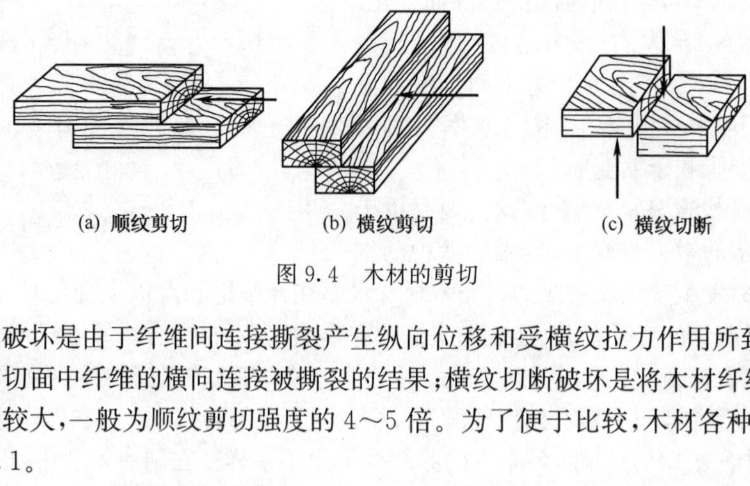

图 9.4　木材的剪切

顺纹剪切破坏是由于纤维间连接撕裂产生纵向位移和受横纹拉力作用所致；横纹剪切破坏完全是因剪切面中纤维的横向连接被撕裂的结果；横纹切断破坏是将木材纤维切断。因此，横纹切断强度较大，一般为顺纹剪切强度的 4～5 倍。为了便于比较，木材各种强度之间的大小关系见表 9.1。

表 9.1 木材各种强度间关系

抗压强度		抗拉强度		抗弯强度	抗剪强度	
顺纹	横纹	顺纹	横纹		顺纹	横纹
1	1/10～1/3	2～3	1/20～1/3	1.5～2	1/7～1/3	0.5～1

2.影响木材强度的因素

(1)含水率的影响

木材的强度受含水率的影响较大,表现为当木材的含水率在纤维饱和点以下时,随含水率的增大,细胞中吸附水增多,木纤维间距离增大,使分子间作用力减弱,细胞壁软化,木材强度降低;反之,细胞壁趋于紧密,木材强度提高。当木材含水率在纤维饱和点以上变化时,含水率的变化只是自由水的增减,对木材强度无影响。含水率对木材抗弯和顺纹抗压强度的影响较大,对顺纹抗剪强度的影响较小,而对顺纹抗拉强度则几乎没有影响,如图 9.5 所示。

为了便于比较,通常以含水率为 12%(称木材的标准含水率)时的强度为标准值,其他含水率时的强度测值,可按下式换算:

$$\sigma_{12}=\sigma_{w}[1+\alpha(W-12)]$$

式中 σ_{12}——含水率为 12%时的木材强度,MPa;

σ_{w}——含水率为 W%时的木材强度,MPa;

W——试验时的木材含水率,%;

α——校正系数,随外力作用方式和树种不同而异。顺纹抗压为 0.05;顺纹抗拉时阔叶树为 0.015,针叶树为 0;弦切面或径切面顺纹抗剪为 0.03,抗弯为 0.04;径向或弦向横纹局部抗压为 0.045。

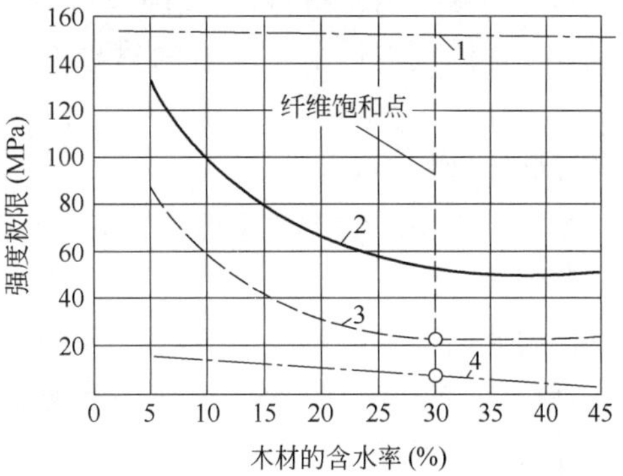

图 9.5 含水率对木材强度的影响

1—顺纹抗拉;2—抗弯;3—顺纹抗压;4—顺纹抗剪

(2)荷载作用时间

木材在长期荷载作用下,变形会不断增大,强度不断降低。木材在长期荷载作用下不致引起破坏的最大强度,称为持久强度。木材的持久强度比其极限强度小得多,一般为极限强度的 50%～60%。

(3)温度

木材受热后,细胞壁中的胶结物质被软化,使木材的强度和弹性降低。温度从 25 ℃升高到 50 ℃时,木材的顺纹抗压强度降低 20%～40%,抗拉和抗剪强度降低 12%～20%。

(4)疵病

木材在生长、采伐、保存过程中,所产生的内部和外部的缺陷,统称为疵病,包括天然生长的缺陷(如木节、斜纹、弯曲)、加工后产生的缺陷(如裂缝、翘曲)以及病虫害(如腐朽、白蚁蛀蚀)等。疵病的存在,使木材的物理力学性能变化,影响木材的使用。

(5)夏材率

夏材(晚材)比春材(早材)密实,因此木材中夏材所占比例越大,木材强度也越高。

9.3 木材在建筑工程中的应用

木材具有一些独特的优良特性，特别是木质饰面给人的特殊质感，是其他装饰材料无法替代的。因此，木材在建筑工程中，尤其是装饰工程中，始终占据着重要的地位。

9.3.1 木材的特性

1. 质轻、强度高

木材的表观密度为550 kg/m^{3}左右，但其顺纹抗拉强度和抗弯强度可达100 MPa，因此木材的比强度（指木材的抗压强度与其表观密度的比值）高，属轻质高强材料。

2. 弹性和韧性好

3. 导热系数小，绝缘性能好

木材为多孔结构材料，其孔隙率可达50%，木材的导热系数为0.30 W/(m·K)左右，具有良好的保温隔热性能。木材的热导率小，可做绝缘材料，但随着含水率增大，其绝缘性能降低。

4. 装饰性好

木材具有美丽的天然纹理，用作室内装饰，给人以自然而高雅的美感。

5. 耐久性好

民间谚语称木材："干千年，湿千年，干干湿湿两三年。"意思是说，木材只要一直保持通风干燥，就不会腐朽破坏。例如山西五台县的佛光寺大殿木结构建筑和山西应县佛宫寺木塔，至今仍保持十分完好。

6. 易于加工

材质较软，易于进行锯、刨、雕刻等加工，可制作成各种造型、线形、花饰的构件与制品，而且安装施工方便。木材在热压作用下可以弯曲成型，可用胶、钉、榫眼等方法较容易地牢固接合。

7. 具有隔声吸声性

木材是一种多孔性材料，具有良好的吸声隔声功能。

由于木材构造的特殊性，木材也存在一些缺陷，如各向异性、胀缩变形大、易腐、易燃、天然疵病多等。这些缺陷的存在，对木材的应用有较大影响。

9.3.2 木材的品种

按用途和加工程度的不同，木材分为原条、原木、枋材和板材四类品种，在铁路工程中还常使用枕木。

原条是指除去树皮、根、树梢，尚未按一定尺寸加工成规定直径和长度的木材，主要用于建筑工程的脚手架、建筑用材；原木是将原条按一定尺寸加工切取的木料，主要用于屋架、桩木、坑木、电杆等；板材是指宽度为厚度的3倍或3倍以上的木料，按板材的厚度不同，分为薄板、中板、厚板、特厚板，主要用于家具、桥梁、车辆、造船等；枋材是指宽度不足3倍厚度的木料，按枋材的体积大小，分小枋、中枋、大枋，主要用于门窗、家具、楼梯扶手等；枕木是指按枕木断面和长度加工而成的型材，主要用于铁道工程。

9.3.3 木材在建筑工程中的应用

1.木材在工程结构中的应用

我国许多古建筑物均为木结构，它们在建筑技术和艺术上均有很高的水平，并具独特的风格。在工程结构中，木材主要用于屋架、梁、柱、桁檩、椽等，作为工程结构的主要受力构件。

2.木材在装饰工程中的应用

古今中外，木材一直被广泛用于建筑室内装修与装饰，它以其特殊的质感给人以自然美的享受，使室内空间产生温暖与亲切感。常用的木装饰制品有条木地板、木装饰线条和人造板材。

(1)条木地板

条木地板是室内使用最普遍的木质地板，条板宽度一般不大于120 mm，板厚为20～30 mm，材质要求采用不易腐朽和变形开裂的优质板材。

条木地板自重轻，弹性好，脚感舒适，导热性小，故冬暖夏凉，且易于清洁。条木地板被公认是优良的室内地面装饰材料，适用于办公室、会议室、旅馆、住宅、幼儿园等场所。

(2)木装饰线条

木装饰线条简称木线条，是采用材质较好的树材加工而成的。木线条种类繁多，立体造型各异。建筑室内采用木线条装饰，可增添古朴、高雅、亲切的美感，主要用于建筑物室内的墙、洞口、门框装饰线及高级家具的镶边等。

(3)人造板材

木材在加工成型材和制作成构件时，会留下大量的碎块、废屑，如将这些下脚料进行加工处理，可制成各种人造板材。常用的人造板材有胶合板、纤维板、刨花板、木屑板等。

①胶合板

胶合板是用原木旋切成薄片，经干燥、上胶，按纹理交错重叠热压而成的人造板材。薄片胶合时，应使相邻木片的纤维相互垂直，以克服木材的各向异性和因干燥而翘曲开裂的缺点。胶合板最高层数可达15层，建筑工程中常用的胶合板是三合板和五合板。胶合板提高了木材的利用率，并且材质均匀，强度高，吸湿变形小，不翘曲开裂，板面具有美丽的木纹，装饰性好，可用作于室内隔墙、顶棚板、门面板、家具、客车车厢等。

②纤维板

纤维板是将木材加工下来的板皮、刨花、树枝等废料，经破碎、浸泡、研磨成木浆，再加入一定的胶料，经热压成型、干燥处理而成的人造板材。根据表观密度大小，分硬质纤维板、半硬质纤维板和软质纤维板三种，具有材质构造均匀、各向强度一致、耐磨、绝热性好、不腐朽等特点。硬质纤维板可用于室内墙壁、门窗、家具及车船装修等。软质纤维板结构疏松，具有保温、吸声的特性，常用作隔热、吸声材料。

③刨花板、木丝板、木屑板

刨花板、木丝板、木屑板是分别以刨花木渣、短小废料刨制的木丝、木屑等为原料，经干燥后拌入胶料，再经热压而制成的人造板材，所用胶料可为合成树脂，也可为水泥、石膏等无机胶结料。这类板材表观密度较小，强度较低，主要用做绝热和吸声材料，也可作为吊顶、隔墙材料。

9.4 木材的防护处理

木材的防护处理包括木材的干燥、防腐、防蛀和防火处理，它是提高木材耐久性，延长木材使用寿命和节约木材的重要措施。建筑工程中使用的木材，一般都要经过干燥和防腐处理，重要建筑物的构件还需要进行防火或防蛀处理。

9.4.1 木材的干燥

木材含有较多的水分，在加工和使用之前，应进行干燥处理。干燥处理后，可有效防止腐朽、虫蛀，减少木材在使用过程中产生的变形、开裂，提高木材的耐久性和强度。

木材的干燥方法有自然干燥和人工干燥两种。自然干燥是将木材架空堆放于棚内，利用空气对流作用，使木材中的水分自然蒸发，达到风干的目的。这种方法简便易行，成本低，但干燥时间长，而且只能干燥到风干状态。人工干燥是将木材置于密闭的干燥室内，通入蒸汽使木材中的水分逐渐扩散而达到干燥的目的。这种方法速度快，效率高，但应适当地控制干燥温度和湿度，如控制不当，会因收缩不均匀而导致木材开裂和变形。

9.4.2 木材的防腐和防蛀

1. 木材的防腐

(1)木材腐朽的原因

木材的腐朽主要是真菌侵害所致，常见的真菌有霉菌、变色菌和腐朽菌三种。霉菌生长在木材表面，变色菌以木材细胞腔内含物为养料，不破坏细胞壁，它们只会使木材变色，影响外观，对木材质量影响较小。腐朽菌寄生在木材的细胞壁中，它能分泌出一种酵素，把细胞壁物质分解成简单的养分，供自身摄取生存，从而使木材产生腐朽破坏。

真菌在木材中生存和繁殖必须同时具备三个条件，即适宜的温度、适当的水分和足够的空气。当空气相对湿度在 90%以上、木材的含水率在 30%～50%、环境温度为 25～30 ℃时，最适于真菌繁殖，木材最易腐朽。

(2)木材防腐措施

木材的防腐原理就是设法破坏真菌的生存条件，使之不能寄生和繁殖，可将木材置于通风处，使其保持干燥状态，也可在木材表面进行涂漆处理。油漆涂层使木材既隔绝了空气，又隔绝了水分。防止木材腐朽，还可以将化学防腐剂注入木材中，使木材具有毒性，达到防腐的目的。如枕木的防腐就是在压力罐内利用高压(0.7～1.3 MPa)，将煤焦油等防腐剂渗入枕木中，以提高枕木的抗腐能力。

2. 木材的防蛀

木材除了受菌类破坏外，还会受到白蚁、天牛等昆虫的侵害。它们在树皮或木质部内生存、繁殖，在木材内部形成孔眼，破坏木质结构的完整性，降低木材的使用价值。

经过防腐处理的木材，一般都能起到防止虫蛀的作用。但白蚁的预防却比较困难，往往要采取特殊的处理办法，如摸清白蚁的来龙去脉和生活习性，或采取措施断其水源，或用诱捕的方法以药物捕杀。

9.4.3 木材的防火

木材的防火，就是将木材用具有阻燃性能的化学物质处理后，变成难燃的材料，其目的是提高木材的耐火性，使之不易燃烧或能够有效地阻止火焰的蔓延。

防火处理方法是在木材表面涂刷、覆盖难燃材料和用防火剂浸注木材。常用的覆盖材料有各种金属，防火剂有硼酸、硼砂、磷酸铵、氯化铵、碳酸铵、硫酸铵和水玻璃等。

复习思考题

1. 树木如何进行分类？

2. 木材含水率的变化对其强度、变形、导热性、表观密度有何影响？

3. 何谓木材的平衡含水率、纤维饱和点？

4. 影响木材强度的因素有哪些？

5. 木材的品种有哪些？划分依据是什么？

6. 简述人造板材的种类和应用范围。

7. 木材腐朽的原因有哪些？如何防止木材腐朽？

8. 木材干燥、防火的目的是什么？

9. 观察木材的纹理，试讨论其用途。

10. 水中木桩腐朽易发生在什么部位，请分析原因。

11. 某住宅4月雨季时铺地板，完工后尚满意，但半年后发现部分木地板接缝不严，请分析原因。

项目 10

合成高分子材料

项目描述

通过本项目的学习，掌握塑料、橡胶的性能、特点，能够根据工程环境，合理选用合成高分子材料。

学习目标

1.能力目标

能够根据工程环境合理选用合成高分子材料。

2.知识目标

了解塑料、橡胶的分类、技术性能与特点。

高分子材料是由高分子化合物组成的材料，分天然高分子材料和合成高分子材料两大类，后者是以人工合成的高分子化合物为基础材料加工制成的，也是建筑工程中常用的高分子材料，在建筑工程中常用的合成高分子材料主要有塑料、合成橡胶、黏合剂和涂料等。

10.1 建筑塑料

高分子化合物是由很多小分子化合物通过共价键重复连接而成的，又叫高聚物或聚合物。习惯上，常常将塑料工业上使用的聚合物统称为合成树脂，简称树脂。有时将未加工成型的聚合物也叫做树脂。由于工业革命和科学技术的进步，天然聚合物难于满足各种建筑工程及日用的性能要求，这就促使了塑料工业的发展和壮大，从而出现了各种合成树脂、塑料和塑料制品。塑料是以合成树脂为主要原料，加入其他添加剂，如增塑剂、填充剂、着色剂等，经一定温度和压力塑制成型的材料。建筑塑料是指主要用于建筑工程和铁道工程的各种塑料，其消耗的产品在应用塑料中占据重要的位置。

10.1.1 塑料的组成

1.合成树脂

树脂分天然树脂和合成树脂两类。由于天然树脂的来源有限，质量不高，所以现代塑料工业中主要采用合成树脂,故合成树脂成为塑料的主要组成成分。有些合成树脂可以单独成型塑料制品,有些合成树脂则必须加入一些添加剂才能成型塑料制品。

合成树脂在塑料中的含量占 30%～100%,它起着黏合剂的作用,能将塑料中的其他成分胶结成为一个整体,是决定塑料类型、性能及用途的根本因素。

2. 添加剂

塑料中的添加剂可以改善塑料的性能,提高塑料制品的质量,延长其使用寿命,防止过早老化,降低成本。塑料添加剂主要有填料、增塑剂、稳定剂、润滑剂、着色剂和固化剂,有时还可加入发泡剂、抗静电剂、金属粉、发光材料、阻燃剂和芳香剂等。根据产品的需要,在各种树脂中加入不同的添加剂,塑料制品的性能也随之不同,以适应塑料使用或加工时的特殊要求。一般添加剂的用量为 10%～50%。

增塑剂可使树脂柔软,增加塑料的可塑性,改善加工性能,降低熔融黏度。常用的增塑剂有邻苯二甲酸二丁酯(DBP)、邻苯二甲酸二辛酯(DOP)、樟脑等。

稳定剂能防止树脂在加工和使用过程中由于受热和光的作用而导致性能降低,即增强塑料的抗老化能力。常用的稳定剂有无机和有机铅盐、金属皂、有机锡化合物等。随着阻燃材料和改性塑料的推广应用,稳定剂已应用于各种阻燃塑料和改性塑料之中。

润滑剂可使树脂在挤塑、压延及注射等成型工艺中具有良好的加工性能,防止发生黏附现象,以免损害制品的外观,常用润滑剂有脂肪酰胺、脂肪酸及其酯类、有机硅等。

着色剂可使塑料制品具有鲜艳夺目的色泽,令制品光滑美观,同时还可以改进产品的耐候性和抗老化性能。发泡剂可制成各种硬质和软质泡沫塑料制品,有的塑料制品在生产时需加入固化剂,如在酚醛树脂中添加六次甲苯四胺、环氧树脂中添加胺类和酸酐类,可使产品更好地成型。

10.1.2 塑料的特性

与其他材料相比,塑料具有如下特性。

1. 优良的加工性能

塑料容易加工成型,可制成各种薄膜、板材、管材和断面形状复杂的异形材等,能进行机械化大规模生产,生产效率高。

2. 质量轻、比强度高

塑料的密度较小,为 0.8～2.2 g/cm^3,只有钢材的 1/6 左右,混凝土的 1/3～1/2,但塑料的比强度是钢材、石材和混凝土的很多倍,属于轻质高强材料,可以减轻建筑物的自重,在建筑工程中有着不可替代的作用。

3. 耐腐蚀、绝缘性能好

塑料既不像金属材料在潮湿的空气中会产生锈蚀现象,也不像木材在潮湿的环境中腐烂或被微生物侵蚀,大多数塑料对于酸、碱、盐类等化学物质的耐腐蚀性能比金属材料和一些无机非金属材料好,具有较高的性能稳定性。塑料的分子链是原子以共价键结合起来的,分子既不能电离,也不能在结构中传递电子,所以塑料与陶瓷、橡胶一样,是电的不良导体,有良好的绝缘性。

4. 耐水性好、导热性低

塑料的吸水性和透水性很低,是很好的防水材料,但有些塑料制品如果含有较多的连通型孔隙,吸水率会增大。塑料的导热性低,是良好的保温隔热材料。

5.装饰效果好

塑料可以着色,还能用先进的技术进行彩印和压花,也可制成半透明或透明的制品,使塑料具有色彩艳丽、花色品种多样的装饰效果。

6.易老化、耐热性差

老化是高分子材料的通病。塑料使用一定时间后变硬变脆,褪色陈旧,极易开裂损坏,这就是老化现象。塑料老化后性能降低,影响使用。塑料的耐热性、防火性较差,有的塑料不仅可燃,燃烧时还能产生大量的烟雾和有毒气体。

了解塑料的这些特性,对于正确掌握建筑塑料的施工、安全使用和保养建筑塑料具有重要的作用。

10.1.3 塑料的分类

塑料因其聚合物不同而品种繁多,且每一品种又具有多种牌号。为了便于识别和使用,需对之进行分类,常用分类方法有如下几种。

1.按功能和用途不同分

(1)通用塑料:一般指产量大、用途广、成型性好、价格低的一类塑料,主要品种有聚乙烯、聚氯乙烯、聚丙烯、聚苯乙烯、酚醛塑料和氨基塑料等。人们日常生活中使用的许多制品都是由这些通用塑料制成的。

(2)工程塑料:指机械性能好,能承受一定的外力作用,有良好的尺寸稳定性,在高、低温下仍能保持其优良性能,可代替金属用于各种设备和零件、并可以作为工程结构构件的塑料。工程塑料具有密度小,化学稳定性高,耐热性及耐磨性好,电绝缘性优越,加工成型容易等特点,主要品种有聚酰胺、聚甲醛、聚碳酸酯和ABS等,在建筑塑料中此类产品运用较多。

(3)特种塑料:指具有特殊性能和用途的塑料。如氟塑料和有机硅,具有突出的耐高温、自润滑等特殊功用;增强塑料和泡沫塑料具有高强度、高缓冲性等特殊性能。增强塑料原料在外形上可分为粒状、纤维状、片状三种,按材质可分为布基增强塑料、无机矿物填充塑料、纤维增强塑料三种,如环氧树脂、有机硅树脂和有机玻璃等。泡沫塑料可以分为硬质、半硬质和软质泡沫塑料三种。硬质泡沫塑料没有柔韧性,压缩硬度很大,应力解除后不能恢复原状;软质泡沫塑料富有柔韧性,压缩硬度很小,很容易变形,应力解除后能恢复原状,残余变形较小;半硬质泡沫塑料介于硬质和软质泡沫塑料之间。

2.按受热时的形态不同分

(1)热塑性塑料:分子结构是线形结构,在特定温度范围内可反复加热软化和冷却硬化,废料可回收重复使用,可以多次成型,工艺简便,加工性能好,能够连续化生产,产品适应性强,具有良好的塑料综合性能,可以制造日用产品、工业配件、薄膜、片材、板材、管材等制品,亦可用于制作涂料、黏合剂,还可拉丝和作纺织纤维,但耐热性及硬度较差,通用塑料多为热塑性塑料。

(2)热固性塑料:分子结构是体型结构,在受热时发生软化,可以塑制成一定的形状,但受热到一定程度或加入少量固化剂后硬化定型,再加热也不会变软和改变形状。热固性塑料加工成型后,受热不再软化,因此不能回收再用,仅能粉碎后用作填料。这类塑料有较高的机械强度,耐热性、耐磨性和耐腐蚀性能好,不容易变形,故常作为工程塑料或特种塑料使用。热固性塑料可以压缩模塑成型、传递模塑成型和注塑成型,其成型工艺过程比较复杂,所以连续化生产有一定的困难。

3. 按结构形态不同分

(1)结晶型塑料:在凝固时,有晶核到晶粒的生成过程,形成一定的形态结构,如聚乙烯、聚丙烯、尼龙等。

(2)无定型塑料:在凝固时,没有晶核的形成、成长过程,只是自由的大分子链的“冻结”,如聚苯乙烯、聚氯乙烯、有机玻璃、聚碳酸酯等。

4. 按化学反应类型不同分

塑料按化学反应类型的不同可分为加聚型塑料和缩聚型塑料。

加聚反应是指在一定的条件下,单体分子的活性链发生相互作用,“加聚”成一条大分子链的过程;而缩聚反应是靠单体中的可反应基团等来反应的,其反应是逐步缩合的,并伴有水、氨、甲醇、氯化氢等小分子物质析出。

5. 按成型方法不同分

塑料按成型方法不同可分为膜压、层压、注射、挤出、吹塑、浇铸塑料和反应注射塑料。

膜压塑料多为加工性能与一般热固性塑料相类似的塑料;层压塑料是指浸有树脂的纤维织物,经叠合、热压而结合成为整体的材料;注射、挤出和吹塑多为加工性能与一般热塑性塑料相类似的塑料;浇铸塑料是指能在无压或稍加压力的情况下,倾注于模具中能硬化成一定形状制品的液态树脂混合料,如 MC 尼龙等;反应注射塑料是用液态原材料,加压注入膜腔内,使其反应固化成一定形状制品的塑料,如聚氨酯等。

10.1.4 塑料的应用

科学家将天然纤维素硝化,用樟脑作增塑剂制成世界上第一个塑料品种,从此开始了人类使用塑料的历史。塑料成型工业自 19 世纪末开始到现在已经过仿制、扩展和变革的时期。1909 年出现了第一种用人工合成的塑料,即酚醛塑料,1920 年又合成了氨基塑料。这两种塑料当时为推动电气工业和仪器制造工业的发展起了积极作用。塑料最初品种不多,对它们的本质理解不足,在塑料制品生产技术上,只能从塑料与某些材料,如橡胶、木材、金属和陶瓷等制品的生产有若干相似之处而进行仿制。此后在 20 世纪 30 年代,塑料品种渐多,在生产技术和方法上都有显著的改进,相继出现了醇酸树脂、聚氯乙烯、丙烯酸酯类、聚苯乙烯和聚酰胺等塑料。自 20 世纪 40 年代至今,随着科学技术和工业的发展,各项尖端科学技术发展的需要,石油资源的广泛开发利用,对塑料制品数量、结构、尺寸和准确程度上也提出了更高的要求,塑料工业获得迅速发展,品种上又出现了聚乙烯、聚丙烯、不饱和聚酯、氟塑料、环氧树脂、聚甲醛、聚碳酸酯、聚酰亚胺等。在建筑工程中,这些塑料得到了充分应用,成为建筑行业和铁道工程中十分重要的工程材料。

常用建筑塑料的品种和用途见表 10.1。

表 10.1 常用建筑塑料的品种和用途

品种名称	用途
聚乙烯(PE)	可制作钢轨与轨枕间的缓冲垫板、道钉下面的垫片、线路设备中某些木质材料的替代品,制作薄膜、板材、管材及容器,作为防水材料、绝缘材料,用于给排水工程等
聚氯乙烯(PVC)	与 PE 一样可用作铁道线路的垫板、垫片等零部件,广泛用于建筑工程和装饰装修工程,如塑料墙纸、地板、装饰板材、塑料门窗、管道、防水材料和保温隔热材料等,有硬质、半硬质、软质和轻质泡塑制品

续上表

品种名称	用　　途
聚苯乙烯(PS)	在建筑中主要用来生产泡沫塑料,作为房屋建筑的保温隔热材料。由于透明度高、较硬,可制作灯具、发光平顶板等
改性聚苯乙烯(ABS)	为不透明塑料,可制作压有花纹图案的塑料装饰板,生产建筑五金材料和各种管材、模板、异形板等
聚四氟乙烯(PTFE)	由于密度较大、强度较高、耐热、耐腐蚀,在铁路、桥梁和建筑工程中,用作架桥时的滑道、桥梁的位移支撑滑块等;常作为工程塑料用于工业设备的内衬、管、泵、阀和密封材料,是电子工业的高级绝缘材料
聚丙烯(PP)	制作耐腐蚀衬板、卫生洁具、管材和容器等
聚酰胺(PA)	也称尼龙,广泛用于制作建筑小五金、机械零件与配件、加筋土结构的拉筋、装饰保护层,还可配制黏合剂、涂料等
酚醛树脂(PF)	主要生产胶合板、层压板、玻璃钢制品、黏合剂和涂料,在铁道线路设备中用于制作接头夹板的绝缘层,还可用于电工器材、装饰材料和隔声隔热材料等
环氧树脂(EP)	为高强黏合剂,常用于桥隧及涵洞裂损的修补增强,制作聚合物混凝土用于桥梁的支座垫石,制作防水层、防锈涂料、玻璃钢、装饰板、卫生洁具等
有机硅塑料(Si)	为一种透明的树脂,用于制作防水涂料、高级绝缘材料等
脲醛树脂(UF)	配制黏合剂、油漆、涂料等,还可用于装饰材料、绝缘件等
玻璃纤维增强塑料(GRP)	由于有一定透光性、强度高,被称为玻璃钢,应用广泛,可用作墙体材料、屋面采光材料、卫生洁具、门窗、坐椅等

10.2 橡　　胶

橡胶是一种弹性聚合物。橡胶在外力作用下,容易发生较大的变形,外力去除后又恢复到原来的形状。尽管橡胶是一种柔软而易破损的物质,但在某种意义上说却比木材或金属更加耐磨。橡胶的耐用、减震等性能,加上它所具有极高的绝缘性、耐寒性,不透水性、不透气性,因而广泛用于制作各种密封材料、弹性垫层和防水材料等。

橡胶可分为天然橡胶、合成橡胶和再生橡胶三类。

10.2.1 天然橡胶

天然橡胶是由橡胶树干切割口收集所流出的浆汁,经过去除杂质、凝固、压制、干燥等工序而形成的生胶料。世界上约有两千种不同的植物可生产类似天然橡胶的聚合物,并能从其中五百种植物中得到不同种类的橡胶,如巴西三叶橡胶、木薯橡胶、美洲橡胶、印度榕和非洲藤胶等,但具有质量优良、产量高、产胶期长、制胶费用低、加工方便等优点的只有巴西三叶橡胶一种。它的产量已占天然橡胶总产量的99%以上,故通常所说的天然橡胶就是指巴西三叶橡胶。

天然橡胶的主要成分是聚异戊二烯。由于生橡胶性软,含大量不饱和双键,化学活性高,易于交联和氧化,故易老化而失去弹性,耐油、耐溶性差。为克服这些缺点,常常在橡胶中加硫,经硫化处理而成熟橡胶。天然橡胶经硫化处理后,其强度、变形能力和耐久性得到提高,可塑性降低。

天然橡胶的密度较小，为0.9～0.93 g/cm^3，没有熔点，在高温作用下可以软化。常温下弹性高，绝缘性、不透水性、加工性能好，易于同填料及配合剂混合，可与多数合成橡胶并用，而且经过适当处理后，具有耐油、耐酸、耐碱、耐热、耐寒、耐压、耐磨等优良性能，用途非常广泛。

天然橡胶作为橡胶制品的原料，在建筑工程中可配制黏合剂和生产橡胶类防水材料等。由于能大量生产橡胶的植物不多，它们大多又生长在亚热带或热带，因此，合成橡胶的运用，为橡胶工业的发展及橡胶制品的广泛应用开辟了新的天地。

10.2.2 合成橡胶

合成橡胶主要是二烯烃的聚合物，虽然其综合性能低于天然橡胶，但是合成橡胶具有某些天然橡胶所不具备的特性。它以煤、石油、天然气为原料，原料来源广，生产成本低，而且品种较多，所以建筑工程中广泛使用的还是合成橡胶。世界上合成橡胶的总产量已远远超过了天然橡胶。

合成橡胶主要有丁苯橡胶、氯丁橡胶、丁腈橡胶、乙丙橡胶等。按橡胶制品形成过程，可分为热塑性橡胶和硫化型橡胶；按成品状态，可分为液体橡胶、固体橡胶、粉末橡胶和胶乳；按使用特性，可分为通用型橡胶和特种橡胶。通用型橡胶指可以部分或全部代替天然橡胶使用的橡胶，如丁苯橡胶、异戊橡胶、顺丁橡胶等，主要用于制造各种轮胎及一般工业橡胶制品。特种橡胶是指具有耐高温、耐油、耐老化和高气密性等特点的橡胶，常用的有丁腈橡胶、丁基橡胶等，主要用于某些特殊要求的场合。合成橡胶具有良好的弹性，但强度不够，必须经过加工才能使用，其加工过程包括塑炼、混炼、成型、硫化等步骤。

合成橡胶的常见品种和用途见表10.2。

表10.2 合成橡胶的品种和用途

品种名称	用途
丁苯橡胶(SBR)	弹性高，耐磨、抗老化性能好，常用于制作运输带、汽车内外胎和各种硬质橡胶制品
丁腈橡胶(NBR)	耐热性、耐油性好，成本高，常用于输油胶管、密封胶垫和黏合剂等
氯丁橡胶(CR)	耐候性、耐油性、抗老化性能、抗化学腐蚀性能好，可制造模型制品、电缆、防水卷材和能黏结多种材料的黏合剂
乙丙橡胶(EPDM)	抗老化、抗化学腐蚀性能好，成本低，可制作电线、胶板、密封条和防水卷材等

10.2.3 再生橡胶

以废旧橡胶制品和橡胶工业生产的边角废料为原料，经再生处理后所得到的具有一定橡胶性能的弹性体高分子材料，称为再生橡胶。再生处理主要是脱硫，脱硫并不是把橡胶中的硫黄分离出来，而是通过高温处理，使橡胶产生氧化解聚，由分子量较大的体型网状结构转变成分子量较小的链状结构。

再生橡胶比原橡胶的弹性低，但塑性和黏性有所提高。废弃橡胶大多数加工成超细橡胶粉，因为只有这样才具有天然橡胶的特性，其用途少部分用于轮胎和鞋底的再生，大部分作为防水材料、沥青、塑料的改性材料和用于生产环保型橡胶地砖等。

再生橡胶成本低，大量用作轮胎垫带、橡胶配件等。在建筑工程中，再生橡胶可作为沥青的改性材料，掺入沥青中后，能保留橡胶的基本性质，提高沥青制品的耐油、耐热、抗老化等性能。

10.2.4 橡胶的发展趋势——开发建筑用防震橡胶产品

我国的防震橡胶产品研发主要集中在汽车工业，建筑行业的防震橡胶产品开发得不多，四川的特大地震对我国橡胶企业提出了新的要求——开发更多高技术含量的橡胶减震产品。

日本是个多发地震的国家，在经历了阪神大地震以后，日本全国都加强了对建筑的防震要求，而且在大中型城市都应用了基础隔震新技术。

基础隔震技术是用水平力很"柔"的隔震元件将上部建筑与基础隔离，由于隔震层的刚度很小，当地震发生时，隔震层将发挥"隔"的作用，承受地震动引起的位移运动，而上部结构只作近似平动。原来的"刚性抗震结构"的地震反应是"放大晃动型"，而基础隔震结构的地震反应只是"刚性抗震结构"的1/12～1/4，大大提高了结构的安全度。

通常应用较多的隔震元件是建筑隔震橡胶支座，隔震橡胶支座是由一层钢板一层橡胶层层叠合起来的，并经过加工将橡胶与钢板牢固地黏结在一起。首先，隔震支座有很高的竖向承载特性和很小的压缩变形，可确保建筑的安全；第二，隔震支座还具有较大的水平变形能力，剪切变形可达到250%而不破坏；第三，橡胶隔震支座具有弹性复位特性，地震后可使建筑自动恢复原位。采用隔震橡胶支座的建筑物，设防目标一般可以提高一个设防等级。传统建筑的设防目标是"小震不坏，中震可修，大震不倒"，而设计合理的基础隔震建筑通常能做到"小震不坏，中震不坏或轻度破坏，大震不丧失功能"。现代科技的发展已解决了橡胶的老化等耐久问题，完全可以使橡胶隔震支座的寿命满足建筑使用的要求。

复习思考题

1. 建筑塑料由哪几部分构成？各有何作用？
2. 建筑塑料有哪些特点？
3. 建筑塑料如何进行分类？
4. 试列举几种常用的建筑塑料，并介绍它们的主要用途。
5. 橡胶的主要特点是什么？为什么在建筑工程中合成橡胶比天然橡胶应用范围广？

项目11

其他工程材料

项目描述

本项目主要介绍墙体材料、装饰材料和绝热材料的构成、技术要求。通过本项目的学习，掌握它们的技术性能、特点和应用范围，能够根据工程环境和使用要求，合理选用材料。

学习目标

1. 能力目标

(1)能够掌握墙体材料技术性能指标与检测方法；

(2)能够根据实际情况，科学合理选择墙体材料、装饰材料和绝热材料。

2. 知识目标

(1)掌握砌墙砖、砌块、墙板的分类、技术性质要求；

(2)掌握装饰材料的分类、技术性质要求；

(3)掌握绝热材料的分类、技术性质要求。

11.1 墙体材料

房屋建筑的墙体主要起承重、围护和分隔空间的作用，同时还兼有保温隔热、吸声、隔声、耐水和防火等多种功能。常用的墙体形式有砌体结构墙体和墙板结构墙体，前者的块状材料有砖、砌块，后者所用的材料主要是各类板材。

我国传统的墙体材料是烧结普通砖，具有生产成本低、原材料来源广泛等特点，应用广泛。因生产烧结普通砖要占用农田，不利于环境保护，同时砖砌体自重大，施工效率低，我国已限制烧结普通砖的生产和使用，大力发展质轻、高强、低能耗、大体积、多功能和有利于环境保护的墙体材料。

11.1.1 砌墙砖

砌墙砖有很多类型。按外观形态的不同，砌墙砖分为普通砖、多孔砖和空心砖；按生产工艺的不同，砌墙砖分为烧结砖和非烧结砖。

1. 烧结普通砖

以黏土、页岩、煤矸石、粉煤灰为主要原料，经成型、焙烧制成的实心砖或孔洞率小于

15%的砖，称为烧结普通砖。根据原料配制的比例不同又可分为黏土砖(N)、页岩砖(Y)、煤矸石砖(M)、粉煤灰砖(F)、烧结建筑渣土砖(Z)、烧结淤泥砖(U)和固体废弃物砖(G)等几种类型。

(1)生产工艺简介

烧结普通砖的生产程序基本为:原料配制→制坯→干燥→焙烧→成品。焙烧是生产过程中的主要环节，如果焙烧的火候不好，会产生欠火砖或过火砖。欠火砖色浅、声哑、孔隙率大、强度低；过火砖色深、声脆、强度较高，但易出现弯曲变形的现象，外观质量差。只有焙烧温度合适的正火砖才符合砖的质量要求。

生产黏土砖时，如砖窑中供氧充足，砖坯会产生红色的三氧化二铁(Fe_2O_3)成分，使产品呈红颜色，故称为红砖；当砖坯在氧化气氛中烧成后，再经洒水闷窖，促使砖内的三氧化二铁还原成青灰色的氧化铁(FeO)，故称为青砖。青砖比红砖耐久性好、强度高、变形小，但因成本较高，没有红砖使用普遍。

生产页岩砖或煤矸石砖时，页岩、煤矸石中含有黏土成分和可燃成分，要经过破碎磨细工序；生产粉煤灰砖时，一般要掺入黏土。它们的焙烧原理与烧结黏土砖接近，但节约了黏土和燃料、减少了环境污染。

(2)技术性能指标

烧结普通砖的各项技术性能指标，应满足相关规定。

①强度等级

按规定方法抽取10块烧结普通砖测其抗压强度，并根据抗压强度平均值和标准值划分为MU30、MU25、MU20、MU15、MU10五个强度等级，见表11.1。表中的强度变异系数指10块砖样抗压强度的标准差与其算术平均值的比值。

表11.1 烧结普通砖的强度等级

强度等级	抗压强度平均值(MPa)	强度标准值(MPa)
MU30	≥30.0	≥22.0
MU25	≥25.0	≥18.0
MU20	≥20.0	≥14.0
MU15	≥15.0	≥10.0
MU10	≥10.0	≥6.5

②形状尺寸

烧结普通砖的外形为长方体，标准尺寸为240 mm×115 mm×53 mm，通常将240 mm×115 mm的面称为大面，将240 mm×53 mm的面称为条面，将面积最小的115 mm×53 mm的面称为顶面。一般砌墙砖的灰缝为10 mm，则4块砖长、8块砖宽、16块砖厚均为1 m，因此1 m^3的砖砌体理论用砖4×8×16=512(块)。烧结普通砖的尺寸允许偏差应符合表11.2的规定，它是烧结普通砖的尺寸偏差检验标准之一，用以评定烧结普通砖的质量等级。

表11.2 烧结普通砖的尺寸允许偏差

公称尺寸(mm)	技术指标	
	样本平均偏差(mm)	样本极差(mm)
240	±2.0	≤6.0

续上表

公称尺寸(mm)	技术指标	
	样本平均偏差(mm)	样本极差(mm)
115	±1.5	≤5.0
53	±1.5	≤4.0

注:样本平均偏差是指抽检的 20 块砖试样同一方向 40 个测量尺寸的算术平均值与其公称尺寸的差值;样本极差是指抽检的 20 块砖试样同一方向 40 个测量尺寸中最大值与最小值的差值。

③外观质量

评定烧结普通砖的质量等级还包括对其外观质量的检验,见表 11.3。此外,烧结普通砖中不允许有欠火砖、存在大量网状裂纹的酥砖和有螺旋状裂纹的螺旋纹砖等。

表 11.3 烧结普通砖外观质量要求

项目		技术指标
两条面高度差(mm)		≤2
弯曲(mm)		≤2
杂质凸出高度(mm)		≤2
缺棱掉角的三个破坏尺寸,不得同时大于(mm)		5
裂纹长度(mm)	大面上宽度方向及其延伸至条面的长度	≤30
	大面上长度方向及其延伸至顶面的长度或条顶面上水平裂纹的长度	≤50
完整面不得少于		一条面和一顶面

注:①为砌筑挂浆而施加的凹凸纹、槽、压花等不算作缺陷;

②凡有下列缺陷之一者,不得称为完整面:

a. 缺损在条面或顶面上造成的破坏面尺寸同时大于 10 mm×10 mm;

b. 条面或顶面上裂纹宽度大于 1 mm,其长度超过 30 mm;

c. 压陷、粘底、焦花在条面或顶面上的凹陷或凸出超过 2 mm,区域尺寸同时大于 10 mm×10 mm。

④抗风化性能

砖的抗风化性能与砖的使用寿命密切相关,抗风化能力越强,耐久性越好。抗风化性能用吸水率、抗冻性等指标评定。由于自然气候不同,各地区的风化程度不同,因此对不同地区的烧结普通砖抗风化性能具有相应的指标。

⑤泛霜和石灰爆裂

泛霜是指可溶性盐类在砖表面的盐析现象,状似白霜,呈粉末、絮团或絮片样。泛霜会造成砖的表面粉化、脱落,破坏砖与砂浆的黏结,影响墙体的承载力。严重泛霜的砖不能使用。

烧结砖原料中如含有石灰石,成品砖吸水后,存留在砖中的石灰熟化产生体积膨胀,使砖发生爆裂的现象称为石灰爆裂。它对墙体的危害很大,影响建筑物的安全。石灰爆裂严重的砖也不能使用。

⑥吸水率

烧结普通砖具有较多的孔隙,孔隙率在 30%左右,其中黏土砖表观密度为 1 800～1 900 kg/m^3,页岩砖表观密度为 1 600～1 800 kg/m^3,煤矸石砖和粉煤灰砖较轻,表观密度为 1 400～1 650 kg/m^3,所以烧结普通砖的吸水性较大,吸水率为 10%～20%。为了不影响砌筑砂浆的黏结性和强度,在砌砖时必须预先给砖浇水,使砖充分吸水润湿。

2.烧结多孔砖和空心砖

烧结多孔砖和空心砖的主要原料、生产工艺与烧结普通砖相同，但增加了孔洞率。

(1)烧结多孔砖

烧结多孔砖含有较多的小孔，孔洞率在28 %以上，形状为直角六面体。根据孔洞分布的不同分为M型和P型两类，如图11.1所示。规格尺寸M型为190 mm×190 mm×90 mm，P型为240 mm×115 mm×90 mm。孔洞尺寸要求为：圆孔直径≤22 mm，非圆孔内切圆直径≤15 mm，手抓孔为(30～40)mm×(75～85)mm。烧结多孔砖的孔洞开在大面上，与承压面垂直，为竖孔方向。

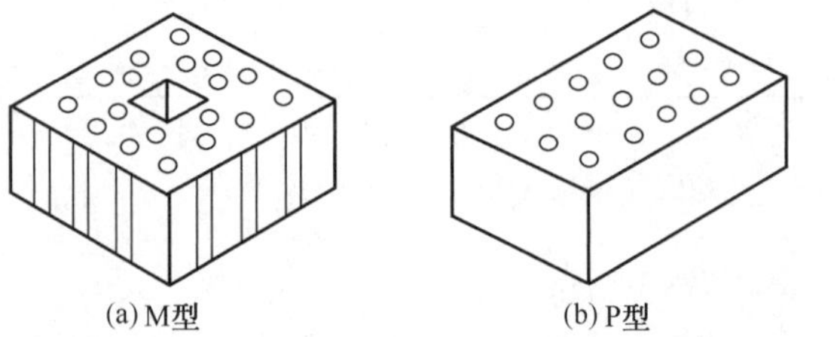
(a) M型　(b) P型

图11.1　烧结多孔砖

烧结多孔砖根据抗压强度大小划分为MU30、MU25、MU20、MU15、MU10五个强度等级，见表11.4。

表11.4　烧结多孔砖的强度等级

强度等级	抗压强度平均值(MPa)	强度标准值(MPa)
MU30	≥30.0	≥22.0
MU25	≥25.0	≥18.0
MU20	≥20.0	≥14.0
MU15	≥15.0	≥10.0
MU10	≥10.0	≥6.5

(2)烧结空心砖

烧结空心砖指孔洞率≥40%，孔的尺寸大而数量少的砖。形状多为长方体，在与砂浆的结合面上设有深度1 mm以上的凹线槽，以增加两者的黏结力。常用空心砖的尺寸长为290 mm和240 mm，宽为190 mm、180 mm、140 mm和115 mm，高为115 mm和90 mm。空心砖孔洞采用矩形条孔或其他孔形，且平行于大面和条面，多与承压面平行，为横孔方向，如图11.2所示。

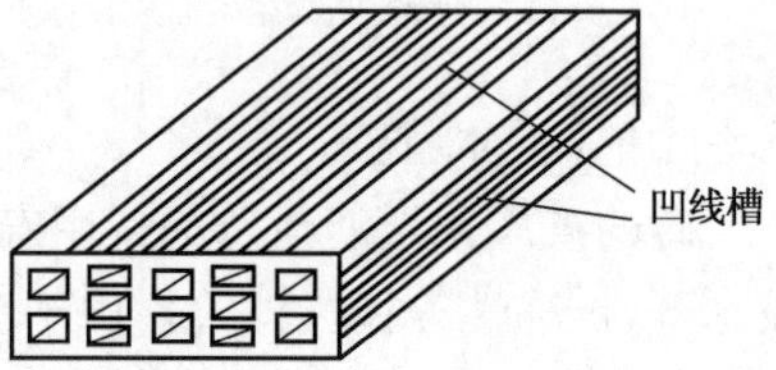

图11.2　烧结空心砖

烧结空心砖可分为MU10.0、MU7.5、MU5.0、MU3.5四个强度等级，见表11.5。

表11.5　烧结空心砖的强度等级

强度等级	抗压强度平均值(MPa)	变异系数δ≤0.21	变异系数δ>0.21
		强度标准值(MPa)	单块最小抗压强度值(MPa)
MU10.0	≥10.0	≥7.0	≥8.0
MU7.5	≥7.5	≥5.0	≥5.8
MU5.0	≥5.0	≥3.5	≥4.0
MU3.5	≥3.5	≥2.5	≥2.8

烧结空心砖强度较低，具有良好的保温隔热性能，主要用于砌筑非承重墙体，如多层建筑

的内隔墙和框架结构的填充墙等。

3. 非烧结砖

不经过焙烧制成的砖均属于非烧结砖。与烧结砖相比，它具有耗能低的优点，主要品种有蒸养蒸压砖、碳化砖和非烧结黏土砖等。蒸养蒸压砖能利用工业废料，因此优先得到发展。

（1）蒸压灰砂砖

所用主要原料为石灰和砂，经混合搅拌、陈化、轮碾、加压成型、蒸压养护制成的实心砖称为蒸压灰砂砖。尺寸规格与烧结普通砖相同。蒸压灰砂砖按抗压强度大小，分为 MU30、MU25、MU20、MU15、MU10 五个强度等级，见表 11.6。根据蒸压灰砂砖的尺寸偏差、外观质量、吸水率、碳化系数、软化系数、强度和抗冻性分为合格品与不合格品等。

表 11.6　蒸压灰砂砖的强度等级

强度等级	抗压强度（MPa）	
	平均值	单块最小值
MU30	≥30.0	≥25.5
MU25	≥25.0	≥21.2
MU20	≥20.0	≥17.0
MU15	≥15.0	≥12.8
MU10	≥10.0	≥8.5

蒸压灰砂砖是压制成形的，因此内部组织均匀密实，无烧缩现象，外形光洁整齐。灰砂砖呈浅灰色，但加入颜料可制成彩色砖。蒸压灰砂砖适用于墙体、基础等承重部位。由于耐热性和耐腐蚀性较差，因此不得用于长期受热 200 ℃以上、受急热急冷和有酸性介质侵蚀的建筑部位，也不宜用于有流水冲刷的部位。

（2）粉煤灰砖

粉煤灰砖是以粉煤灰、石灰或水泥为主要原料，掺入适量的石膏和炉渣等，经坯料制备、压制成型、高压或常压蒸汽养护而制成的实心砖。尺寸规格与烧结普通砖相同。粉煤灰砖按抗压强度和抗折强度大小，可分为 MU30、MU25、MU20、MU15、MU10 五个强度等级，见表 11.7。

表 11.7　粉煤灰砖的强度等级

强度等级	抗压强度（MPa）		抗折强度（MPa）	
	平均值	单块最小值	平均值	单块最小值
MU30	≥30.0	≥24.0	≥4.8	≥3.8
MU25	≥25.0	≥20.0	≥4.5	≥3.6
MU20	≥20.0	≥16.0	≥4.0	≥3.2
MU15	≥15.0	≥12.0	≥3.7	≥3.0
MU10	≥10.0	≥8.0	≥2.5	≥2.0

粉煤灰砖使用要求与灰砂砖基本相同。要注意的是，用于基础、易受冻融和干湿交替作用的建筑部位时，必须用质量合格的砖。由于粉煤灰砖具有一定的收缩性，为避免或减小收缩裂缝的产生，用它砌筑的建筑物，应采取防裂措施，如适当增设圈梁和伸缩缝。

11.1.2　砌　　块

砌块是指比砌墙砖体积大、用于砌筑的人造块料。生产砌块可充分利用工业废料和地方资源，节约能源，有利于环境保护。同时，砌块尺寸大，可提高施工速度，效率高，改善墙体的保温隔热性能。

砌块按用途分为承重和非承重砌块；按形态分为实心和空心砌块；按生产工艺分为自然养护、蒸养和烧结砌块；按产品规格分为小型、中型和大型砌块。在建筑工程中使用较多的是中小型砌块。

1. 蒸压加气混凝土砌块

蒸压加气混凝土砌块是以钙质材料（如水泥、石灰）和硅质材料（如粉煤灰、粒化高炉矿渣等）为主要原料，以铝粉作加气剂，经磨细、配料、搅拌、浇筑、发泡、切割、蒸压养护等工序而制成的多孔轻质块体材料。按砌块的立方体抗压强度大小，蒸压加气混凝土砌块分为 A1.5、A2.0、A2.5、A3.5、A5.0 五个强度等级，按表观密度大小，分为 B03、B04、B05、B06、B07 五个等级。

蒸压加气混凝土砌块具有质轻、保温隔热、吸声、抗震性能好的特点，主要用于非承重墙体。因这种砌块易干缩开裂，表面须用饰面防护。由于砌块吸水性大，做饰面时，应预先淋湿砌块表面，素刷水泥浆后，再做粉刷或贴面层。

2. 混凝土小型空心砌块

混凝土小型空心砌块是以水泥作为胶结材料，砂、石和炉渣为骨料，经搅拌、振动加压、养护而成的小型砌块。空心砌块的空心率大于等于25%，砌块的主要形状和规格如图 11.3 所示。

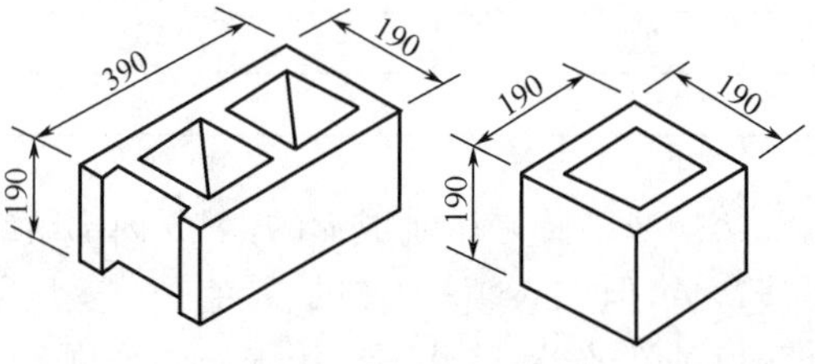

图 11.3　混凝土小型空心砌块（单位：mm）

混凝土小型空心砌块按砌块抗压强度大小，分为 MU7.5、MU10、MU15、MU20 和 MU25 五个强度等级，见表 11.8。

表 11.8　混凝土小型空心砌块的强度等级

强度等级		MU7.5	MU10	MU15	MU20	MU25
砌块抗压强度（MPa）	平均值	≥7.5	≥10.0	≥15.0	≥20.0	≥25.0
	单块最小值	≥6.0	≥8.0	≥12.0	≥16.0	≥20.0

混凝土小型空心砌块可以减轻墙体自重，提高工效和降低造价。同时砌筑灵活，施工方便，适用于中小城市和农村建筑。

此外，烧结空心砌块、粉煤灰砌块和轻骨料混凝土小型空心砌块也是常见的轻型墙体材料。其中，中型空心砌块有专业标准，对尺寸偏差、外观质量及有关性能有相应的具体要求。这类砌块规格大，施工机械化程度高，质轻高强，经济效益十分明显。

11.1.3　墙　　板

在建筑工程中用于墙体的轻质板材品种较多，各有特色。按使用功能的不同可分为内墙板和外墙板；按形态的不同可分为薄板、条板和轻型复合板等类型。内墙板材使用较多的是各类石膏板、水泥纤维板、轻混凝土墙板和水泥刨花板等；外墙板材多用加气混凝土板、各类复合板和玻璃钢板等。

1. 石膏类板材

石膏类板材是常用的轻质墙体材料，由于保温隔热、吸声、防火性能好，施工方便，可锯、钻、钉、刨等加工，成本较低，又有一定的装饰效果，所以使用非常广泛，常用的品种有纸面石膏板、纤维石膏板和石膏空心板等。

(1)纸面石膏板

纸面石膏板是用石膏加适量纤维和外加剂做芯板，外面用特制的护面纸粘牢制成。护面纸可以提高板材的抗冲击作用，根据需要还可制成普通型、防火型和耐水型等。纸面石膏板产品的规格尺寸：长度有 1 800 mm、2 100 mm、2 400 mm、2 700 mm、3 000 mm、3 300 mm 和 3 600 mm七种规格；宽度有 900 mm 和 1 200 mm 两种规格；厚度有 9.5 mm、12 mm、15 mm 和 18 mm 等。纸面石膏板不仅用于建筑物的内隔墙，还可用于室内吊顶。

(2)纤维石膏板

纤维石膏板是将石膏与玻璃纤维、纸浆或矿棉等纤维材料混在一起制成，结构上与纸面石膏板有所不同，没有护面纸。由于石膏与纤维等材料融为一体，所以其抗弯强度比纸面石膏板高。纤维石膏板产品的规格尺寸：长度为 2 700～3 000 mm，宽度为 800 mm，厚度为 12 mm。纤维石膏板与纸面石膏板用途相同。

2. 水泥类墙板

水泥类墙板力学性能较好，自重轻，又能用于承重墙和外墙，所以在建筑工程中运用广泛，主要品种有水泥纤维板、水泥刨花板和预应力混凝土空心墙板等。

(1)水泥纤维板

根据水泥纤维板中纤维成分的不同，分石棉水泥板、纤维增强水泥平板(TK)、石棉水泥珍珠岩板和玻璃纤维增强水泥墙板(GRC)等。这类墙板强度高于石膏板，又有一定的韧性和抗裂性能，故常用于强度要求较高的建筑物。

(2)水泥刨花板

水泥刨花板采用木材的加工废料刨花作原料，故自重轻，表观密度为 400～1 300 kg/m^3，具有良好的保温隔热性能，抗压强度和抗折强度也较高，适用于建筑物的内墙板及外墙板。水泥刨花板产品的规格尺寸：长度 1 000～2 000 mm，宽度 500～700 mm，厚度 30～100 mm。

(3)预应力混凝土空心墙板

预应力混凝土空心墙板是用高强度的预应力钢绞线制成的混凝土墙板，该墙板可根据需要设置保温层、防水层及外饰面层。预应力混凝土空心墙板产品的规格尺寸：长度为 1 000～1 900 mm，宽度为 600～1 200 mm，厚度为 200～480 mm。它适用于承重或非承重的内外墙板、荷载较小的屋面板、阳台板和雨棚等。

3. 复合墙板

复合墙板是由几种材料组合在一起制成的。根据需要可组合成结构层、保温层和饰面层等，能使各材料的功能得到合理利用，故在建筑工程中使用较多。复合墙板品种有钢丝网水泥板、木屑石棉水泥板、混凝土夹芯板、彩钢夹芯板、钢丝网泡沫塑料墙板和稻麦秆等植物废屑混合制成的轻质板材等。

11.2 装饰材料

建筑装饰材料是指用于建筑物表面，主要起美化外观和防护建筑物表面等功能的材料。

合理地选用装饰材料，不仅能显示建筑物的艺术形象，而且为提高人们的生活和工作环境质量创造了优美的建筑空间，使人们既可赏心悦目又感觉舒适方便。近年来，现代建筑物，特别是城市建筑在完成土建施工后均要进行装饰装修。城市地铁、轻轨甚至立交桥也要考虑装饰效果。因此，了解常用装饰材料的特点和应用范围，就显得十分重要。

11.2.1 装饰材料的分类

由于人们审美及环保的需要、生产工艺的改善和设计能力的提高，装饰材料是建筑材料中更新换代较快的一类材料，因而品种繁多，新产品层出不穷，对装饰材料的分类也没有统一的标准。人们在进行装饰设计时一般先按装饰部位来考虑其种类，然后按装饰效果及造价考虑材质，故衍生出按装饰部位和装饰材料的材质进行分类。

1. 按装饰部位分

根据建筑物所需装饰的部位，装饰材料品种见表 11.9。

表 11.9 建筑物装饰部位常用装饰材料

装饰部位	常用装饰材料
外墙	石材、外墙陶瓷面砖、外墙涂料、塑铝板、装饰砂浆、马赛克、玻璃幕墙、装饰混凝土、其他饰面板
内墙	内墙涂料、壁纸、墙布、内墙陶瓷面砖、木贴面、大理石贴面、石材、挂毯、马赛克、玻璃制品、其他饰面板
地面	陶瓷地砖、石材、木地板、地毯、塑料地板、地面涂料、马赛克、装饰混凝土彩色地砖、水磨石地板、彩色砂浆
顶棚	涂料、胶合板、石膏板、壁纸、塑铝板、塑料顶板或扣板、金属扣板、保温与吸声轻型板、玻璃制品、各类塑料彩花装饰材料
门窗	铝合金、塑钢、塑料、木质材料、钢材、玻璃制品
装饰用具	灯具：玻璃、塑料、金属、陶瓷；洁具：陶瓷、不锈钢、塑料、塑钢、人造石材、搪瓷；家具：木质材料、金属、塑料、皮具、织物、玻璃制品
其他部位	圆柱：涂料、不锈钢及彩钢薄板、织物绸缎、彩色砂浆；栏杆：石膏、石材、不锈钢、铁艺制品、塑料、彩色砂浆或装饰混凝土；屋顶：琉璃瓦等

2. 按装饰材料的材质分

从装饰部位所用的材料可以看出，部分相同类型的装饰材料可用到建筑物不同的部位。所以，根据材质不同，装饰材料可分为石材、陶瓷、涂料、木质材料、塑料、织物类、玻璃制品、金属、石膏、装饰砂浆、多孔材料、装饰混凝土和各类饰面板材。

3. 按装饰材料的化学性质分

根据化学性质不同，装饰材料分为无机装饰材料和有机装饰材料。

11.2.2 饰面石材

饰面石材主要分天然石材和人造石材两大类。天然饰面石材是由天然石材加工而成的，其质量一方面取决于荒料的质量，另一方面还与加工过程有关。用于装修工程的天然石材主要是天然花岗石和大理石；而人造石材是以不饱和聚酯树脂为黏合剂，配以天然石粉，以及适量的阻燃剂、颜料等，经成型固化制成，种类较多，如人造大理石、人造花岗石、烧结型人造石材等。

1. 天然花岗石

天然花岗石建筑板材按形状、表面加工程度、质量等级进行分类。

天然花岗石按板材形状分为毛光板、普型板、圆弧板和异型板。普型板(PX)一般为矩形板，其中使用最多的是 10～30 mm 的板材。圆弧板（HM）是指装饰面轮廓曲率半径处处相同的饰面板材。异型板（YX）指普型板和圆弧板以外其他形状的板材。

毛光板根据厚度偏差、平面度公差、外观质量分为优等品（A）、一等品（B）、合格品（C）三个等级。普型板根据规格尺寸偏差、平面度公差、角度公差、外观质量分为优等品（A）、一等品（B）、合格品（C）三个等级。圆弧板根据规格尺寸偏差、直线度公差、线轮廓度公差、外观质量分为优等品（A）、一等品（B）、合格品（C）三个等级。异型板由于形状无统一的形式，也无法制定系统的公差来约束质量，这类产品一般由供需双方根据设计和使用来约定。

按加工的程度不同分为镜面板、细面板和粗面板。镜面板（JM）的饰面能照出一定影像，在光照下可反射回部分亮光，用光泽度计能测量出光泽单位。细面板（YG）指石材饰面平整、细腻，能使光线产生漫反射现象的板材。粗面板（CM）的石材饰面粗糙规则有序，端面能锯切或锤击整齐。

天然花岗石的品种很多，常见的有山东济南的泰山青、河北曲阳的墨玉、山东青岛的灰白和浅红色花岗石等。浙江文成的黑白细花、安徽宿县的青底绿花、福建惠安的田中石、安徽太平的豆绿色、福建莆田的芝麻黑、江苏东海的雪花、四川石棉的红石等；根据颜色不同，花岗石磨光板常有贵妃红、虎皮红、四川红、珊瑚花、浅红、橘红、肉红、芝麻白、花白、黑白花、灰黑、灰白、淡青黑、纯黑、青绿、菊花青等。

天然花岗石的物理化学性能高于天然大理石，质地坚硬耐用，因而适用范围广，但因部分天然花岗石含微量放射性元素，已较少用于室内装修。我国石材按放射性水平分为 A、B、C 三类：A 类产品可用于任何地方；B 类产品用于除居室内饰面以外的建筑物厅堂及其他饰面；C 类产品则用作建筑物的外饰面和工业用途。花岗石绝大多数属于 A 类产品，其余基本是 B 类。

2. 天然大理石

天然大理石中含有化学性能不稳定的成分，易于失去表面光泽而风化、崩裂，所以除少数品种，如汉白玉、艾叶青等质纯、杂质少和比较稳定耐久的品种可用于室外，大多数只用于室内装饰用。又因大理石板材的硬度较低，如在地面上使用，磨光面易损失，所以较少用于地面装修。

天然大理石按形状分为普型板（N）和异型板（S），前者有正方形、长方形两类，后者是其他形状的板材，按其规格尺寸、外观质量分为优等品（A）、一等品（B）和合格品（C）三个等级。

天然大理石与花岗石一样品种很多，如北京房山的汉白玉和艾叶青、云南大理带灰白或深灰色晕的风雪大理石等。

因大理石板材价格高，属高档装饰材料，一般常用于宾馆、展览馆、影剧院、商场、机场、车站等公共建筑的室内墙面、柱面、栏杆、窗台板、服务台面等部位，显得高贵典雅。另外，用天然大理石可制作各种大理石装饰品，如壁画、屏风、座屏、挂屏、壁挂和灯具等用于室内装饰，还可用来镶拼花盆和镶嵌高级硬木雕花家具。

3. 人造石材

人造石材的花纹图案大多模仿天然大理石，故人造大理石是人造石材的主要品种。模仿天然花岗石，表面呈颗粒状的，即人造花岗石。人造石材一般有水泥型、树脂型、复合型和烧结型四类。

树脂型人造大理石色泽光亮，浅色的还略有透明感，是一种高档装饰材料，可用于大型建筑物的室内装饰或厨具、洁具等。优质人造大理石性能比天然大理石好，成本较高。

烧结型人造石材的生产近于陶瓷工艺，可用于地面装修，比陶瓷地砖结实耐用。

复合型人造石材可用水泥型和树脂型石材胶结制成，前者为基层、后者为面层；也可在一定条件下聚合制成。该类石材成本较低，又有树脂型人造大理石的特点，常用于各种台面的装饰。

除优质人造石材外，一般人造石材不如天然石材耐用，易褪色失去光泽，但近年来人造石材在防潮、防酸、防碱、耐高温等方面都有明显提高，运用范围非常广泛。

购买石材时应注意天然石材和人造石材的区别：人造石材花纹无层次感，颜色是一样的，无变化，背面有模衬的痕迹，颜色艳丽但不自然，易磨损、对光看有划痕；天然石材在一定范围内很难做到色泽一致，板材背面有切割的痕迹。

11.2.3 建筑陶瓷

建筑陶瓷是装修工程中应用很广的装饰材料，具有色彩丰富艳丽、花纹图案种类繁多，有较高的强度，耐水性好，成本较低等特点。不上釉的陶瓷表面光滑、色泽朦胧端庄，给人以高贵舒适之感；上釉的陶瓷表面光亮、色彩鲜艳，应用范围广。

1. 内墙釉面砖

内墙釉面砖是运用较早的室内墙面装饰材料。最早是白色、规格单一的正方形瓷砖，后来发展为规格和花纹色彩品种多样的内墙釉面砖。因为釉面砖既有很好的装饰效果，又能防水、易清洗，干净光洁明亮，故这类釉面砖基本上是浴室、盥洗室、卫生间、厨房等处墙面装饰材料的首选。经过专门设计的彩绘面砖，还可镶拼成陶瓷壁画，有很好的艺术效果。

内墙釉面砖的坯体孔隙率较大，抗冻性较低，与釉的吸水膨胀率有巨大差距，如用于室外易开裂损坏。该类釉面砖的形状有正方形、长方形、腰线砖和异形多种，背面有凹槽。釉面砖铺贴前须浸水一段时间，然后晾干至表面无明水方可进行粘贴施工。

2. 外墙面砖

外墙面砖可分为不上釉的单色砖，上釉的彩釉砖，有凸出花纹图案的立体彩釉砖，有凸起线条的线砖。外墙面砖强度和抗冻性较高，易清洗，装饰效果好，成本低于饰面石材。外墙面砖的颜色种类较多，形状主要是长方形和正方形，背面有凹槽，大小规格较多，其中较小规格的长方形应用最普遍。

由于外墙面砖饰面不易维修，近年来大型建筑的外墙饰面一般选用基本不需维修的石材、便于维修的涂料或轻型饰面板等，因此外墙面砖适于中、小型建筑物室外立面的装饰。

3. 地面砖

地面砖种类比墙面砖多，厚度较一般墙面砖大，多采用正方形，尺寸规格为 300～1 000 mm。品种有釉面砖、抛光砖、玻化砖、劈离砖、彩胎砖、麻面砖和梯沿砖等。

釉面砖分为普通型、压光型和抛光釉面砖三大类型。普通型釉面砖色彩艳丽，花纹图案众多，干净易清洗，成本较低，是浴室、盥洗室、卫生间、厨房等地面材料的首选；压光型釉面砖色泽淡雅，可模仿木纹、石材等图案，常用于商店、家庭的客厅或卧室地面的装修，给人典雅、宁静的感觉；抛光釉面砖比普通型釉面砖光亮，表面致密，具有华丽热烈的装饰效果，质量较好。

对大型商场和家庭的客厅等面积较大、易磨损的地面，通常选用正反面材质一致的无釉砖，如吸水率 3%～6%、半干压成型的瓷质砖及吸水率小于 0.5%的抛光砖。这类瓷砖坚硬耐磨，强度高于釉面地砖，不用担心因釉面脱落而损坏，因而使用十分普遍。瓷质砖、抛光砖的缺点是不防滑，易受有色液体的污染。

比抛光砖更致密的玻化砖耐污染性较好，因亮如镜面，也叫镜面砖。玻化砖更耐磨，可保持很长时间的光亮如新，有华丽高贵的装饰效果。

此外，劈离砖、彩胎砖、麻面砖等类型的地砖主要用于公共场所的地面装修。

4. 陶瓷锦砖

陶瓷锦砖也叫马赛克。马赛克是这种装饰材料的外来语，已十分通用。由于用它拼成的图案形似织锦，于是最终定名为陶瓷锦砖。这是一种由许多小块瓷片组成一联的陶瓷材料，具有坚硬、致密、不吸水、防滑、耐磨、图案美观等特点。出厂时小瓷片按设计图案以一联为单位反贴在厚纸上，使用时依联粘贴，粘牢后再将纸浸水脱掉。马赛克主要用于地面或墙面装修，也可按设计要求拼成壁画。由于马赛克不耐脏，有时易脱落一小块瓷片，影响饰面的装饰效果，故属于档次较低的装饰材料。

以玻璃为原料制作的锦砖叫玻璃马赛克。这种马赛克颜色丰富，有一定的透明度，富丽堂皇，绚丽多彩。

11.2.4　装饰涂料

涂料是一种液体或近似半固态的装饰材料，品种很多，内部的组织成分也较为复杂。涂料作为一种饰面材料，最大的优势就是维修方便，而且经济，施工效率高，所以是使用量较大的饰面材料。涂料的主要品种有内墙涂料、外墙涂料、顶棚涂料和漆类涂料等。

1. 内墙涂料

最早用的内墙涂料是石灰浆，因不耐水、干后易掉粉，已很少使用。中、低档次的水溶性涂料有 106、107、803、815 内墙涂料，适用于一般建筑物室内墙面的装修。

合成树脂乳液内墙涂料是用得较多的内墙装饰涂料，又称之为乳胶漆，有亚光、丝光、珠光、多彩花纹、幻彩和仿瓷等多种类型。这类涂料可擦洗，防潮防霉，符合环保要求。乳胶漆有很多种颜色，但选用白色乳胶漆的居多，用于宾馆、商店、医院、学校和住宅等房间的内墙装饰，表面光洁柔和，附着力强，给人明快、清新的纯真感。购买乳胶漆时要注意看是否标有生产厂家、生产日期、保质期和无铅无汞标志。

2. 外墙涂料

近年来，建筑物的外墙装饰采用涂料的越来越多。相对于其他外墙装饰材料来说，使用涂料既节能、经济、减轻建筑物自重，又安全、简便、美化环境，可以说使用外墙涂料是外墙装饰的发展趋势。

外墙涂料品种主要有 107 涂料、104 外墙饰面涂料、乙丙外墙乳胶漆、亮光和压光外墙乳胶漆、彩砂涂料、无机硅酸盐涂料和复层涂料等，近年来，又有天然真石漆、纳米多功能涂料等新型外墙涂料。外墙涂料要求能抗紫外线照射，不变色、粉化或脱落，耐水、耐光性好，特别是大型和重要的建筑物采用的外墙涂料，其性能必须满足上述要求。

3. 地面和顶棚涂料

地面涂料应比墙面涂料有很好的耐磨性，涂层更加致密，抗污染能力强。常用的品种有 777 地面涂层材料、聚氨酯弹性地面涂料、环氧耐磨地面涂料、彩色地坪漆涂料等。除用于民用建筑、街道外，更多的是用于工业建筑的地面装修。

一般顶棚可以直接用内墙涂料，根据需要也可选用具有特殊效果的涂料，如膨胀珍珠岩喷涂料有近似拉毛的装饰效果。

4. 其他品种涂料

(1)特种涂料

特种涂料主要是指防火涂料、防水涂料、耐热涂料、防射线涂料等，使用时应按照建筑物的使用要求合理选用。

(2)油漆

油漆是建筑工程中使用较早的饰面材料。从最早的木质器具防护剂到后来墙、地面的饰面材料,使用非常普遍。涂料出现初期与油漆未归为一类,现代装修工程把涂刷或喷涂类的装饰材料统称为涂料,油漆就归属于装饰涂料的范畴。漆料品种很多,有天然漆、调和漆、清漆、喷漆、防锈漆等,其性能较一般涂料优越,因成本较高,主要用于室内或特殊饰面的高级装饰。

11.2.5 建筑玻璃

玻璃是能用透光性来控制和隔断空间的材料。除较早使用的满足采光需求的平板玻璃和磨砂玻璃外,具有装饰效果和特殊需要的品种还有彩色玻璃、热反射玻璃、压花玻璃、钢化玻璃、夹丝玻璃、中空玻璃、彩绘玻璃、镭射玻璃和玻璃砖等。随着城市高层建筑的增多,应用吸热或反射玻璃门窗、玻璃幕墙可以有效提高采光量,保温隔热,减轻建筑物自重,而且装饰效果好。

1.平板玻璃

早期的平板玻璃只是一种无色透明、用于采光的窗户材料。随着装饰材料的发展,玻璃品种的增多,彩色玻璃、磨砂玻璃、压花玻璃和磨光玻璃也列入平板玻璃一类中。

彩色玻璃是较早出现的装饰玻璃。20世纪80年代初期的茶色窗玻璃、茶色茶几等十分流行,后又流行过蓝色铝合金窗用玻璃。一些较早建起来的大、中型建筑还采用了绿色、红色、棕色或黄色等彩色玻璃,各有不同的装饰效果,但彩色玻璃的采光效果不如普通平板玻璃。彩色玻璃分透明和不透明两种,根据需要用于门窗和对光线有色彩要求的建筑部位。

磨砂玻璃又叫毛玻璃,表面粗糙呈浅灰色,使光线产生漫射,只能透光不能透视,且透进的光线柔和,常用于浴室、卫生间等不受干扰的房间门窗,还常用来制作灯具。安装毛玻璃时,一般应将毛面朝向室内。

压花玻璃又叫滚花玻璃,表面有各种花纹图案,透光不透视,易清洗,有更好的装饰效果,可用于宾馆、酒吧、会议室、客厅、走廊等处的门窗、屏风、顶棚及隔断等。

2.热反射玻璃

热反射玻璃又称为镀膜玻璃,具有良好的热反射性能。普通平板玻璃热辐射反射率为7%左右,热反射玻璃可达30%左右,使室内光线柔和,让人感到清凉舒适,夏天可节约空调能源。镀金属膜的热反射玻璃还具有单向透视的特性——白天室内可见室外景物,而室外看到的是镜面。许多大中型建筑的玻璃幕墙都采用热反射玻璃,明亮而有气势,装饰效果明显。

热反射玻璃还可制成中空玻璃或夹层玻璃,既透光又具有良好的保温隔热性能。

3.安全玻璃

钢化玻璃、夹丝玻璃和夹层玻璃均属于安全玻璃,主要表现为破坏时其碎块不飞溅伤人。

钢化玻璃也叫强化玻璃,强度高、耐冲击性好。破碎时的碎片边角圆钝,故不易伤人,常用于建筑物的门窗、幕墙、大型玻璃隔断、商店橱窗、挡风玻璃和有防盗要求的场所。

夹丝玻璃是玻璃软化时压入铁丝制成的,其表面可磨光、透明或制成彩色,也可制成压花型。夹丝玻璃与钢化玻璃性能接近,在遭受冲击或温度骤变时,破而不缺、裂而不散,使其有一定安全性。此外,因失火时夹丝玻璃能阻隔火势蔓延,故有防火作用。

夹层玻璃是在玻璃中加有透明塑料薄片,是玻璃和塑料的复合材料。根据需要可做成多层复合玻璃制品,以提高强度和耐冲击性。夹层玻璃破坏时产生辐射状裂纹,也具有裂而不散的特点，且安全性更好，所以夹层玻璃不仅起装饰作用，还可用于飞机的挡风玻璃和制造防弹玻璃。

4. 中空玻璃

中空玻璃由两片或多片玻璃中间配以隔框及干燥剂，四周胶封制成。如在中空玻璃内充入漫射光材料或电介质等，可获得很好的声控、光控和保温隔热的效果。中空玻璃常用于空调火车和需要采暖、防噪声等建筑物。

5. 其他装饰玻璃

镭射玻璃是一种比较流行的装饰玻璃，在光源的照射下，会产生物理衍射的七彩光，并随光源的变化而发生颜色变化，使被装饰的建筑物或物品显得多彩灿烂。

玻璃砖是一种特厚玻璃，分实心和空心两种，主要用于砌筑透光的非承重隔墙，具有强度高、保温隔热、隔声、耐水和耐火的特点，装饰效果非常好。

此外，可做装饰玻璃的品种还有弧形玻璃、彩釉玻璃、装饰玻璃镜和泡沫玻璃等。

11.2.6 金属装饰材料

金属装饰材料机械性能好，有独特的装饰效果，常用的品种有铝合金、不锈钢、铁艺制品、彩色涂层钢板及铜饰品等。

1. 铝合金

在铝合金窗普及以前，建筑中多以木质门窗为主，后来又大量使用钢窗。与木质门窗相比，钢窗结实耐用，但由于窗户常接触雨水，容易生锈。铝合金材料质轻、不生锈、耐用、有多种颜色。铝合金门窗不仅装饰效果好，而且密封好、造型大方、使用寿命长、施工和维修方便，常用品种有推拉窗(门)、平开窗(门)、纱窗、悬挂窗、卷帘门、自动门和旋转门等。

铝合金还可制成各种饰面板，用于现代建筑的墙面、柱面、顶棚、屋面等处，其中铝合金压型板(扣板)由于比塑料扣板耐用、耐脏，用在厨房和卫生间等已很普遍。此外，铝合金装饰线条大量用于装饰性栏杆、扶手、幕墙、格栅和玻璃货柜等。铝合金吊顶龙骨使用也很广泛。

2. 不锈钢板

不锈钢是以铬为合金元素的合金钢，为了保证不锈钢的耐腐蚀性，必须含有12%以上的铬。不锈钢作为装饰材料主要有不锈钢板材、彩色不锈钢板、不锈钢管件。不锈钢制品具有金属的明亮光泽和质感，不锈蚀，能较长时间地保持近似镜面的装饰效果。

普通不锈钢制品有镜面板、压光板和浮雕板等，适用于宾馆、餐厅、墙柱面、柜台、家具、洁具、广告招牌等室内外装饰。

彩色不锈钢板属于高级装饰材料，不仅具有不锈钢板的一般特性，而且彩色层面不褪色、色泽明亮华贵，主要用于艺术和装饰质量要求高的建筑物。

不锈钢管件在城市的市容建设中起着越来越重要的作用，很多栏杆、扶手、站牌、护栏和格栅等都采用不锈钢管件，既干净明亮，又有很好的装饰效果。

3. 铁艺制品

铁艺制品常被称为“铁花”，因为它的产品一般都制成各种花雕形状。铁艺制品按加工方法的不同有扁铁、铸铁和锻铁三类。扁铁制品以冷弯曲为主要工艺，但端头修饰少；铸铁制品花型多样，装饰性强，是用得较多的铁艺制品；锻铁制品是质量较高的产品，材质较纯。

铁艺制品可呈现各种颜色，除其基本色外，可涂刷所需的金属油漆或防护剂，用得最多的是黑色、古铜色或金黄色。

铁艺制品的装饰艺术浓厚,常用于居室装修、栏杆、护栏和各种院门等。

11.3 绝热材料

绝热材料即指保温隔热材料。保温是控制室内的热量外散,隔热是防止室外的热量进入,两者都是为了减少热量的传递,应用绝热材料可以节约能源,使建筑物内部有较稳定的温度,为人们创造较舒适的生活环境。

11.3.1 基本要求及分类

1.绝热材料的基本要求

绝热材料的导热系数较小,按要求一般不大于 0.23 W/(m·K),表观密度不大于 600 kg/m^3,抗压强度大于 0.3 MPa,属于轻质多孔材料。由于绝热材料强度低,不宜承受外界荷载,常与承重材料复合使用。孔隙率大的材料一般吸水性都较强,而孔隙中水比密闭空气的导热系数大 20 倍,故含水率增加会降低绝热效果,所以绝热材料在使用时应注意防水防潮,设置防水层,尽可能让绝热材料保持干燥。

轻质多孔材料也有吸声作用,故有的绝热材料可同时作为吸声材料使用。

2.绝热材料的分类

建筑工程中所用的绝热材料可分为三类。

(1)多孔型

当热量从高温面向低温面传递时,如果是密实材料,其导热方向是垂直平面的。当遇到多孔型材料时,由于较多气孔的存在,热量传递方向会发生变化,使传热路线大大增加,降低传热速度。此外,多孔型材料中密闭空气的导热系数远远低于固体材料的导热系数,因而进一步降低传热速度,从而达到保温隔热的目的。多孔型材料在绝热材料中占多数,如膨胀珍珠岩、膨胀蛭石、微孔硅酸钙、泡沫塑料、软木板和加气混凝土等。

(2)纤维型

纤维型材料的传热机理基本上与多孔型材料类似,常见的纤维型绝热材料有石棉、矿棉、岩棉、玻璃棉、软质纤维板等。

(3)反射型

由于具有热反射性,其表面的热辐射被大量反射回去,通过材料内部的热量相对降低,从而起到保温隔热的作用。热反射性材料的反射率越大,绝热效果越好,如热反射玻璃就属于此类材料。

11.3.2 绝热材料的主要品种

1.膨胀珍珠岩及其制品

膨胀珍珠岩及其制品是典型的绝热材料,同时也可制成吸声板。

(1)膨胀珍珠岩

珍珠岩因具有珍珠裂隙而得名。膨胀珍珠岩是由珍珠岩经破碎、焙烧膨胀而制成的粒状多孔绝热材料。膨胀珍珠岩很轻,堆积密度一般不大于 400 kg/m^3,导热系数 $\lambda=0.047\sim0.07$ W/(m·K),其颗粒结构为蜂窝泡沫状。具有性能稳定、不燃烧、耐腐蚀,无毒、无味、吸声等特点，是良好的绝热、吸声和防火材料，特别适合建筑工业的需要。

散粒状膨胀珍珠岩可以直接填充于建筑物围护结构，也可制作现浇屋面，用于保温隔热，做墙体内层的填充隔热保温层等。

(2)膨胀珍珠岩制品

在墙体、管道及设备的保温施工中可以使用膨胀珍珠岩制品，如利用各种黏合剂等将粒状膨胀珍珠岩胶结制成墙板、屋面板、砖、管、瓦等制品，具有良好的保温隔热作用。膨胀珍珠岩板材还可作为吸声板，用于剧院、报告厅和礼堂的顶棚装修。

珍珠岩混凝土是用膨胀珍珠岩颗粒与水泥或沥青混合制成的，可作为保温隔热层铺设在屋面，也可以灌入夹壁内；膨胀珍珠岩颗粒与高铝水泥胶结可制成耐火珍珠岩混凝土；以水玻璃为胶结材料可得到表观密度和导热系数更低的膨胀珍珠岩制品；拌制膨胀珍珠岩灰浆可用于绝热、吸声的墙面和顶棚粉刷等。

2. 膨胀蛭石及其制品

天然蛭石由含水的云母类矿物风化而成，由于热膨胀时像水蛭蠕动，故得名蛭石。经高温焙烧的蛭石可产生近 20 倍的膨胀，形成蜂窝状薄片松散颗粒。堆积密度小，一般不到 200 kg/m^3，具有导热系数小[$\lambda=0.047\sim0.07$ W/(m·K)]、化学性能稳定、耐火、不变质、不易被虫蛀蚀等特点，但吸水性较大，使用时必须注意防水防潮。

膨胀蛭石及其制品的运用与膨胀珍珠岩类似。水泥制品按体积比，通常采用 10%～15% 的水泥，85%～90%的膨胀蛭石，用适量的水经拌和、成型和养护而成。表观密度为 300～400 kg/m^3，抗压强度较小，只有 0.2～1 MPa。膨胀蛭石轻骨料混凝土墙板在建筑工程中应用也比较广泛。

膨胀蛭石与木质纤维的制品可作为录音室、会议室、剧院墙壁的吸声材料。

松散铺设膨胀蛭石时，应分层铺设，适当压实，并尽量使膨胀蛭石的层理面与热流方向垂直。

3. 石棉及其制品

石棉是一种纤维状无机结晶材料，按其矿物成分可分为蛇纹石类和角闪石类石棉。蛇纹石类石棉的纤维柔软，便于松解，在建筑工程中通常说的石棉即为该类石棉。石棉具有较高的抗拉强度，同时耐热、耐火、耐酸、耐碱、防腐、吸声、绝缘，保温隔热性能好，导热系数 $\lambda<0.069$ W/(m·K)。松散的石棉很少单独使用，多制成石棉纸、石棉布、石棉毡等石棉制品，也可以与水泥等胶结材料结合，制成石棉板、石棉管和石棉瓦等。

4. 矿棉、岩棉、玻璃棉及其制品

矿棉、岩棉和玻璃棉具有质量轻、耐高温、防蛀、防腐、防火、保温隔热和吸声性能好的特点，其制品的表观密度约为 100 kg/m^3，导热系数约为 0.04 W/(m·K)。表观密度越小，绝热性能越好，强度越低。建筑工程中一般根据对绝热性能和强度的综合要求，选择不同密度等级的矿物棉及其制品。

复习思考题

1. 怎样判别欠火砖和过火砖?
2. 何谓红砖和青砖? 性能上有何不同?

3. 烧结普通砖的强度等级有哪些？其标准尺寸是多少？
4. 烧结普通砖有哪些主要的技术要求？
5. 烧结多孔砖和空心砖有什么区别？
6. 何谓非烧结砖？
7. 砌块与普通砖相比有何优势？
8. 蒸压加气混凝土砌块的强度等级是怎样划分的？
9. 墙用板材的品种主要有哪些？
10. 常见装饰材料的品种有哪些？
11. 怎样从外观上区别花岗石和大理石？
12. 天然花岗石和大理石饰面板常用在什么地方？
13. 如何辨别人造石材和天然花岗石、天然大理石饰面板？
14. 简述内墙釉面砖和外墙砖的用途。墙砖在施工前应注意什么？
15. 何谓抛光砖和马赛克？各有何特点？
16. 内墙和外墙涂料各有何特点？
17. 热反射玻璃有何特点和用途？
18. 钢化玻璃、夹丝玻璃和夹层玻璃的安全性特点有何区别？
19. 中空玻璃有何特点？
20. 装饰用铝合金和不锈钢主要用途有哪些？
21. 铁艺制品的特点是什么？
22. 何谓绝热材料？有什么基本要求？
23. 绝热材料有哪些主要品种？

工程材料试验

工程材料是一门实践性很强的课程。工程材料试验既是工程材料课程的重要组成部分，也是与课堂理论教学相配合的实践性教学环节。通过试验教学活动，使学生熟悉主要工程材料的技术要求。对常用材料的性能进行检测和评定，可以巩固、充实和丰富理论知识，掌握常用材料试验仪器的性能和操作方法，培养学生进行材料试验的技能、分析问题和解决问题的能力，为今后从事工程建设工作打下必要的基础。

在试验过程中，从材料的取样、试件的制备、试验条件、试验仪器设备的操作方法到试验数据的取舍和处理，都会影响材料的试验结果。为使试验结果具有代表性和可比性，在进行试验时，必须严格按照国家现行的有关标准和规定进行。

为更好地完成工程材料试验教学任务，达到试验目的，特要求学生做到以下几点：

(1)试验前认真预习有关试验的目的、内容、试验仪器设备的性能和操作方法。

(2)在教师的指导下全面、独立和规范地完成各项材料试验。

(3)填写好试验报告和试验数据，并能够按规范要求对试验数据进行处理，作出正确的试验结论。

试验1　工程材料基本物理性质试验

一、材料密度试验

(一)试验目的

材料的密度是指材料在绝对密实状态下单位体积内物质的质量。材料密度的大小决定于材料的化学成分和矿物成分。通过材料密度的测定，可以了解材料的内部组织结构，为计算材料孔隙率和密实度提供必要数据。

(二)主要仪器设备

(1)李氏密度瓶：容积为 220～250 mL，带有长为 18～22 cm 的细颈，细颈上刻有读数，精确至 0.1 mL。李氏密度瓶的结构形式如图 1 所示。

(2)天平：称量 500 g，感量 0.01 g。

(3)筛子：孔径为 0.25 mm 的圆孔筛。

(4)烘箱：能使温度控制在(105±5)℃。

(5)干燥箱、温度计、恒温水槽等。

(三)试验步骤

(1)将试样磨细，使其全部通过 0.25 mm 的圆孔筛，过筛后放入烘箱内，在(105±5)℃的温度下烘至恒重，然后放入干燥器中，冷却至室温备用。

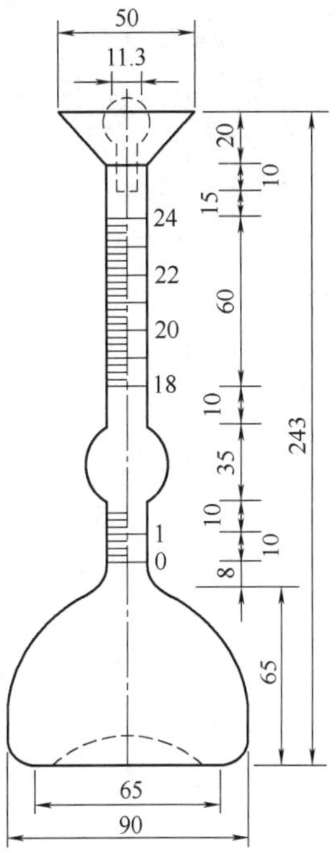

图1　李氏密度瓶(单位：mm)

(2)在李氏密度瓶内注入与试样不起化学反应的液体,使液面在突颈的下部,记下刻度数。将李氏密度瓶放在恒温水槽中 30 min ,在试验过程中保持水温为 20 ℃。

(3)用天平称取 60～90 g 试样。用小勺和漏斗将试样徐徐送入李氏比重瓶内(不能大量倾倒,那样会妨碍李氏密度瓶中的空气排出或使咽喉部位堵塞),直至液面上升到 20 mL 刻度左右为止。称出剩下的试样质量,并计算倒入李氏密度瓶中试样的质量。

(4)用瓶内的液体将黏附在瓶颈和瓶壁上的试样洗入瓶内液体中,并反复转动密度瓶使液体中的气泡排出,记下液面刻度数。

(5)根据前后两次液面读数,计算瓶内试样的绝对体积。

(四)试验结果

按下式计算材料密度,精确至 0.01 g/cm^3,并以两次试验结果的平均值作为最终试验结果。两次试验结果之差不应大于 0.02 g/cm^3,否则应重新试验。

$$\rho=\frac{m}{V}$$

式中 ρ——材料的密度,g/cm^3;

m——装入李氏密度瓶中试样的质量,g;

V——装入李氏密度瓶中试样的体积,cm^3。

二、材料表观密度试验

(一)试验目的

表观密度是指材料在自然状态下单位体积(包括材料的固体物质体积与内部封闭孔隙体积)内物质的质量,为计算材料的孔隙率和确定材料体积及结构自重提供必要的数据。也可通过材料表观密度,评估材料的其他性质(如导热性、强度等)。

(二)主要仪器设备

(1)天平:称量 1 000 g,感量 0.1 g。

(2)游标卡尺:精度 0.1 mm。

(3)烘箱、直尺等。

(三)试验步骤

(1)将试件放入烘箱内,在(105±5)℃的条件下烘至恒重,然后放入干燥器中,冷却至室温备用。

(2)用游标卡尺量出试件尺寸并计算试件体积。

①当试件为正方体或平行六面体时,在长、宽、高各方向量上、中、下三处,各取 3 次平均值,并计算其体积。

②当试件为圆柱体时,以两个互相垂直的方向量直径,各方向量上、中、下三处,取 3 次的平均直径 d;以互相垂直的两直径与圆周交界的四点上量高度,取 4 次的平均高度 h,计算体积。

(3)称量试样质量,精确至 0.1 g。

(四)试验结果

按下式计算材料的表观密度,精确至 10 kg/m^3,并以三次试验结果的平均值作为最终试验结果。

$$\rho_0=\frac{m}{V_0}$$

式中 ρ_0——材料的表观密度，kg/m^3；

m——材料的质量，kg；

V_0——材料的体积，m^3。

三、材料堆积密度试验

（一）试验目的

堆积密度是指散粒材料在堆积状态下（包含颗粒内部的孔隙及颗粒之间的空隙）单位体积的质量。测定材料的堆积密度，为计算材料的空隙率和材料数量提供必要数据。

（二）主要仪器设备

（1）天平：称量 5 kg，感量 1 g。

（2）容量筒：圆柱形金属筒，内径 108 mm，净高 109 mm，筒壁厚为 2 mm，容积约为 1 L。

（3）烘箱：能使温度控制在（105±5）℃。

（4）标准漏斗：结构形式与组成，如图 2 所示。

（5）直尺、小铲等。

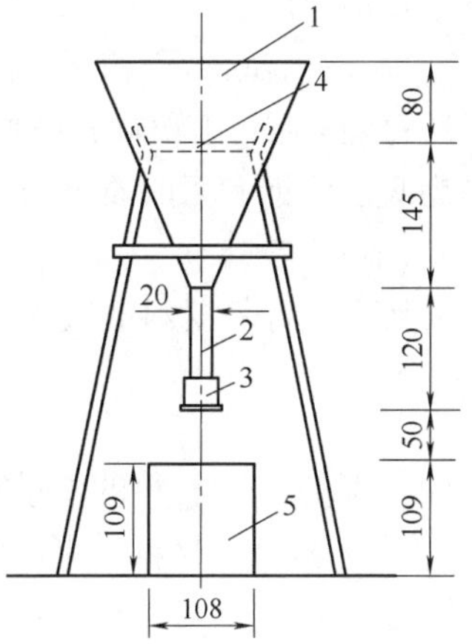

图 2 标准漏斗（单位：mm）

1—漏斗；2—管子；3—活动门；4—筛网；5—容量筒

（三）试验步骤

称取容量筒质量 m_1，取试样置于标准漏斗中，将漏斗下口置于容量筒中心上方 50 mm 处，让试样自由落下徐徐装入容量筒。也可以用取样铲将试样从容量筒上方 50 mm 处均匀倒入，让试样以自由落体落下。当容量筒口上部试样呈锥体，且容量筒四周溢满时，停止加料。用直尺沿筒口中心线向两边刮平（试验过程中应防止触动容量筒），并称量试样与容量筒总质量 m_2，精确至 1 g。

（四）试验结果

按下式计算材料的堆积密度，精确到 10 kg/m^3，并取两次试验结果的算术平均值作为最终试验结果。

$$\rho_0' = \frac{m_2 - m_1}{V_0} \times 1\ 000$$

式中 ρ_0'——材料的堆积密度，kg/m^3；

m_1——容量筒的质量，kg；

m_2——容量筒和砂的总质量，kg；

V_0——容量筒的容积，L。

四、材料吸水率试验

（一）试验目的

材料吸水率是指材料吸水达饱和状态时吸水量与材料在完全干燥状态下的质量之比。材料吸水率的大小，取决于材料内部孔隙数量、形状和分布状况。测定材料的吸水率，既可以作为评定材料质量的主要依据，还可以推断材料的其他性质优劣。

（二）主要仪器设备

（1）天平：称量 1 000 g，感量 1 g。

（2）游标卡尺：精度 0.02 mm。

(3)烘箱、玻璃(或金属)盆等。

(三)试验步骤

(1)将试件放入烘箱中,以(105±5)℃的温度烘至恒重,然后放入干燥器中,冷却至室温备用。

(2)称取试样质量 m。

(3)将试件放入金属盆或玻璃盆中,在盆底可放些垫条(如玻璃管或玻璃杆),使试件底面与盆底不致紧贴,试件之间相隔 10~20 mm,以保证试件能够自由吸水。

(4)分 3 次加水。首先加水至试件高度的 1/3 处,过 24 h 后,再加水至高度的 2/3 处,又过 24 h,再加满水直至高出试件表面 20 mm,并放置 24 h。这样逐次加水能使试件孔隙中的空气逐渐逸出。

(5)取出试件,用拧干的湿布轻轻抹去试件表面的水分,并称其质量,称量后仍放回水中。以后每隔 24 h 用同样方法称取试件质量一次,直至试件质量达到恒重为止,此时称得试件质量为吸水达饱和后的质量 m_1。

(四)试验结果

按下式计算材料的吸水率,精确至 1%,并以 3 次试验结果的平均值作为最终试验结果。

$$W_{质量}=\frac{m_1-m}{m}\times 100\%$$

式中 $W_{质量}$——材料的质量吸水率,%;

m——材料在干燥状态时的质量,g;

m_1——材料在吸水达饱和状态时的质量,g。

试验 2 石材单轴抗压强度试验

一、试验目的

检测岩石试样在吸水达饱和状态下的抗压强度,作为确定石材强度等级的依据。

二、主要仪器设备

(1)压力试验机:量程 2 000 kN,示值相对误差 2%。

(2)石材切割机或钻石机、岩石磨光机。

(3)游标卡尺和角尺,精确至 0.01 mm。

三、试件制备

试验前,应取有代表性的岩石样品用石材切割机切割成边长为 50 mm 的立方体试件,或用钻石机钻取直径与高度均为 50 mm 的圆柱体试件 6 个(每组试件为 6 个),然后用岩石磨光机将试件与压力机压头接触的两个面要磨光并保持平行。对于有明显层理的岩石,应制作两组试件,一组使岩石的层理与受力方向平行,另一组使岩石的层理与受力方向垂直,分别进行测试。

四、试验步骤

(1)用游标卡尺量取试件的尺寸,精确至 0.1 mm。对于立方体试件,在顶面和底面上各量取其边长,以各个面上相互平行的两个边长的算术平均值作为宽或高,由此计算其承压面积；对于圆柱体试件，在顶面和底面分别测量两个相互垂直的直径，并以其各自的算术平均值分别计算底面和顶面的面积，取顶面和底面面积的算术平均值作为计算抗压强度所用的截面面积。

(2)将试件置于水池中浸泡 48 h，水面应至少高出试件顶面 20 mm。

(3)将浸水 48 h 之后的试件取出，擦干试件表面水分，置于压力机的承压板中央，使试件、上下压板和球面座彼此精确对中，不得偏心。

(4)开动压力试验机，使试件端面与压力试验机的上下承压板接触，以 0.5～1.0 MPa/s 的加荷速率进行加荷，直至试件完全破坏，并记录试件破坏时的最大荷载值。

五、试验结果

按下式计算试件的抗压强度，精确至 1 MPa，并以 6 个试件试验结果的算术平均值作为最终试验结果。

$$f=\frac{F}{A}$$

式中 f——岩石的抗压强度，MPa；

F——破坏荷载，N；

A——试件的截面面积，mm^2。

如果 6 个试件中 2 个试件的抗压强度与其他 4 个试件抗压强度的算术平均值相差 3 倍以上时，则取试验结果相接近的 4 个试件的抗压强度算术平均值作为最终试验结果。

试验 3 水 泥 试 验

一、水泥试验的一般规定

(一)取样方法

从同一水泥厂的产品中，取同品种、同标号、同期到达的水泥进行编号和取样。编号数量依水泥出厂产量多少而定，每一编号为一取样单位。不超过 200 t 为 1 个编号。取样应有代表性，可连续取，应从 20 个以上不同部位各抽取等量水泥样品，总量不得少于 12 kg。

(二)养护条件

试验室温度为(20±2)℃，相对湿度大于 50%；湿气养护箱，应能使温度控制在(20±1)℃，相对湿度大于 90%。

(三)对试验材料的要求

(1)试样要充分拌匀，通过 0.9 mm 方孔筛并记录筛余物的质量占总量的百分率。将样品分成两份，一份用于试验，一份密封保存 3 个月，供仲裁检验时使用。

(2)试验用水必须是洁净的淡水。如对水质有争议，也可用蒸馏水。

(3)水泥试样、标准砂、拌和水及试模温度均与试验室温度相同。

二、水泥密度试验

(一)试验目的

水泥密度是指单位体积的水泥所具有的质量，是水泥混凝土进行配合比设计的重要参数。

（二）主要仪器设备

（1）李氏密度瓶：横截面为圆形，容积为 220～250 mL，带有长 180～200 mm、直径约 10 mm 的细颈，细颈上刻度读数精确至 0.1 mL。

（2）恒温水槽：温度能够保持恒定的容器。

（3）无水煤油：符合相关要求。

（三）试验步骤

（1）将无水煤油注入李氏密度瓶中至 0～1 mL 刻度线后，盖上瓶塞放入恒温水槽内，使刻度部分浸入水中，恒温 30 min，并记录下初始读数。

（2）从恒温水槽中取出李氏密度瓶，用滤纸将李氏密度瓶细长颈内有煤油的部分擦干净。

（3）将预先通过 0.9 mm 方孔筛的水泥试样放入温度为（105±5）℃的烘箱中烘干 1 h，并在干燥器内冷却至室温。

（4）称取 60 g 烘干后的水泥试样，用小匙将水泥试样慢慢地装入李氏密度瓶中，并反复摇动，直至没有气泡排出。然后再将李氏密度瓶静置于恒温水槽中，恒温 30 min，记录下第二次读数。第二次读数时，恒温水槽的温度与第一次读数时的温度不大于 0.2 ℃。

（四）试验结果

（1）计算水泥的体积。水泥的体积应为第二次读数与初始读数之差，即为水泥所排开无水煤油的体积。

（2）计算水泥的密度。按下式计算水泥的密度，计算结果精确至 0.01 g/cm^3，并以两次试验结果的算术平均值作为最终试验结果。两次试验结果的差值不得超过 0.02 g/cm^3，否则重新试验。

$$\rho=\frac{m}{V}$$

式中 ρ——水泥的密度，g/cm^3；

m——装入李氏密度瓶中水泥的质量，g；

V——水泥试样的体积，cm^3。

三、水泥细度试验

水泥细度检测方法有比表面积法和筛析法。比表面积法适合于硅酸盐水泥；筛析法适合于普通硅酸盐水泥、矿渣硅酸盐水泥、火山灰硅酸盐水泥、粉煤灰硅酸盐水泥及复合硅酸盐水泥。筛析法可分为负压筛析法、水筛法和手工筛析法三种，三种方法均以过筛后遗留在 45 μm 或 80 μm 方孔筛上筛余物的质量百分数来表示。

Ⅰ.筛析法

（一）试验目的

检测水泥颗粒的粗细程度，作为评定水泥质量的重要依据。

（二）主要仪器设备

（1）负压筛：它由圆形筛框和筛网组成，筛框直径为 142 mm，高为 25 mm，筛网为金属丝编织方孔筛，方孔边长为 45 μm。负压筛还应附有透明的筛盖，筛盖与筛上口之间应具有良好的密封性，其外形及结构尺寸如图 3 所示。

（2）水筛：由圆形筛框和筛网组成，筛框有效直径为 125 mm，高为 80 mm，筛网为金属丝编织方孔筛，方孔边长为 80 μm 和 45 μm。筛网与筛框接触处应用防水胶密封，防止水泥嵌入，其外形及结构尺寸如图 4 所示。

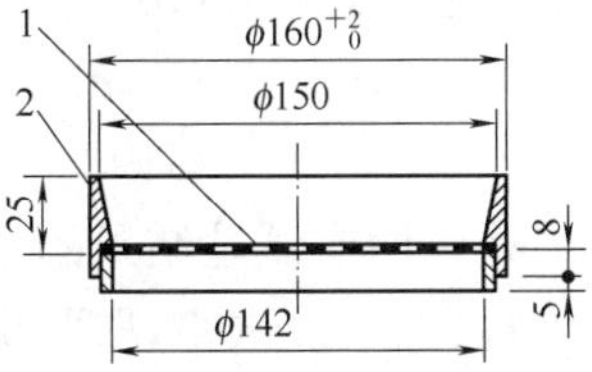

图 3　负压筛(单位:mm)

1—筛网;2—筛框

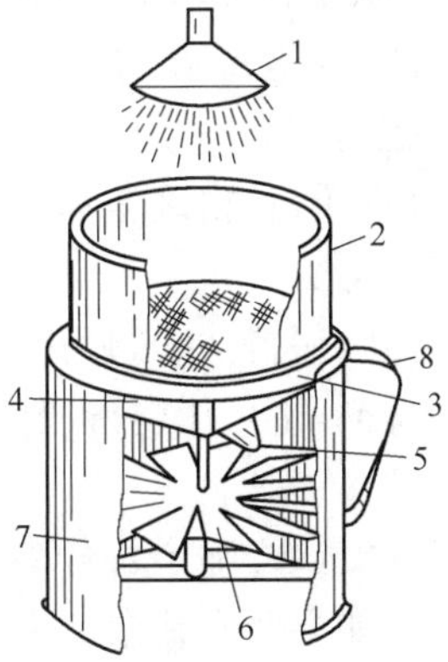

图 4　水筛

1—喷头;2—标准筛;3—旋转托架;4—集水斗;5—出水口;6—叶轮;7—外筒;8—把手

(3)喷头:直径为 55 mm,面上均匀分布 90 个小孔,孔径为 0.5～0.7 mm 。

(4)负压筛析仪:由筛座、负压筛、负压源及收尘器组成,其中筛座由转速为(30±2)r/min 的喷气嘴、负压表、控制板、微电机及壳体等构成,筛析仪负压可调范围为 4 000～6 000 Pa,喷气嘴上口平面与筛网之间距离为 2～8 mm。负压筛筛座的外形及结构尺寸如图 5 所示。

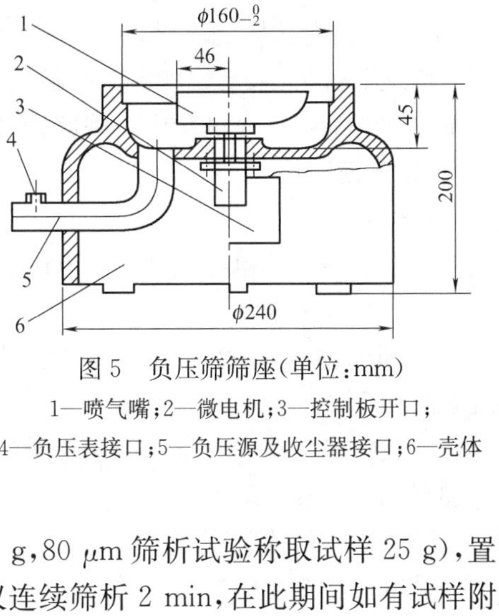

图 5　负压筛筛座(单位:mm)

1—喷气嘴;2—微电机;3—控制板开口;4—负压表接口;5—负压源及收尘器接口;6—壳体

(5)天平:称量 100 g,感量 0.05 g。

(三)试验步骤

1. 负压筛析法

(1)筛析试验前,应把负压筛放在筛座上,盖上筛盖,接通电源,检查控制系统,调节负压于 4 000～6 000 Pa 范围内。

(2)称取水泥试样(45 μm 筛析试验称取试样 10 g,80 μm 筛析试验称取试样 25 g),置于洁净的负压筛中,盖上筛盖,放在筛座上,开动筛析仪连续筛析 2 min,在此期间如有试样附着在筛盖上,可轻轻地敲击筛盖使试样落下。筛毕,用天平称量筛余物质量,精确至 0.01 g。

(3)当工作负压小于 4 000 Pa 时,应清理吸尘器内水泥,使负压恢复正常。

2. 水筛法

(1)筛析试验前,应检查水中有无泥、砂,调整好水压及水筛架的位置,使其能正常运转,并控制喷头底面和筛网之间距离为 35～75 mm。

(2)称取一定水泥试样(45 μm 筛析试验称取试样 10 g,80 μm 筛析试验称取试样 25 g),置于洁净的水筛中,立即用淡水冲洗至大部分细粉通过后,放在水筛架上,用水压为(0.05±0.02)MPa 的喷头连续冲洗 3 min。筛毕,用少量水把筛余物冲至蒸发皿中,等水泥颗粒全部沉淀后,小心倒出清水,烘干并用天平称量筛余物质量,精确至 0.01 g。

3. 手工筛析法

(1)称取水泥试样(45 μm 筛析试验称取试样 10 g,80 μm 筛析试验称取试样 25 g),倒入手工筛内。

（2）用一只手执筛往复摇动，另一只手轻轻拍打，往复摇动和拍打过程应保持近于水平。拍打速度为 120 次/min，每 40 次向同一方向转动 60°，使试样均匀分布在筛网上，直至每分钟通过的试样量不超过 0.03 g 为止。

（3）称量筛余物质量，精确至 0.01 g。

（四）试验筛的清洗

试验筛必须经常保持洁净，筛孔通畅，使用 10 次后要进行清洗。金属框筛、铜丝筛网清洗时应用专门的清洗剂，不可用弱酸浸泡。

（五）试验结果

按下式计算水泥试样筛余百分率，计算结果精确至 0.1%，并以两次试验结果的平均值作为最终试验结果。如果两次筛余结果绝对误差大于 0.5%时，应再做一次试验，取两次相近结果的算术平均值作为最终试验结果。

$$F=\frac{R_t}{m}\times 100\%$$

式中 F——水泥试样的筛余百分数，%；

R_t——水泥筛余物的质量，g；

m——水泥试样的质量，g。

当负压筛析法、水筛法和手工筛析法三种试验结果发生争议时，以负压筛析法为准。

试验筛的筛网会在试验中出现磨损，因此筛析结果应及时进行修正。

Ⅱ. 比表面积法

（一）试验目的

检测水泥颗粒的粗细程度，作为评定水泥质量的重要依据。

（二）主要仪器设备

（1）Blaine 透气仪：由透气圆筒、压力计、抽气装置三部分组成。Blaine 透气仪的外形及其组成如图 6所示。

（2）滤纸：采用符合要求的中速定量滤纸。

（3）分析天平：分度值为 1 mg。

（4）计时秒表：精确到 0.5 s。

（5）烘箱：能使温度控制在(105±5)℃。

（三）仪器校准

1. 漏气检查

将透气圆筒上口用橡皮塞塞紧，接到压力计上。用抽气装置从压力计一臂中抽出部分气体，然后关闭阀门，观察是否漏气。如果发现漏气，应用活塞油脂加以密封。

2. 试料层体积的测定

将两片滤纸沿圆筒壁放入透气圆筒内，用一直径比透气圆筒略小的细长棒往下按，直到滤纸平整放在金属的传孔板上。然后装满水银，用一小块薄玻璃板轻压水银表面，使水银面与圆筒口齐平，并须保证在玻璃板和水银表面之间没有气泡或空洞存

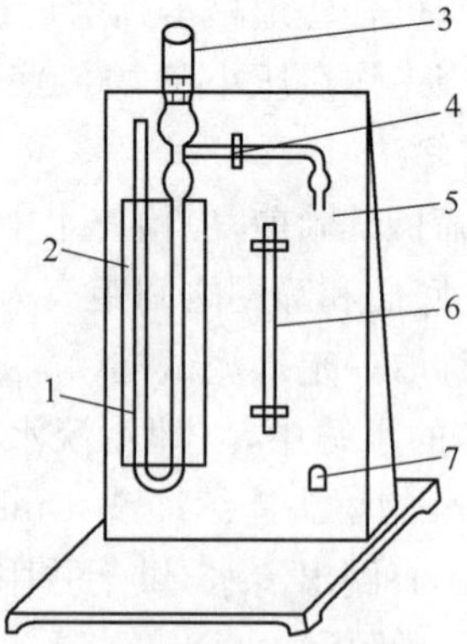

图 6 Blaine 透气仪

1—U 形压力计；2—平面镜；3—透气圆筒；4—活塞；5—背面接微型电磁泵；6—温度计；7—开关

在。从圆筒中倒出水银，称量水银质量，精确至0.05 g。重复几次测定，直到水银质量数值基本不变为止。然后从圆筒中取出一片滤纸，用约3.3 g的水泥，压实水泥层。再往圆筒上部空间注入水银，同上述方法排除气泡、压平水银表面。从圆筒中倒出水银，称量水银质量，重复几次，直至水银质量称量数值相差小于50 mg。按下式计算圆筒内试料层体积，计算结果精确至0.005 cm^3：

$$V=\frac{m_1-m_2}{\rho_{水银}}$$

式中 V——试料层体积，cm^3；

m_1——未装水泥时，充满圆筒的水银质量，g；

m_2——装水泥后，充满圆筒的水银质量，g；

$\rho_{水银}$——试验温度下水银的密度，g/cm^3。

试料层体积的测定，至少应进行两次，每次应单独压实水泥，并以两次测定所得结果的算术平均值作为最终试验结果，两次数值相差不得超过0.005 cm^3。

（四）试验步骤

1.试样制备

将在温度为(105±5)℃的烘箱中烘干并在干燥器内冷却至室温的水泥试样，倒入100 mL的密闭瓶内，用力摇动2 min，将结块成团的水泥试样振碎，使试样松散。静置2 min后，打开瓶盖，轻轻搅拌，使在松散过程中落到表面的细粉分布到整个试样中。

2.确定试样数量

按下式计算需要的试验用标准试样数量：

$$W=\rho V(1-\varepsilon)$$

式中 W——需要的标准试样数量，g；

ρ——试样的密度，g/cm^3；

V——试料层体积，cm^3；

ε——试料层空隙率（试料层空隙率是指试料层中孔的容积与试料层总的容积之比），PⅠ、PⅡ型水泥的空隙率采用0.500±0.005，其他水泥或粉料的空隙率采用0.53±0.005。

3.试料层制备

将穿孔板放在透气圆筒的突缘上，用一根直径比透气圆筒略小的细棒把一片滤纸送到穿孔板上，边缘压紧；称取已经确定的水泥试样数量，倒入透气圆筒内；轻轻敲击圆筒的外边，以使水泥层表面平坦；再放入一片滤纸，用捣器均匀捣实水泥试样，直至捣器的支持环紧紧接触圆筒的顶边，并旋转两周，慢慢取出捣器。

4.透气试验

把装有试料层的透气圆筒连接到压力计上，在连接的过程中，要求保证两者之间的连接紧密，不漏气，不振动所制备的试料层。打开微型电磁泵慢慢从压力计中抽出空气，直到压力计内液面上升到扩大部下端时关闭阀门。当压力计内液体的液面下降到第一刻度线时开始计时，液体的液面下降到第二刻度线时停止计时。计算液面从第一刻度线下降到第二刻度线所需要的时间，并记录试验时的温度。

（五）试验结果

根据不同的情况，采用不同的计算公式，计算被测试样的比表面积，并以两次试验结果的算术平均值作为最终试验结果,精确至10 cm^2/g。如果两次试验结果之差大于2%,应重新试验。

(1)被测试样的密度、试料层中空隙率与标准试样相同,试验时温差不大于±3 ℃时,可按下式计算被测水泥的比表面积:

$$S=\frac{S_s\sqrt{T}}{\sqrt{T_s}}$$

式中 S——被测试样的比表面积,cm^2/g;

S_s——标准试样的比表面积,cm^2/g;

T——被测试样试验时压力计中液面降落测得的时间,s;

T_s——标准试样试验时压力计中液面降落测得的时间,s。

如试验时温差大于±3 ℃时,按下式计算被测水泥的比表面积:

$$S=\frac{S_s\sqrt{T}\sqrt{\eta_s}}{\sqrt{T_s}\sqrt{\eta}}$$

式中 η_s——被测试样试验温度下的空气黏度,Pa·s;

η——标准试样试验温度下的空气黏度,Pa·s;

其余符号含义同前。

(2)被测试样的试料层中空隙率与标准试样试料层中空隙率不同,试验时温差不大于±3 ℃时,可按下式计算被测水泥的比表面积:

$$S=\frac{S_s\sqrt{T}(1-\varepsilon_s)\sqrt{\varepsilon^3}}{\sqrt{T_s}(1-\varepsilon)\sqrt{\varepsilon_s^3}}$$

式中 ε——被测试样试料层中的空隙率;

ε_s——标准试样试料层中的空隙率;

其余符号含义同前。

如试验时温差大于±3 ℃时,按下式计算被测水泥的比表面积:

$$S=\frac{S_s\sqrt{T}(1-\varepsilon_s)\sqrt{\varepsilon^3}}{\sqrt{T_s}(1-\varepsilon)\sqrt{\varepsilon_s^3}}\cdot\frac{\sqrt{\eta_s}}{\sqrt{\eta}}$$

(3)被测试样的密度和试料层中空隙率均与标准试样不同,试验时温差不大于±3 ℃时,可按下式计算被测水泥的比表面积:

$$S=\frac{S_s\sqrt{T}(1-\varepsilon_s)\sqrt{\varepsilon^3}}{\sqrt{T_s}(1-\varepsilon)\sqrt{\varepsilon_s^3}}\cdot\frac{\rho_s}{\rho}$$

式中 ρ——被测试样的密度,g/cm^3;

ρ_s——标准试样的密度,g/cm^3;

其余符号含义同前。

如试验时温差大于±3 ℃时,按下式计算被测水泥的比表面积:

$$S=\frac{S_s\sqrt{T}(1-\varepsilon_s)\sqrt{\varepsilon^3}}{\sqrt{T_s}(1-\varepsilon)\sqrt{\varepsilon_s^3}}\cdot\frac{\sqrt{\eta_s}}{\sqrt{\eta}}\cdot\frac{\rho_s}{\rho}$$

四、水泥标准稠度用水量试验

(一)试验目的

测定水泥净浆达到标准稠度时的用水量,为测定水泥的凝结时间和体积安定性做准备。

（二）主要仪器设备

(1)标准法维卡仪：维卡仪上附有标准稠度测定用试杆，其有效长度为(50±1)mm，由直径为(10±0.05)mm 的圆柱形耐腐蚀金属制成。滑动部分的总质量为(300±1)g。与试杆、试针连接的滑动杆表面应光滑，能够靠重力自由下落，不得有紧涩和摇动现象。维卡仪的外形及结构组成如图 7 所示。

(2)盛装水泥净浆的截顶圆锥试模：用耐腐蚀并有足够硬度的金属制成。试模深为(40±0.2)mm，顶内径为(65±0.5)mm，底内径为(75±0.5)mm 的截顶圆锥体。每个试模应配备一个边长或直径约 100 mm、厚度 4～5 mm 的平板玻璃底板或金属底板。

(3)水泥净浆搅拌机：由搅拌叶片、搅拌锅、传动机构和控制系统组成，应符合相关要求。

(4)量筒：精度±0.5 mL。

(5)天平：称量 1 000 g，感量 1 g。

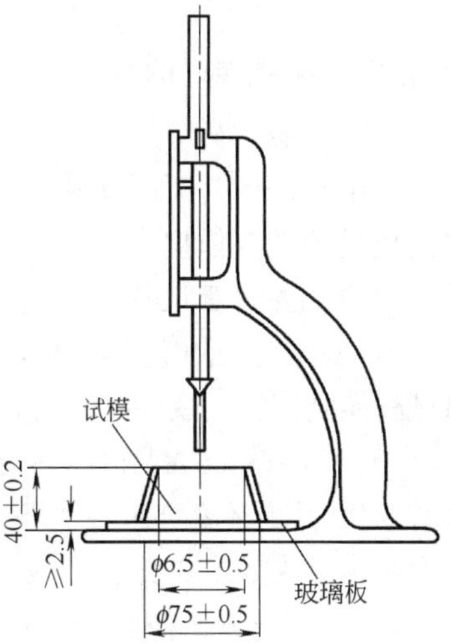

图 7　维卡仪(单位：mm)

（三）试验步骤

(1)试验准备。试验前必须检查维卡仪的金属棒能否自由滑动；试杆降至试模顶面位置时，指针是否对准标尺的零点；搅拌机运转是否正常。水泥净浆搅拌机的筒壁及叶片先用湿布擦抹。

(2)用量筒量取一定量的拌和用水。

(3)将量取好的拌和水倒入水泥净浆搅拌锅内，然后在 5～10 s 内小心将称好的 500 g 水泥加入水中，防止水和水泥溅出。拌和时，先把水泥净浆搅拌锅放到搅拌机锅座上，升至搅拌位置，启动搅拌机，慢速搅拌 120 s，停拌 15 s，同时将叶片和锅壁上的水泥浆刮入锅中间，接着快速搅拌 120 s 后停机。

(4)搅拌结束后，立即将适量的水泥净浆一次性装入已置于玻璃底板上的试模中，并使浆体超过试模上端。用宽约 25 mm 的直边小刀轻轻拍打超出试模部分的浆体 5 次，以排除浆体内的孔隙，然后在试模上表面约 1/3 处，略倾斜于试模分别向外轻轻锯掉多余的水泥净浆，再从试模边沿轻抹顶部一次，使净浆表面光滑。抹平后迅速将试模和底板移到维卡仪上，并将其中心定位在试杆下，降低试杆直至与水泥净浆表面接触，拧紧螺钉 1～2 s 后，突然放松，使试杆垂直自由地沉入水泥净浆中。在试杆停止沉入或释放试杆 30 s 时，记录试杆距底板之间的距离，升起试杆后，立即将其擦净。整个操作应在搅拌后 1.5 min 内完成。

(5)以试杆沉入净浆并距底板(6±1)mm 的水泥净浆为标准稠度净浆。如下沉深度超出范围，须另称试样，调整用水量，重新试验，直至达到(6±1)mm 时为止，其拌和水量为该水泥的标准稠度用水量。

（四）试验结果

以试杆沉入净浆并距底板(6±1)mm 的水泥净浆为标准稠度净浆，其拌和水量为该水泥的标准稠度用水量，并以占水泥质量的百分比表示，按下式计算：

$$P=\frac{W}{500}\times 100\%$$

式中　P——水泥标准稠度用水量,%;

W——水泥净浆达到标准稠度时的拌和用水量,g。

五、水泥净浆凝结时间试验

(一)试验目的

测定水泥的初凝时间和终凝时间,并按相关要求评判水泥的凝结时间是否合格,作为评定水泥质量的重要依据。

(二)主要仪器设备

(1)凝结时间测定仪:与标准法测定水泥标准稠度用水量时所用的维卡仪基本相同,但需要将试杆换成试针。试针由钢制成,分初凝针和终凝针。初凝针是有效长度为(50±1)mm、直径为(1.13±0.05)mm的圆柱体;终凝针是有效长度为(30±1)mm、直径为(1.13±0.05)mm的圆柱体,在终凝针上还安装了一个环行附件,滑动部分的总质量为(300±1)g。凝结时间测定仪的外形及结构组成如图8所示。

(2)截顶圆锥试模:用耐腐蚀并有足够硬度的金属制成。试模深为(40±0.2)mm,顶内径为(65±0.5)mm,底内径为(75±0.5)mm的截顶圆锥体。每只试模底部应配备一个大于试模、厚度不小于2.5 mm的平板玻璃底板。

(3)水泥净浆搅拌机:由搅拌叶片、搅拌锅、传动机构和控制系统组成,应符合相关要求。

(4)标准养护箱:温度为(20±1)℃,相对湿度不低于90%。

(5)天平:称量1 000 g,感量1 g。

(6)量筒:最小刻度0.1 mL。

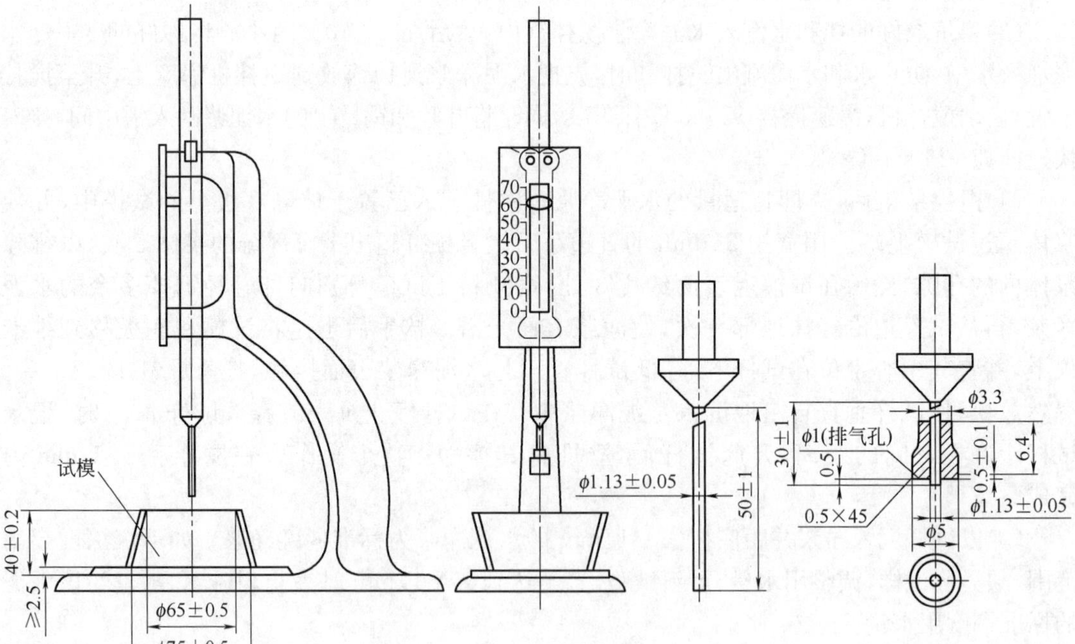

图8　水泥凝结时间测定仪(单位:mm)

(a)初凝时间测定用立式试模的侧视图;(b)终凝时间测定用反转试模的正视图;(c)初凝用试针;(d)终凝用试针

（三）试验步骤

（1）测定前，将试模放在玻璃板上，在试模的内侧涂上一层机油，调整凝结时间测定仪的试针接触玻璃板时，指针对准零点。

（2）称取水泥试样 500 g，以标准稠度用水量加水，用水泥净浆搅拌机搅拌成水泥净浆，方法同前，记录水泥全部加入水中的时间作为凝结时间的起始时间，拌和结束后，立即将净浆一次装满试模，振动数次后刮平，立即放入养护箱中。

（3）试件在养护箱中养护至加水后 30 min 时进行第一次测定。

（4）测定时，从养护箱中取出试模放到试针下，降低试针，并与水泥净浆表面接触。拧紧螺钉 1～2 s 后，突然放松，试针垂直自由地沉入水泥净浆，观察试针停止下降或释放试针 30 s 时指针的读数。临近初凝时间时每隔 5 min（或更短时间）测定一次。

（5）当试针沉至距底板（4±1）mm 时，认为水泥达到初凝状态，由水泥全部加入水中开始至初凝状态的时间为水泥的初凝时间，用“min”表示。

（6）完成初凝时间测定后，立即将试模连同浆体以平移的方式从玻璃板取下，翻转 180°，直径大端向上，小端向下放在玻璃板上，再放入养护箱中继续养护，临近终凝时间时每隔15 min 测定一次，当试针沉入试体 0.5 mm 时，即环形附件开始不能在试体上留下痕迹时，为水泥达到终凝状态，由水泥全部加入水中至终凝状态的时间为水泥的终凝时间，用“min”表示。

测定时应注意：在最初测定的操作时，应轻轻扶持金属柱，使其徐徐下降，以防试针撞弯，但结果以自由下落为准。在整个测试过程中，试针沉入的位置距试模内壁至少 10 mm 。临近初凝时，每隔 5 min 测定一次；临近终凝时，每隔 15 min 测定一次；到达初凝时，应立即重复测一次，当两次结论相同时，才能确定到达初凝状态。到达终凝时，需要在试体另外两个不同点测试，结论相同时才能确定到达终凝状态。每次测定不能让试针落入原针孔，每次测定完毕须将试针擦净并将试模放回养护箱内，整个测试过程要防止试模受到振动。

（四）试验结果

初凝时间是指自水泥全部加入水中起，至试针沉入净浆中距离底板（4±1）mm 时止所需的时间。

终凝时间是指自水泥全部加入水中起，至试针沉入净浆中不超过 0.5 mm 时止所需的时间。

到达初凝或终凝时，除测定一次外，还应立即重复测一次，当两次结论相同时，才能确定到达初凝或终凝状态。

评定方法是：将测定的初凝时间和终凝时间与相应标准对水泥的技术要求进行对比，从而判定它们是否合格。

六、水泥安定性试验

安定性试验可采用试饼法或雷氏法。试饼法是通过观察水泥净浆试饼沸煮后的外形变化来检验水泥的体积安定性；雷氏法是通过测定水泥净浆在雷氏夹中沸煮后的膨胀值来检验水泥的体积安定性。当两种方法的试验结果有争议时，应以雷氏法为准。

（一）试验目的

检验水泥硬化后体积变化的均匀性，以评定水泥的质量是否合格。

（二）主要仪器设备

（1）水泥净浆搅拌机、标准养护箱：与测定凝结时间时所用相同。

(2)煮沸箱:有效容积约为410 mm×240 mm×310 mm,篦板的结构应不影响试验结果,篦板与加热器之间的距离大于50 mm。箱的内层由不易锈蚀的金属材料制成,能在(30±5)min内将箱内的试验用水由室温升至沸腾状态并保持3 h以上,整个试验过程不需补充水量。

(3)雷氏夹膨胀测定仪:标尺最小刻度为0.5 mm,其外形及结构组成如图9所示。

(4)雷氏夹:用铜质材料制成,其外形及结构尺寸如图10所示。当一根指针的根部悬挂在一根金属丝或尼龙丝上,而另一根指针的根部挂上质量为300 g的砝码时,两根指针针尖的距离变化应在(17.5±2.5)mm范围内,当去掉砝码后针尖的距离能恢复至悬挂砝码前的状态。

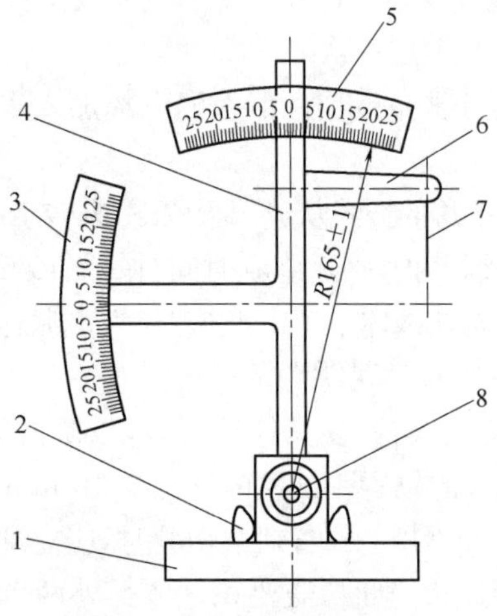

图9 雷氏夹膨胀测定仪(单位:mm)

1—底座;2—模子座;3—测弹性标尺;4—立柱;
5—测膨胀值标尺;6—悬臂;7—悬丝;8—弹簧顶钮

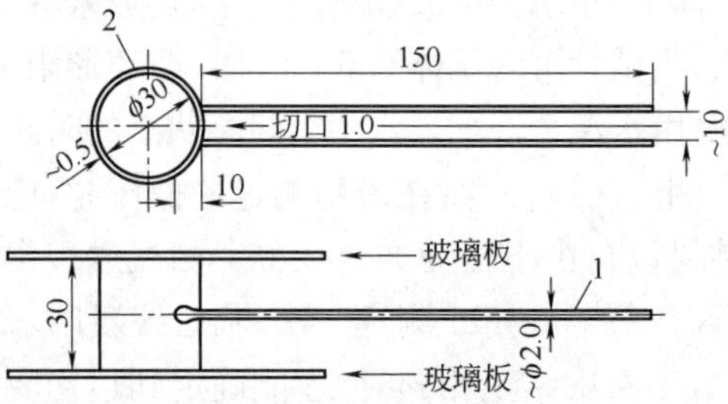

图10 雷氏夹(单位:mm)

1—指针;2—环膜

(5)玻璃板、抹刀、直尺等。

(三)试验步骤

(1)称取水泥试样500 g,以标准稠度用水量按测定标准稠度时拌和净浆的方法拌制水泥净浆。

(2)采用雷氏法时,将预先准备好的雷氏夹放在已稍擦油的玻璃板上,并立即将已制好的标准稠度净浆一次装满雷氏夹。装浆时一只手轻轻扶持雷氏夹,另一只手用宽约25 mm的直边刀在浆体表面轻轻插捣3次,然后抹平。盖上稍涂油的玻璃板,立即将雷氏夹移至养护箱内养护(24±2)h。

(3)采用试饼法时,将制成的标准稠度净浆中取出一部分,分成两等份,使之成球形,分别放在两个预先涂过油的玻璃板上,轻轻振动玻璃板,并用湿布擦过的小刀由边缘向饼的中央抹动,做成直径为70~80 mm、中心厚约10 mm、边缘渐薄、表面光滑的试饼。然后将试饼放入养护箱内养护(24±2)h。

(4)调整好沸煮箱内的水位,保证在整个煮沸过程中水位都超过试件,不需中途添补试验用水,同时又能保证在(30±5)min内升至沸腾。

(5)养护到期后,从养护箱中拿出试件,脱去玻璃板取下试件。

(6)当采用雷氏法时,先测量雷氏夹指针尖端间的距离(A),精确到0.5 mm,接着将试件放入沸煮箱水中的试件架上,指针朝上,试件之间互不交叉。当采用试饼法时,先检验试饼是否完整，在试饼无缺陷的情况下，将试饼取下并置于沸煮箱水中的篦板上。

(7)启动沸煮箱，在(30±5)min 内加热至沸腾并恒沸 3 h±5 min。

(8)沸煮结束后，立即放掉沸煮箱中的热水，打开箱盖，待箱体冷却至室温，取出试件检查，并测量雷氏夹指针尖端距离(*C*)，精确到 0.5 mm。

(四)试验结果

(1)试饼法评定：目测试饼表面状况，若未发现裂缝，再用直尺检查试饼底面，如果没有弯曲翘曲现象，即认为该水泥安定性合格，反之为不合格。当两个试饼判别结果有矛盾时，该水泥的安定性为不合格。

(2)雷氏法评定：测量雷氏夹指针尖端的距离(*C*)，精确至 0.5 mm。当两个试件沸煮后增加距离($C-A$)的平均值不大于 5.0 mm 时，即认为该水泥安定性合格，反之为不合格。当两个试件的($C-A$)平均值相差超过 5.0 mm 时，应用同一样品立即重做一次试验。再如此，则认为该水泥安定性不合格。

七、水泥胶砂流动度试验

(一)试验目的

测定按一定水胶比配制的水泥胶砂在规定振动状态下的扩展范围，以评判其流动性大小。

(二)主要仪器设备

(1)行星式水泥胶砂搅拌机：由搅拌叶片、搅拌锅、传动机构和控制系统组成，应符合相关要求。

(2)水泥胶砂流动度测定仪(简称跳桌)：应符合有关规定。

(3)试模：用金属材料制成，由截锥圆模和模套组成。截锥圆模内壁须光滑，试模高为(60±0.5)mm，上口内径为(70±0.5)mm，下口内径为(100±0.5)mm，下口外径为 120 mm，模壁厚大于 5 mm。

(4)捣棒：用金属材料制成，直径为(20±0.5)mm，长度约为 200 mm，捣棒底面与侧面成直角，其下部光滑，上部手柄滚花。

(5)卡尺：量程不小于 300 mm，分度值不大于 0.5 mm。

(6)小刀：刀口平直，长度约为 80 mm。

(三)试验步骤

(1)水泥胶砂流动度测定仪(跳桌)在试验前先进行空转，以检验其各部位是否正常。

(2)称取各材料用量。制备胶砂的材料用量分别为：水泥 450 g；标准砂 1 350 g；水量按预定水胶比计算。水泥试样、标准砂和试验用水、试验条件均应符合相关规定。

(3)在制备胶砂的同时，用潮湿棉布擦拭水泥胶砂流动度测定仪台面、试模内壁、捣棒以及与胶砂接触的用具，将试模放在水泥胶砂流动度测定仪台面中央并用潮湿棉布覆盖。

(4)将拌好的胶砂分两层迅速装入试模，第一层装至截锥圆模高度约 2/3 处，用小刀在相互垂直的两个方向上各划 5 次，用捣棒由边缘至中心均匀捣压 15 次。随后，装第二层胶砂，装至高出截锥圆模约 20 mm，用小刀在相互垂直的两个方向上各划 5 次，再用捣棒由边缘至中心均匀捣压 10 次。捣压力量应恰好足以使胶砂充满截锥圆模。捣压深度，第一层捣至胶砂高度的 1/2，第二层捣实不超过已捣实底层表面。捣压顺序如图 11 和图 12 所示。装胶砂和捣压时，用手扶稳试模，不要使其移动。

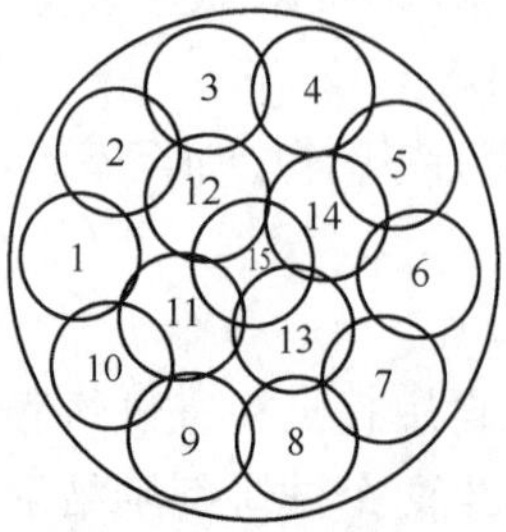

图 11　第一层捣压顺序

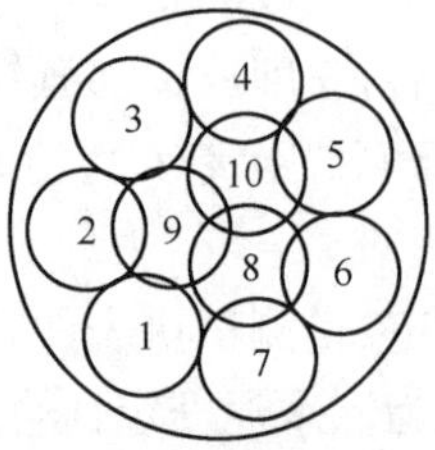

图 12　第二层捣压顺序

(5)捣压完毕,取下模套,将小刀倾斜,从中间向边缘分两次以近水平的角度将高出截锥圆模的胶砂刮去并抹平,并擦去落在水泥胶砂流动度测定仪台面上的胶砂。将截锥圆模垂直向上轻轻提起,立即开动水泥胶砂流动度测定仪,以每秒钟一次的频率,在(25±1)s 内完成 25 次跳动。

(6)跳动完毕,用卡尺测量胶砂底面互相垂直的两个方向的直径,计算平均值,即为该水量的水泥胶砂流动度,单位为 mm。

水泥胶砂流动度试验,从胶砂加水拌和开始到测量扩散直径结束,必须在 6 min 内完成。

(7)电动跳桌与手动跳桌测定的试验结果发生争议时,以电动跳桌试验结果为准。

(四)试验结果

用卡尺测量胶砂底面互相垂直的两个方向的直径,以两次试验结果的算术平均值作为最后的测定结果,即为该水量的水泥胶砂流动度,单位为 mm。

八、水泥胶砂强度试验

(一)试验目的

测定水泥各标准龄期的强度,以确定或检验水泥的强度等级。

(二)主要仪器设备

(1)行星式水泥胶砂搅拌机:由搅拌叶片、搅拌锅、传动机构和控制系统组成,应符合相关要求。

(2)胶砂振实台:由底座、卡具、同步电机、模套、可以跳动的台盘、凸轮、臂杆等构成。振动频率为 60 次/(60±1)s,振幅为(15±3)mm,应符合相关要求。

(3)试模:由三个水平的模槽组成,可同时成型三条尺寸为 40 mm×40 mm×160 mm 的菱形试件,应符合相关要求。

(4)抗折强度试验机:应符合相关要求。

(5)抗压强度试验机。

(6)抗压夹具:受压面积为 40 mm×40 mm。

(7)刮平尺、播料器。

(8)量筒、天平等。

(三)试体成型

(1)称取各材料用量,每锅胶砂的材料用量分别为:水泥(450±2)g;标准砂(1 350±5)g;水(225±1)mL。

(2)搅拌。每锅胶砂用行星式水泥胶砂搅拌机进行机械搅拌。先使搅拌机处于待工作状态,然后按以下程序进行操作:

①把水加入锅里,再加入水泥,把锅放在固定架上,上升至固定位置。

②开动机器,低速搅拌 30 s 后,在第二个 30 s 开始的同时均匀地将砂子加入。当各级砂是分装时,从最粗粒级开始,依次将所需的每级砂量加完,把机器转至高速再拌 30 s。

③停拌 90 s,在第一个 15 s 内用一胶皮刮具将叶片和锅壁上的胶砂,刮入锅的中间。

④再在高速下继续搅拌 60 s,各个搅拌阶段,时间误差应在±1 s 以内。

(3)振实成型。胶砂制备后立即进行成型,将空试模和模套固定在振实台上,用一个适当勺子直接从搅拌锅里将胶砂分两层装入试模,装第一层时,每个槽里约放 300 g 胶砂,用大播料器垂直架在模套顶部沿每个模槽来回一次将料层播平,接着振实 60 次。再装入第二层胶砂,用小播料器播平,再振实 60 次。移走模套,从振实台上取下试模,用一金属直尺以近似 90°的角度架在试模模顶的一端,然后沿试模长度方向以横向锯割动作慢慢向另一端移动,一次将超过试模部分的胶砂刮去,并用同一直尺以近乎水平的状态将试件表面抹平。

(四)试件养护

(1)去掉留在模子四周的胶砂,立即将作好标记的试模放入雾室或湿箱的水平架子上养护。养护时不应将试模放在其他试模上,一直养护到规定的脱模时间时取出脱模。

(2)脱模后的试件应立即水平或竖直放在(20±1)℃水中养护,水平放置时刮平面应朝上。

(3)试件放在不易腐烂的篦子上,并彼此间保持一定间距,以让水与试件的六个面接触。养护期间试件之间间隔或试体上表面的水深不得小于 5 mm。

(4)最初用自来水装满养护池,随后随时加水保持适当的恒定水位,不允许在养护期间全部换水。

(5)除 24 h 龄期或延迟至 48 h 脱模的试体外,任何到龄期的试体应在试验(破型)前 15 min从水中取出;揩去试件表面沉积物,并用湿布覆盖至试验为止。

(五)强度测定

1. 抗折强度测定

将试体一个侧面放在试验机支撑圆柱上,试体长轴垂直于支撑圆柱,通过加荷圆柱以(50±10)N/s 的速率均匀地将荷载垂直地加在棱柱体相对侧面上,直至折断。

按下式计算抗折强度,精确至 0.1 MPa:

$$f_t=\frac{1.5F_tL}{b^3}=0.234\times F_t\times 10^{-2}$$

式中 f_t——抗折强度,MPa;

F_t——破坏荷载,N;

L——支撑圆柱中心距离,取 100 mm;

b——棱柱体正方形截面的边长,取 40 mm。

抗折强度试验结果的确定:以 3 个试件抗折强度的平均值作为试验结果。当 3 个强度值中有一个超出平均值±10%时,应剔除后再取另外两个抗折强度的平均值作为抗折强度试验结果。当 3 个强度值中有两个超出平均值±10%时,则以剩余一个作为抗折强度结果。

2. 抗压强度测定

抗折试验后的 6 个断块应立即进行抗压试验。抗压强度测定须用抗压夹具进行,并使夹具对准压力机压板中心。以(2 400±200)N/s 的速率均匀地加荷直至破坏,并记录破坏荷载。

按下式计算抗压强度,精确至 0.1 MPa:

$$f_c=\frac{F_c}{A}=0.625F_c\times 10^{-3}$$

式中 f_c——抗压强度,MPa;

F_c——破坏荷载,N;

A——试件受压部分面积,40 mm×40 mm=1 600 mm^2。

抗压强度试验结果的确定:以6个抗压强度测定值的算术平均值作为试验结果。如6个测定值中有一个超出6个平均值的±10%,就应剔除这个测定值,而以剩下5个测定值的平均值作为试验结果。如果5个测定值中再有一个超过它们平均值的±10%时,则此组结果作废,应重做试验。当6个测定值中同时有两个或两个以上超出平均值的±10%时,此组结果作废。

(六)试验结果

将试验计算所得的各标准龄期抗折和抗压强度值,对照水泥各龄期强度值,来确定或验证水泥的强度等级,要求各龄期的强度值均不得低于有关标准规定的强度值。

试验4 混凝土用粗、细骨料试验

一、砂、石材料取样方法

砂、石材料的取样,按如下规定方法进行。

(1)在料堆上取砂样时,取样部位应均匀分布。取样前先将取样部位表层铲除,然后从不同部位抽取大致等量的砂8份,组成一组样品。将所取试样置于平板上,在潮湿状态下拌和均匀,并堆成厚度约为20 mm的圆饼,然后沿互相垂直的两条直径把圆饼分成大致相等的4份,取其中对角线的两份重新拌匀,再堆成圆饼。重复上述过程,直至把样品缩分到试验所需的量为止。砂各单项试验的最少取样质量应符合表1的规定。

表1 砂单项试验取样质量

序号	试验项目	最少取样质量(kg)	序号	试验项目	最少取样质量(kg)
1	颗粒级配	4.4	4	表观密度	2.6
2	含泥量	4.4	5	堆积密度与空隙率	5.0
3	泥块含量	20.0			

(2)在料堆上取石样时,取样部位应均匀分布。取样前先将取样部位表层铲除,然后从不同部位抽取大致等量的石子15份(在料堆的顶部、中部和底部均匀分布的15个不同部位取得)组成一组样品。将所取试样置于平板上,在自然状态下拌和均匀,并堆成堆体,然后沿互相垂直的两条直径把堆体分成大致相等的4份,取其中对角线的两份重新拌匀,再堆成堆体。重复上述过程,直至把样品缩分到试验所需的量为止。石子各单项试验的最少取样质量应符合表2的规定。

表2 碎石或卵石单项试验取样质量

序号	试验项目	不同最大粒径(mm)下的最少取样质量(kg)							
		9.5	16.0	19.0	26.5	31.5	37.5	63.0	≥75.0
1	颗粒级配	9.5	16.0	19.0	25.0	31.5	37.5	63.0	80.0
2	含泥量	8.0	8.0	24.0	24.0	40.0	40.0	80.0	80.0
3	泥块含量	8.0	8.0	24.0	24.0	40.0	40.0	80.0	80.0

续上表

序号	试验项目	不同最大粒径(mm)下的最少取样质量(kg)							
		9.5	16.0	19.0	26.5	31.5	37.5	63.0	≥75.0
4	表观密度	8.0	8.0	8.0	8.0	12.0	16.0	24.0	24.0
5	针片状颗粒含量	1.2	4.0	8.0	12.0	20.0	40.0	40.0	40.0
6	堆积密度与空隙率	40.0	40.0	40.0	40.0	80.0	80.0	120.0	120.0
7	压碎指标	按试验要求的粒级和质量取样							

二、砂筛分析试验

(一)试验目的

通过砂的筛分析试验,绘出颗粒级配曲线,并计算砂的细度模数,以评定砂的级配优劣和粗细程度,为混凝土配合比设计提供依据。

(二)主要仪器设备

(1)标准筛:包括孔径为 9.50 mm、4.75 mm、2.36 mm、1.18 mm、600 μm、300 μm 和 150 μm 的方孔筛各一只,并附有筛底和筛盖。

(2)天平:称量 1 000 g,感量 1 g。

(3)烘箱:能使温度控制在(105±5)℃。

(4)摇筛机、浅盘和毛刷等。

(三)试验准备

按规定取样,并将试样缩分至 1 100 g,置于(105±5)℃的烘箱中烘至恒重,冷却至室温后,筛除大于 9.50 mm 的颗粒,分为大致相等的两份备用。

(四)试验步骤

(1)称取烘干试样 500 g,精确至 1 g。

(2)将试样倒入按孔径大小从上到下组合的套筛上(即 4.75 mm 方孔筛),然后进行筛分。

(3)将套筛装入摇筛机内固紧,摇筛 10 min 左右。若无摇筛机,也可手筛。取下套筛,按筛孔大小顺序再逐个进行手筛,直至每分钟的筛出量不超过试样总量的 0.1%为止。通过的试样并入下一号筛中,并和下一号筛中的试样一起过筛,按这样顺序进行,直到各号筛全部筛完为止。

(4)称出各号筛的筛余量,精确至 1 g。试样在各号筛上的筛余量不得超过按下式计算出的量:

$$G=\frac{A\times\sqrt{d}}{200}$$

式中 G——在一个筛上的筛余量,g;

A——筛面面积,mm^2;

d——筛孔尺寸,mm。

超过时应按下列方法之一进行处理。

(1)将该粒级试样分成少于上式计算出的量,分别筛分,并以筛余量之和作为该号筛的筛余量。

(2)将该粒级及以下各粒级的筛余混合均匀,称出其质量,精确至 1 g。再用四分法缩分为大致相等的两份,取其中一份,称出其质量,精确至 1 g,继续筛分。计算该粒级及以下各粒级的分计筛余量时应根据缩分比例进行修正。

（五）试验结果

(1)计算分计筛余百分率：各号筛的筛余量与试样总量之比，精确至0.1%。

(2)计算累计筛余百分率：该号筛的筛余百分率与该号筛以上各筛余百分率之和，精确至0.1%。筛分后，如每号筛的筛余量与筛底的剩余量之和同原试样质量之差超过1%时，须重新试验。

(3)按下式计算砂的细度模数，精确至0.01：

$$M_x=\frac{A_2+A_3+A_4+A_5+A_6-5A_1}{100-A_1}$$

式中　M_x——砂的细度模数；

A_1,A_2,A_3,A_4,A_5,A_6——孔径为4.75 mm、2.36 mm、1.18 mm、600 μm、300 μm、150 μm筛的累计筛余百分率。

(4)根据各筛的累计筛余百分率评定该试样的颗粒级配情况。

累计筛余百分率取两次试验结果的算术平均值，精确至1%；细度模数取两次试验结果的算术平均值作为最终试验结果，精确至0.1。如果两次试验所得的细度模数之差大于0.2，应重新取样试验。

三、砂的表观密度试验

（一）试验目的

测定砂单位体积（包括内部的封闭孔隙体积）内质量，为计算砂的空隙率和进行混凝土配合比设计提供必要的数据。

（二）主要仪器设备

(1)天平：称量1 000 g，感量1 g。

(2)容量瓶：容积为500 mL。

(3)烘箱：能使温度控制在(105±5)℃。

(4)干燥器、浅盘、铝制料勺、滴管、毛刷、温度计等。

（三）试验准备

按规定取样，并将试样用四分法缩分至约660 g，放在烘箱中于(105±5)℃下烘干至恒重，并在干燥器内冷却至室温后，分成大致相等的两份备用。

（四）试验步骤

(1)称取烘干试样300 g，精确至1 g，将试样装入盛有部分(15～25)℃冷开水的容量瓶中。然后再注入冷开水至接近500 mL的刻度处，用手旋转摇动容量瓶，使试样在水中充分搅动以排除气泡，塞紧瓶塞，静置24 h。

(2)用滴管小心加水至容量瓶500 mL刻度处，使水面与瓶颈刻度线平齐，再塞紧瓶塞，擦干瓶外水分，称出其质量m_1，精确至1 g。

(3)倒出瓶内的水和试样，洗净容量瓶，再向容量瓶内注入(15～25)℃的冷开水至500 mL刻度处。塞紧瓶塞，擦干瓶外水分，称出其质量m_2，精确至1 g。

(4)在砂的表观密度试验过程中应测量并控制水的温度。试验的各项称量应在(15～25)℃的温度范围内进行，从试验加水静置的最后2 h起直到试验结束，其温度相差不应超过2 ℃。

（五）试验结果

按下式计算砂的表观密度，精确到10 kg/m³，并以两次试验结果的算术平均值作为最终试验结果，如两次试验结果之差大于20 kg/m³，应重新取样试验。

$$\rho_0=\left(\frac{m}{m+m_2-m_1}-\alpha_t\right)\times\rho_{水}$$

式中 ρ_0——砂的表观密度,kg/m^3;

$\rho_{水}$——水的密度,取 1 000 kg/m^3;

m——烘干试样的质量,g;

m_1——试样、水及容量瓶的总质量,g;

m_2——水及容量瓶的总质量,g;

α_t——水温对表观密度影响的修正系数。α_t 取值详见表 3。

表 3 不同水温对砂(碎石或卵石)的表观密度影响的修正系数

水温(℃)	15	16	17	18	19	20	21	22	23	24	25
α_t	0.002	0.003	0.003	0.004	0.004	0.005	0.005	0.006	0.006	0.007	0.008

四、砂的堆积密度试验

(一)试验目的

测定砂的堆积密度,为计算砂的空隙率和混凝土配合比设计提供必要的数据。

(二)主要仪器设备

(1)天平:称量 10 kg,感量 1 g。

(2)容量筒:圆柱形金属筒,内径为 108 mm,净高为 109 mm,筒壁厚为 2 mm,容积约为 1 L。

(3)烘箱:能使温度控制在(105±5)℃。

(4)方孔筛:孔径为 4.75 mm 的标准筛一只。

(5)垫棒:直径为 10 mm,长为 500 mm 的圆钢。

(6)直尺、小铲、搪瓷盘、毛刷等。

(三)试验准备

按规定取样,用搪瓷盘取样品约 3 L,放在烘箱中于(105±5)℃下烘干至恒重,取出冷却至室温后,用 4.75 mm 筛过筛,筛除大于 4.75 mm 的颗粒,分成大致相等的两份备用(若出现结块,试验前先予以捏碎)。

(四)试验步骤

(1)称取容量筒质量 m_1,将容量筒置于不受振动的搪瓷盘中。

(2)松散堆积密度:取试样一份,用漏斗或料勺将试样从容量筒中心上方 50 mm 处徐徐倒入容量筒内,让试样以自由落体落下,当容量筒上部试样呈锥体,且容量筒四周溢满时,即停止加料。然后用直尺垂直于筒中心线,沿容器上口边缘向两边刮平。称出试样和容量筒的总质量 m_2,精确至 1 g。

(3)紧密堆积密度:取试样一份分两次装入容量筒。装完第一层后,在筒底垫放一根直径为 10 mm 的圆钢,将筒按住,左右交替颠击地面各 25 次。然后装入第二层,第二层装满后用同样方法颠实(但筒底所垫圆钢的方向与第一层时的方向垂直),并添加试样直至超过筒口。然后用直尺垂直于筒中心线,沿容器上口边缘向两边刮平。称出试样和容量筒的总质量 m_2,精确至 1 g。

(五)试验结果

按下式计算砂的松散或紧密堆积密度,精确到 10 kg/m^3,并以两次试验结果的算术平均值作为最终试验结果。

$$\rho_0'=\frac{m_2-m_1}{V_0'}\times 1\ 000$$

式中　ρ_0'——砂的松散堆积密度或紧密堆积密度，kg/m^3；

m_1——容量筒的质量，kg；

m_2——容量筒和试样的总质量，kg；

V_0'——容量筒的容积，L。

按下式计算砂的空隙率，精确至1%，并以两次试验结果的算术平均值作为最终试验结果。

$$P=\left(1-\frac{\rho_0'}{\rho_0}\right)\times 100\%$$

式中　P——砂的空隙率，%；

ρ_0'——砂的堆积密度，kg/m^3；

ρ_0——砂的表观密度，kg/m^3。

五、砂的含水率试验(标准法)

(一)试验目的

测定砂的含水率，作为调整混凝土配合比及施工称量的依据。

(二)主要仪器设备

(1)天平：称量2 kg，感量2 g。

(2)烘箱：能使温度控制在(105±5)℃。

(3)干燥器、浅盘等。

(三)试样准备

由样品中取两份约500 g的试样，分别置于质量为m_1浅盘中备用。若试验未及时进行，对送来的样品应予以密封，以防止水分散失。

(四)试验步骤

(1)将500 g的试样放入干燥的浅盘中，称出试样与浅盘的总质量m_2。摊开试样，置于温度为(105±5)℃的烘箱中烘干至恒重，随后放在干燥器中冷却至室温。

(2)称出烘干后试样与浅盘的总质量m_3。

(五)试验结果

按下式计算砂的含水率，精确至0.1%，并以两次试验结果的算术平均值作为最终试验结果。两次结果之差大于0.2%时，应重新试验。

$$W_{质量}=\frac{m_2-m_3}{m_3-m_1}\times 100\%$$

式中　$W_{质量}$——砂的质量含水率，%；

m_1——浅盘的质量，g；

m_2——烘干前试样与浅盘的总质量，g；

m_3——烘干后试样与浅盘的总质量，g。

六、砂的含泥量试验

(一)试验目的

检测砂中粒径小于75 μm的颗粒(如尘屑、淤泥、黏土)含量，作为评定砂质量的依据。

(二)主要仪器设备

(1)天平:称量 1 kg,感量 0.1 g。

(2)标准筛:孔径为 75 μm 及 1.18 mm 的方孔筛各一只。

(3)烘箱:能使温度控制在(105±5)℃。

(4)筒、浅盘等:要求淘洗试样时,保证试样不溅出。

(三)试验准备

按规定取样,用四分法将试样缩分到约 1 100 g,放在烘箱中于(105±5)℃下烘干至恒重,待冷却至室温后,分成大致相等的两份备用。

(四)试验步骤

(1)称取试样 500 g,精确至 0.1 g。将试样倒入淘洗容器中,注入清水,使水面高于试样面约 150 mm,充分搅拌均匀后,浸泡 2 h,然后用手在水中淘洗试样,使尘屑、淤泥、黏土与砂粒分离,把浑水慢慢倒入 1.18 mm 及 75 μm 的套筛上(1.18 mm 筛放在 75 μm 筛上面),滤去小于 75 μm 的颗粒。试验前筛子的两面应先用水润湿,在整个过程中应小心,防止试样流失。

(2)再次向容器中加入清水,重复上述操作,直至容器内的水目测清澈为止。

(3)用水冲洗剩余在筛上的细粒,并将 75 μm 筛放在水中来回摇动,以充分洗掉小于 75 μm 的颗粒,然后将两只筛上筛余的颗粒和清洁容器中已经洗净的试样一并倒入浅盘中,置于烘箱中在(105±5)℃下烘干至恒重,待冷却至室温后,称出试样的质量 m_2,精确至 1 g。

(五)试验结果

按下式计算砂的含泥量,精确到 0.1%,并以两次试验结果的算术平均值作为最终试验结果。若两次试验结果相差大于 0.2%,须重新试验。

$$Q_a=\frac{m_1-m_2}{m_1}\times 100\%$$

式中 Q_a——砂的含泥量,%;

m_1——试验冲洗前烘干试样的质量,g;

m_2——试验冲洗后烘干试样的质量,g。

七、砂的泥块含量试验

(一)试验目的

检测砂中原粒径大于 1.18 mm,经水浸洗、手捏后小于 600 μm 的颗粒含量,作为评定砂质量的重要依据。

(二)主要仪器设备

(1)天平:称量 1 kg,感量 0.1 g。

(2)标准筛:孔径为 600 μm 和 1.18 mm 的方孔筛各一只。

(3)烘箱:能使温度控制在(105±5)℃。

(4)容器:要求淘洗试样时,保证试样不溅出。

(三)试验准备

按规定取样,用四分法将试样缩分至 5 000 g,放在烘箱内于(105±5)℃下烘干至恒重,冷却至室温后,筛除小于 1.18 mm 的颗粒,分成大致相等的两份备用。

(四)试验步骤

(1)称取试样 200 g,精确至 0.1 g。将试样倒入淘洗容器中,注入清水,使水面高于试样面约 150 mm,充分搅拌均匀后,浸水 24 h。用手在水中碾碎泥块,再把试样放在 600 μm 筛上,用水淘洗,直至容器内的水目测清澈为止。

(2)将保留下来的试样小心地从筛中取出,装入浅盘后,放在烘箱中于(105±5)℃下烘干至恒重,冷却至室温后,称出其质量 m_2,精确至 0.1 g。

(五)试验结果

按下式计算砂中泥块含量,精确至 0.1%,并以两次试验测定值的算术平均值作为最终试验结果。

$$Q_b=\frac{m_1-m_2}{m_1}\times 100\%$$

式中 Q_b——砂中泥块含量,%;

m_1——第一次水洗后 0.60 mm 筛上试样烘干后的质量,g;

m_2——第二次水洗后 0.60 mm 筛上试样烘干后的质量,g。

八、碎石或卵石筛分析试验

(一)试验目的

测定碎石或卵石的颗粒级配及最大粒径,为混凝土配合比设计和评定碎石或卵石质量提供依据。

(二)主要仪器设备

(1)天平:称量 1 kg,感量 0.1 g。

(2)台称:称量 10 kg,感量 1 g。

(3)标准筛:孔径为 90.0 mm、75.0 mm、63.0 mm、53.0 mm、37.5 mm、31.5 mm、26.5 mm、19.0 mm、16.0 mm、9.5 mm、4.75 mm 及 2.36 mm 的方孔筛各一只,并附有筛底和筛盖。

(4)烘箱:能使温度控制在(105±5)℃。

(5)摇筛机:电动振动筛,振幅为(0.5±0.1)mm,频率为(50±3)Hz。

(6)搪瓷盘、毛刷等。

(三)试验准备

试验前按规定取样。用四分法将试样缩分至略重于表 4 所规定的试样量,放入烘箱内烘干至恒重,并冷却至室温后备用。

表 4　颗粒级配试验所需试样质量

最大粒径(mm)	9.5	16.0	19.0	26.5	31.5	37.5	63.0	75.0
最少试样质量(kg)	1.9	3.2	3.8	5.0	6.3	7.5	12.6	16.0

(四)试验步骤

(1)按表 4 的规定质量称取试样一份,精确至 1 g。

(2)将试样倒入按孔径大小从上到下组合的套筛(附筛底)上,进行筛分。

(3)将套筛置于摇筛机上摇 10 min,取下套筛,按筛孔径大小顺序再逐个用手筛,筛至每分钟通过量小于试样总量 0.1%为止。通过的颗粒并入下一号筛中,并和下一号筛中的试样一起过筛,按此顺序进行,直至各号筛全部筛完为止。

(4)称出各号筛上的筛余量,精确至 1 g。

(五)试验结果

(1)计算各号筛的分计筛余百分率:即各号筛的筛余量与试样总质量之比,精确至0.1%。

(2)计算累计筛余百分率:该号筛的筛余百分率与该号筛以上各分计筛余百分率之和,精确至1%。筛分后,如各号筛的筛余量与筛底的筛余量之和同原试样质量之差超过1%时,须重新试验。

(3)根据各号筛的累计筛余百分率,评定该试样的颗粒级配。

九、碎石或卵石表观密度试验(广口瓶法)

(一)试验目的

碎石或卵石的表观密度是指碎石或卵石单位体积(包括颗粒之间空隙体积,但不包括颗粒内部孔隙体积)的质量。通过测定碎石或卵石的表观密度,可以鉴别碎石或卵石的质量,也为计算碎石或卵石的空隙率和混凝土配合比设计提供必要的数据。

(二)主要仪器设备

(1)广口瓶:容积为1 000 mL,磨口并带有玻璃片。

(2)天平:称量2 kg,感量1 g。

(3)烘箱:能使温度控制在(105±5)℃。

(4)标准筛:孔径为4.75 mm的方孔筛一只。

(5)毛巾、毛刷、搪瓷盘等。

(三)试验准备

试验前按规定取样,并缩分至略大于表5规定的质量,风干后筛除小于4.75 mm的颗粒,然后洗刷干净,分成大致相等的两份备用。

表5 表观密度试验所需试样质量

最大粒径(mm)	<26.5	31.5	37.5	63.0	75.0
最少试样质量(kg)	2.0	3.0	4.0	5.0	6.0

(四)试验步骤

(1)将试样浸水饱和,然后装入广口瓶中。装试样时,广口瓶应倾斜放置,注入饮用水,用玻璃片覆盖瓶口,以上下左右摇晃的方法排除气泡。

(2)气泡排尽后,向瓶中添加饮用水,直至水面凸出瓶口边缘,然后用玻璃片沿瓶口迅速滑行,使其紧贴瓶口水面。擦干瓶外水分后,称出试样、水、瓶和玻璃片总质量m_1,精确至1 g。

(3)将瓶中的试样倒入浅盘中,放在烘箱中于(105±5)℃下烘干至恒重。待冷却至室温后,称出其质量m,精确至1 g。

(4)将瓶洗净并重新注入饮用水,用玻璃片紧贴瓶口水面,擦干瓶外水分后,称出水、瓶和玻璃片总质量m_2,精确至1 g。

(5)试验时各项称量可以在(15~25)℃范围内进行,但从试验加水静置的2 h起至试验结束,其温度变化不应超过2 ℃。

(五)试验结果

按下式计算碎石或卵石的表观密度,精确至10 kg/m³,并以两次试验结果的算术平均值作为最终试验结果。如两次试验结果之差大于20 kg/m³时,应重新取样试验。对颗粒材质不均匀的试样,如两次试验结果之差超过20 kg/m³时,可取4次试验结果的算术平均值作为最终试验结果。

$$\rho_0=\left(\frac{m}{m+m_2-m_1}-\alpha_t\right)\times\rho_{水}$$

式中 ρ_0——碎石或卵石的表观密度，kg/m^3；

$\rho_{水}$——水的密度，取 1 000 kg/m^3；

m——烘干后试样的质量，g；

m_1——试样、水、瓶和玻璃片的总质量，g；

m_2——水、瓶和玻璃片的总质量，g；

α_t——水温对表观密度影响的修正系数，α_t 取值，详见表 3。

十、碎石或卵石堆积密度试验

(一)试验目的

测定碎石或卵石单位堆积体积的质量，为计算碎石或卵石的空隙率和混凝土配合比设计提供必要的数据。

(二)主要仪器设备

(1)台秤：称量 10 kg，感量 10 g。

(2)磅秤：称量 50 kg，感量 50 g。

(3)容量筒：金属制，其规格见表 6 要求。

表 6 容量筒的规格要求

最大粒径(mm)	容量筒容积(L)	容量筒规格(mm)		
		内径	净高	壁厚
9.5、16.0、19.0、26.5	10	208	294	2
31.5、37.5	20	294	294	3
53.0、63.0、75.0	30	360	294	4

(4)烘箱：能使温度控制在(105±5)℃。

(5)垫棒：直径为 16 mm，长为 600 mm 的圆钢。

(6)小铲、浅盘、直尺等。

(三)试验准备

试验前按规定取质量略大于表 7 所规定的试样放入浅盘内，将试样放在温度为(105±5)℃的烘箱中烘干，也可以摊在清洁的地面上风干，拌匀后把试样分成大致相等的两份备用。

表 7 堆积密度试验所需试样质量

石子最大粒径(mm)	<26.5	31.5	37.5	63.0	75.0
最少试样质量(kg)	40.0	80.0	80.0	120.0	120.0

(四)试验步骤

(1)称出容量筒质量 m_1。

(2)松散堆积密度：取试样一份，置于平整干净的地面或钢板上，用小铲将试样从容量筒口中心上方 50 mm 处徐徐倒入，让试样以自由落体落入容量筒内。当容量筒上部试样呈锥体，且容量筒四周溢满时，即停止加料。除去凸出容量口表面的颗粒，并以合适的颗粒填入凹陷部分，使表面稍凸起部分和凹陷部分的体积大致相等，称出试样和容量筒的总质量 m_2，精确至 10 g。

(3)紧密堆积密度:取试样一份分 3 次装入容量筒。装完第一层后,在筒底垫放一根直径为 16 mm 的圆钢,将筒按住,左右交替颠击地面各 25 次,再装入第二层。第二层装满后用同样方法颠实(但筒底所垫钢筋的方向与第一层时的方向垂直),然后装入第三层,装满后采用同样方法颠实。试样装填完毕,再加试样直至超过筒口。用钢直尺沿筒口边缘刮去高出的试样,并用适合的颗粒填平凹处,使表面稍凸起部分和凹陷部分的体积大致相等。称取试样和容量筒的总质量 m_2,精确至 10 g。

(五)试验结果

按下式计算碎石或卵石的松散或紧密堆积密度,精确至 10 kg/m³,并以两次试验结果的算术平均值作为最终试验结果。

$$\rho_0'=\frac{m_2-m_1}{V_0'}\times 1\ 000$$

式中 ρ_0'——碎石、卵石的松散堆积密度或紧密堆积密度,kg/m³;

m_1——容量筒的质量,kg;

m_2——容量筒和试样的总质量,kg;

V_0'——容量筒的容积,L。

按下式计算碎石或卵石的空隙率,精确至 1%,并以两次试验结果的算术平均值作为最终试验结果。

$$P=\left(1-\frac{\rho_0'}{\rho_0}\right)\times 100\%$$

式中 P——碎石或卵石的空隙率,%;

ρ_0'——碎石或卵石的堆积密度,kg/m³;

ρ_0——碎石或卵石的表观密度,kg/m³。

十一、碎石或卵石含水率试验

(一)试验目的

测定碎石或卵石的含水率,作为调整混凝土配合比及施工称量的依据。

(二)主要仪器设备

(1)天平:称量 5 kg,感量 5 g。

(2)烘箱:能使温度控制在(105±5)℃。

(3)容器:如浅盘等。

(三)试验准备

试验前,根据碎石或卵石的最大粒径称取质量符合表 8 所规定的试样放入浅盘中,拌匀后分成大致相等的两份备用。

表 8 含水率试验所需试样质量

石子最大粒径(mm)	<31.5	31.5、37.5	63.0	75.0
最少试样质量(kg)	2.0	3.0	4.0	6.0

(四)试验步骤

(1)称取容器,如浅盘的质量 m_1。

(2)将两份约 500 g 的试样分别放入干燥的浅盘中，称出试样与浅盘的总质量 m_2。摊开试样，置于温度为(105±5)℃的烘箱内烘干至恒重。

(3)称出烘干后试样与浅盘的总质量 m_3。

(五)试验结果

按下式计算碎石或卵石的含水率，精确至 0.1%，并以两次试验结果的算术平均值作为最终试验结果。

$$W=\frac{m_2-m_3}{m_3-m_1}\times 100\%$$

式中 W——碎石或卵石的含水率，%；

m_1——浅盘的质量，g；

m_2——烘干前试样与浅盘的总质量，g；

m_3——烘干后试样与浅盘的总质量，g。

十二、卵石含泥量试验

(一)试验目的

检测卵石中粒径小于 75 μm 的颗粒(如尘屑、淤泥、黏土)含量，作为评定卵石质量的依据。

(二)主要仪器设备

(1)天平：称量 10 kg，感量 1 g。

(2)标准筛：孔径为 75 μm 及 1.18 mm 标准筛各一只。

(3)烘箱：能使温度控制在(105±5)℃。

(4)容器：要求淘洗试样时，保持试样不溅出。

(5)毛刷、搪瓷盘等。

(三)试验准备

按规定取样，并将试样缩分至略大于表 9 规定的质量，放在烘箱中于(105±5)℃下烘干至恒重，冷却至室温后，分成大致相等的两份备用。

表 9 含泥量试验所需试样质量

石子最大粒径(mm)	9.5	16.0	19.0	26.5	31.5	37.5	63.0	75.0
最少试样质量(kg)	2.0	2.0	6.0	6.0	10.0	10.0	20.0	20.0

(四)试验步骤

(1)按表 9 规定的质量称取试样一份，精确至 1 g。将试样放入淘洗容器中，注入清水，使水面高于试样上表面 150 mm，充分搅拌均匀后，浸泡 2 h，然后用手在水中淘洗试样，使尘屑、淤泥、黏土与石子颗粒分离，把浑水缓缓倒入 1.18 mm 及 75 μm 套筛上(1.18 mm 筛放在 75 μm 筛上面)，滤去小于 75 μm 的颗粒。试验前筛子的两面应先用水润湿，在整个试验过程中要小心，防止大于 75 μm 颗粒流失。

(2)再次向容器中加入清水，重复上述操作，直至容器内的水目测清澈为止。

(3)用水冲洗剩余在筛上的细粒，并将 75 μm 筛放在水中(使水面略高出筛中石子颗粒的上表面)来回摇动，以充分洗掉小于 75 μm 的颗粒，然后将两只筛上筛余的颗粒和清洗容器中已经洗净的试样一并倒入搪瓷盘中，置于烘箱中在(105±5)℃下烘干至恒重，待冷却至室温后,称出试样的质量,精确至 1 g。

(五)试验结果

按下式计算卵石的含泥量大小,精确至 0.1%,并取两次试验结果的算术平均值作为最终试验结果。两次试验结果相差应小于 0.2%,否则须重新试验。

$$Q_a=\frac{m_1-m_2}{m_1}\times 100\%$$

式中 Q_a——卵石含泥量,%;

m_1——试验前烘干试样的质量,g;

m_2——试验后烘干试样的质量,g。

十三、碎石或卵石泥块含量试验

(一)试验目的

检测碎石或卵石中原粒径大于 4.75 mm,经水浸洗、手捏后小于 2.36 mm 的颗粒含量,作为评定碎石或卵石质量的重要依据。

(二)主要仪器设备

(1)天平:称量 10 kg,感量 1 g。

(2)标准筛:孔径为 2.36 mm 及 4.75 mm 方孔筛各一只。

(3)烘箱:能使温度控制在(105±5)℃。

(4)容器:要求淘洗试样时,保持试样不溅出。

(5)毛刷、搪瓷盘等。

(三)试验准备

按规定取样,并将试样缩分至略大于表 9 规定的质量,放在烘箱中于(105±5)℃下烘干至恒重,冷却至室温后,筛除小于 4.75 mm 的颗粒,分成大致相等的两份备用。

(四)试验步骤

(1)称取试样一份,精确至 1 g。将试样倒入淘洗容器中,注入清水,使水面高于试样上表面。充分搅拌均匀后,浸泡 24 h。然后用手在水中碾碎泥块,再把试样放在 2.36 mm 筛上,用水淘洗,直至容器内的水目测清澈为止。

(2)将保留下来的试样小心地从筛中取出,装入搪瓷盘后,放在烘箱中于(105±5)℃下烘干至恒重,待冷却至室温后,称出其质量,精确至 1 g。

(五)试验结果

按下式计算碎石或卵石泥块含量的大小,精确至 0.1%,并取两次试验结果的算术平均值作为最终试验结果。

$$Q_b=\frac{m_1-m_2}{m_1}\times 100\%$$

式中 Q_b——碎石或卵石泥块含量,%;

m_1——淘洗前烘干试样的质量(4.75 mm 筛筛余),g;

m_2——淘洗后烘干试样的质量,g。

十四、碎石或卵石压碎指标试验

(一)试验目的

测定碎石或卵石抵抗压碎的能力,间接地推测石子强度大小,作为评定粗骨料质量的重要依据。

(二)主要仪器设备

(1)压碎指标值测定仪:组成与结构如图13所示。

(2)压力试验机:量程400 kN以上。

(3)标准筛:孔径分别为2.36 mm、9.5 mm和19.0 mm的方孔筛各一只。

(4)天平:称量1 kg,感量1 g。

(5)台秤:称量10 kg,感量10 g。

(6)垫棒:直径为10 mm,长为500 mm的圆钢。

(三)试验准备

按规定取样,风干后筛除大于19.0 mm及小于9.5 mm的颗粒,并除去针片状颗粒,分成大致相等的3份备用。

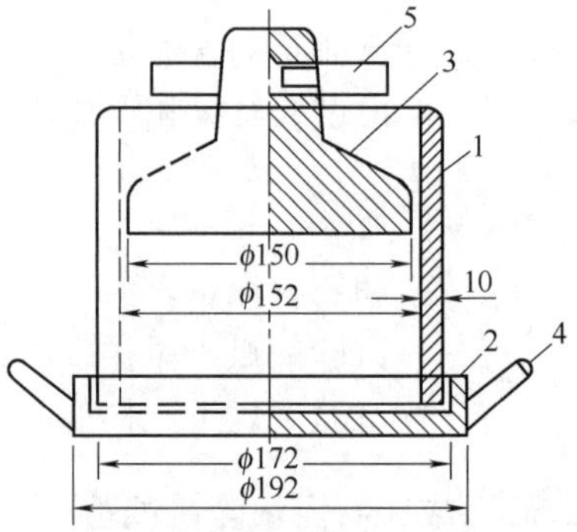

图13 压碎指标值测定仪(单位:mm)

1—圆模;2—底盘;3—加压头;4—手把;5—把手

(四)试验步骤

(1)称取试样3 000 g,精确至1 g。将试样分两层装入圆模(置于底盘上)内,每装完一层试样后,在底盘下面垫放一直径为10 mm的圆钢,将圆模按住,左右交替颠击地面25次,两层颠实后,平整模内试样表面,盖上压头。

(2)将装有试样的模子置于压力机上,开动压力试验机,按1 kN/s速度均匀加荷至200 kN并稳荷5 s,然后卸荷。取下加压头,倒出试样,用孔径为2.36 mm的筛筛除被压碎的细粒,称出留在筛上的试样质量,精确至1 g。

(五)试验结果

按下式计算碎石或卵石的压碎指标值,精确至0.1%,并以3次试验结果的算术平均值作为最终试验结果。

$$Q_e=\frac{m_1-m_2}{m_1}\times 100\%$$

式中 Q_e——碎石或卵石的压碎指标值,%;

m_1——试样的质量,g;

m_2——压碎试验后筛余的试样质量,g。

试验5 普通混凝土拌和物性能试验

一、混凝土拌和物和易性试验

混凝土拌和物应具有适宜的流动性和良好的黏聚性与保水性,以获得均匀密实的混凝土,保证混凝土的施工质量。测定混凝土拌和物流动性的方法是坍落筒法和工作度法。

(一)试验目的

通过检测混凝土拌和物流动性大小、观察及评价黏聚性和保水性的优劣,作为评定混凝土拌和物和易性是否满足混凝土配合比设计及施工要求的重要依据,以保证混凝土的施工质量。

(二)主要仪器设备

(1)坍落度筒:由薄钢板制成的截圆锥体形筒,应符合相关规范的要求。其内壁应光滑,无凹凸部位，底面和顶面应互相平行并与锥体的轴线垂直。在坍落度筒外距底面 2/3 高度处安有两个手把，下端焊有脚踏板。筒内部尺寸及允许偏差如下：底部直径为(200±2)mm；顶部直径为(100±2)mm；高度为(300±2)mm；筒壁厚度大于等于 1.5 mm，其形状与结构如图 14 所示。

(2)维勃稠度仪：应符合相关规范的要求，其形状与结构如图 15 所示。

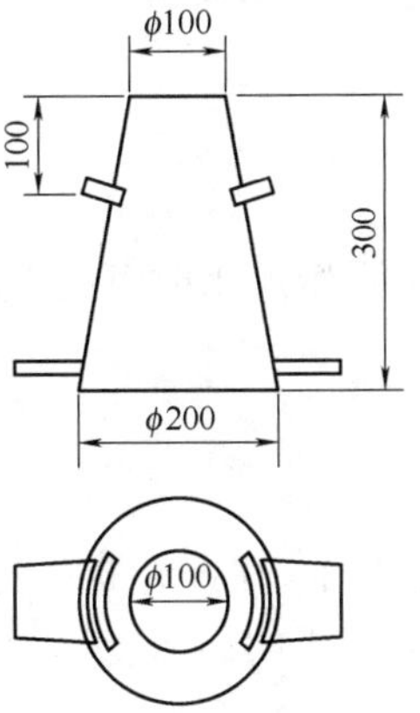

图 14　坍落度筒(单位：mm)

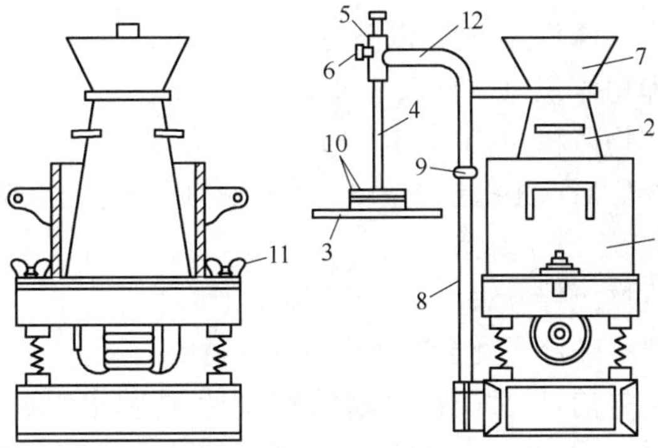

图 15　维勃稠度仪

1—容器；2—坍落度筒；3—透明圆盘；4—测杆；5—套筒；6—测杆螺钉；7—漏斗；8—支柱；9—定位螺钉；10—荷重；11—元宝螺钉；12—旋转架

(3)弹头形捣棒：直径为 16 mm，长为 600 mm 的金属棒，端部应磨圆。

(4)搅拌机：容积为 75～100 L，转速为 18～22 r/min。

(5)磅秤：称量 50 kg，感量 50 g。

(6)天平：称量 5 kg，感量 1 g。

(7)量筒、铁板、钢抹子、小铁铲、钢尺等。

(三)试验规定

(1)同一组混凝土拌和物的取样应从同一盘混凝土或同一车混凝土中取样。取样量应多于试验所需量的 1.5 倍，且宜不小于 20 L。

(2)混凝土拌和物的取样应具有代表性，宜采用多次采样的方法。一般在同一盘混凝土或同一车混凝土中的 1/4 处、1/2 处和 3/4 处之间分别取样，从第一次取样到最后一次取样不宜超过 15 min，然后人工搅拌均匀。

(3)从取样完毕到开始做各项性能试验不宜超过 5 min。

(4)原材料应符合技术要求，并与施工实际用料相同。在试验室制备混凝土拌和物时，所用原材料与拌和时试验室的温度均应保持在(20±5)℃。

(5)试验室拌制混凝土时，材料用量应以质量计。称量的精度：水泥、混合材料、水和外加剂为±0.2%；骨料为±0.5%。

(6)混凝土试配最小拌和量：当骨料最大粒径小于 31.5 mm 及以下时，拌制用量为 15 L，当最大粒径不小于 40 mm 时取 25 L；当采用机械搅拌时，搅拌量不应小于搅拌机额定搅拌量的 1/4，且不应少于 20 L。

(7)拌和方法：

①人工拌和方法

a. 测定砂、石含水率，按所确定混凝土配合比称取各材料用量。

b. 用湿布把拌板与拌铲润湿后，将砂倒在拌板上，然后加入水泥，用拌铲自拌板一端翻拌至另一端，如此反复，直至充分混合，颜色均匀为止。再放入称好的粗骨料与之拌和，继续翻拌，直至混合均匀。

c. 把干拌和料堆成堆，中间作一凹槽，将已称量好的水倒入一半左右在凹槽中(注意勿使水流出)，然后仔细翻拌。在翻拌过程中，徐徐加入剩余的水。每翻拌一次，用铲在拌和物上铲切一次，直至拌和均匀为止。拌和时力求动作敏捷，拌和时间从加水时算起，应大致符合下列规定：

拌和物体积为 30 L 以下时，4～5 min。

拌和物体积为 30～50 L 时，5～9 min。

拌和物体积为 51～75 L 时，9～12 min。

d. 拌好后应根据试验要求，立即做坍落度试验或成型试件。从开始加水时算起，全部操作必须在 30 min 内完成。

②机械搅拌方法

a. 按所确定混凝土配合比称取各材料用量。

b. 搅拌前，用按配合比称量的水泥、砂和水组成的砂浆及少量石子，在搅拌机中进行涮膛，然后倒出并刮去多余的砂浆，其目的是让水泥砂浆薄薄黏附在搅拌机的筒壁上，以防止正式拌和时因水泥浆挂失而影响混凝土拌和物的配合比。

c. 开动搅拌机，将称好的石子、砂、水泥按顺序依此倒入搅拌机内，干拌均匀。再将水徐徐倒入搅拌机内一起拌和，全部加料时间不得超过 2 min，水全部加入后，继续拌和 2 min。

d. 将混凝土拌和物从搅拌机中卸出，倾倒在拌板上，再经人工翻拌 1～2 min，使拌和物均匀一致，即可进行拌和物各项试验。从开始加水时算起，全部操作必须在 30 min 内完成。

(四)试验步骤

1. 坍落筒法

坍落筒法适用于骨料最大粒径不大于 40 mm，坍落度值不小于 10 mm 的混凝土拌和物流动性测定。

(1)润湿坍落度筒及其用具，并将坍落筒放在铁板中心，用脚踩住两边的脚踏板，使坍落度筒在装料时应保持固定的位置。

(2)把按要求拌和好的混凝土拌和物试样用小铁铲分三层均匀地装入筒内，使捣实后每层高度为筒高的 1/3 左右。每层用捣棒插捣 25 次，插捣应沿螺旋方向由外向中心进行，各次插捣应在截面上均匀分布。插捣筒边混凝土时，捣棒可以稍稍倾斜。插捣底层时，捣棒应贯穿整个深度。插捣第二层和顶层时，捣棒应插透本层至下一层的表面。浇灌顶面时，混凝土拌和物应灌到高出筒口。插捣过程中，如混凝土拌和物沉落到低于筒口，则应随时添加。顶层捣完后，刮去多余的混凝土拌和物，并用抹刀抹平。

(3)清除筒边底板上的混凝土拌和物后，垂直平稳地提起坍落度筒。坍落度筒的提离过程应在 3～7 s 内完成；从开始装料到提起坍落度筒的整个过程应不间断地进行，并应在 150 s 内完成。

(4)提起坍落度筒后，当试样不再继续坍落或坍落时间达 30 s 时，测量筒顶与坍落后混凝土拌和物最高点之间的垂直距离，即为该混凝土拌和物的坍落度值，精确至 1 mm。坍落度筒提离后，如混凝土发生崩塌或一边剪坏现象，则应重新取样另行测定。如第二次试验仍出现上述现象，则表示该混凝土的和易性不好，应予以记录备查。

(5)观察、评定混凝土拌和物的黏聚性及保水性。在测量坍落度值之后，应目测观察混凝土试体的黏聚性及保水性。黏聚性的检查方法是用捣棒在已坍落的混凝土拌和物锥体侧面轻轻敲打,此时如果锥体逐渐下沉,则表示黏聚性良好,如果锥体倒塌、部分崩裂或出现离析现象,则表示黏聚性差。保水性是以混凝土拌和物中水泥浆析出的程度来评定的。坍落度筒提起后如有较多的水泥浆从底部析出,锥体部分的混凝土拌和物因失浆而骨料外露,则表明此混凝土拌和物的保水性差;如坍落度筒提起后无水泥浆或仅有少量水泥浆自底部析出,则表示此混凝土拌和物保水性良好。混凝土拌和物的砂率、黏聚性和保水性观察方法分别见表 10、表 11 和表 12。

表 10 混凝土拌和物砂率观察方法

用抹刀抹混凝土面次数	抹面状态	判　断
1～2	砂浆饱满,表面平整,不见石子	砂率过大
5～6	砂浆尚满,表面平整,微见石子	砂率适中
>6	石子裸露,有空隙,不易抹平	砂率过小

表 11 混凝土拌和物黏聚性的观察方法

测定坍落度后,用弹头形捣棒轻轻敲打锥体侧面	判　断
锥体渐渐向下沉落,侧面看到砂浆饱满,不见蜂窝	黏聚性良好
锥体突然倒塌或溃散,侧面看到石子裸露,浆体流淌	黏聚性差

表 12 混凝土拌和物保水性的观察方法

做坍落度试验在插捣和提起坍落度筒后	判　断
有较多水分从底部流出	保水性差
有少量水分从底部流出	保水性稍差
无水分从底部流出	保水性良好

2. 工作度法

工作度法适用于骨料最大粒径不大于 40 mm,维勃稠度在 5～30 s 之间的混凝土拌和物稠度测定。

(1)维勃稠度仪应放置在坚实水平面上,用湿布把容器、坍落度筒、喂料斗内壁及其他用具润湿。

(2)将喂料斗提到坍落度筒上方扣紧,校正容器位置,使其中心与喂料斗中心重合,然后拧紧固定螺钉。

(3)把按要求取样或拌制的混凝土拌和物试样用小铁铲分三层经喂料斗均匀地装入坍落度筒内,装料及插捣的方法与坍落筒法相同。

(4)把喂料斗转离,垂直地提起坍落度筒,此时应注意不使混凝土试体产生横向的扭动。

(5)把透明圆盘转到混凝土圆台体顶面,放松测杆螺钉,降下圆盘,使其轻轻接触到混凝土顶面。

(6)拧紧定位螺钉,并检查测杆螺钉是否已经完全放松。

(7)在开启振动台的同时用秒表计时,当振动到透明圆盘的底面被水泥浆布满的瞬间停止计时,并关闭振动台。

(8)由秒表读出的时间即为该混凝土拌和物的维勃稠度值,精确至 1 s。

（五）试验结果

(1)坍落筒法：筒顶与坍落后混凝土拌和物最高点之间的垂直距离为该混凝土拌和物的坍落度值，测量精确至 1 mm，结果表达修约至 5 mm，并以一次试验结果的测定值作为最终试验结果。

(2)工作度法：由秒表读出的时间即为该混凝土拌和物的维勃稠度值，精确至 1 s，并以一次试验结果的测定值作为最终试验结果。

二、混凝土拌和物表观密度试验

（一）试验目的

通过测定混凝土拌和物捣实后单位体积的质量，为计算每 1 m^3 混凝土所需材料用量和调整混凝土配合比提供必要的数据。

（二）主要仪器设备

(1)容量筒：金属制成的圆筒，两旁装有把手。容量筒的上缘及内壁应光滑平整，顶面与底面应平行并与圆柱体的轴线垂直。对骨料最大粒径不大于 40 mm 的拌和物采用容积为 5 L 的容量筒，其内径与内高均为(186±2)mm，筒壁厚为 3 mm；骨料最大粒径大于 40 mm 时，容量筒的内径与内高均应大于骨料最大粒径的 4 倍。

(2)台秤：称量 50 kg，感量 50 g。

(3)振动台：应符合相关规范的要求，频率应为(50±3) Hz，空载时的振幅应为(0.5±0.1)mm。

(4)弹头形捣棒：直径为 16 mm、长为 600 mm 的钢棒，端部应磨圆。

（三）试验步骤

(1)用湿布将金属容量筒内外擦干净，称出容量筒的质量 m_1，精确至 50 g。

(2)混凝土的装料及捣实方法应根据拌和物的稠度而定。当混凝土拌和物坍落度不大于 90 mm 时，用振动台振实为宜；当坍落度大于 90 mm 时，用捣棒捣实为宜。采用捣棒捣实时，应根据容量筒大小决定分层与插捣次数，具体要求见表 13。

表 13　分层装料与插捣次数

容量筒容积(L)	装　料	插捣次数
5	分两层装入	25 次/层
大于 5	每层高度不应大于 100 mm	不少于 12 次/100 cm^2

各层插捣应由边缘向中心均匀地插捣。插捣底层时捣棒应贯穿整个深度，插捣第二次或顶层时，捣棒应插透本层至下一层的表面。每一层捣完后用橡皮锤轻轻沿容器外壁敲打 5～10 次，进行振实，直至拌和物表面插捣孔消失并不见大气泡为止。

采用振动台振实时，应一次将混凝土拌和物灌到高出容量筒口。装料时可用捣棒稍加插捣，振动过程中如混凝土低于筒口，应随时添加混凝土，振动直至表面出浆为止。

(3)用刮尺将筒口多余的混凝土拌和物刮去，表面如有凹陷应填平。将容量筒外壁擦净，称出混凝土拌和物与容量筒的总质量 m_2，精确至 10 g。

（四）试验结果

按下式计算混凝土拌和物表观密度，精确至 10 kg/m^3，并以两次试验结果的算术平均值作为最终试验结果。

$$\rho_{c,t}=\frac{m_2-m_1}{V_0'}\times 1\ 000$$

式中 $\rho_{c,t}$——混凝土拌和物表观密度,kg/m^3；

m_1——容量筒的质量,kg；

m_2——容量筒和试样的总质量,kg；

V_0'——容量筒的容积,L。

三、混凝土外加剂减水率试验

(一)试验目的

利用水泥胶砂流动度来检测外加剂的减水率效果,从而达到减少用水量、降低水胶比、节约水泥、提高工作性能的目的。利用水泥胶砂流动度来检测外加剂的减水率,其方法为配制两种水泥胶砂,在水泥胶砂流动度基本相同时,掺外加剂与不掺外加剂用水量之差与不掺外加剂用水量的百分比就是减水率。

(二)主要仪器设备

(1)水泥胶砂搅拌机。

(2)水泥胶砂流动度跳桌。

(3)浅盘、天平、游标卡尺、量筒、滴管、抹刀或刮平直尺等。

(三)试验步骤

(1)先使搅拌机处于待工作状态,然后按以下程序进行操作:把水加入锅里,再加入水泥450 g,把锅放在固定架上,上升至固定位置,然后立即开动机器,低速搅拌 30 s 后,在第二个30 s 开始的同时均匀地将砂子加入,机器转至高速再拌 30 s。停拌 90 s,在第一个 15 s 内用一抹刀将叶片和锅壁上的胶砂刮入锅中,在高速下继续搅拌 60 s,各个阶段搅拌时间误差应在±1 s 以内。

(2)在拌和胶砂的同时,用湿布抹擦跳桌的玻璃台面、捣棒、截锥圆模及模套内壁,并把它们置于玻璃台面中心,盖上湿布,备用。

(3)将拌好的胶砂分两层迅速装入试模内,第一层装至截锥圆模高度约 2/3 处,用抹刀在相互垂直的两个方向各划 5 次,用捣棒由边缘至中心均匀捣压 15 次,随后装第二层胶砂,装至高出截锥圆模约 20 mm,用抹刀划 10 次再用捣棒由边缘至中心捣压 10 次,捣压后胶砂应略高于圆模。捣压深度第一层捣至胶砂高度的 1/2,第二层捣实不超过已捣实底层表面。

(4)捣压完毕,取下模套,用抹刀由中间向边缘两次将高出截锥圆模的胶砂刮去并抹平,擦去落在桌面上的胶砂。将截锥圆模垂直向上轻轻提起,立刻开动跳桌,约每秒钟一次,完成 25 次跳动。

(5)跳动完毕,用卡尺测量胶砂底面最大扩散直径及与其相垂直的直径,计算平均值,即为该用水量的水泥胶砂流动度,取整数,用 mm 表示。

(6)重复上述步骤,直至流动度达到(180±5)mm。当胶砂流动度为(180±5)mm 时的用水量即为基准胶砂流动度的用水量 M_0。

(7)将水和外加剂加入锅里搅拌均匀,重复(1)～(6)的操作步骤,测出掺外加剂胶砂流动度达(180±5)mm 时的用水量 M_1。(外加剂掺量按实际水泥用量的 0.8%～1%进行称量)

（四）试验结果

试验次数	水泥用量	水用量	胶砂用量	外加剂用量	流动度(mm)
外加剂减水率					

外加剂减水率(%)按下式计算:(精确至0.1%)

$$减水率=\frac{M_0-M_1}{M_0}\times100\%$$

式中　M_0——基准胶砂流动度为(180±5)mm时的用水量,g;

M_1——掺外加剂的胶砂流动度为(180±5)mm时的用水量,g。

（五）注意事项

(1)使用水泥胶砂搅拌机前应用湿毛巾润湿搅拌锅及搅拌叶,跳桌24 h内未被使用时,应先跳一个周期25次。

(2)水泥胶砂的搅拌加料顺序是先将水加入搅拌锅并在5～10 s内将水泥加入水中。

(3)向截锥圆模中装砂和捣压时,用手扶稳试模不要使其移动。

(4)从胶砂拌和开始到测量胶砂扩散直径结束,应在6 min内完成。

(5)每次使用完搅拌机及跳桌,必须及时清理干净表面附着水泥浆。

四、混凝土力学性能试验

（一）混凝土力学性能试验的一般规定

1.取样

普通混凝土力学性能试验应以3个试件为一组,每组试件所用的混凝土拌和物应从同一盘混凝土或同一车混凝土中取样。

2.试件的尺寸、形状和尺寸公差

试件的尺寸应根据混凝土中骨料的最大粒径,按表14选定。

表14　混凝土试件尺寸选用

试件横截面尺寸(mm)	骨料最大粒径(mm)	
	劈裂抗拉强度试验	其他试验
100×100	19.0	31.5
150×150	37.5	37.5
200×200	—	63.0

对于混凝土抗压强度和劈裂抗拉强度试验,边长为150 mm的立方体试件是标准试件;边长为100 mm和200 mm的立方体试件是非标准试件。

对于混凝土轴心抗压强度试验,边长为150 mm×150 mm×300 mm的棱柱体试件是标准试件;边长为100 mm×100 mm×300 mm和200 mm×200 mm×400 mm的棱柱体试件是非标准试件。

试件的承压面的平整度公差不得超过 0.000 5 d(d 为边长);试件的相邻面间的夹角应为 90°,其公差不得超过 0.5°;试件各边长、直径和高的尺寸公差不得超过 1 mm。

3. 试件的制作

(1)成型前,应检查试模尺寸是否符合要求,试模内表面应涂一薄层矿物油或其他不与混凝土发生反应的脱模剂。

(2)在试验室拌制混凝土时,各材料用量应以质量计。称量精度:水泥、混合材料、水和外加剂为±0.5%;骨料为±1%。取样或试验室拌制的混凝土应在拌制后最短的时间内成型,一般不宜超过 15 min。

(3)试件的成型方法应根据混凝土拌和物的稠度确定。坍落度不大于 70 mm 的混凝土宜采用振动振实;大于 70 mm 的宜用捣棒人工捣实;检验现浇混凝土或预制构件的混凝土,试件成型方法宜与实际采用的方法相同。

(4)取样或拌制好的混凝土拌和物应至少用铁锹再来回拌和 3 次。

(5)当采用振动台振实成型时,首先将混凝土拌和物一次装入试模,装料时应用抹刀沿各试模壁插捣,并使混凝土拌和物高出试模口。然后将试模放在振动台上,并要求振动台在振动时试模不得有任何跳动现象。振动应持续到表面出浆为止,不得过振。

(6)当采用人工插捣制作试件时,首先将混凝土拌和物分两层装入模内,每层的装料厚度大致相等。插捣应按螺旋方向从边缘向中心均匀进行。在插捣底层混凝土时,捣棒应达到试模底部;插捣上层时,捣棒应贯穿上层后插入下层 20~30 mm;插捣时捣棒应保持垂直,不得倾斜。然后再用抹刀沿试模内壁插拔数次,每层插捣次数按在 10 000 mm^2 截面积内不得少于 12 次。插捣后应用橡皮锤轻轻敲击试模四周,直至插捣棒孔留下的空洞消失为止。

(7)刮除试模上口多余的混凝土,待混凝土临近初凝时,用抹刀抹平。

4. 试件的养护

(1)试件成型后应立即用不透水的薄膜覆盖表面,以防止水分蒸发。

(2)采用标准养护的试件,应在温度为(20±5)℃的环境中静置 1~2 昼夜,然后编号、拆模。拆模后应立即放入温度为(20±2)℃、相对湿度为 95%以上的标准养护室中养护,或在温度为(20±2)℃并且不流动的 $Ca(OH)_2$ 饱和溶液中养护。标准养护室内的试件应放在支架上,彼此间隔 10~20 mm,试件表面应保持潮湿,并不得被水直接冲淋。

(3)同条件养护试件的拆模时间可与实际构件的拆模时间相同,拆模后,试件仍需保持同条件养护。

(4)标准养护龄期为 28 d(从搅拌加水开始计时)。

5. 压力试验机

使用压力试验机时应符合相关规范的要求。测量精度为±1%,试件破坏荷载宜大于压力机全量程的 20%且宜小于压力机全量程的 80%;应具有加荷速度指示装置或加荷速度控制装置,能够均匀、连续地加荷;试验机上、下压板之间可垫以钢垫板。

(二)混凝土立方体抗压强度试验

1. 试验目的

测定混凝土立方体试件的抗压强度,既可以作为确定混凝土强度等级的依据,也可以用来校核混凝土配合比是否满足要求,为控制混凝土施工质量提供必要数据。

2. 主要仪器设备

压力试验机的相关设备应符合相关规范的要求。

3. 试验步骤

(1)试件从养护地点取出后应及时进行试验,以免试件内部的温度与湿度发生显著变化。

(2)将试件表面与上、下承压板面擦干净,并检查其外观,测量试件尺寸,精确至 1 mm,并据此计算试件的承压面积,如实际尺寸与公称尺寸之差不超过 1 mm,可按公称尺寸进行计算。

(3)将试件安放在试验机的下压板或钢垫板上,试件的承压面应与成型时的顶面垂直。试件的中心应与试验机下压板中心对准,开动试验机,当上压板与试件或钢垫板接近时,调整球座,使接触均衡。

(4)在试验过程中应连续均匀地加荷。混凝土强度等级低于 C30 时,加荷速度取 0.3～0.5 MPa/s;混凝土强度等级不低于 C30 且低于 C60 时,加荷速度取 0.5～0.8 MPa/s;混凝土强度等级不低于 C60 时,加荷速度取 0.8～1.0 MPa/s。

(5)当试件接近破坏开始急剧变形时,应停止调整试验机油门,直至试件破坏,并记录破坏荷载。

4. 试验结果

(1)按下式计算混凝土立方体试件的抗压强度,精确至 0.1 MPa,并以 3 个试件试验结果的算术平均值作为该组试件的最终试验结果。

$$f_{cu}=\frac{F}{A}$$

式中 f_{cu}——混凝土立方体试件的抗压强度,MPa;

F——试件破坏荷载,N;

A——试件承压面积,mm^2。

(2)3 个测值中的最大值或最小值中如有一个与中间值的差值超过中间值的 15%时,应把最大值及最小值一并舍去,取中间值作为该组试件的抗压强度值。如果最大值和最小值与中间值的差值均超过中间值的 15%,则该组试件的试验结果无效。

(3)当混凝土强度等级不大于 C60 时,如采用非标准试件测得的强度值,均应乘以表 15 规定的尺寸换算系数。当混凝土强度等级大于等于 C60 时,宜采用标准试件;使用非标准试件时,尺寸换算系数应由试验确定。

表 15 混凝土立方体试件抗压强度换算系数

试件尺寸(mm×mm×mm)	换算系数
100×100×100	0.95
150×150×150	1.0
200×200×200	1.05

(4)如测定时试件龄期不足 28 d,可以按下式估算 28 d 龄期的强度值。

$$f_{28}=\frac{f_n \cdot \lg 28}{\lg n}$$

式中 f_{28}——28 d 混凝土强度估算值,MPa;

f_n——试件龄期为 n 天时混凝土立方体抗压强度,MPa;

n——试件的硬化龄期,d。

(三)混凝土劈裂抗拉强度试验

1. 试验目的

测定混凝土立方体试件劈裂抗拉强度,作为确定混凝土抗裂度大小的依据。

2. 主要仪器设备

(1)压力试验机:应符合相关规范的要求。

(2)垫块:采用直径为 150 mm 的钢制弧形垫块,其横截面尺寸如图 16 所示。垫块的长度与试件相同。

(3)垫条:采用木质三合板制成,垫条宽度为 20 mm,厚度为 3～4 mm,长度不应短于试件边长,垫条不得重复使用。

(4)支架:通常为钢支架,其结构形式如图 17 所示。

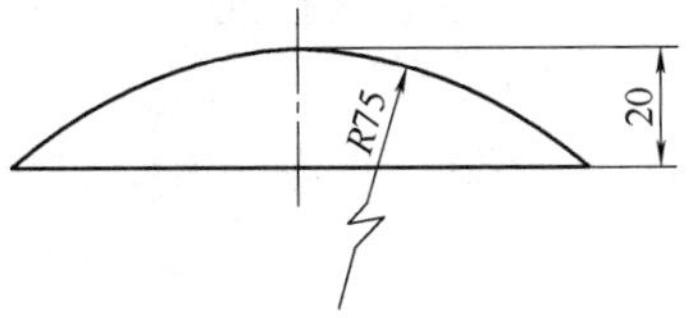

图 16 垫块(单位:mm)

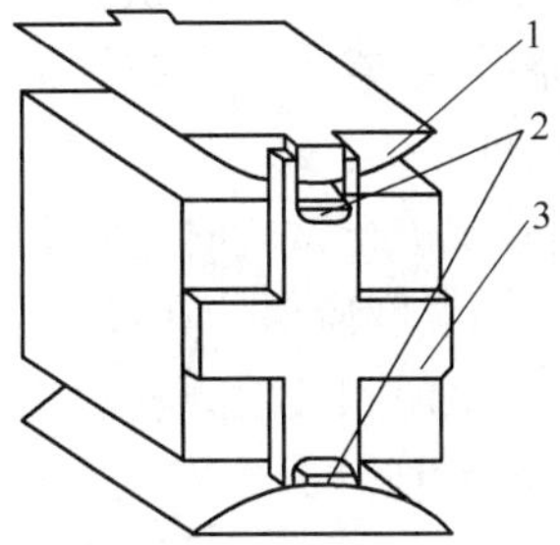

图 17 支架

1—垫块;2—垫条;3—支架

3. 试验步骤

(1)试件从养护地点取出后应及时进行试验。先将试件表面与上、下承压板面擦干净,检查试件外观,测量试件尺寸,精确至 1 mm,并在试件中部画线定出劈裂面的位置,劈裂面应与试件成型时的顶面垂直。

(2)将试件放在试验机下压板的中心位置,劈裂承压面和劈裂面应与试件成型时的顶面垂直;在上、下压板与试件之间垫以圆弧形垫块及垫条各一条,垫块与垫条应与试件上、下面的中心线对准,并与成型时的顶面垂直。为了保证上、下垫条对准及提高试验效率,可以把垫条及试件安装在定位架上使用。

(3)开动试验机,当上压板与圆弧形垫块接近时,调整球座,使接触均衡。在整个试验过程中加荷应连续均匀。当混凝土强度等级低于 C30 时,加荷速度取 0.02～0.05 MPa/s;当混凝土强度等级不低于 C30 且低于 C60 时,加荷速度取 0.05～0.08 MPa/s;当混凝土强度等级不低于 C60 时,加荷速度取 0.08～0.10 MPa/s。当试件接近破坏时,应停止调整试验机油门,直至试件破坏,记录破坏荷载。

4. 试验结果

(1)按下式计算混凝土劈裂抗拉强度,精确至 0.01 MPa,并以 3 个试件试验结果的算术平均值作为该组试件的劈裂抗拉强度值。

$$f_{ts}=\frac{2F}{\pi A}=0.637\frac{F}{A}$$

式中 f_{ts}——混凝土劈裂抗拉强度,MPa;

F——试件破坏荷载,N;

A——试件劈裂面面积,mm^2。

(2)3 个测值中的最大值或最小值中如有一个与中间值的差值超过中间值的 15%时,应把最大值及最小值一并舍除,取中间值作为该组试件的劈裂抗拉强度值。如最大值和最小值与中间值的差值均超过中间值的 15%,则该组试件的试验结果无效。

试验6 建筑砂浆试验

一、砂浆拌和物的取样及试样拌制

(1)建筑砂浆试验用料应根据不同要求,可从同一盘搅拌机或同一车运送的砂浆中取出;在试验室取样时,可从机械或人工拌制的砂浆中取出。

(2)施工中取样进行砂浆试验时,其取样方法和原则按相应的施工验收规范执行,应在使用地点的砂浆槽、砂浆运送车或搅拌机出料口,至少从三个不同部位集取,所取试样的质量应多于试验用料的4倍。

(3)拌制砂浆进行试验时,所用原材料应符合质量要求,并要求提前24 h运入试验室内,拌和时试验室的温度应保持在(20±5)℃。

(4)试验用水泥和其他原材料应与施工现场使用材料一致。水泥如有结块应充分混合均匀,以900 μm筛过筛,砂也应以5 mm筛过筛。

(5)试验室拌制砂浆时,材料应称重计量。称量的精确度:水泥、外加剂和掺合料的称量精确度为±0.5%;细骨料的称量精确度为±1%。

(6)拌制前应将搅拌机、拌和铁板、拌铲与抹刀等工具表面用水润湿,注意拌和铁板上不得有积水。

(7)试验室用搅拌机拌制砂浆时,搅拌的用量宜为搅拌机容量的30%~70%,搅拌时间不应少于2 min。掺有掺合料和外加剂的砂浆,搅拌时间不应少于180 s。

(8)砂浆拌和物取样后,应尽快进行试验。施工现场取来的试样,在试验前应经人工再翻拌,以保证其质量均匀。

二、砂浆稠度试验

(一)试验目的

测定砂浆的稠度,可以反映砂浆流动性的大小,作为确定砂浆配合比或施工过程中控制砂浆用水量的依据。

(二)主要仪器设备

(1)砂浆稠度仪:由支架、台座、带滑杆的试锥、测杆、刻度盘及盛砂浆容器组成。试锥高度为145 mm,锥底直径为75 mm,试锥连同滑杆的质量应为(300±2) g。盛砂浆的容器由钢板制成,筒高为180 mm,锥底内径为150 mm,砂浆稠度仪的结构和外形如图18所示。

(2)钢制捣棒:直径为10 mm、长为350 mm的金属棒,端部磨圆。

(3)台秤:称量10 kg,感量5 g。

(4)磅秤:称量50 kg,感量50 g。

(5)砂浆搅拌机、拌和铁板、铁铲、抹刀、秒表、量筒等。

(三)试验步骤

(1)将盛砂浆容器和试锥表面用湿布擦干净,并用少量润滑油轻擦滑杆,然后将滑杆上多余的油用吸油纸擦净,使滑杆能自由滑动。

(2)按砂浆配合比称取各项材料用量,称量要准确,随即将各组成材料拌和均匀。拌和方法有人工拌和与机械拌和两种方法。

①采用人工拌和时

a. 将称量好的砂子倒在拌板上，然后加入水泥，用拌铲拌和至混合物颜色均匀为止。

b. 将拌匀的混合物集中成圆锥形，在堆上作一凹坑，将称好的石灰膏或黏土膏倒入坑凹中，再加入适量的水将石灰膏或黏土膏稀释，然后与水泥、砂共同拌和，并用量筒逐次加水，仔细拌和，直至拌和物色泽一致。水泥砂浆每翻拌一次，需用铁铲将全部砂浆压切一次，拌和时间一般需要 5 min。

c. 观察拌和物颜色，要求拌和物色泽一致，和易性符合要求即可。

②采用机械拌和时

a. 先搅拌适量砂浆（应与正式拌和的砂浆配合比相同），使搅拌机内壁黏附一薄层水泥砂浆，保证正式拌和时砂浆配合比准确。

b. 将称好的砂、水泥装入砂浆搅拌机内。

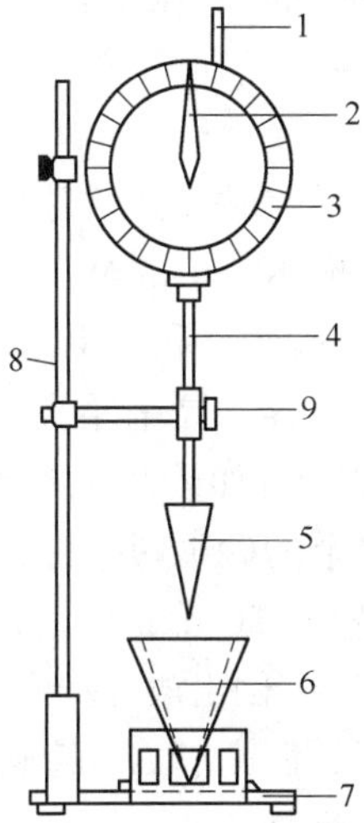

图 18　砂浆稠度测定仪

1—齿条测杆；2—指针；3—刻度盘；4—滑杆；5—圆锥体；6—圆锥筒；7—底座；8—支架；9—制动螺钉

c. 开动砂浆搅拌机，将水徐徐加入（混合砂浆需要将石灰膏或黏土膏用水稀释至浆状）。搅拌时间约 3 min（从加水完毕算起），使物料拌和均匀。

d. 将砂浆拌和物倒在拌和铁板上，再用铁铲翻拌两次，使之均匀。

(3)将拌和好的砂浆拌和物一次装入容器内，并使砂浆表面低于容器口约 10 mm，用捣棒自容器中心向边缘插捣 25 次，然后轻轻地将容器摇动或敲击 5～6 下，使砂浆表面平整。

(4)将盛有砂浆的容器移至砂浆稠度仪的底座上，放松试锥滑杆的制动螺钉，向下移动滑杆，当圆锥体的尖端与砂浆表面刚好接触，并对准中心，拧紧制动螺钉。将齿条测杆的下端刚刚接触滑杆的上端，并将刻度盘指针对准零点上。

(5)拧开制动螺钉，使圆锥体自由沉入砂浆中，同时计时，待 10 s 时立即拧紧制动螺钉，并将齿条测杆的下端接触滑杆的上端，从刻度盘上读出下沉的深度，即为砂浆的稠度值，精确至 1 mm。

(6)圆锥筒内的砂浆，只允许测定一次稠度，重复测定时，应重新取样测定之。

(四)试验结果

(1)圆锥体在砂浆中的沉入值即为砂浆的稠度值，精确至 1 mm。

(2)以两次试验结果的算术平均值作为砂浆稠度的最终试验结果。如两次测定值之差大于 10 mm，则应另取砂浆拌和后重新测定。

三、砂浆分层度试验

(一)试验目的

测定砂浆的分层度，反映砂浆拌和物在运输及停放时内部组分的稳定性，为评价砂浆的保水性及控制砂浆质量提供必要的依据。

(二)主要仪器设备

(1)砂浆分层度筒：由上、下两层金属圆筒及左右两根连接螺栓组成。圆筒内径为 150 mm，上节高度为 200 mm，下节带底净高为 100 mm。砂浆分层度筒的结构和外形如图 19 所示。

(2)砂浆稠度仪。

(3)水泥胶砂振动台、捣棒、拌和铁板、铁铲、抹刀、秒表、量筒等。

(三)试验步骤

(1)将拌和好的砂浆拌和物按砂浆稠度试验方法测出砂浆稠度值 K_1，精确至 1 mm。

(2)将砂浆拌和物重新拌和均匀，一次装满分层度筒，并用木锤在容器周围距离大致相等的 4 个不同地方轻轻敲击 1～2 下，如砂浆沉落到低于筒口，则应随时添加，然后刮去多余的砂浆，并用抹刀抹平。

(3)静置 30 min 后，去掉上节 200 mm 砂浆，剩余的 100 mm 砂浆倒出放在拌和锅内拌2 min，再按砂浆稠度试验方法测其稠度值 K_2，精确至 1 mm。

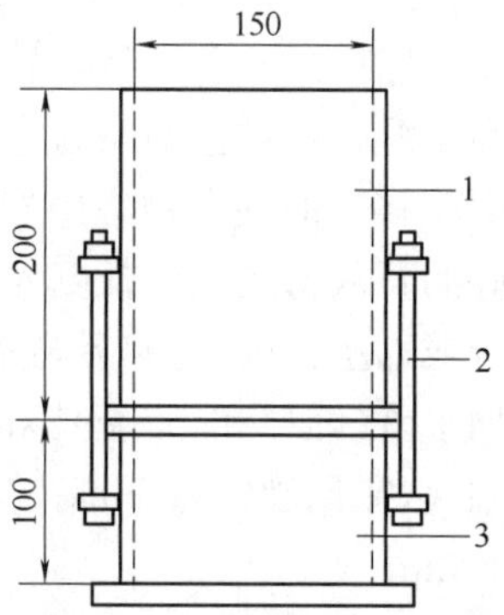

图 19　砂浆分层度测定仪(单位:mm)
1—无底圆筒;2—连接螺栓;3—有底圆筒

(四)试验结果

(1)砂浆静置前后的稠度值之差(K_1-K_2)，即为砂浆的分层度。

(2)以两次试验结果的算术平均值作为该砂浆分层度值的最终试验结果，若两次分层度试验值之差大于 10 mm，应重新试验。

(3)砂浆的分层度值宜在 10～30 mm 之间，如大于 30 mm，易产生分层、离析、泌水等现象;如小于 10 mm 则砂浆过黏，不易铺设，且容易产生干缩裂缝。

四、砂浆抗压强度试验

(一)试验目的

测定砂浆立方体抗压强度，以检验砂浆的配合比及强度等级是否满足设计和施工要求，作为调整砂浆配合比、控制砂浆质量和确定砌筑砂浆强度等级的主要依据。

(二)主要仪器设备

(1)压力试验机。

(2)试模:由铸铁或钢制成的立方体，尺寸为 70.7 mm×70.7 mm×70.7 mm 带底试模，应具有足够的刚度并拆装方便。

(3)捣棒:直径为 10 mm、长为 350 mm 的钢棒，端部应磨圆。

(4)垫板、抹刀等。

(三)试件的制作与养护

(1)应先用黄油等密封材料涂抹试模的外接缝，试模内壁事先涂刷薄层机油或脱模剂。

(2)将拌制好的砂浆一次性装满砂浆试模，成型方法应根据砂浆稠度而确定。当砂浆稠度大于 50 mm 时宜采用人工插捣成型，当砂浆稠度不大于 50 mm 时宜采用振动台振实成型。

①人工插捣时

人工插捣时应采用捣棒均匀地由外边缘向中心按螺旋方向插捣 25 次，插捣过程中当砂浆沉落低于试模口时，应随时添加砂浆，可用油灰刀沿模壁插捣数次，并用手将试模一边抬高5～10 mm，各振动 5 次，砂浆应高出试模顶面 6～8 mm。

②机械振动时

将砂浆一次装满试模，放置到振动台上，振动 5～10 s 时或持续到表面泛浆为止。

制作砂浆试件时，应一次性装满试模；在整个振动过程中试模不得有跳动现象，并且不得过振。

(3)当砂浆表面水分稍干，即砂浆表面开始出现麻斑状态时(15～30 min)，将高出部分的砂浆沿试模顶面刮去抹平。

(4)试件制作后应在温度为(20±5)℃的环境下静置一昼夜[(24±2)h]，对试件进行编号、拆模。当气温较低时，或者凝结时间大于 24 h 的砂浆，可适当延长拆模时间，但不应超过两昼夜。试件拆模后应立即放入温度为(20±2)℃、相对湿度在 90%以上的标准养护室中继续养护。养护期间，试件彼此间隔不少于 10 mm，混合砂浆试件上面应进行覆盖，以防有水滴在试件上。

(5)从搅拌加水开始计时，标准养护龄期为 28 d，也可以根据相关标准要求增加 7 d 或 14 d。

(四)试验步骤

(1)试件从养护地点取出后，应尽快进行试验，以免试件内部的温度与湿度发生显著变化。试验前先将试件擦拭干净，测量尺寸，并检查其外观。试件尺寸测量精确至 1 mm，并据此计算试件的承压面积。如实测尺寸与公称尺寸的误差不超过 1 mm，可按公称尺寸计算试件的承压面积。

(2)将试件安放在试验机的下压板或下垫板上，试件的承压面应与成型时的顶面垂直，试件中心应与试验机下压板或下垫板的中心对准。开动试验机，当上压板与试件接近时，调整球座，使接触面均衡受压。在整个试验过程中，应连续而均匀地加荷，加荷速度为 0.25～1.5 kN/s(砂浆强度不大于 5 MPa 时，宜取下限，砂浆强度大于 5 MPa 时，宜取上限)。当试件接近破坏并开始迅速变形时，停止调整试验机油门，直至试件破坏，并记录破坏荷载。

(五)试验结果

(1)按下式计算砂浆立方体抗压强度，精确至 0.1 MPa：

$$f_{m,cu}=\frac{F}{A}$$

式中 $f_{m,cu}$——砂浆立方体试件抗压强度，应精确至 0.1 MPa；

F——试件破坏荷载，N；

A——试件承压面积，mm^2。

(2)以三个试件检测结果算术平均值的 1.3 倍作为该组试件的最终检测结果。当三个试件的最大值或最小值中有一个与中间值的差值超过中间值的 15%时，应把最大值和最小值一并舍去，取中间值作为该组试件的抗压强度值。当三个试件的最大值和最小值与中间值的差值均超过中间值的 15%时，该组检测结果应为无效。

五、砂浆凝结时间试验(用贯入阻力法)

(一)试验目的

确定砂浆拌和物的凝结时间。

(二)主要仪器设备

(1)砂浆凝结时间测定仪：如图 20 所示，由试针、容器、台秤和支座四部分组成，并应符合下列规定。

①试针：不锈钢制成，截面积为 30 mm^2。

②盛砂浆容器：由钢制成，内径 140 mm，高 75 mm。

③压力表：精度为 0.5 N。

④支座：分底座、支架及操作杆三部分，由铸铁或钢制成。

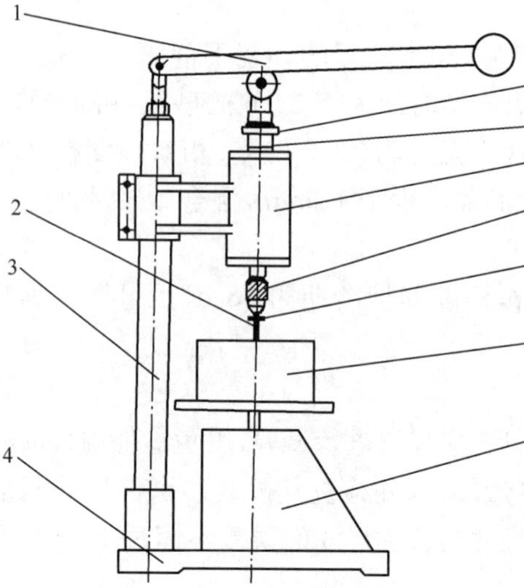

图 20　砂浆凝结时间测定仪示意

1—操作杆；2—试针；3—立柱；4—底座；5—压力表座；6—盛砂浆容器；7—垫片；8—夹头；9—支架；10—主轴；11—调节螺母

(2)时钟等。

(三)试验步骤

(1)将制备好的砂浆拌和物装入砂浆容器内，砂浆表面低于容器上口 10 mm，轻轻敲击容器，并予以抹平，盖上盖子，放在(20±2)℃的试验条件下保存。

(2)砂浆表面的泌水不清除，将容器放到压力表圆盘上，调节测定仪。

(3)测定贯入阻力值。用截面为 30 mm^2 的贯入试针与砂浆表面接触，在 10 s 内缓慢而均匀地垂直压入砂浆内部 25 mm 深，每次贯入时记录仪表读数 N_p，贯入杆离开容器边缘或已贯入部位至少 12 mm。

(4)在(20±2)℃的试验条件下，实际贯入阻力值，在成型后 2 h 开始测定，以后每隔半小时测定一次，至贯入阻力值达到 0.3 MPa 后，改为每 15 min 测定一次，直至贯入阻力值达到 0.7 MPa 为止。

(四)试验结果

砂浆贯入阻力值按下式计算：

$$f_p = N_p / A_p$$

式中　f_p——贯入阻力值(MPa)；

N_p——贯入深度至 25 mm 时的静压力(N)；

A_p——贯入试针的截面积，即 30 mm^2。

砂浆贯入阻力值应精确至 0.01 MPa。

由测得的贯入阻力值，按下列方法确定砂浆的凝结时间：

(1)分别记录时间和相应的贯入阻力值，根据试验所得各阶段的贯入阻力与时间的关系绘图，由图求出贯入阻力值达到 0.5 MPa 的所需时间 t_s(min)，此时的 t_s 值即为砂浆的凝结时间测定值,或采用内插法确定。

(2)砂浆凝结时间测定,应在一盘内取两个试样,以两个试验结果的平均值作为该砂浆的凝结时间值,两次试验结果的误差不应大于 30 min,否则应重新测定。

试验 7 钢材试验

一、取样方法与取样量

(1)钢筋混凝土用热轧光圆钢筋、热轧带肋钢筋、低碳钢热轧圆盘条等,应按批进行检查,每批由同一厂别、同一炉罐号、同一规格、同一交货状态、同一进入施工现场时间为一验收批。

(2)验收时每批质量不大于 60 t。自每批钢筋中任意抽取两根钢筋,并于每根钢筋距端部 50 mm 处各取一组试样(4 根试件),在每组试样中两根做拉伸试验,另两根做冷弯试验,在拉伸试验的两根试件中,如其中一根试件的屈服强度、抗拉强度和伸长率 3 个指标中有一项指标未达到钢筋标准中规定的数值时,应再抽取双倍钢筋数量,制成双倍试件重新试验。如仍有一根试件的其中一项指标不符合标准要求时,则认为钢材拉伸试验不合格。在冷弯试验中,如有一根试件不符合标准要求,应同样抽取双倍钢筋数量,制成双倍试件重新试验。如仍有一根试件不符合标准要求,则认为钢材冷弯试验不合格。

(3)试样截取长度 l。

①拉伸试样:$l \geqslant 5d+200$ mm(d 为钢筋的直径,$d>10$ mm);$l \geqslant 10d+200$ mm($d \leqslant 10$ mm)。

②冷弯试样:$l \geqslant 5d+150$ mm(d 为钢筋的直径)。

二、钢材拉伸试验

(一)试验目的

测定钢筋的屈服强度、抗拉强度与伸长率,作为评定钢筋强度等级的重要依据,也可以检测钢材质量,以保证结构安全。

(二)主要仪器设备

(1)万能试验机:应具有调速指示装置、记录或显示装置,以满足测定力学性能的要求。

(2)钢筋分划仪。

(3)游标卡尺、千分尺:精确度为 0.1 mm。

(三)试样制备

(1)拉伸试验用钢筋试件应使用原样钢筋,不得进行车削加工,试件长度应符合要求。为了测定伸长率,需在试件表面与轴线平行的一条直线上,用试样分划仪或其他工具在试件表面上划出一系列等分点或细画线,以标注出钢筋试件的原始标距长度 l_0,如图 21 所示。

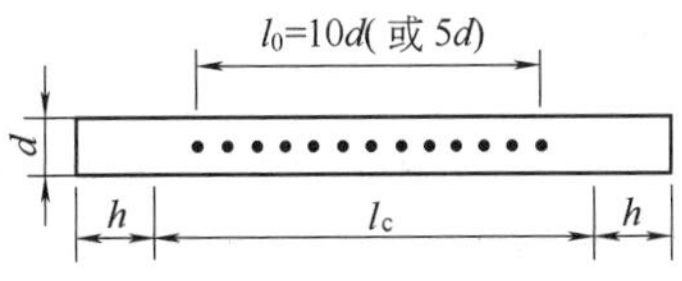

图 21 钢筋拉伸试件

d—试件直径;l_0—标距长度;h—夹头长度;l_c—试样平行长度

(2)对于其他钢材的试件,应按规定取样。切取样坯和机械加工试样时,均应防止因冷加工或受热而影响试样的力学性能,切坯时边缘处应留有足够的加工余量,切坯宽度应不小于钢材厚度,并且不小于 20 mm。为了测定伸长率,需在试件表面与轴线平行的一条直线上,用试样分划仪或其他工具在试件表面上划出一系列等分点或细画线，以标注出试件原始标距长度 l_0。

(3)用游标卡尺在标距的两端及中间三个相互垂直的方向测量钢筋直径，计算钢筋横截面面积。计算钢筋强度所用横截面积应采用公称横截面积。钢筋的公称横截面积见表 16。

表 16　钢筋的公称横截面积

公称直径(mm)	公称横截面积(mm^2)	公称直径(mm)	公称横截面积(mm^2)
8	50.27	22	380.1
10	78.54	25	490.9
12	113.1	28	615.8
14	153.9	32	804.2
16	201.1	36	1 018
18	254.5	40	1 257
20	314.2	50	1 964

(4)试验应在(20±10)℃的温度下进行，如试验温度超出这一范围，应在试验记录和报告中注明。

(四)试验步骤

(1)按相关要求制备钢筋试件，用试样分划仪或其他工具在试件表面上划出一系列等分点或细画线，并量出原始标距长度 l_0，精确至 0.1 mm。

(2)调整万能试验机测力度盘的指针，使之对准零点，并拨动副指针，使其与主指针重叠。

(3)将试件固定在万能试验机夹头内，开动试验机缓慢加荷，进行拉伸试验。拉伸速度为：试件屈服前，加荷速度应尽可能保持恒定并在表 17 规定的应力速率的范围内；屈服后，试验机活动夹头在荷载下的移动速度不应超过 0.008 l_c/s(l_c 为试件平行长度)。

表 17　屈服前的加荷速度

金属材料的弹性模量(MPa)	应力速率[N/(mm^2·s)]	
	最小	最大
<150 000	2	20
≥150 000	6	60

(4)在拉伸试验过程中，当试验机刻度盘指针停止转动时的恒定荷载，即为钢材的屈服点荷载。

(5)继续加荷直至试件被拉断，记录刻度盘指针的最大极限荷载。

(6)将已拉断试件的两段在断裂处对齐，尽量使其轴线位于一条直线上，测量试件断裂后标距两端点之间的长度 l_1，精确至 0.1 mm。如断裂处由于其他原因形成缝隙，则此缝隙应计入该试件拉断后的标距部分长度内。

①如果拉断处到邻近的标距端点距离大于 $l_0/3$ 时，可用卡尺直接量出标距部分长度 l_1。

②如果拉断处到邻近的标距端点距离小于或等于 $l_0/3$ 时，应按移位法确定标距长度 l_1。确定方法为在长段上，从拉断处 O 点取基本等于短段格数，得 B 点。当长段所余格数为偶数时，接着再取等于长段所余格数之半，得 C 点，则 $l_1=AO+BO+2BC$。当长段所余格数为奇数时，取等于长段所余格数减 1 的一半，得 C 点，长段所余格数加 1 的一半，得 C_1 点，则 $l_1=AO+BO+BC+BC_1$，如图 22 所示。

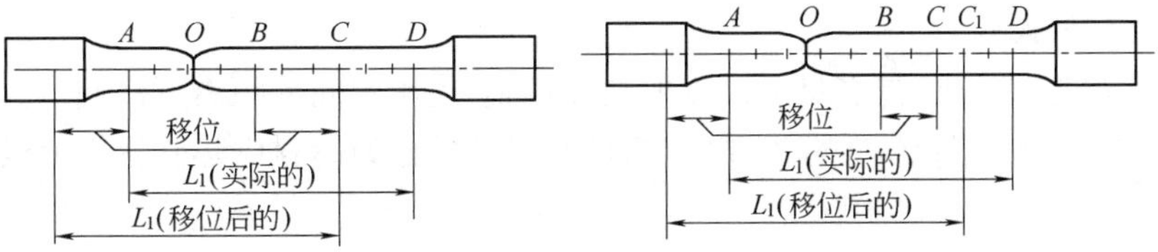

图 22 用移位法确定标距长度示意

③当试件在标距端点上或标距端点外断裂时,试验无效,应重新试验。

(五)试验结果

(1)按下式计算试件的屈服强度:

$$R_{eL}=\frac{F_s}{A_0}$$

式中 R_{eL}——试件的屈服强度,MPa;

F_s——屈服点荷载,N;

A_0——试件的公称横截面积,mm^2。

当 $R_{eL}\leqslant 200$ MPa 时,计算精确至 1 MPa;R_{eL}在 200~1 000 MPa 时,计算精确至 5 MPa;$R_{eL}>1\ 000$ MPa时,计算精确至 10 MPa。

(2)按下式计算试件的抗拉强度:

$$R_m=\frac{F_m}{A_0}$$

式中 R_m——试件的抗拉强度,MPa;

F_m——试件所能承受的最大极限荷载,N;

A_0——试件的公称横截面积,mm^2。

当 $R_m\leqslant 200$ MPa 时,计算精确至 1 MPa;R_m 在 200~1 000 MPa 时,计算精确至 5 MPa;$R_m>1\ 000$ MPa时,计算精确至 10 MPa。

(3)按下式计算试件的伸长率(精确至 0.5%):

$$A_5(A_{10})=\frac{l_1-l_0}{l_0}\times 100\%$$

式中 $A_5(A_{10})$——分别表示 $l_0=5\ d$ 或 $l_0=10\ d$ 时的伸长率,%;

l_0——试件的原标距长度,mm;

l_1——试件拉断后用直接测量或移位法确定的标距长度,mm;

d——试件的直径,mm。

(4)试件的屈服强度、抗拉强度和伸长率,均以两次试验结果的测定值作为最终试验结果。如其中一根试件的屈服强度、抗拉强度和伸长率 3 个指标中如有一项指标未达到钢筋标准中规定的数值,应取双倍钢筋试件数量,重新试验。如仍有一根试件的其中一项指标不符合标准要求,则认为钢筋拉伸试验不合格。

三、钢材冷弯试验

(一)试验目的

通过钢材冷弯试验,检测钢材承受规定弯曲程度的弯曲变形能力,也可以作为评定钢材质量的依据。

（二）主要仪器设备

压力机或万能试验机：具有足够硬度的两支承辊，支承辊间的距离可以调节。具有不同直径的弯曲，弯曲直径应符合有关标准规定（弯曲直径应按建筑钢材中热轧钢筋分级及相应的技术要求选用）。

（三）试验步骤

（1）按规定要求选择适当的弯曲直径 D，并调整两支承辊间的距离，使之等于 $(D+3a)\pm0.5a$（D 为弯曲直径，a 为钢筋直径或试样的厚度）。

（2）将试件放置于两支辊上，开动试验机，均匀平稳地加荷，加荷时应无冲击或跳动现象。直至试件弯曲到规定的程度，然后卸载，取下试件，检查其弯曲面。

（四）试验结果

（1）试件弯曲后，检查试件弯曲处的外表面及侧面，如无裂缝、断裂或起层现象，即认为冷弯试验合格，并以两次试验结果的测定值作为最终试验结果。

（2）如果其中一根试件的试验结果不符合标准要求时，应抽取双倍试件数量重新试验。如仍有一根试件不符合标准要求，则认为钢材冷弯试验不合格。

四、钢材冲击试验

（一）试验目的

反映钢材在动荷载作用下抵抗破坏的能力，也可作为评定钢材质量的重要依据。

（二）主要仪器设备

（1）摆锤式冲击试验机：应符合相关技术要求，最大能量不大于 300 J，打击瞬间摆锤的冲击速度应为 5.0～5.5 m/s。摆锤式冲击试验机的外形及结构组成如图 23 所示。

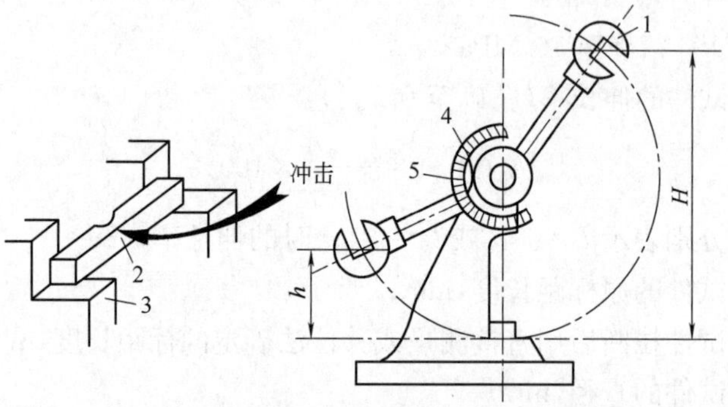

图 23　摆锤式冲击试验机

1—摆锤；2—试件；3—试验台；4—刻度盘；5—指针

（2）标准试件：以夏比 V 形缺口试件作为标准试件，试件的形状、尺寸和粗糙度均应符合相关规定的要求。

（三）试验步骤

（1）校正试验机。将摆锤置于垂直位置，调整指针对准在最大刻度上，举起摆锤到规定高度，用挂钩钩于机组上。按动按钮，使摆锤自由下落，待摆锤摆到对面相当高度回落时，用皮带闸住，读出初读数，以检查试验机的能量损失，其回零差值应不大于读盘最小分度值的 1/4。

(2)测量标准试件缺口处的横截面尺寸。

(3)将带有 V 形缺口的标准试件置于机座上,使试件缺口背向摆锤,缺口位置正对摆锤的打击中心位置,此时摆锤刀口应与试件缺口轴线对齐。

(4)将摆锤上举挂于机钮上,然后按动按钮,使摆锤自由下落冲击试件,根据摆锤击断试件后的扬起高度,从刻度盘中读取冲击功。

(5)遇有下列情况之一者,应重新试验:

①试件侧面加工划痕与折断处相重合。

②折断试件上发现有淬火裂缝。

(四)试验结果

(1)按下式计算钢材的冲击韧性值,精确至 1.0 J/cm²,并以 3 次试验结果的算术平均值作为最终试验结果。

$$a_k=\frac{A_k}{A_0}$$

式中 a_k——钢材的冲击韧性值,J/cm²;

A_k——击断试件所消耗的冲击功,J;

A_0——标准试件缺口处的横截面面积,cm²。

(2)试验时如果试件将冲击能量全部吸收而未折断时,应在 a_k 值前加“>”符号,并在记录中注明“未折断”字样。

试验 8 石油沥青试验

一、取样方法

从容器中取样时,应按相关要求取样。同一批出厂、同一规格牌号的沥青,以 20 t 沥青为一个取样单位。不足 20 t 时,也可作为一个取样单位。取样部位应按液面上、中、下位置各取规定用量。进行沥青性质常规检验的取样量为:黏稠或固体沥青不少于 1 kg;液体沥青不少于 1 L;沥青乳液不少于 4 L。

二、石油沥青针入度试验

(一)试验目的

测定石油沥青的针入度,作为确定石油沥青牌号的主要依据。

(二)主要仪器设备

(1)针入度仪:凡能够保证标准针与针连杆在无明显摩擦下垂直运动,并且能指示标准针扎入深度精确至 0.1 mm 的仪器均可使用。针入度仪由底座、刻度盘、活动齿杆及针连杆等部分组成。标准针和针连杆的总质量为(50±0.05)g,并设有控制针连杆运动的制动按钮,紧压按钮针连杆可以自由下落。底座上设有放置玻璃皿的可旋转平台及观察镜。针入度仪的结构组成与外形如图 24 所示。

(2)标准针:由硬化回火的不锈钢制成,针尖磨成圆锥体,尺寸要求:长约 50 mm,直径为 1.00～1.02 mm。

(3)试样皿:金属制圆柱形平底容器。针入度小于 40 时,试样皿直径为 33～55 mm,深度为 8～16 mm；针入度小于 200 时，试样皿直径为 55 mm，深度为 35 mm；针入度在 200～350 时，试样皿直径为 55～75 mm，深度为 45～70 mm；针入度在 350～500 时，试样皿直径为 55 mm，深度为 70 mm。

(4)平底玻璃皿：容量不小于 0.35 L，深度要没过最大的样品皿。

(5)恒温水浴、秒表、温度计等。

(三)试验准备

(1)将预先除去水分的沥青试样在砂浴或密闭电炉上加热，并不断搅拌以防止局部过热，加热温度不得超过预估软化点的 100 ℃，加热时间在保证样品充分流动的基础上尽量少。加热搅拌过程中避免试样中进入气泡。

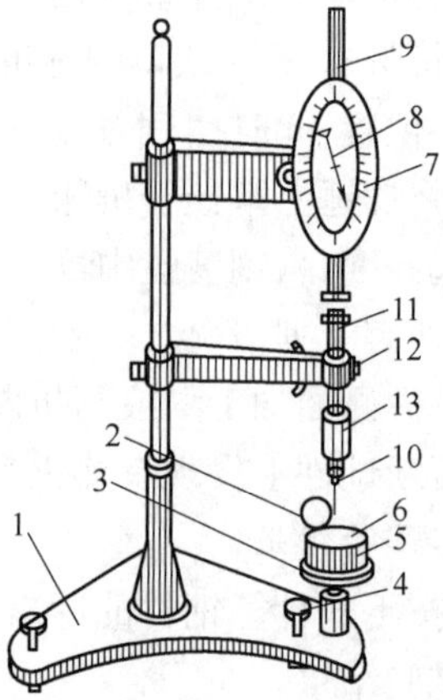

图 24　针入度仪

1—底座；2—反光镜；3—圆形平台；4—调平螺钉；5—保温皿；6—试样；7—刻度盘；8—指针；9—活动齿杆；10—标准针；11—针连杆；12—按钮；13—砝码

(2)将试样倒入预先选好的试样皿中，试样深度应至少是预计锥入深度的 120%，并使其在15～30 ℃的室温中冷却。小试样皿(ϕ33 mm×16 mm)中的样品冷却 45 min～1.5 h，中等试样皿(ϕ55 mm×35 mm)中的样品冷却 1～1.5 h，较大试样皿中的样品冷却 1.5～2 h，冷却结束后将试样皿和平底玻璃皿一起移入保持规定试验温度的恒温水浴中，小试样皿恒温45 min～1.5 h，中等试样皿恒温1～1.5 h，更大试样皿恒温 1.5～2 h。恒温水浴水面至少高出试样表面 10 mm。

(四)试验步骤

(1)通过调节调平螺钉，使针入度仪保持水平。检查针连杆自由活动的情况，并把用甲苯或其他适宜的溶液擦净的标准针固定在针连杆上，按试验条件选择合适的砝码并放好砝码。

(2)取出试样皿，将其放入水温为 25 ℃的平底玻璃皿中的三腿支架上，水面应高出试样表面至少 10 mm。

(3)将试样连同玻璃皿置于针入度的平台上。

(4)调整标准针高度，使标准针的针尖刚好与试样表面接触。必要时可借助放置在合适位置的玻璃观察镜的光源反射来观察。

(5)调整活动齿杆，使之与针连杆的顶端相接触，并将刻度盘上的指针指在零刻度处。然后用手紧压按钮，同时启动秒表，使标准针自由穿入沥青试样中，经 5 s 后松开按钮停止按压，使指针停止下沉。

(6)再次调整活动齿杆，使之与针连杆顶端相接触，此时刻度盘指针的读数，即为试样的针入度值。

(五)试验结果

(1)刻度盘指针读数即为试样针入度值，用 1/10 mm 表示，取至整数，并以 3 次试验结果的算术平均值作为该试样的最终试验结果。

(2)每个试样 3 次测定的针入度值相差不应大于表 18 中规定，否则应重新试验。

表 18 沥青针入度测定允许最大差值

针入度(1/10 mm)	0～49	50～149	150～249	250～350	350～500
最大差值(1/10 mm)	2	4	6	8	20

三、石油沥青延度试验

(一)试验目的

测定石油沥青的延度,反映石油沥青抵抗变形的能力,作为确定石油沥青牌号的主要依据。

(二)主要仪器设备

(1)延度仪:由滑板、标尺、指针及电动机等部分组成,拉伸速度为(5±0.25)cm/min,开动时应无明显振动,沥青延度仪的结构组成与外形如图 25 所示。

(2)试模:由黄铜制成,由两个弧形端模和两个侧模拼装组成,其结构组成与形式如图 26 所示。

(3)恒温水浴、瓷皿或金属皿、温度计、标准筛、砂浴或可控温度的密闭电炉等。

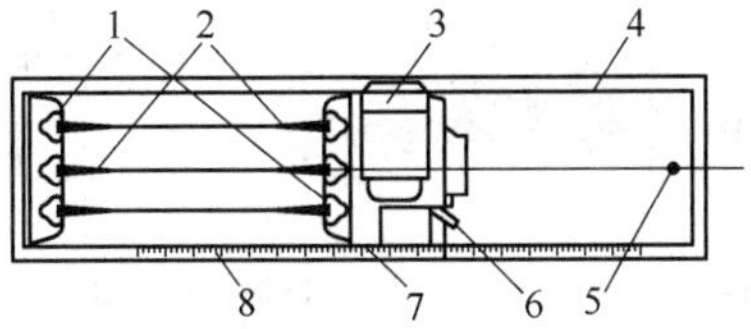

图 25 延度仪

1—滑板;2—试样;3—电动机;4—水槽;
5—泄水孔;6—离合器(开关柄);7—指针;8—标尺

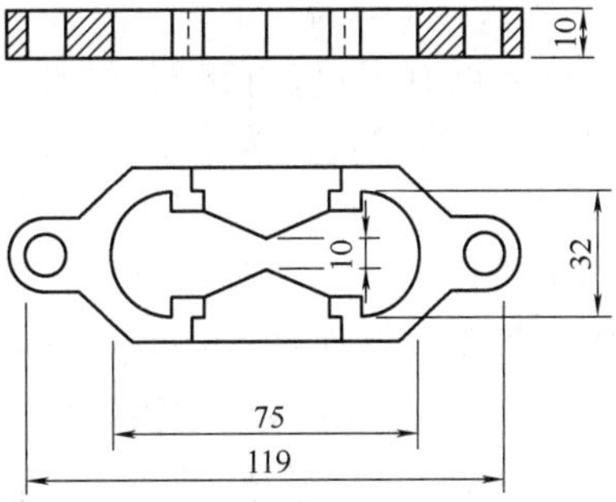

图 26 试模(单位:mm)

(三)试验准备

(1)在制备试件之前,将模具组装在底板上,并在试模的侧模内表面及底板上涂以隔离剂(甘油∶滑石粉=1∶3),以防止沥青沾在模具上。

(2)小心加热样品,充分搅拌以防局部过热,直到样品容易倾倒。样品的加热时间在不影响样品性质和保证样品充分流动的基础上尽量短。将熔化并脱水的沥青试样呈细流状自模具的一端至另一端往返倒入,并使沥青试样略高出模具表面。

(3)浇注好的试样在 15～30 ℃的空气中冷却 30～40 min,再放入规定温度的水浴中保持 30 min,取出后用热刮刀将高出试模表面的沥青仔细刮去,使沥青面与试模表面齐平。沥青的刮法应自试模的中间刮向两边,试样表面应十分光滑,不得有凹陷或鼓起现象。

(4)将试样连同底板再浸入(25±0.5)℃的水浴中恒温 85～95 min,水面应高出试样表面至少 25 mm。

(四)试验步骤

(1)检查延度仪拉伸速度是否符合要求,移动滑板使其指针对准标尺的零点;保持水槽中水温为(25±0.5)℃。

(2)将试件移至延度仪水槽中,将模具两端的孔分别套在滑板及槽端的金属柱上,然后去掉侧模。水槽中的水面应高出试样表面 25 mm 左右。

(3)开动延度仪,以 5 cm/min 的速度拉伸试样,并观察试样延伸情况,直至试样拉伸断裂。如发现沥青细丝浮于水面或沉入槽底时,则应在水中加入乙醇或食盐水以调整水的密度,使水的密度与试样密度相近后,再进行测定。

(4)试样拉断时指针所指标尺上的读数,即为试样的延度,以 cm 计。

(五)试验结果

若 3 个试件测定值在其平均值的 5%内,取平行测定 3 个结果的平均值作为测定结果。若 3 个试件测定值不在其平均值的 5%以内,但其中两个较高值在平均值的 5%以内,则弃去最低测定值,取两个较高值的平均值作为测定结果,否则重新测定。

四、石油沥青软化点试验

(一)试验目的

测定石油沥青的软化点,反映石油沥青耐热性及温度敏感性的高低,也可作为评定石油沥青牌号的依据。

(二)主要仪器设备

(1)软化点测定仪:由支架、试样环、钢球和钢球定位器组成。钢球直径为 9.5 mm,质量为(3.50±0.05)g;试样环为铜制锥环或肩环;支架由上、中及下支承板和定位套组成,中承板有 3 个孔,中间孔用以插温度计,其余孔安置试样环,环的下边缘距下支承板为 25.4 mm。软化点测定仪的结构与外形如图 27 所示。

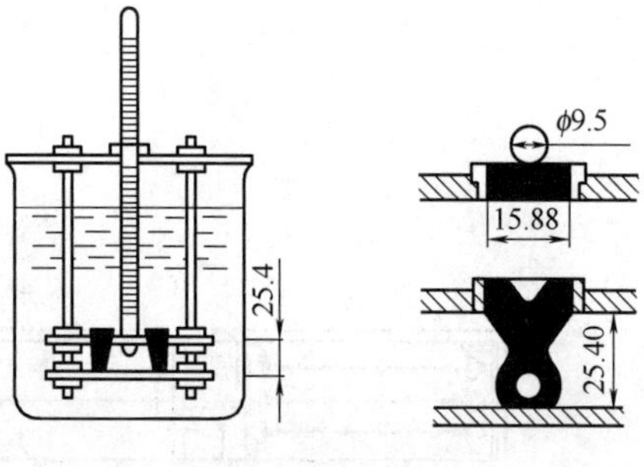

图 27　软化点测定仪(单位:mm)

(2)电炉及其他加热器、金属板、小刀、标准筛、温度计等。

(三)试验准备

(1)将试样环置于涂有甘油、滑石粉隔离剂的金属板或玻璃板上。

(2)将预先脱水的试样加热熔化,不断搅拌,以防局部过热,加热时间在保证样品充分流动的基础上尽量少。

(3)将沥青注入试样环内并略高出环面,在 15～30 ℃的空气中冷却 30 min 后,用热刮刀刮去高出环面的试样,使之与环面齐平。从开始倒试样时起至完成试验的时间不得超过 240 min。

(四)试验步骤

(1)将盛有沥青试样的两个铜环置于环架中支承板的圆孔中,并套上钢球定位器。将温度计由上支承板中心孔垂直插入,使水银球底部与铜环下面齐平。

(2)在测定仪的玻璃杯中注入新煮沸并冷却至(5±0.5)℃蒸馏水,如估计沥青软化点超过 80 ℃,则应注入预热至(30±1)℃的甘油。然后将装好试样的整个环架放入烧杯中,调整水面或甘油液面至深度标记,恒温 15 min。

(3)在每个试样表面中心放一钢球,然后将烧杯置于加热器上加热,使烧杯内水或甘油温度在 3 min 后保持每分钟上升(5±0.5)℃,在整个试验过程中如温度的上升速度超出此范围,则应重新试验。

(4)试样受热软化下坠至与下支承板面接触时温度计所显示的温度，即为试样的软化点。

(五)试验结果

(1)试样受热软化下坠至与下支承板面接触时温度计所显示的温度，即为试样的软化点，以 ℃计，并以两个试件试验结果的算术平均值作为最终试验结果。

(2)平行测定两个试样测定结果间的差值不应大于表 19 中规定，否则应重新试验。

表 19　沥青软化点测定允许最大差值表

软化点(℃)	允许最大差值(℃)
30～157	1

试验 9　黏土砖试验

一、取样方法

黏土砖检验批的构成和批量大小应符合相关规定，一般 3.5 万～15 万块为一批，不足 3.5 万块者也按一批计。外观质量检验的试样应采用随机抽样法，在每一检验批的产品堆垛中抽取；其他检验项目的试样用随机抽样法从外观质量检验后的样品中抽取，抽样数量见表 20。

表 20　单项试验所需砖样数量表

检验项目	外观质量	尺寸偏差	强度等级	石灰爆裂	冻融	泛霜	吸水率	密度等级
抽样数量(块)	50	20	10	5	5	5	5	3

二、尺寸偏差、外观质量试验

(一)试验目的

检测黏土砖的尺寸偏差和外观质量，作为评定黏土砖质量等级的主要依据。

(二)主要仪器设备

(1)卡尺：分度值为 0.5 mm，其结构组成和形式如图 28 所示。

(2)钢直尺：分度值为 1 mm。

(三)试验步骤

1.砖的尺寸偏差测量

(1)长度和宽度：应在砖的两个大面的中间处分别测量两个尺寸，精确至0.5 mm。

(2)高度：在砖的两个条面中间处分别测量两个尺寸，精确至 0.5 mm，如图29 所示。当被测处有缺陷或凸出时，可在其旁边测量，但应选择不利的一侧。

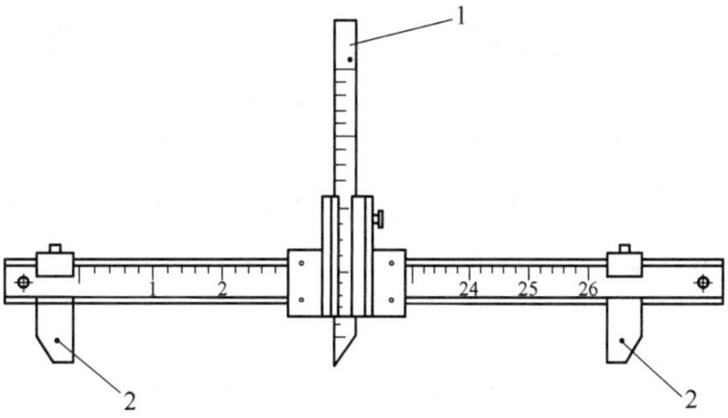

图 28　砖用卡尺

1—垂直尺；2—支脚

2.砖的外观质量检测

(1)缺损：缺棱掉角在砖上造成的破损程度，以破损部分对长、宽、高三个棱边的投影尺寸来度量，称为破坏尺寸。砖的破坏尺寸用钢直尺直接进行测量，如图 30 所示。

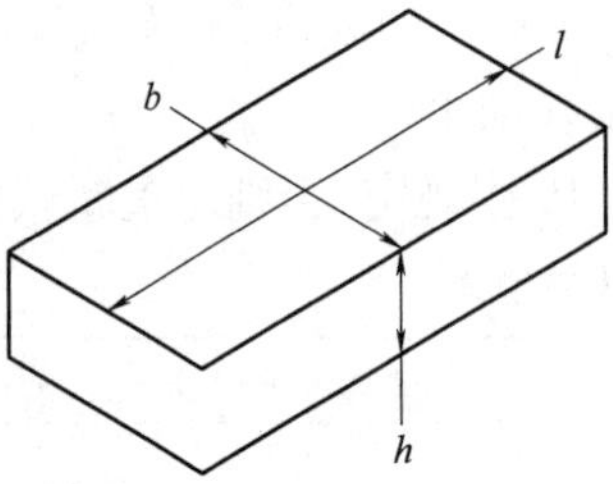

图 29　砖的尺寸偏差测量

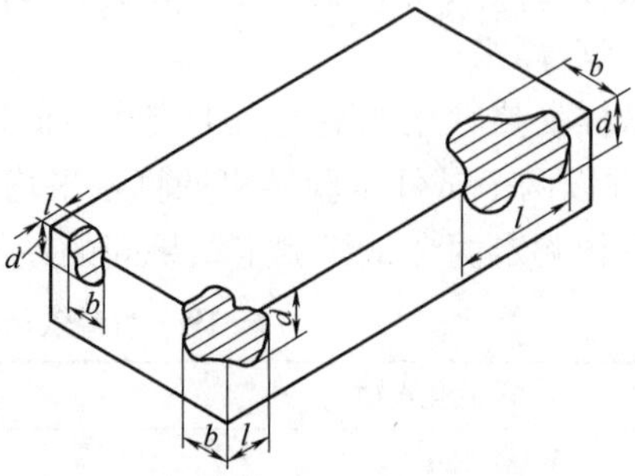

图 30　缺棱掉角三个破坏尺寸测量法

l—长度方向投影尺寸；*b*—宽度方向投影尺寸；
d—高度方向投影尺寸

(2)裂纹：分为长度方向、宽度方向和水平方向三种，以被测方向上的投影长度表示。如果裂纹从一个面延伸至其他面时，则累计其延伸的投影长度。砖表面的裂纹长度用钢直尺直接进行测量，如图 31 所示。当烧结多孔砖的孔洞与裂纹相通时，应将孔洞包含在裂纹内一并测量。

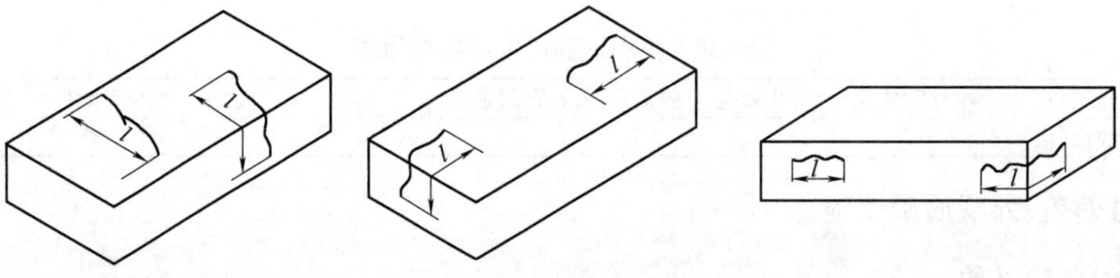

图 31　裂纹长度测量方法

(a)宽度方向裂纹长度测量方法；(b)长度方向裂纹长度测量方法；(c)水平方向裂纹长度测量方法

(3)弯曲：分别在大面和条面上测量，测量时将砖用卡尺的两个脚沿棱边两端放置，选择其弯曲最大处将垂直尺推至砖面，测出弯曲值，测量方法如图 32 所示，以所测数据较大者作为测量结果。在测量时不应将因杂质或碰伤造成的凹陷计算在内。

(4)杂质凸出高度：杂质在砖面上造成的凸出高度，以杂质距砖面的最大距离表示。测量时将砖用卡尺的两个脚置于杂质凸出部分两边的砖平面上，以垂直尺测出杂质凸出高度值，测量方法如图 33 所示。

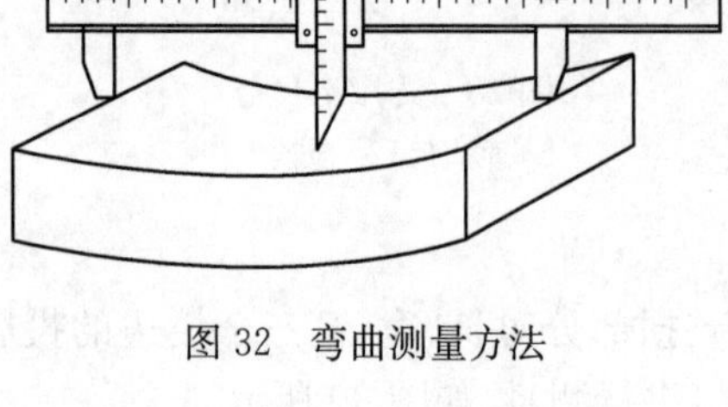

图 32　弯曲测量方法

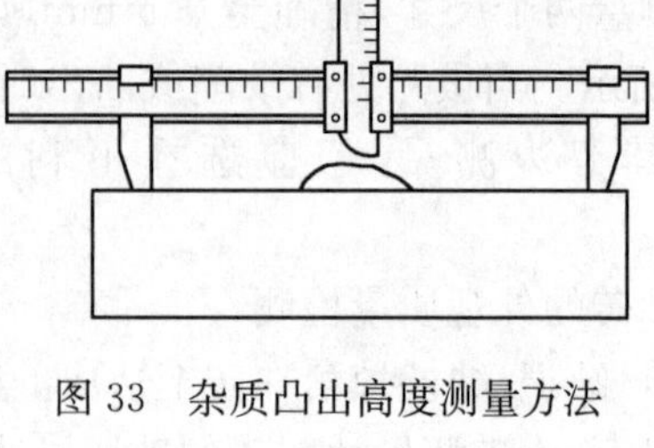

图 33　杂质凸出高度测量方法

(四)试验结果

(1)砖的尺寸偏差:试验结果分别以长度、宽度和高度两个测定值的算术平均值作为最终试验结果,并按规定计算样本平均偏差和样本极差,精确至 1 mm,不足 1 mm 者,按 1 mm 计。

(2)砖的外观测量以 mm 为单位,不足 1 mm 者,按 1 mm 计。

三、烧结普通砖抗压强度试验

(一)试验目的

测定烧结普通砖的抗压强度,既可以检验烧结普通砖的强度是否满足设计、施工要求,还可以作为评定烧结普通砖强度等级的依据。

(二)主要仪器设备

(1)压力试验机:量程为 300～500 kN。

(2)锯砖机或切砖器、钢直尺、抹刀等。

(三)试验准备

(1)将一组砖样(10 块)切断或锯成两个半截砖,断开的半截砖边长不得小于 100 mm。如果不足 100 mm,应另取备用试样补足。

(2)在试样制备平台上,将已断开的两个半截砖放入室温的净水中浸泡 20～30 min 后取出,在铁丝网架上滴水 20～30 min,以断口相反方向装入试样模具中。用插板控制两个半砖间距不应大于 5 mm,砖大面与模具间距不应大于 3 mm,砖断面、顶面与模具间垫以橡胶垫或其他密封材料,模具内表面涂油或脱膜剂。

(3)将净浆材料按配制要求,置于搅拌机内搅拌均匀。

(4)将装好试样的模具置于振动台上,加入适量搅拌均匀的净浆材料,振动时间为 0.5～1 min,停止振动,静置至净浆材料达到初凝时间(15～19 min)后拆模。

(5)将制作完成的试件置于不低于 10 ℃的不通风室内养护 4 h,再进行其抗压强度检测。

(四)试验步骤

(1)试件养护到期后,测量每个试件连接面或受压面的长、宽尺寸各两个,分别取其平均值,精确至 1 mm。

(2)将试件平放在压力机加压板的中央,垂直于受压面加荷。加荷应均匀平稳,不得发生冲击或振动,加荷速度以 2～6 kN/s 为宜,直至试件破坏为止,记录最大破坏荷载。

(五)试验结果

(1)按下式计算单块试样的抗压强度 f_i(精确至 0.01 MPa):

$$f_i=\frac{F}{LB}$$

式中 f_i——单块试样的抗压强度,MPa;

F——最大破坏荷载,N;

L——试件受压面(连接面)的长度,mm;

B——试件受压面(连接面)的宽度,mm。

(2)按下式计算 10 块试样的抗压强度平均值 $\bar{f}$(精确至 0.01 MPa):

$$\bar{f}=\frac{\sum_{i=1}^{10} f_i}{10}$$

式中　$\bar{f}$——10 块试样的抗压强度算术平均值，MPa；

f_i——单块试样的抗压强度，MPa。

(3)按下式计算 10 块试样的抗压强度标准值 f_k（精确至 0.01 MPa）：

$$f_k = \bar{f} - 1.83\ s$$

$$s = \sqrt{\frac{1}{9}\sum_{i=1}^{10}(f_i - \bar{f})^2}$$

式中　f_k——抗压强度标准值，MPa；

s——10 块试样的抗压强度标准差，MPa。

将以上所得的抗压强度平均值、强度标准值与规范规定比较，评定砖的强度等级。

四、烧结多孔砖抗压强度试验

(一)试验目的

通过测定烧结多孔砖抗压强度，既可以检验烧结多孔砖的强度是否满足设计、施工要求，还可以作为评定烧结多孔砖强度等级的依据。

(二)主要仪器设备

(1)压力试验机：量程为 300～500 kN。

(2)钢直尺、抹刀等。

(三)试验准备

(1)将一组砖样(10 块)，采用坐浆法制作标准试件。将玻璃板置于试件制备平台上，其上铺一张湿的垫纸，纸上铺一层厚度不超过 5 mm 的用强度等级为 32.5 普通硅酸盐水泥调制成稠度适宜的水泥净浆，再将试件在水中浸泡 10～20 min，在钢丝网架上滴水 3～5 min 后，将试样受压面平稳地坐放在水泥浆上，在另一受压面上稍加压力，使整个水泥层与砖受压面相互黏结，并保持砖的侧面应垂直于玻璃板。待水泥浆适当凝固后，将烧结多孔砖连同玻璃板翻放在另一铺纸放浆的玻璃板上，再进行另一砖面的坐浆，用水平尺校正好玻璃板的水平。

(2)将制成的试件置于不低于 10 ℃的不通风室内养护 3 d，再进行其抗压强度试验。

(四)试验步骤

(1)试件养护到期后，测量每个试件的长、宽尺寸各两个，分别取其平均值，精确至 1 mm。

(2)将试件平放在试验机的承压板中心，垂直于受压面均匀平稳加荷，不得发生冲击或振动。加荷速度以 4～6 kN/s 为宜，直至试件破坏为止，记录最大破坏荷载。

(五)试验结果

(1)按下式计算单块试样的抗压强度 f_i，精确至 0.01 MPa：

$$f_i = \frac{F}{LB}$$

式中　f_i——单块试样的抗压强度，MPa；

F——最大破坏荷载，N；

L——试件受压面的长度，mm；

B——试件受压面的宽度，mm。

(2)按下式计算 10 块试样的抗压强度平均值 $\bar{f}$，精确至 0.1 MPa：

$$\bar{f} = \frac{\sum_{i=1}^{10} f_i}{10}$$

式中 $\bar{f}$——10 块试样的抗压强度算术平均值，MPa；

f_i——单块试样的抗压强度，MPa。

(3)按下式计算 10 块试样的抗压强度标准值 f_k，精确至 0.1 MPa：

$$f_k = \bar{f} - 1.83\,s$$

$$s = \sqrt{\frac{1}{9}\sum_{i=1}^{10}(f_i - \bar{f})^2}$$

式中 f_k——抗压强度标准值，MPa；

s——10 块试样的抗压强度标准差，MPa。

将以上所得的抗压强度平均值、强度标准值与规范规定比较，评定砖的强度等级。

参 考 文 献

[1] 邓德华. 土木工程材料[M]. 3 版. 北京:中国铁道出版社,2017.

[2] 闫宏生. 建筑材料检测与应用[M]. 北京:机械工业出版社,2014.

[3] 赵志曼. 土木工程材料[M]. 北京:机械工业出版社,2006.

[4] 陈志源,李启令. 土木工程材料[M]. 武汉:武汉理工大学出版社,2003.

[5] 阎西康. 土木工程材料[M]. 天津:天津大学出版社,2004.

[6] 张海梅. 建筑材料[M]. 北京:科学出版社,2003.

[7] 任平弟. 建筑材料[M]. 2 版. 北京:中国铁道出版社,2014.

[8] 卢经扬. 建筑材料[M]. 北京:清华大学出版社,2006.

[9] 蔡飞. 建筑材料[M]. 上海:东华大学出版社,2005.

[10] 李业兰. 建筑材料[M]. 北京:中国建筑工业出版社,2003.

[11] 陈晓明. 道路材料[M]. 北京:人民交通出版社,2005.

[12] 刘强,宋杨. 土木工程材料[M]. 北京:人民交通出版社,2011.